城市总体规划（第 6 版）

董光器　编著

东南大学出版社
SOUTHEAST UNIVERSITY PRESS
南京・2017

内容提要

这次第6版修订的重点是根据党的十八届三中、四中、五中全会的精神，把《十三五规划纲要》作为引领城市经济社会发展的主要指导思想，在第5版基础上进行全面修订。城市总体规划是一个城市发展的战略性规划，在明确未来一定时期城市发展方向与目标的同时，也要对长远发展有所估计，留有充分的弹性。本书第1～5章，着重论证了经济发展与城市发展的关系，提出了如何根据经济发展速度确定城市化的速度，如何根据不同经济发展阶段的特点以及区域、交通条件来确定城市发展战略、城市性质、城市规模，进行城镇体系布局；第6～8章，着重讨论了城市设计与历史城市的保护、城市生态环境保护与基础设施建设；最后一章明确了实施城市总体规划应该抓的几项主要任务。

本书可作为编制城市总体规划的参考书，适合城市规划、城市社会学、城市经济学及相关领域的专业人员、城市建设管理决策者阅读，也可作为大专院校有关专业的参考用书。

图书在版编目(CIP)数据

城市总体规划 / 董光器编著. —6版. —南京：东南大学出版社，2017.11(2022.12重印)

ISBN 978-7-5641-7499-6

Ⅰ.①城… Ⅱ.①董… Ⅲ.①城市规划-总体规划 Ⅳ.①TU984.11

中国版本图书馆CIP数据核字(2017)第292634号

书　　名：城市总体规划(第6版)

编　　著：董光器

责任编辑：徐步政　孙惠玉　　邮箱：1821877582@qq.com

出版发行：东南大学出版社　　社址：南京四牌楼2号(210096)

网　　址：http://www.seupress.com

出 版 人：江建中

印　　刷：江苏扬中印刷有限公司　　排版：南京南琳图文制作有限公司

开　　本：889 mm×1194 mm　1/16　印张：20.25　字数：550千

版 印 次：2017年11月第6版　2022年12月第3次印刷

书　　号：ISBN 978-7-5641-7499-6　　定价：59.00元

经　　销：全国各地新华书店　　发行热线：025-83790519　83791830

目 录

第 6 版修改说明

《城市总体规划》一书于 2003 年出版第 1 版，至今已过去了 14 年。这 14 年是在改革开放形势下，我国实施工业化和城市现代化的 14 年，是经济社会和城市建设快速发展的 14 年。

在这 14 年中，本书共进行了五次修订出版，这次第 6 版修订的重点是根据党的十八届三中、四中、五中全会的精神，把《十三五规划纲要》作为引领城市经济社会发展的主要指导思想，对本书进行全面修改。在《十三五规划纲要》中，城镇化的内容更加具体，区域发展的战略更加明确，为城市总体规划的编制指引了方向。同时把各类统计数据更新到 2015 年，并尽量把收集到的各项事业发展研究的新成果、新观点对本书进行修改补充。

在第 5 版修改说明中，提到的对当前城市建设中重点关注的十个问题，我认为仍然是城市总体规划要解决的主要内容。其中我特别关注以下几个问题：

(1) 编制好城市总体规划，是城市得以健康发展的关键。从本书第 1 版开始，一直强调规划不宜把城市盲目做大，需要根据经济社会发展的实际需要，确定城市发展规模。但是 20 年来，这个问题不但没有解决，而且有越演越烈的趋势。城市总体规划是城市建设的总蓝图，是指导城市建设的顶层设计，党中央对规划工作越重视，对于规划工作者来说责任越重大。特别是我国的土地资源并不丰富，生态环境十分脆弱，必须十分珍惜每一寸土地。超越经济社会发展的需求，把城市规模盲目做大，必然造成土地资源的浪费和生态环境的恶化，是与中央提出的“五个发展理念”背道而驰的。习总书记最近指出规划科学是最大的效益，规划失误是最大的浪费，规划折腾是最大的忌讳。这个问题必须引起我们高度重视。

(2) 房地产开发进入良性发展的轨道，是城市健康发展的保证。实施土地有偿使用，进行房地产开发，是推动城市发展的重要手段。但是，不少地方过度依靠批租土地，“以土生金”，补充财政的不足，造成资源浪费和房地产市场的混乱，投机盛行，房价飞涨，引起恶劣的社会影响。为此，中央和各级地方政府，不断推出调控政策，以期把房地产开发引向健康发展的轨道，但至今收效尚不理想。“衣食住行”是民生的四大要素，是建成小康社会的重要标志，现在衣食行都已基本解决，唯独“住”的问题更显突出，需按照供给侧结构性改革的要求，改革体制、机制，采取多种措施，掌握好房地产开发合适的“度”，趋利除弊，扼止投机，以解决好“居者有其屋”的问题。

(3) 加快农业现代化的步伐，实现城乡一体化，是城市现代化的重要标志。现在城市信息化和产业现代化的发展很快，但是城乡二元结构体制尚未根本解决，发达城市落后农村的局面普遍存在，必须继续健全体制机制，加大以工促农、以城带乡的力度，推动城乡一体化的进程。应该说，实现农业现代化的任务比实施工业现代化更加艰苦，现在已到了有条件解决，而且是非解决不可的时候了。

(4) 加强城市管理是一项战略性、全局性、系统性的工程，是让人民群众生活更方便、更舒心、更美好的重要手段。当前，在城市建设中重建设、轻管理，有法不依、执法不严的现象普遍存在，从宏观看城市总体规划实施遇到种种阻力，从微观看违法建设盛行，安全事件屡屡发生，造成各项资源的浪费、城市环境的混乱和财产损失，给人民生活带来不便。最近中央出台了“深入推进城市执法体制改革，改进城市管理工作的指导意见”，要求改变粗放型管理方式，把各专职管理部门统一起来，成立综合管理机构，是实施城市管理的重要举措。一个只有现代化建设，没有现代化管理的城市不能说是现代城市。

董光器

2017年5月

第5版修改说明

《城市总体规划》一书，东南大学出版社准备出第5版，为此，根据我国经济社会发展的新形势进行了以下修改与补充。

《城市总体规划》自2003年出版至今已走过了10个年头，我国的经济社会已发生了翻天覆地的变化。在该书成书之初，我国正处于工业化的起步阶段，在280多个地级市中只有4个城市人均GDP超过4 000美元(1998年)，可是到2012年人均GDP超过4 000美元的城市已在半数以上(54.67%)，达158个。东部沿海城市经济能量高度集聚，进入工业化成熟阶段，已到了经济结构进一步调整优化和需要扩散产业的时期，具备了经济能量更大规模地向中西部转移的条件。

党的十八大提出了实现建党一百年和建国一百年的"两个一百年"的奋斗目标，为我国从建成小康社会到走向国家富强指明了方向。党的十八届三中全会的决定又吹响了进一步全面深化改革的进军号。面临经济社会发展的新形势，人口、资源、环境的矛盾更显突出，城市建设的任务更加艰巨复杂，落实科学发展观的要求，编制好城市总体规划，为城市发展指明方向，显得更加重要。

这次对本书修改的重点除了把数据更新到2012年外，主要根据党的十八届三中全会《关于全面深化改革若干重大问题的决定》的精神和相关资料，补充一些新的内容。针对目前城市建设存在的问题，提出一些个人见解。具体体现在以下几方面。

(1) 经济体制全面深化改革的核心问题是处理好政府和市场的关系，使市场在资源配置中起决定性作用和更好发挥政府的作用。这是城市总体规划得以顺利实施的关键所在。

(2) 城镇化与工业化是现代化的两大引擎。走中国特色、科学发展的新型城镇化道路，核心是以人为本，关键是提升质量，与工业化、信息化、农业现代化同步推进。城镇化是长期的历史进程，要科学有序，积极稳妥地向前推进，切不可片面求大、求快，拔苗助长。

(3) 构建开放型经济新体制，放宽投资准入，加快自由贸易区建设，扩大内陆沿边开放。自由贸易区成为城市重要功能区之一。

(4) 城乡二元结构是制约城乡发展一体化的主要障碍。必须健全体制机制，形成以工促农、以城带乡、工农互惠、城乡一体的新型工农城乡关系，让广大农民平等参与现代化进程、共同分享现代化成果。重城轻乡，发达城市和落后农村并存的局面再也不能继续下去了。

(5) 完善城镇化健康发展体制机制。坚持走中国特色新型城镇化道路，推进以人为核心的城镇化，推动大中小城市和小城镇协调发展、产业和城镇融合发展，促进城镇化和新农村建设协调推进。优化城市空间结构和管理格局，增强城市综合承载能力。

(6) 要继续深入实施区域发展总体战略，完善并创新区域政策，缩小区域单元，重视跨区域、次区域规划，提高区域政策精确性，打破行政壁垒，按照市场经济一般规律制定政策。

(7) 城市规划要由扩张性规划逐步转向限定城市边界、优化空间结构的规划。城市规划要保持连续性，不能政府一换届、规划就换届。

(8) 城市建设水平是城市生命力所在。城镇建设要实事求是确定城市定位、科学规划和务实行动，避免走弯路；要体现尊重自然、顺应自然、天人合一的理念，依托现有山水脉络等独特风光，让城市融入大自然，让居民望得见山、看得见水、记得住乡愁；要融入现代元素，更要保护和弘扬传统优秀文化，沿续城市历史文脉；要融入让群众生活更舒适的理念，体现在每一个细节中。

(9) 在公共服务方面，政府应随着经济的发展相应增加对公共教育、医疗卫生、社会保障、群众文化、公用事业等基本公共服务的投入，切实解决城乡和地区发展不平衡、收入差距持续扩大的问题，促进基本公共服务均等化。

(10) 建设生态文明，必须建立系统完整的生态文明制度体系，实行最严格的源头保护制度、损害赔偿制度、责任追究制度，完善环境治理和生态修复制度，用制度保护生态环境。要健全自然资源资产产权制度和用途管理制度，划定生态保护红线，实行资源有偿使用制度和生态补偿制度，改革生态环境保护管理体制。

本书的作用只是为读者提供一些思路和参考资料。但是，城市发展很快，再努力修改也赶不上瞬息万变的形势。因此，建议广大读者把本书作为研究城市发展的框架，及时补充内容，修正观点，丰富城市规划理论，可能会产生更好的效果。城市是一本永远读不完的书，是一本终身难以读懂而又必须努力读懂的书，路漫漫其修远兮，吾将上下求索。

董光器

2014 年 5 月

第 4 版修改说明

《城市总体规划》一书，东南大学出版社决定在第 3 版基础上再版。为此，特根据我国经济发展的新形势作了以下修改与补充。

一是把各类统计数据更新到 2009 年。

二是把我国“十二五规划纲要”作为引领城市经济社会发展的主要指导思想，使城市发展的战略任务、城市建设、产业发展和生态保护的空间布局方向更明确，近期各项建设的目标更具体，以便更有针对性地指导城市建设。

三是根据本人对城市发展新形势的认识与思考，修改补充了一些内容，力图更加符合形势发展的要求。

通过这次修订，有以下几点突出的体会：

(1) 东南沿海各省在 2009 年经济发展均已达到或超过初步现代化的水平，今后经济结构调整的任务将更加艰巨，现代服务业特别是流通业的发展与创新将决定城市能否快速、持续、健康发展的关键。

(2) 总体看，珠江三角洲、长江三角洲和环渤海地区人口快速增长的势头在 2006 年以后开始减缓，说明这些地区已进入工业化的后期，开始向后工业化时期过渡。但是，区域经济发展的严重不平衡造成人口向上海、北京、天津等超大城市集聚的局面依然没有改变。今后，打破行政壁垒，加强区域合作，实施优势互补，疏散发达地区的产业转移到欠发达地区，推动经济发展，逐步改变区域经济发展严重不平衡的状态，将是主要的任务。城市建设的重点将从中心城市向外围新城转移。中心城市将改变外延扩展的发展模式，走内涵发展的道路，逐步提高城市的整体素质。城市建设力图经过多年努力，形成分工合理、发展有序的城镇体系。

(3) 经过多年考察国内城市的发展，本书所揭示的城市发展普遍规律还是站得住脚的，在编制城市总体规划时，可以与其对照，以求减少一些盲目性。但是，城市的发展是由多种复杂因素决定的，在编制城市总体规划过程中，只有对城市发展存在的问题有充分的认识，了解其特殊性，才能编制出一个实事求是的、符合本市实际的、较为理性的规划来。应该极力避免从主观愿望出发，喊一些不切实际的口号，引起对城市发展的误导。

董光器

2012 年 1 月

第3版修改说明

《城市总体规划》一书于2003年出版，2007年出第2版，鉴于当时本人正在参与《北京城市总体规划》的编制，来不及对该书进行大修改，只是针对当时存在的突出问题，对"城市规模"这一章做了一点补充。

现在看，这本书的数据有很大部分是1998年的，需要更新。预测的经济发展目标也限于人均GDP达到4 000美元的经济发展阶段。目前我国不少城市人均GDP已突破4 000美元，经济发展阶段已从工业化初期进入工业化中后期，经济结构调整的任务已摆在面前，因此其后的经济发展状况也应加以补充。有一些经济发展方面的论述，如：如何走新型工业化道路，现代服务业的任务是什么，何谓先进制造业，创新在未来经济发展中的作用，创意产业包括哪些内容，流通在经济发展中的地位，怎样掌握房地产开发的"度"，如何根据不同的经济发展阶段来规划未来20年的发展目标……在这些方面有许多新观点，规划工作者应该有所了解，只有这样，编制的总体规划才有灵魂。此外，在生态环境保护等方面有一些新的成果可供借鉴；针对当前各城市政府在编制城市总体规划中存在的问题，相关章节提出了个人的看法。

我国的经济形势发展很快，变化很大，本书所反映的内容肯定跟不上瞬息万变的形势。但是，书中所揭示的城市发展的一般规律，仍有一定的参考价值。如果一个城市的发展规划与一般规律相距甚远，就要找找原因，分析一下规划设想是否符合实际。

我觉得在编制城市总体规划中当前存在的普遍问题还是对经济增长速度和城市化速度估计过快，城市规模追求过大，一些不切实际的口号也因此常常出现。究其原因之一，恐怕还是与对城市生长规律缺乏认识有关。有一些常识性的问题，不少地方领导未见得十分了解，总的愿望是希望把城市做大，而规划设计部门往往出于多种原因，在规划成果中体现了这种愿望，这样做又怎能落实科学发展观呢？本书的修改稿希望能为相关人员提供一定的参考。

董光器

2009年3月

第 2 版前言

《城市总体规划》一书，东南大学出版社决定再版。由于时隔数年，数据应该更新，但是因为工作量很大，一时难以做到，好在主要提供的是研究的方法与思路，况且作者的基本观点没有大的变化，所以这次暂不改动。

只是对于如何科学地预测城市规模，通过近几年的实践与探索，感触良多，觉得在编制城市总体规划的过程中，科学预测城市规模是城市总体规划要解决的核心问题。城市规模的预测是否合理，关系到能否落实党中央提出的科学发展观的要求；关系到能否按照“五个统筹”的要求，合理配置资源，保持城市持续、和谐、健康发展。为此，特借再版的机会，在“城市规模”这一章增加了“科学预测城市规模，建设节约型城市”这一节，作为预测城市规模的指导思想。同时，结合对北京新一轮总体规划的研究，对第 4.6.2 节的“城市规模测算举例二”加以重新改写，希望能给读者提供更具体的参考。

董光器

2007 年 1 月

前言

受东南大学出版社的委托，撰写《城市总体规划》一书，经过两年多的努力，终于草成一稿。鉴于我是从事具体工作的，且数十年来一直在北京工作，没有接受太多的理论熏陶，实际经验可能有一些，但局限性比较大，要写这个题目是十分困难的。1998 年接受了《城市规划导论》主编邹德慈先生之邀，撰写大城市规划问题这一部分内容，接触了一些国内外大城市发展规划的资料。近年来，我参与国内大、中、小城市的总体规划或纲要的研讨、评审的机会较多，也较多地了解了国内城市总体规划编制的情况。为了使本书的资料更丰富一些，我收集了 20 世纪 90 年代以来的《人民日报》、《文汇报》、《北京日报》、《光明日报》、《参考消息》等报刊登载的相关资料，这些也是本书编撰的基础。

我认为经济发展是城市发展的根本动力与基础，多年来城市总体规划与经济、社会发展目标结合不够紧密，很难校核总体规划确定的规模、提供的空间是否能满足经济与社会发展的需要。实践证明，不少城市总体规划制定的目标不是过分超前，把摊子铺得过大，浪费了资金与土地，就是过于保守，城市规模定得过小，因而很快被经济社会的发展所突破。因此，本书的第 1 章至第 5 章，着重论证了经济发展和城市发展的关系，分析了不同经济发展阶段三次产业的结构和劳动结构的变化规律，提出了如何根据经济发展速度确定城市化的速度；如何根据不同的经济发展特点以及区位、交通条件来确定城市性质，预测城市所能提供的就业岗位，计算城市人口与用地规模，进行城镇体系布局。为了使大家更具体地了解三次产业的发展状况，在第 2 章“城市发展战略”中，根据国内外经济较发达城市的经验，专门论述了一、二、三产业的发展趋势，特别对第三产业做了更为详尽的阐述，尽可能把在市场经济条件下出现的一些新兴产业进行重点介绍，也对一些产业在国内发展的动态作了描述，试图从战略、宏观的层面使大家粗略地了解现代城市经济和社会发展的内容、趋势与特点。

中国是历史悠久的国家，也有着悠久的城市发展史。在城市现代化的过程中，如何正确处理历史城市保护与发展、改造的关系，如何用城市设计的理论方法去指导城市建设，创造富有中国特色的现代城市形象，是大多数城市面临的问题。本书第 6 章重点论述了城市设计如何跳出建筑师、规划师的专业局限，从政治、经济、社会发展的大背景出发，用综合、长期、发展的观点来认识城市发展的规律，正确处理城市设计与城市发展的关系，认清当前形势，明确城市设计的任务与具体内容。

21 世纪是环境与发展的世纪，是信息化的时代。如何用生态环境保护的观点来指导城市基础设施建设，明确各项专业规划的任务，如何建设现代城市综合交通体系，如何加速城市信息化的进程，用信息化带动工业化、城市现代化，实现跨越式的发展，是今后若干年城市发展必须要解决的问题，在第 7、8 两章对这方面的一些基本知识作了介绍。第 9 章着重提出了城市政府在社会主义市场经济体制下，如何用开放城市的理念指导城市建设，明确了实施城市总体规划中应该抓的几项主要任务。

城市总体规划是一项战略性的任务，在明确一定时期（20 年左右）城市发展方向与目标的同时，也要对长远发展有所估计，留有充分的弹性，不能把内容定得过死、过细。在实施规划的过程中，必须密切注视城市经济、社会发展的动向，分析新形势，研究新问题，不断地加以调整、深化、补充、完善，为修改下一轮总体规划积累资料。到规划目标即将完成时，必须加以修订，编制新一轮总体规划（根据一般规律，10 年左右就要修订一次）。城市建设是在城市总体规划指导下滚动发展的。

董光器

2002 年 10 月

1 经济发展与城市

从1978年算起，党中央提出以经济建设为中心，我国的改革开放之路已走过了近40年，从1992年确立社会主义市场经济体制以来也经过了20多年的发展历程，经济发展取得了巨大成就，2010年我国的GDP已超过日本，跃居世界第二位。珠三角、长三角和环渤海地区以及沿海首批开放城市都有了长足的发展。随着中央提出中部崛起、西部开发、东北振兴的策略，我国的工业化与现代化的建设正在逐步从沿海地区向内陆推进。2012年，党的十八大提出实现建党一百年和建国一百年的"两个一百年"奋斗目标，为我国从建成小康社会到走向国家富强指明了方向，中国的城市化步伐必将走得更快、更稳。

城市规划如何适应转型期经济发展的要求，更好地为经济发展服务，至今尚在不断探索之中。从许多城市总体规划编制的内容来看，经济、社会发展与城市总体规划之间还存在着不同程度的脱节现象。经济、社会发展目标主要根据城市发改委提出的内容表述，而城市性质、规模、布局还是按传统的规划概念阐述，两者缺少必然的联系，规划所提供的空间能否满足经济发展的要求无法进行校核，这样城市规划很难有效地为经济、社会发展服务。

此外，在经济发展与城市发展的关系上还存在一些模糊概念。到底是经济发展带来了城市的发展，还是城市建设推动了经济发展，两者何者为因，何者为果，存在什么辩证关系，似乎不大清楚。目前，不少地方提出加快城市化的步伐推动经济发展的口号，提出要把城市做强做大，似乎不做成百万城市誓不罢休，不建成国际大都市誓不罢休。联想到20世纪90年代初，全国有40多个城市在城市性质中提出建成国际大都市的目标，至今还有不少城市把建设"世界城市"的口号喊得震天响。结果是，城市政府的豪言壮语似乎并不灵验，经济仍然遵循其自身的规律发展，这样做当然会使一些人对城市规划的作用产生怀疑，因而造成一些新的误解，究其根源，还是因为没有弄清楚经济发展与城市发展之间的关系。

第1章首先谈这个问题，是为了使城市规划工作者了解经济发展对推动城市发展的作用，并以此为主线，贯穿于城市规划工作的始终；明确城市规划工作的任务与方法，以便使城市规划更好地以经济建设为中心，把经济发展与城市建设两者紧密结合起来，通过城市规划为经济、社会发展提供合理的发展空间，保持良好的生态环境，在促进经济、社会发展的同时，把城市建设引入健康、有序、持续、快速发展的轨道。

1.1 世界城市发展回顾

众所周知，在原始社会初期，人类居无定所，并无城市可言。直至大约5 000年前，人类进入奴隶社会，农业、畜牧业、手工业的发展，使部落的聚居点开始相对固定下来。为了防御其他部落入侵，已运用筑墙御敌的手段，形成城邑；在聚落集中居住的地方进行剩余产品的交换，形成集市，这两种功能的结合，形成了原始的"城市"。随着经济发展、城乡分离，城市成为地方政权的所在地，形成一定地域的政治、经济、文化中心，例如战国时代的方国都城、欧洲的公国。进入封建社会，在部族争战中出现了统一的大帝国，帝国的统治中心形成了数十万乃至上百万人口的大城市，例如汉长安、隋唐洛阳、元大都、明北京城，这些城市的主要功能是政治中心，往往是倾全国之财力与物力营造宫阙城池，统治着广大农牧地区，虽然当时城市也有商业与手工业，但主要是消费型的，还不能称为现代城市。同时，在自然经济时代，城市发展是比较缓慢的，绝大多数农牧民还是居住在农村。城市的形态是比较封闭的，其辐射范围很小,对外交流极少,大多是处于自给自足的经济状态。

18 世纪中叶,以蒸汽机发明为起点,爆发了工业革命,机器代替了手工,生产效率极大地提高,以家庭、作坊为生产单位的自给自足的经济逐渐被社会化的大生产所取代,工厂企业大量集中于城市,推动了城市化的进程,出现了工业城市;随着产品增加,贸易市场扩大,区位适中、交通方便的地方成为商贸中心,形成了商业城市,现代意义上的城市也就在这个基础上涌现了出来。

200 多年来,随着科技不断进步,经济不断发展,全球城市化的进程不断加速,大量人口向城市集中。2009 年全世界约有 50.3%的人口住在城市地区,到 21 世纪中,这个比例将达到 65%左右。大城市的数量不断增加,据联合国人类聚落研究中心的报告(1987),1900 年全世界百万人口的大城市只有 13 个,1950 年增加到 71 个,1960 年为 114 个,1980 年达 222 个,在 20 世纪末突破 400 个。其中,400 万人口以上的大城市 1960 年为 19 个,到 20 世纪末增至 66 个,到 21 世纪中将突破 100 个。根据《全球城市展望》(1992)所载,人口规模在 800 万以上的巨大城市,1950 年只有纽约和伦敦两个,1970 年增至 10 个,1990 年为 20 个,20 世纪末已接近 30 个。

综上所述,现代城市的出现是工业化的产物,城市化是经济发展的结果,城市化的速度取决于经济发展的需要,随着科技进步、经济发展,城市化的速度将不断加快。在城市化的浪潮中人类面临诸多挑战,如环境与气候变化、信息与监控、土地与住房、社会融合、城市管理等等。在提升人民幸福感方面,包括:就业、就读、医疗、通讯、交通、收入、文化等也面临巨大压力。城市的规划建设工作者面临艰巨复杂的任务,责任重大。

1.2 科技进步是城市发展的根本动力

各国的城市发展史表明,凡是产业革命的发源地必然会成为经济发展中心,也是现代城市首先崛起的地方。

第一次科技革命发生在 18 世纪 60 年代的英国,以蒸汽机的发明为标志,由于机器代替了手工,生产效率呈十倍、数十倍地增长,英国成为工业最发达的国家,有“世纪工厂”之称,英国的大量产品倾销国外,取得了世界贸易的垄断地位。工商业的发展,造就了世界上第一个大城市群,19 世纪中叶,伦敦首先成为国际经济中心,人口突破 200 万,同时,又涌现出曼彻斯特、利物浦、伯明翰等一批工业或工商业城市。

第二次科技革命发生在 19 世纪中后期的德国和美国,以电、化工技术和内燃机的发明与应用为标志,出现了电力、电气机械、汽车、石油、化工等一批新型产业,推动了欧美各国经济的发展,造就了欧洲西北部由大巴黎地区、莱茵—鲁尔地区、荷兰兰斯塔德地区以及比利时等地区组成的城市群和美国东北部的“波士华”(波士顿—华盛顿)城市带、五大湖城市群,先后涌现出欧洲的巴黎、科隆、阿姆斯特丹、鹿特丹、安特卫普、布鲁塞尔,美国的波士顿、纽约、费城、巴尔的摩、华盛顿以及芝加哥、底特律、克利夫兰、匹兹堡等一批新兴城市。

第三次科技革命始于 20 世纪中叶的美国,以电子技术和空间技术的发明与应用为标志,出现了电子、宇航等新的主导产业部门,推动了以美国西部旧金山、洛杉矶为代表的城市群的发展。东亚日本通过吸收先进技术与创新,经济发展很快跃居世界领先地位,造就了东京、大阪、名古屋三大城市圈。

20 世纪末,以微电子为代表的新技术革命正在发展,生物工程、光电子、新材料、海洋工程等高新技术研究取得重大突破,正在不断涌现新的产业部门,特别是信息技术(IT)的发展,信息高速公路计划的实施,互联网的形成,把第三次科技革命推向新高潮,使世界进入大数据时代。

现在第四次科技革命是第三次革命的基础上发展起来的数字革命，其特点是技术融合，模糊了实体物理世界、数字虚拟网络世界和生物世界的界限。工业 4.0 具有 3.0 不具备的两大特质：一是标准化大批量生产变为个性化定制生产，实现了柔性生产，企业能生产消费者特别偏好的个性产品和服务；二是智能生产最大限度减少公差，提高了产品的精度和质量。它几乎打破了每个国家每种行业的发展模式，预示着生产、管理、治理整个体系的变革。随着实体、数字和生物世界继续融合，新技术平台推动技术的创新带来效率的提高，政府决策更全面，交通运输和通信成本下降，后勤和全球供应链变得更加高效，贸易成本大大降低，所有这些将打开新市场，推动经济增长。同时依托互联网和可再生资源结合，化解人类面临的能源危机，成为建设生态文明的重要契机。这个利用信息技术促进产业变革的时代，也就是智能化时代，是第四次工业革命最本质的特征。这场惠及全体人民，意义深远的科技革命，必将极大地改变整个世界的格局。

1.3 经济能量的集聚与扩散和经济增长重心的转移是城市形成与发展的基础

各国城市的形成和发展都和经济能量的集聚有关，经济能量在什么地方集聚，什么地方就会出现城市化高度发展地区，随着城市群的形成，必然涌现出大城市。经济发展重心转移到哪里，哪里就会出现城市群和大城市。

1.3.1 经济能量集聚促使大城市的诞生

工业化带动城市化，城市群是在快速城市化的过程中逐渐形成的。在第一次产业革命时期，由于蒸汽机的动力是煤，因而最早的城镇是在接近煤和其他原料的产地发展起来的，例如英国的伯明翰和德国的鲁尔地区，当时的城市除了工业生产外，还具有相对独立的行政、商贸职能。铁路交通的出现，把松散的城市通过铁路和内河航道串联起来，密切了城市间的经济往来与生产协作。第二次产业革命，电力、内燃机和化工技术的发展，汽车、飞机以及大吨级海轮的出现，使交通运输效率大大提高，城市间的时空距离大大缩短，联系更为方便；随着生产的发展，社会化大生产要求分工越来越细，各城市完全可以根据各自不同的条件，在专业化的分工与协作中承担自己最擅长的角色，以推动经济的更快发展。在这样的条件下，城市就从分散的点，逐渐连接成线，扩展成片，最后形成数量规模不等、各具特点而相互联系、相互依存的区域城镇体系。这种城市群体，经济学家称之为城市带、城市圈或城市连绵区。在这个城市群体中，必然有一个或几个核心城市，由于具有良好的气候和土地条件，且有靠近港口或内河航运以及铁路、公路干线的交叉点等区位优势，经济发展条件比其他城市优越，促使产业和人口向该地集聚，使其经济实力大大超过其他城市。城市规模的扩大更有利于组织生产和流通，为城市提供更好的服务，进一步推动各项事业的发展，使城市从制造业中心逐步扩展为贸易、金融、信息、服务、文化娱乐中心以及管理决策中心，使其成为对一定区域具有强大辐射力的处于经济支配地位的中心城市，这就是大城市的诞生。

1.3.2 经济能量的扩散引起新城市崛起

经济能量集聚能给城市带来繁荣，但是发展到一定程度也会出现负面效应。

(1) 大城市产业与人口高度密集使城市用地日显紧张，在级差地租的作用下，土地价格越来越昂贵。例如，在 2000 年时香港每平方米土地的批租价格为 3 500 美元左右，而纽约高达 3 000～10 000 美元，东京市中心地带批租价格一度 10 倍于纽约。

(2) 随着生活水平的提高,劳动力价格也越来越贵,例如,1977 年,日本制造业工人的月平均工资为 748 美元,而韩国只有 143 美元。在这两个因素的作用下,产品成本不断提高。

(3) 新技术的广泛使用,对生产的推动作用逐渐减弱,产品超过需求,市场日趋饱和,因而产生激烈的市场竞争。这种状况持续发展下去,就会引起经济衰退。为了克服经济衰退,振兴经济,就要对城市的产业结构加以调整。一方面要开发新技术,生产新产品,提高产品的技术含量,增加竞争力,占领市场,争取更高效益;另一方面要为老产品寻找出路,通过技术和资本转移,实现产业和贸易从发达国家向发展中国家转移。这样,既可缓解发达国家经济衰退的矛盾,又可使发展中国家利用土地、劳动力价格便宜和潜在市场巨大的优势,借用发达国家的资本和技术,推动本国工业化和城市化的进程,增强经济实力。因而经济能量在经济动态比较利益驱动下向外围扩散、转移也是顺理成章的事。

这种能量在转移发展到一定程度时,就会引起经济增长重心的转移,大大刺激接受转移地域的城市的发展。据联合国人类聚落研究中心的报告(1987),发展中国家百万人口大城市的发展速度在 20 世纪下半叶大大快于发达国家。1960 年发达国家拥有百万人口以上的城市有 62 个,发展中国家只有 52 个;到 1980 年,发达国家有 103 个,发展中国家却增至 119 个,超过了发达国家。20 世纪末,发达国家大城市达 129 个,而发展中国家增至 279 个,大大超过了发达国家。

200 多年世界经济的发展,就是在经济能量不断集聚与扩散的运动中成长的,在一定地域,经济增长达到高峰以后,必然有一个经济发展相对缓慢的低谷,引起增长重心的转移。接受转移的地域,由于接受现成的先进技术,且可博采众长,少走弯路,产生后发优势,以极快的速度赶上先进国家,如在此基础上再进行技术创新,进一步推动经济增长,就会从量变到质变,超过老牌的发达国家,后来居上,成为新的经济中心。德国、美国在 20 世纪上半叶先后超过英国,日本又在 20 世纪下半叶超过欧洲发达国家跃居世界第二位,都是先引进、后创新的结果。经济学家把这种现象称为长周期波动,完成一次波动的周期大约需半个世纪。200 多年来,世界已经历过 4 次经济发展长波周期,经济增长重心先后从英国转向欧美又转向亚太地区。目前,正处于第四次长波下降和第五次长波上升的交替时期,21 世纪谁能成为经济增长的中心,还要拭目以待。

美国麦肯锡全球研究所利用英国经济学家安格斯·麦迪森对历史上各国 GDP 的估算数据表明世界经济重心千年后回归东方。在公元 1 000 年,中国和印度占全球经济总量的三分之二,全球经济重心稳固地居于东方。在保持了 820 年后,随着英国工业革命的到来,世界经济重心开始向欧洲转移,随着美国 GDP 的增长,又向北美转移。然而,在过去的几十年里,东方经历了令人震惊的经济崛起和城市化,已迅速地将世界经济重心拉回东方。据麦肯锡全球研究所预测,到 2025 年,全球经济重心将像公元 1 000 年时那样又回到东方。

1.4 城市现代化发展阶段的划分

城市现代化从低级到高级发展大体上经历了前工业化时期、工业化时期和后工业化时期 3 个阶段。

前工业化时期。也可以理解为以农牧业为主的时代,生产以第一产业为主,农业人口是人口的主体,城市只有手工业和商业,往往是行政中心,管辖着一定的农村地域。

工业化时期。产业革命引起经济快速增长,人口大量向城市集中,非农业人口超过了农业人口,成为地域人口的主体,标志着城市进入工业化时期,也是城市现代化建设的开始,这个时期第二产业的发展带动经济起飞,成为三次产业的主体。根据三次产业革命对城市经济的影响,又可以分为工业化初期、发展期和成熟期。工业化初期大量劳动密集型工业在城市发展;工业化发展期开始出现资本密集型的重化工业体系，带动经济飞速发展；工业化成熟期，技术密集型的工业成为工业发展的主体，高新技术产业发展，制造业工人的比重逐渐下降，服务业职工的比重上升，第三产业在三次产业的比重逐步上升，与第二产业旗鼓相当，甚至略有超过。

后工业化时期。第三产业成为三次产业的主体，科技高度发达，高新技术逐步取代传统产业。城市的职能从以制造业为中心逐步转化为金融、贸易、信息咨询中心及生产中枢管理中心。制造业工人的比重大大下降，而服务业职工的比例上升。据美国的统计，20 世纪初服务业职工人数只占就业总数的 30%；到 1950 年服务业和制造业两者比例持平；1968 年服务业职工比重上升到 60%；20 世纪 90 年代初，东京、纽约从事商业金融、决策管理、广告、会计、律师、工程服务、商业服务、运输通信等广义服务的人员占全市从业人员的比重分别高达 70.6%～83.9%。

用人均国民生产总值来衡量，城市现代化发展大体可以分为 500 美元、1 000 美元、2 000 美元、4 000 美元、10 000 美元、20 000 美元 6 个阶段。人均 500 美元常常标志着完成了城市工业化的准备阶段，新加坡、香港等城市大体上是以此为起点，开始工业起飞的。人均 1 000 美元，一般进入城市高速发展时期，人口增长速度明显加快。人均 4 000 美元，是国际上公认的实现初步现代化的标志，城市化的水平大幅度提高，第三产业在三次产业中的比重已有较大增加，逐步接近以至超过第二产业，届时，人口的增长速度开始减缓。当人均国民生产总值达到 10 000 美元时，标志着工业化已进入成熟阶段，开始向后工业化时期过渡。当人均国民生产总值突破 20 000 美元时，可视为该城市已进入后工业化阶段，进入发达国家城市的行列，届时，人口规模趋于稳定。

一个城市从工业化开始发展到成为世界先进水平的现代城市，英国的伦敦经过了大约 200 年，纽约经过了 100 年，而后发展起来的城市，由于在直接接受先进技术的基础上起步，时间大大缩短，东京、新加坡、首尔和我国的香港、台北，只用了三四十年。

1.5 中国大城市发展现状

党的十一届三中全会以来，特别是党的十四大确立社会主义市场经济体制以后，改革开放不断深化，中国经济进入持续高速发展的新时期。

一方面，随着世界经济增长重心向亚太地区转移，不论是欧美，还是日本、新加坡、韩国和中国的台湾、香港，在不同的经济发展层次，都有调整产业结构、扩散部分产业到发展中国家或地区的需要。这无疑为具有土地、劳动力资源优势和巨大潜在市场的中国提供了接受产业、技术和资本转移，加快经济发展的机遇。

另一方面，经过了近 40 年的改革，中国的经济体制格局和运行机制已经发生了深刻的变化，计划经济体制下将国内市场与国际市场隔离的障碍正在逐步消除，中国的经济运行方式正在与国际接轨，特别是我国加入 WTO 以后，中国的经济发展已逐步融入全球经济发展之中。

近 40 年来，通过分阶段、分步骤、不失时机地逐步扩大开放，正在使机遇变成现实，目前已初步形成从经济特区到沿海开放城市，从沿江经济开发区到内陆省会开放城市，从内陆经济开发区到沿边开放区，多形式、多领域、多层次的开放格局。

实行全方位的对外开放，使对外贸易大幅度增长，贸易依存度大大提高。2009 年，国际贸易在世界各国的排名已从 1978 年的第 29 位上升到第 3 位，超过了日本，仅次于美国和德国，2013 年中国的进出口规模 4.16 万亿美元，超过美国，居世界第一位。

国际资本大量涌入。从 1979 年至 2015 年，外商来华投资项目累计达 83.6 万个，实际使用金额已近 16 408 亿美元。中国已成为吸引外资最多的国家,目前有近 30%的工业增加值是由"三资"企业实现的。

我国对外开放的起点日益提高,一大批著名的跨国公司纷纷来华投资,规模日益扩大,截至 2004 年,世界 500 强中,已有 450 家在华投资,其中已进入上海的有 256 家,深圳 64 家,广州 58 家,北京 53 家,青岛 31 家,厦门 24 家,2013 年,世界 500 强中有 280 家在北京落户。美国《财富》杂志前不久向跨国公司作了一个问卷调查,92%的公司表示在若干年内计划将地区总部设在中国,其中 30%表示首选在上海,15%首选北京,11%首选深圳。2015 年世界 500 强中其总部在北京落户的达 50 家。世界上排名前 50 位的著名大金融机构大都已在中国落户,金融活动国际化程度逐步提高,在上海开办的外资金融机构和代表处已达 110 多家。中国经济的国际化进程已有了实质性的开端。

体制改革释放出巨大的经济发展潜能,经济的高速发展又极大地推动了我国城市化的进程,加速了大城市的发展。

1.5.1 大城市数量增加

近 60 年来,百万人口以上的大城市数量随着经济的增长而增加。1949 年,我国共有城市 120 个,城市化水平仅 5.1%,百万人口以上(以市区非农业人口计,下同)的城市只有北京、天津、上海、沈阳、广州 5 个,其中只有上海人口超过 400 万。1957 年,第一个五年计划完成时,城市总数为 170 个,城市化水平增至 8.4%,百万人口以上的城市增加到 10 个,新增的城市为哈尔滨、南京、武汉、重庆、西安。1978 年,党的十一届三中全会召开前夕,城市总数增加到 195 个,比 1957 年仅增加 0.15 倍,城市化水平仍维持在比 1957 年稍低的水平,为 8.3%,百万人口以上的城市为 13 个,比 1957 年增加了长春、太原和成都,400 万人口以上的城市为上海和北京 2 个。1991 年党的十四大召开前,经过改革开放 13 年的发展,城市总数增加到 479 个,比 1978 年增加 1.45 倍,城市化水平提高到 13.5%,百万人口以上的城市增加到 31 个,比 1978 年增加 1.38 倍,全国 75%的省会城市进入百万人口以上城市的行列,其中 400 万人口以上的城市为上海、北京、天津 3 个。1992~2015 年,全国经济进入快速发展时期,截至 2015 年底,城市总数达 656 个比 1978 年增加 2.36 倍,城镇化水平达 56.1%,按中心城区的人口统计,在地级以上的城市中,突破 1 000 万人的城市有 5 个(上海、北京、广州、深圳、重庆),500 万~1 000 万人的城市有 8 个(天津、沈阳、南京、杭州、郑州、武汉、东莞、成都),100 万~500 万人的城市有 73 个。

1.5.2 城市群加速形成,日趋成熟

随着经济能量在一定地域相对集聚,城市数量迅速增加,加快了城市群的形成与发展,沿海、沿江经济发达地区城市群迅速崛起。与港、澳地区相对应的深圳、珠海和广州,与台北、高雄隔海相望的福州和厦门,处于长江下游的上海、南京与杭州、宁波,山东半岛的济南、青岛与烟台、威海,华北京、津、唐地区,辽中南沈阳、鞍山、抚顺和大连,长江中游以武汉为中心,长江上游以重庆、成都为中心等 8 个城市群正在逐步形成,其中珠江三角洲、长江三角洲和环渤海三大城市群最有条件率先走向成熟,并崛起为国际经济中心城市。

珠江三角洲经济区包括以广州、深圳、珠海为中心的 17 个市、县组成的广大区域,总土地面积为 54 963 km^2,2015 年人口为 5 811 万,国内生产总值为 62 268 亿元(占全国国内生产总值的比重为 9.12%)。该地区开放最早,毗邻港澳,城镇数量多,经济实力强,城市化程度高,基础设施条件比较完善,具有滨海优势。随着港澳回归,将形成中部以广州为核心,东部以深圳、香港为核心,西部以珠海、澳门为核心的三大都市区,香港是该地区的国际经济中心城市。

长江三角洲经济区包括以上海、南京、杭州、宁波为中心的 14 个地级以上城市及所辖地区，总土地面积为 98 861 km^2，2015 年人口为 10 374 万，国内生产总值为 104 437 亿元(占全国国内生产总值的比重为14.5%)。该地区城市群发展比较成熟，各类城市规模级配和空间布局合理，经济实力雄厚，生产力水平高，经济内在素质好，且有长江流域广阔腹地，是我国发展潜力大、最具后发性效益、前景最广阔的经济发展带。上海地处长江流域的出海口，是我国东部沿海和长江流域沿江两大经济发展带的交汇点，对全国最具集聚与扩散效应，是我国继香港之后最有条件发展成为国际经济中心的城市。

环渤海经济区包括了辽中南、京津冀和山东半岛 3 个城市群，共有 27 个地级以上城市，总土地面积为 327 957 km^2，2015 年人口为 14 900 万，国内生产总值为 128 120 亿元(占全国国内生产总值的比重为 17.42%)。

其中：辽中南城市群包括沈阳、大连、鞍山、抚顺等 11 个地级以上城市，总土地面积为 104 218 km^2，2015 年人口为 3 578 万，国内生产总值为 35 418 亿元。

京津冀城市群包括北京、天津、唐山等 8 个地级以上城市，总土地面积为 154 459 km^2，2015 年人口为7 147 万，国内生产总值为 55 103 亿元。

山东半岛城市群包括济南、青岛等 7 个地级以上城市，总土地面积为 68 729 km^2，2015 年人口为 4 175万，国内生产总值为 37 599 亿元。

环渤海地区与日本群岛、朝鲜半岛和俄罗斯相邻，有传统的贸易关系，在 5 800 km 长的海岸线上可通过 40 多个港口与对外进行联系，且有方便的交通深入东北、华北、华东以及中原广阔的腹地；海洋资源、矿产资源、旅游资源丰富；科技发达，有雄厚的科技实力。但三个城市群之间联系较弱，地域过于分散。北京是我国的首都，是全国的政治、文化中心，在国际政治、经济、文化交往方面有诸多优势，且信息集中，交通方便，科技、教育、文化、艺术发展都优于其他城市，客观上以京津塘高速公路串联起来的地区已成为华北地区最发达的经济发展带。自 2012 年 2 月习近平主持召开京津冀协同发展工作座谈会，2015 年 6 月中共中央办公厅颁发了《京津冀协同发展规划纲要》以后，京津冀协同发展工作正在扎实推进，疏散非首都功能的工作不断落到实处，交通和公共设施一体化进程加速，产业布局更趋合理，生态保护得到强化，一个以首都为核心，以京津为经济发展主引擎，京津冀目标同向、措施一体、优势互补、互利共赢、协同发展的新格局正逐渐形成，日趋成熟。

1.6 2020 年中国城市发展的展望

为了解我国各城市处于什么经济发展阶段，到 2020 年城市发展可能达到什么水平，根据中国城市统计年鉴 1998 年所载地级以上城市的统计资料和 2006、2012、2015 年所载地级以上城市的统计资料进行了对比分析，大体结果如下：

1) 城市发展现状

经过 38 年努力，我国城市工业化的水平已有极大提高，按地区统计，2015 年已有近 7 成(68.3%)城市人均 GDP 突破 4 000 美元(其中省会城市全部超过 4 000 美元)，向工业化成熟期过渡，有 13.5%的城市 GDP 过万美元；3 成以上(32.7%)城市突破 1 000 美元，进入城市快速发展时期(表 1.1)。

表 1.1　按地区范围统计人均国内生产总值的水平

人均国内生产总值/美元	1998 年		2006 年		2012 年		2015 年	
	城市数/个	占城市总量的比重/%	城市数/个	占城市总量的比重/%	城市数/个	占城市总量的比重/%	城市数/个	占城市总量的比重/%
<500	38	16.6	5	1.8	1	0.35	0	0
500～1 000	112	48.9	50	17.5	1	0.35	0	0
1 000～2 000	58	25.3	128	44.8	18	6.23	5	1.7
2 000～3 000	14	6.1	48	16.7	56	19.37	27	9.3
3 000～4 000	3	1.3	19	6.6	55	19.03	60	20.7
4 000～10 000	3	1.3	35	12.2	128	44.29	159	54.8
>10 000	1	0.5	1	0.4	30	10.38	39	13.5

如果按市区范围统计，1998 年 90%的城市处于从 500 美元向 4 000 美元发展的阶段；至 2015 年这个比例下降至 17.24%，突破 4 000 美元的城市却从 3%增至 82.76%（表 1.2）。

表 1.2　按市区范围统计人均国内生产总值的水平

人均国内生产总值/美元	1998 年		2006 年		2012 年		2015 年	
	城市数/个	占城市总量的比重/%	城市数/个	占城市总量的比重/%	城市数/个	占城市总量的比重/%	城市数/个	占城市总量的比重/%
<500	16	7	3	1.1	1	0.35	0	0
500～1 000	52	22.7	20	7.0	1	0.35	0	0
1 000～2 000	111	48.5	75	26.2	9	3.11	1	0.35
2 000～3 000	31	13.5	70	24.5	26	9.00	17	5.86
3 000～4 000	12	5.2	46	16.1	31	10.72	32	11.03
4 000～10 000	6	2.6	67	23.4	171	59.17	168	57.93
>10 000	1	0.5	5	1.7	50	17.30	72	24.83

以上统计表明，多数城市的工业化已趋向成熟，经济结构调整的任务已提到日程上来，今后在发展第二产业增加城市实力的同时，加快发展第三产业将成为主要任务。

2）从人均 500 美元起步到实现初步现代化（人均 4 000 美元）大体需要 14～20 年

在编制经济发展规划时，都会遇到经济增长速度的问题。在 20 世纪 90 年代初期，很多城市都把这个指标定得过高，希望在 20 年左右始终保持 15%以至 20%以上的增长率，实践证明这个估计过于乐观。到底经济发展可能以什么样的速度增长，影响因素很多，如城市的规模大小、资源条件、区位条件、经营策略、能否抓住机遇等主客观条件，很难有一个绝对的标准，但是从我国和亚洲一些城市发展的实际状况来看，还是有一个大体规律可供参考。

（1）亚洲四小龙的发展状况

根据北京市城市规划设计院《城市规划与建设》第七期提供的资料（1991 年 3 月），韩国 1974

年人均国内生产总值为 535 美元，1977 年突破 1 000 美元(1 028 美元)，1984 年突破 2 000 美元(2 044 美元)，1988 年突破 4 000 美元(4 127 美元)，从工业化开始到实现初步现代化，经历了 14 年。

我国台湾省 1972 年人均国内生产总值为 519 美元，1976 年突破 1 000 美元(1 130 美元)，1980 年突破 2 000 美元(2 315 美元)，1986 年接近 4 000 美元(3 688 美元)，如果突破 4 000 美元按 1987 年计，从工业化开始到实现初步现代化经历了 15 年。

新加坡在 1965 年宣布独立时，人均国内生产总值约 600 美元，根据世界银行编写的《世界发展报告》，新加坡从 1967 年到 1987 年的 20 年时间内，人均国民生产总值从 660 美元增至 7 940 美元，1991 年超过 10 000 美元，1994 年达 23 532 美元，大约花了 31 年时间进入经济发达城市的行列。根据推算，从工业化开始到实现初步现代化大约经历了 17 年(1963～1980 年)。

我国香港 1968 年人均国内生产总值为 514 美元，1973 年突破 1 000 美元(1 160 美元)，1978 年突破 2 000 美元(2 207 美元)，1981 年突破 4 000 美元(4 260 美元)，1995 年人均国内生产总值达到 21 650 美元，大约花了 27 年时间进入经济发达城市的行列。香港从工业化开始到实现初步现代化经历了 13 年。

从亚洲四小龙的经济增长速度来看，不同年份发展很不平衡，既有高达 20%～30%的，也出现过负增长，但是平均增长速度均在 10%左右，最高不超过 15%，也就是说，在实现工业化的初期，在 10～15 年内保持 10%或者稍高一点的两位数增长是有可能的。

(2) 我国城市的发展状况

上海 1986 年人均国内生产总值达到 500 美元，1992 年突破 1 000 美元(1 055 美元)，1995 年突破 2 000 美元(2 310 美元)，2000 年突破 4 000 美元(4 131 美元)，共花了 14 年时间实现了初步现代化的目标。大体上保持了近 10 年两位数增长的记录。

北京 1988 年人均国内生产总值接近 500 美元(471 美元)，1993 年接近 1 000 美元(972 美元)，1997 年突破 2 000 美元(2 042 美元)，2003 年突破 4 000 美元(4 241 美元)，历时 15 年，实现初步现代化的目标。北京持续两位数增长的年头与上海相似。

根据 2012 年地区和市区人均 GDP 达到 4 000 美元的城市和 1998 年的资料对照，多数城市可以用 14～17 年时间实现初步现代化的目标，少数城市需要 20 年或者更长一点的时间。

如果再细分一下，大体上从人均国内生产总值 500 美元增加到 1 000 美元需要花 4～6 年时间，少数需要 8 年；从 1 000 美元增加到 2 000 美元需要花 4～7 年时间；从 2 000 美元增加到 4 000 美元需要花 4～8 年时间，简言之，每一个五年计划上一个台阶是有可能的，一般经济发展规划，用 3 个五年计划或更多一点的时间，完成初步现代化的目标应该说比较切合实际。

这个推论对于小城市是否适用呢？我们对北京近郊 10 个县作了分析，大体上人均国内生产总值从 500 美元增加到 1 000 美元经历了 4～8 年时间，平均在 6 年左右，和大城市差别不大，大体也可作为县域经济发展规划定位的参考。

以上参考数据是对一般条件下多数综合性城镇而言的，对于沿海首批开放的特区或者国家重点投资开发的一些工矿城市来说，速度要快很多。例如：

深圳 1980 年人均国内生产总值仅 104 美元，约在 1983 年突破 500 美元(约 574 美元)，1988 年突破 1 000 美元(1 554 美元)，1990 年突破 2 000 美元(2 413 美元)，1992 年突破 4 000 美元(约 4 887 美元)，仅用 9 年时间走完了其他城市需要 14～20 年的历程。

珠海 1985 年人均国内生产总值仅 312 美元，约在 1987 年突破 500 美元(约 554 美元)，1990 年突破 1 000 美元(约 1 488 美元)，1991 年接近 2 000 美元(约 1 949 美元)，1998 年突破 4 000 美元(4 625 美

元)，用了 11 年时间实现了初步现代化的目标。

厦门 1990 年人均国内生产总值突破 500 美元(551 美元)，1998 年突破 1 000 美元(约 1 241 美元)，1994 年接近 2 000 美元(1 931 美元)，1998 年突破 4 000 美元(4 027 美元)，用了 8 年时间实现了初步现代化。

东营、嘉峪关等工矿城市也有同样的状况。

以上例子说明在特殊机遇的状况下，少数城市可能以超常的速度发展。但是，对于大多数城市而言，经济发展定位不能操之过急，还是应该尊重经济发展规律。把经济发展目标定得过高，片面强调把城市做强做大，可能会欲速而不达。过早占用土地发展城市，过多进行房地产开发，既浪费土地资源，又出现许多“烂尾楼”的现象，在“九五”期间不少城市都犯这个毛病，造成的浪费是惊人的。时至今日，我国房地产开发过热的问题尚未扭转，这是一个令人十分担忧的问题。

3) 各不同经济发展阶段的城市呈现出不同的特征

为了对各不同经济发展阶段的城市特征有一个大体了解，作为城市总体规划经济发展定位的参考，我们根据 2006 年的资料，对 286 个地级以上城市(全市域范围)的现状特征，作如下粗略分析。

(1) 城市化水平

一般来说，经济越发达的城市，其城市化水平越高。我国 2006 年人均国内生产总值超过 4 000 美元的城市共有 36 个，86%以上的城市，城市化水平超过 40%；人均 GDP 在 2 000 美元至 4 000 美元之间的 67 个城市，城市化水平超过 40%的降至 52.3%；人均 GDP 在 1 000 美元至 2 000 美元之间的 128 个城市，城市化水平超过 40%的只占 16.4%；而人均国内生产总值在 1 000 美元以下的 55 个城市，几乎全部城市化水平不足 30%，其中 80%的城市，城市化水平在 20%以下(表 1.3)。

表 1.3　不同经济发展阶段城市地区城市化水平统计

人均国内生产总值/美元	城市数/个	%	城市化水平/%							
			＞70		40～70		30～40		＜30	
			个	%	个	%	个	%	个	%
＞4 000	36	100	9	25.0	22	61.1	5	13.9	0	0
2 000～4 000	67	100	3	4.5	32	47.8	12	17.9	20	29.8
1 000～2 000	128	100	3	2.3	18	14.1	31	24.2	76	59.4
500～1 000	50	100	0	0	1	2.0	0	0	49	98.0
＜500	5	100	0	0	0	0	0	0	5	100.0

由于各地区行政辖区大小很不一致，地域范围内农业地区所占比例越大，其城市化水平越低，反之，由于地域范围内农业地区所占比例很小，城市化水平也可能比较高。因为我国城市化水平的计算是以非农业人口占地区总人口的比例核算的，而改革开放以来，乡镇企业兴起，不少农业劳动力实际已从事二产与三产，但仍计入农业人口，经济结构的变化未完全反映在城市化水平上。因此在确定城市经济发展定位时，市区(中心城市)与建制镇、乡镇应该根据不同的城市化水平确定发展目标，地区规划城市化水平实际是辖区内城镇体系的综合水平，这个指标将会比市区(中心城市)低，而比其他城镇高，这样可能比较切合实际。不能用市区的城市化水平作为地区城市化的目标，不少城市经常出现概念混淆，城市化目标因此定得过高。

城市化速度的快慢直接影响到城市发展的规模，根据从1978～2009年的城市化速度分析，平均年增长率为0.91%；但是，从1978～1999年前21年，年均增长仅0.76%，1999年以后增速加快，1999～2009年的10年间，年均增长为1.22%，按这个城市化速度推算，城市化水平每提高10%需8～10年时间，沿海经济发展比较快，城市化速度可能快一些。我们既要看到人均国内生产总值的增长与城市化的水平成正比的趋势，也要看到并非城市化水平高的城市，人均国内生产总值必然会提高。目前，许多城市在实施加快城市化战略的计划时，把每年的城市化年增长率的指标提高到2%～2.5%，甚至更高，有盲目扩大城市规模的倾向，应当引起注意。经济发展是城市化的起因和基础，城市化是反映经济发展的结果。如果经济上不去，城市规模盲目扩大，就业岗位不足，就会给城市政府背上沉重的包袱。

(2) 市区(中心城区)在地区经济中的地位

一般来说，市区是地区政府所在地，是地区的政治、经济、文化中心，经济实力相对较强。但是市区的国内生产总值占地区国内生产总值的比重，由于辖区范围有大有小，乡镇企业的发展也极不平衡，从现状分析很难有一个比较明确的规律。从大趋势看，市区国内生产总值占地区国内生产总值的比重与市区的规模大小有关，与经济发展的不同阶段有关。根据对200多个地级以上城市的分析，大体趋势如下：

① 经济发展水平越高，大城市的比重相对越大

小城市一般难以起到地区中心的作用。据统计，人均国内生产总值超过4 000美元的城市，其规模超过50万人的占城市总数的72.2%，随着人均国内生产总值水平的降低，大城市的比重也依次递减；反之，人均国内生产总值不足500美元的城市，其规模没有超过50万人的，66.4%的城市人口不足20万(表1.4)。

表1.4 不同经济发展阶段不同规模城市的比重

人均国内生产总值/美元	城市类别		
	大城市/%	中等城市/%	小城市/%
>4 000	72.2	22.2	5.6
2 000～4 000	50.0	45.7	4.3
1 000～2 000	28.0	42.6	29.4
500～1 000	15.0	65.0	20.0
<500	0	33.6	66.4

② 经济发展水平越高，市区国内生产总值占该地区的比重越大，大城市的比重也越高

当人均国内生产总值高于4 000美元时，有47.2%市区的国内生产总值占地区的比重超过70%，随着人均国内生产总值递减，市区对地区的贡献率也随之递减。反之，人均国内生产总值的水平越低，市区对地区的贡献率也越低。当人均国内生产总值不足500美元时，市区的贡献率均低于50%。随着人均国内生产总值水平提高，不足50%的城市比例依次减少为90%、78.6%、60.3%和30.6%(表1.5)。在市区贡献率超过70%的同类城市中，人均国内生产总值超过4 000美元的，大城市的比例较高，随着人均国内生产总值的递减，大城市的比例也随之降低(表1.6)。

表 1.5　不同经济发展阶段市区国内生产总值占地区的比重

人均国内生产总值/美元	市区所占比重/%				
	>70	50～70	30～50	20～30	<20
>4 000	47.2	22.0	22.2	5.6	2.8
2 000～4 000	16.4	23.0	30.1	21.6	8.6
1 000～2 000	6.7	14.3	33.3	24.0	21.3
500～1 000	0	10.0	45.0	15.0	30.0
<500	0	0	33.3	33.3	33.4

表 1.6　不同经济发展阶段市区国内生产总值占地区国内生产总值的比重超过 70%的城市占同类城市规模的比例　(单位:%)

人均国内生产总值/美元	城市规模/万人			
	>100	50～100	20～50	<20
>4 000	55.9	26.5	8.8	8.8
2 000～4 000	42.1	26.3	31.6	0
1 000～2 000	20.0	40.0	40.0	0
500～1 000	0	0	0	0
<500	0	0	0	0

因此,经济发展水平决定了城市发展的规模,在研究城市经济发展目标时,不必刻意追求大城市的方向,还是应该根据现有基础,力争经济实力有实质性的增长,根据经济增长的需要适度扩大城市规模。

③ 2020 年城市规模变化展望

按照国务院公布的划定城市规模的新标准统计,2015 年 291 个地级以上城市中,中心城区常住人口规模超过 1 000 万的超大城市有 5 个(占 1.7%),处于 500 万～1 000 万之间的特大城市有 8 个(占 2.8%),处于 100 万～500 万的大城市有 72 个(占 24.7%),处于 50 万～100 万的中等城市有 103 个(占 35.4%),处于 20 万～50 万的Ⅰ型小城市有 91 个(占 31.3%),20 万以下的Ⅱ型小城市有 12 个(占 4.1%)。

如果按设市城市总数统计,在 656 个城市中,中心城区常住人口规模超过 1 000 万的超大城市有 5 个(占 0.8%),处于 500 万～1 000 万之间的特大城市有 8 个(占 1.2%),处于 100 万～500 万的大城市有 73 个(占 11.1%),处于 50 万～100 万的中等城市有 109 个(占 16.6%),处于 20 万～50 万的Ⅰ型小城市有 260 个(占 39.6%),20 万以下的Ⅱ型小城市有 204 个(占 30.7%)。

粗略估计从 2015 年至 2020 年的 5 年内,按较快人口年均增长率(30‰)估算,在 103 个 50 万～100 万的地级以上中等城市中有 16 个可能进入百万人口以上大城市的行列,届时百万人口以上大城市将从 85 个增至 100 个左右。

在 91 个 20 万～50 万的地级以上Ⅰ型小城市中有 22 个进入中等城市的行列,届时中等城市将维持在 100 个左右的水平。

(3) 产业结构的变化

不同的经济发展阶段,城市产业结构的构成比例是不同的。一般来说,经济越发达,第一产业所占比重越小，第三产业的比重越大。城市产业结构所呈现的产值比例和劳动力构成大体上成正比关系。研究不同经济发展阶段产业结构的构成比例，对确定城市的用地与人口规模的关系极大，这里根据2006年的数据作一些一般性的介绍。

① 第一产业

从大趋势看，第一产业的产值在国内生产总值中所占比重随着经济的发展逐步减少。按地区范围分析，人均国内生产总值超过4 000美元的城市，80%以上城市，一产产值只占国内生产总值的6%以下，没有城市一产产值比重大于20%；随着人均国内生产总值水平的降低，一产所占比重相应增大；人均国内生产总值不足500美元的城市，一产产值所占比重全都超过20%(表1.7)。

表1.7 城市(按地区计)按一产比重不同分类统计

人均国内生产总值/美元	一产比重 / %			
	<6	6～10	10～20	>20
>4 000	80.5	16.7	2.8	0
2 000～4 000	25.4	40.3	29.8	4.5
1 000～2 000	3.1	8.6	46.9	41.4
500～1 000	0	0	10.0	90.0
<500	0	0	0	100.0

如按市区范围统计，这个特点更加突出。人均国内生产总值超过4 000美元的城市中，97%的城市一产产值比重小于6%，随着经济发展水平的降低，产值小于6%的城市比重依次递减(表1.8)。

表1.8 城市(按市区计)按一产比重不同分类统计 (单位:%)

人均国内生产总值/美元	一产比重 / %			
	<6	6～10	10～20	>20
>4 000	97.0	3.0	0	0
2 000～4 000	62.1	22.4	14.6	0.9
1 000～2 000	20.0	12.0	52.0	16.0
500～1 000	0	5.0	50.0	45.0
<500	0	0	33.4	66.6

② 第二产业

从某种意义上说，城市化的过程，就是工业化的过程。特别是在我国现阶段，大多数城市均处于工业化的初期与中期阶段，发展第二产业是当前的主要任务。体现在城市产业结构的特点上，人均国内生产总值越高，第二产业产值比重超过50%的城市(即二产比重大于三产的城市)越多。按地区范围统计，在人均国内生产总值超过4 000美元的城市中，75%的城市比重超过50%，随着经济发展水平降低，递减趋势十分明显(表1.9)。

按市区范围统计，大体状况也是如此(表1.10)。

因此在实现初步现代化目标的过程中，对于大多数城市来说，第二产业在三次产业中的比重仍居主导地位。

表 1.9　城市(按地区计)按二产比重不同分类统计

人均国内生产总值/美元	二产比重 / %					
	<20	20～30	30～40	40～50	50～60	>60
>4 000	0	2.8	2.8	19.4	30.6	44.4
2 000～4 000	0	1.5	6.0	25.4	46.2	20.9
1 000～2 000	0	3.9	20.3	41.4	27.3	7.1
500～1 000	0	8.2	27.3	39.1	22.7	2.7
<500	20.0	20.0	40.0	20.0	0	0

表 1.10　城市(按市区计)按二产比重不同分类统计

人均国内生产总值/美元	二产比重 / %					
	<20	20～30	30～40	40～50	50～60	>60
>4 000	0	1.4	9.7	15.3	37.5	36.1
2 000～4 000	0	3.4	8.6	25.9	34.4	27.6
1 000～2 000	0	8.0	17.3	48.0	22.7	4.0
500～1 000	5.0	30.0	30.0	35.0	0	0
<500	33.4	33.3	33.3	0	0	0

③ 第三产业

市场经济体制的确立，为第三产业的发展提供了很好的发展条件。

根据对现有地级以上 200 多个城市的分析，三产的比重(按地区计)多数处于 20%～50%，经济越不发达，处于这个比重的城市越多。据统计，人均国内生产总值超过 4 000 美元的城市，处于这个比重的城市占同类城市数量的 75%，其他各经济发展阶段的城市(人均 500～4 000 美元)，随着人均国内生产总值水平降低，比例分别递增到 85%、93.7%和 100%。

三产比重大于 50%的极少，如仍按超过 4 000 美元到 500 美元的各不同经济发展阶段排序，则呈递减趋势，其比重分别为 11.1%、10.5%、5.5%和 0%(表 1.11)。

表 1.11　城市(按地区计)按三产比重不同分类统计

人均国内生产总值/美元	三产比重 / %					
	<20	20～30	30～40	40～50	50～60	>60
>4 000	13.9	2.8	36.1	36.1	8.3	2.8
2 000～4 000	3.0	14.9	50.7	20.9	6.0	4.5
1 000～2 000	0.8	14.8	64.1	14.8	3.9	1.6
500～1 000	0	18.0	56.0	26.0	0	0
<500	0	0	60.0	20.0	20.0	0

如按市区范围分析，三产比重多数处于 30%～50%之间，各经济发展阶段的城市差别不大（表 1.12）。

表 1.12　城市（按市区计）按三产比重不同分类统计

人均国内生产总值/美元	三产比重 / %					
	<20	20～30	30～40	40～50	50～60	>60
>4 000	11.1	5.6	26.4	36.1	12.5	8.3
2 000～4 000	0	9.5	45.7	24.1	14.7	6.0
1 000～2 000	0	6.7	40.0	40.0	8.0	5.3
500～1 000	0	0	30.0	50.0	20.0	0
<500	0	0	0	66.6	33.4	0

上述呈现的比例关系，说明三产在三种产业中所占比重还是相对较低的，不同的经济发展阶段都有加大发展三产力度的任务。在实现初步现代化的过程中，努力提高三产在产业结构中的比重是一项重要任务。

综上所述，我国城市在实现初步现代化的时候，城市地区一产的比重大多数可能降到 10%以下，二产比重一般仍大于三产，占 45%～55%，三产比重则在 40%～45%。市区一产的比重大多数可能降到 6%以下，有相当一部分城市三产比重可能超过二产。

除了不同经济发展阶段三次产业的构成比例会发生变化以外，以下因素对其也有影响。

一是城市性质的影响。工矿城市第二产业的比重就大于一般综合性城市。例如，玉溪在地区范围内第二产业的产值占总产值的 73.1%，克拉玛依占 89.7%，大庆占 88.8%。首都、省会城市或地区中心城市，第三产业的比重大于第二产业，但并不代表经济已十分发达。北京在 2005 年地区范围内第三产业的比重为 70.91%，第二产业为 27.84%，而上海则分别为 48.51%和 50.59%，这并不代表北京的经济发展已超过上海，因为这些城市是一定地区的政治、文化中心，三产的比重自然会大一些。此外，一些旅游城市，三产比重也会大于二产。

二是市区与地区的差别。市区在地域范围内是中心城市，经济比其他地区发达，往往两者可能处于不同的经济发展阶段。市区的国内生产总值占地区比重越大，两者产业结构差别可能就越大。在许多城市，市区的第三产业比重已超过第二产业，但是在地区范围内第二产业仍然大于第三产业，是主导产业。因此，在编制城镇体系规划和市区城市总体规划时，要把两者的关系搞清楚。

三是经济不发达地区三产比重可能大于二产。第三产业比重大于第一、第二产业，并不一定表示其经济发达，恰恰相反，对于还处于工业化前期阶段的城市，由于第二产业十分不发达，也会出现第三产业大于第二产业的状况。例如，在地区人均国内生产总值还不足 1 000 美元的 55 个城市中，有 17 个城市（占城市总数的 30.9%）；在市区人均国内生产总值不足 1 000 美元的 23 个城市中，市区有 16 个城市（占 69.6%）第三产业的产值超过第二产业。

因此，在分析产业结构预测今后发展时，既要注意经济发展不同阶段的一般规律，又要注意影响产业结构的特殊因素，这样才能比较客观地确定经济发展目标。

2 城市发展战略

研究城市发展战略，是在编制城市总体规划过程中，每个城市首先要解决的问题，可以说是城市规划的灵魂。

城市发展战略研究，就是要在全面了解城市情况，在分析城市政治（包括军事）、经济、社会、文化诸方面发展现状的基础上，根据省内外以至国内外的政治、经济形势，提出城市发展战略目标，作为今后20年或者更长时间的努力方向。

在研究城市发展战略过程中，既要论证城市的区位、资源等自然条件，研究其在地区、省、国家以至世界范围内所处的地位和作用，又要研究城市的历史发展过程和人文特点，寻找城市发展的独特道路。

历史的经验表明，政治、经济形势的变化，会引起城市发展战略的调整，特别是在改革开放的今天，经济发展速度很快，体制改革的任务还未完成，我们对许多问题的认识还不清楚、不成熟、不完善。因此，城市发展战略确定以后，还需在实施规划的过程中跟踪考察，总结经验，不断地分析新形势，研究新问题，根据变化了的情况，审时度势，调整城市发展战略。

2015年，我国的人均国内生产总值已突破7 000美元，许多城市已进入工业发展的成熟时期，开始经济转型，面临产业结构的重组与调整。应该说这是比工业化初期经济发展更加艰巨的任务，只有经历了这个阶段，我国的经济发展才能逐步走向成熟。

展望2020年，在地级以上200多个城市中，大多数可以达到初步现代化的目标，其中2015年人均GDP已超过10 000美元的72个中心城市届时将陆续进入经济发达城市的行列。到21世纪中叶（2050年），当全国经济发展达到中等发达国家水平时，绝大多数地级以上城市将进入经济发达城市的行列。城市发展战略目标大体上可以根据这个方向定位。产业结构也可参照不同经济发展阶段的比例加以调整。

世界上经济发达的国家与城市，它们走过的道路和取得的经验值得我们借鉴，我国许多城市在改革开放的30多年中，也摸索出不少好的经验，值得推广。为此，结合我所接触到的一些资料，探索一下城市发展的道路。

2.1 新型工业化的道路是我国经济发展的必由之路

党的十七大提出经济要又好又快地发展，核心问题是经济发展、城市建设都要讲究质量与效率，只有这样才能最大限度地利用好紧缺的自然资源，维护已经很脆弱的生态环境，保证我国的经济能持续健康地发展，这就要求我国必须走新型工业化的道路。

新型工业化的道路是相对于传统工业化道路而言的。传统工业化开始于第一次产业革命，机器的产生大大提高了劳动效率，为了大生产的需要，大量人口向城市集中，推动了城市化的进程。由于产品是靠机器生产的，因而机械工业的发展成为轻工业发展的重要支撑，而机械工业的发展又必须依靠钢铁、有色金属以及石油化工、煤炭、电力等能源的支撑，由此推动了重工业的发展，这就是传统工业发展的道路。

但是，重工业是资本密集型的产业，依靠大投入取得大产出的成果。在传统工艺水平下，资本总量不断增加，收益却不断递减，造成投资能力下降、经济增长率衰减的局面。传统工业的道路已经走到尽头，为了克服这些弊病，就产生了新型工业化的道路。所谓新型工业化道路就是把技术进步作为经济增长的最主要的推动力，其主要特点：

一是靠技术进步，大量新工艺、新材料、新能源、新产品的产生与运用，极大地提高了生产效率。应该说创新是转型期提高经济发展水平的基本保障。

二是靠信息技术引领经济发展，信息化带动工业化。信息化几乎渗透到经济发展的各个领域，极大地节约了资源，提高了工作效率与质量。

三是现代服务业成为主导产业。现代服务业包括科技、教育、研发等具有长远影响的战略性服务业，为新技术的发展提供了基础；通过金融、贸易、交通、通信、商务、中介等生产性服务业为制造业提供产前、产中、产后的全过程服务，成为沟通信息、促进流通、组织生产的支柱，大大提高了产品的生产和流通效率；自然还有为生活服务的非生产性服务业，满足人们生活、娱乐等日益增长的消费需求。现代服务业是提升一个国家或地区参与市场竞争的最关键的因素，发达国家、发达地区之所以发达，就是经济重心从“工业型”向“服务型”转移的结果。

不论我国的城市处于何种经济发展阶段，都要走新型工业化的道路。为了进一步解析新型工业化道路的内容，现分别按不同产业介绍一些相关理论和一些国家与城市的经验。

2.2 第一产业

第一产业，也称原产。有些国家把农业与采矿业列入这个范畴，但也有些国家习惯于把采矿业列入第二产业的范畴。本书论述的第一产业，主要是反映农业发展的状况，采矿业将在第二产业中加以论述。

在我国经济发展计划中，始终把农业放在基础地位加以考虑，处于发展国民经济的首位。每年党中央、国务院发布的第一号文件都聚焦在农业发展上。自2004年起，中央一号文件坚持立足“三农”发展，重农强农的调子始终没有变，力度始终没有减，2004至2017年发布的14个“一号文件”昭示着农村发展的脉络。分析每年强调的重点，从2004年提出千方百计促进农民增收、2005年提高农业综合生产能力，到2006年建设社会主义新农村、2007年发展现代农业，再到2008年、2009年强调促进农业发展农民增收，重点都在夯实农村发展基础。从2010年开始，关注层面逐渐提升，落在统筹城乡发展力度、加快水利改革发展、推进农业科技创新、构建新型农业经营体系。2017年的“一号文件”更聚焦在推进农业供给侧结构性改革。显然，随着我国现代化建设的推进，全面建成小康社会目标的迫近，我们已不局限于就农村论农村，而是从国家发展大局出发来统筹谋划“三农”建设。

从我国国民经济和社会发展的五年计划看，自我国国民经济和社会发展第十个五年计划公布以来，对农业在国民经济和社会发展中的基础地位越来越强调，发展的方向越来越明确，内容越来越具体。在“十五”期间，强调在稳定粮产的基础上，要求面向市场、调整结构布局、推进产业化经营和多种经营、发展特色农业，依靠科技，发展优质、高效的种植业。在“十一五”、“十二五”期间，突出强调了推进城镇化建设和新农村建设，坚持统筹城乡、以工促农、以城带农、强农惠农，发展高产、优质、高效、生态安全的农业。并提出了加快农业科技创新，健全农业社会服务体系，推进农业技术集成化、劳动过程机械化、生产经营信息化、农产品营销网络化的要求。在党的十八届三中全会后召开的农村工作会议强调，坚持把解决好“三农”问题作为全党工作的重中之重，把保障粮食安全提高到治国理政的头等大事的高度，要求立足我国基本国情农情，遵循现代化规律，依靠科技支持、创新驱动，提高土地产出率、资源利用率、劳动生产率，努力走出一条生产技术先进、经营规模适度、市场竞争力强、生态环境可持续的中国特色农业现代化道路。

《十三五规划纲要》(简称《纲要》)专门用了一个篇幅系统阐述了推进农业现代化的的道路。《纲要》强调农业是全面建成小康和实现现代化的基础。提出了增强农产品安全保障能力、构建现代农业经营体系、提高农业技术装备和信息水平、完善农业支持保护制度等四项任务。要求坚持最严格的耕地保护制度，全面划定永久基本农田；加快推进农业结构调整，推动粮饲统筹、农林牧渔结合、种养加工一体发展；推进农村一二三产业融合发展，推进农业产业链和价值链建设，建立多形式利益联合机制，培育融合主体、创新联合方式，拓展农业多种功能，推进农业与旅游休闲、教育文化、健康养生等深度融合，发展观光农业、体验农业、创意农业等新业态，加快发展都市现代农业，激活农村要素资源，增加农民财政性收入；加快完善农业标准，全面推行标准化生产，确保农产品质量安全；大力发展生态友好型农业，促进农业可持续发展；开展国际合作，适度增加国内紧缺农产品进口，培育有国际竞争力的农业跨国公司，拓展农业国际合作领域，支持开展多双边农业技术合作。《纲要》还确定了高标准农田建设、现代种业、节水农业、农业机械化、智慧农业、农产品质量安全、新型农业主体培育、农村一二三产融合发展等八项农业现代化重大工程的具体建设任务。下面简略地介绍一些发达国家和城市实施农业现代化的经验。

2.2.1 以色列、荷兰农业的启示

以色列和荷兰的自然条件并不好，荷兰处于沿海地区，人口密集，有近 1/4 的土地是填海造出来的；以色列 3/4 的国土是沙漠，严重缺水。但是，这两个国家以市场为导向，依靠科学技术的力量，创出了好的业绩，这些经验值得学习和推广，也为我们提供了发展高效农业的样板。其主要经验有 3 条：

1) 以市场为导向发展现代农业的战略

以色列、荷兰从传统农业到现代农业经历了 30～40 年时间，其重要经验之一是坚持以市场为导向，制定明确而灵活的农业发展战略。例如以色列，农业的发展经历了 4 个阶段：第一阶段是建国初期，以满足基本生活消费为目标，生产以粮食和棉花为主。第二阶段是 20 世纪 70 年代后，根据土地资源少、水资源短缺的国情以及市场需求状况，及时调整种植结构，压缩粮食种植面积，大力发展供出口的水果、蔬菜、棉花和花卉等高价值作物，由自给型农业逐步向出口型农业转化。第三阶段则由产品出口扩展到技术和设备出口，主要集中在微滴灌、种苗、园艺设施及其高附加值的农产品和奶牛养殖等领域。目前正处于第四阶段，强调市场机会，发展农业高科技应用，加强研究与开发，适时调整产业结构，品种、品质不断创新，使农业生产及其技术全面国际化、专业化和商品化。以色列专家称这 4 个阶段为 4 次“农业革命”。

2) 依靠科学技术克服水资源缺乏困境

以色列、荷兰都是资源贫乏的小国，但是通过国家法规对土地严格有效的管理，保证了土地的合理利用。以色列的年降水平均在 300 mm 左右，南部干旱地区降水仅 25 mm，人均水资源年占有量只有 285 m^3，不到世界的 1/30，约为我国的 1/8，且降雨集中在冬季，无雨期长达 7～8 个月，以色列就是通过加强水资源管理和采取节约利用措施形成了近乎完美的科学体系，克服了严重缺水的困境。以色列从 20 世纪 50 年代起，花了 10 年时间，建成了包括 130 km 干管、5 000 km 支管、400 个扬水站的地下输水工程，把北部加利湖的淡水送到南部干旱地区，形成覆盖全国的供水网络。并且杜绝大水漫灌的方式，广泛应用喷灌与滴灌技术，在喷、滴灌系统上都装配电子传感器和测定计算水、肥需求的计算机，进行遥控管理，实现最科学的同步配肥、灌水，使水肥利用率高达 80%～95%，用水量减少 30%以上，肥料节

省 30%～50%。采取这些措施后，与建国初期相比，同样的耗水使其农业产量增长了 12 倍，有效灌溉面积从 3 万 hm^2 扩大到 25 万 hm^2。城市和道路绿化也采用了类似技术，虽然土质条件差，但城市与道路仍然是郁郁葱葱，繁花似锦。以色列是水的循环利用率最高的国家，1997 年废水收集率达 90%，处理率达 80%，利用率达 30%。以色列争取在今后达到 100%收集、处理，70%加以利用。此外，利用微咸水灌溉，在南部沙漠地区应用效果显著。

3）建立工厂化农业，采用高科技、高投入，取得高效益、高产出的成果

以色列大量使用自控温室，面积达 3 000 hm^2 多。温室采用铝合金镀锌骨架，每公顷投资 60 万美元，使用寿命 10 年，一般 3～5 年可收回成本，温室内温度、湿度、通风、光照、灌溉、施肥全部用计算机控制。科学家通过对不同作物的生理发育需求做系统研究，培育出许多优质、高产品种，例如，西红柿就有 40 多个品种，可连续 9 个月采摘，全国年平均亩产 20 t。

奶牛也采取集约化养殖方式，从自动编号识别、配料、挤奶，到牛的保健和牛奶保鲜都广泛采用计算机管理，并重视优良品种的选育，每头牛年平均产奶量高达 1 万多升，居世界领先水平。

利用高科技、不惜高投入取得丰硕成果。以色列每年种子出口额达 5 000 万美元，花卉种苗出口达 5 000 万美元，温室蔬菜出口达 1 亿美元，化肥 5 亿～6 亿美元，农药和生长调节剂 2 亿美元，农业机械和设备 7 000 万美元。

荷兰的高标准温室面积达 1.2 亿 m^2，占世界的 1/4，其中一半用于花卉种植，年花卉收入高达 110 多亿美元，占全国农业产值的 1/3。荷兰主要农产品的单产水平都比较高，每个农业人口平均年产值高达 17 745 美元，而我国仅 160 多美元。

发达国家是当今国际农产品贸易的主要市场，其农产品进口额占世界进口总额的 77%。但对农产品的质量要求极高，荷兰的农产品大多符合市场需求，因而销路有增无减，每年花卉、乳蛋制品、肉制品、烟叶、饲料、蔬菜水果等主要农产品出口创汇 300 多亿美元，是我国的 4 倍。

我国发展先进农业完全可以借鉴这些经验。我国也有不少地方已创出了好的成绩，例如，山东省寿光市经过几年努力，已成为产品辐射全国的蔬菜种植市，全县 4.7 万 hm^2 耕地有 3.3 万 hm^2 用于温室种菜和种植水果，在过去几年进行试验的 1 000 种种子，一半是从瑞士和以色列引进的。每年生产 30 亿kg 农产品，获利 29 亿元，纯利润高达 15 亿元。云南昆明附近的斗南村，成为种花专业生产村，其形成的花市吸引了全国各地的经销商，虽然生产与营销方式还比较原始，但已出现了荷兰花卉生产与营销的雏形，随着生产逐步高科技化和市场的不断发育，完全有可能达到发达国家的水平，成为重要的经济增长点。

2.2.2 德国实施农业规模经营和发展生态农业的经验

德国农业从 20 世纪五六十年代开始走向集约化、机械化的生产方式，其最显著的结果是农业生产效率的极大提高，农业人口的急剧收缩。2013 年德国农业用地约 18.7 万 km^2，占国土面积的 50%，而农业从业人员仅 120 万，仅占全国人口的 1.5%。

在德国，土地绝大部分为私有，一般可以自由流通和交易。但是，为了防止土地集中到非农民手中或造成农地细碎化以致农业滑坡，德国自 20 世纪初就立法对农地自由交易实行控制，20 世纪 80 年代以来又加强了土地租赁管理，规定农地租赁实行合同备案制度，租赁期为 12 至 18 年，地租要符合国家规定，由农业部门定期检查，如今全德约 55%的农地都用于租赁经营。从 1953 年起，实施了田亩重整计划，在国家支持下，农地所有者对土地进行互换、重新登记，并加以平整改造，连片成方适合机械化耕作。从规模上看，在德国，500 hm^2 土地以上为大农场，100～500 hm^2 为中型农场，100 hm^2 以下为小型

农场。

为了鼓励发展生态农业，联邦政府规定每年给生态农业用地每公顷补贴 500～600 欧元(普通农业用地为 300 欧元)。生态农业即所谓按欧盟的“Bio”标准进行生产的农业。按规定农户应自行学习德国对 Bio 农业生产的详细要求，在方方面面达到标准，然后向联邦政府委托的农业监测公司提出申请，经过考察审核合格后，颁发“Bio”许可证。此后，监测公司每年还会以事先通知和不通知两种方式派出独立检查专家来农场检查，如有问题则提出整改方案，限期改正，如果在提出两次整改要求后还不能达标，则被罚款并吊销“Bio”许可证。2010 年至 2012 年，德国生态农业用地增长了 7%，全欧洲 30%的生态农业市场在德国，全德生态农产品一年的销售额超过 70 亿欧元。但是，仍然不能满足人们对生态农产品的需求，据统计，欧盟 80%的生态水果、50%的生态蔬菜还要依靠进口。发展生态农业的前景非常广阔。

艾策尔农场是德国经营生态农业比较成功的农场，其位于黑森洲维尔海姆乡下，距法兰克福约 30 分钟车程。农场共有土地 250 hm^2，属中型农场，大约 170 hm^2 用于种植农作物，70 hm^2 为草地和森林，此外，农场还饲养了 50 头奶牛、50 只鸡、2 匹马以及上千头猪。虽然农作物的种植面积最大，但由于利润太低，农场的经营重点是养猪。猪舍的设计非常先进，猪舍高 9 m，屋顶开天窗用来通风和照明。每头猪有 1～2 m^2 的活动面积，并设计了互相隔开的进食区、卧室区、饮水区、排泄区，地面满铺天然麦秆以吸收粪便等排泄物携带的毒气。猪舍与农场组成一个生态循环圈。农场用 40 hm^2 地种植豆类植物，由于豆类植物有天然固氮功能，不需要任何人工肥料，所以为猪提供的是纯天然优质蛋白饲料。猪的粪便被集中到一个具有 1 000 m^3 容量的粪池中，作为农作物的天然肥料。为扩大利润空间，艾策尔家还在法兰克福邻近的几个小城市开设了三家生态食品超市，出售自家出产及代销的生态猪肉、牛奶、鸡蛋、粮食加工品等，并开始尝试网上销售业务，信誉极好，名气日盛。超市的收入比整个农场高出很多。以猪肉为例，农场的生猪出场价每公斤为 3～4 欧元，但在商店里出售经过腌制并包装好的猪肉每公斤售价为 15～20 欧元。农场通过产供销一体化经营，再加上国家的补贴，使成本非常高的生态农业得以健康发展壮大。

2.2.3 日本采取多项措施实现城乡一体化

日本属于典型的人多地少的国家，山地和丘陵约占总面积 80%，农业规模并不大，但却是世界上农业现代化高度发达的国家之一，多项农业指标居于世界领先地位。虽然大部分食品依赖进口，但最具战略意义的粮食——大米的自给率接近 100%。其主要得益于积极有效的农业政策。主要表现在以下四方面。

一是，重视农业科技的推广。日本设有国立农业科研机构，综合性大学也大都设有农学部，还有一些私立农学院。此外，全国还有 52 所农业短期大学(类似大专)和 434 所农业职业学校，为农户职业教育提供各种便利。除了出台法律从体制确保农业科技的普及可以落到实处，国家农业科研机构每年还无偿向农民提供大量科技成果，使普及农业科技的内容不断充实和提高。

二是，无微不至的农业补贴。在日本形形色色的农业补贴达 470 种：农田保护、灾害防治、土地改良、基础水利、森林病虫害防治等一应俱全。补贴对象除了涵盖整个农业外，还有几种针对特定对象的专门补贴，可谓无微不至。为了鼓励年轻人务农，农林水产省 2012 年创设了青年务农补贴制度，2013 年补贴对象扩大到渔业和林业。没有农业知识的青年可到道府县承认资格的农业学校以及先进农户和先进农业法人等处进行培训，最长达 2 年，每年有 150 万日元的补贴，务农后可以连续 5 年每年获 150 万日元。除了国家提供的补贴外，地方政府也提供各种补贴，如岛根县从 2012 年度开始决定给 45 岁～

64 岁的新务农者每年 75 万日元补贴，这就补充了国家要求 45 岁以下才能获得补贴的制度，以促进更多劳动力投身农业。

三是，农协组织推动农业社会化大生产，促进农业现代化。为克服农业经营分散、规模小、生产水平低下等束缚，日本政府于 1947 年 7 月制定《农业协同组合法》建立了从政府到地方的"农业协同组合体系"，简称"农协"，农协极力维护农民权益，给农民提供产构销一条龙服务，使农产品不愁销路，且可卖出高价。农协还为农民提供务农指导、生产资料供应、产品贩卖，乃至保险、信贷、农业信息等服务。据统计，全国 99%以上农民都已加入农协，农户的生产资料有 70%以上是从农协得到的，农业资金也依靠农协下属信用部门提供，农产品初加工、存储和运销也大幅度依赖农协渠道。农协组织已经成为农业生产有效运作的主要保障。

四是，农村基础设施一应俱全、城乡差别微无其微。总体看日本实现了城乡一体化，农民享受市民待遇，享受与城市相同的社会福利和基础设施。日本自 1961 年开始实行全民健康保险和全民年金(养老金)计划，实现了健康保险和养老金全覆盖。通过财政补贴等方式在公立学校、公立医院、交通基础设施的建设上做到资源平等分配。在日本，实施教育均一化，在农村无论是教育设施和教师待遇都和城市一样，让农村地区的孩子同样能接受良好的教育。诸多的政策保障使日本的乡村，除了人口密度较低外，道路、水电、卫生等生活必需条件齐备，超市、邮局、医院、加油站、体育设施都很常见。污水也能得到净化，垃圾会被回收。由于基础设施完备，使农民成为"住在农村的市民"。

2.2.4 上海市小土地"长"出大农业的实践

上海市的农业是"大城市，小农业"，土地资源有限，但是近年来通过转变经济发展方式，大力开展种子、种源的研发与推广，取得了很高的经济效益。

上海经过三代油菜专家近 20 年的努力，推出油菜新品种，其含油量比普通油菜高出 3 至 4 个百分点，平均亩产提高 5%以上，而质量却比普通油菜高，其芥酸、硫苷的含量低于国家标准，达到国际水平。这种"上海油菜"新品种推广到长江中下游近千万亩土地，使农民增收 2 亿元。

崇明的蟹农改变从外地购回蟹苗的习惯做法，采用在仿生态环境中自行培育优质蟹苗的研发取得成功，2006 年，有 4 亿只蟹苗销向全国，仅蟹种一项产值即达 2.5 亿元。

市场上，上千公斤的牛最多卖到上万元，但是，上海培育出荷斯坦种公牛的冷冻精液，0.25 毫升/份可卖到 50～60 元，仅一年的冷冻精液销售额就达到 483 万元。

上海市着力打造高科技农业，2006 年一年就投入 45 亿元研发费用，培育出的优良种子、种禽、种苗在全国销售额达 30 多亿元，申城向全国市场提供各类种子、种苗 400 多个品种，粮油、蔬果、花卉、禽畜和淡水鱼等种苗基本实现了优质化。

2.2.5 美国运用电子技术管理牧场的经验

在计算机高度发达的美国，已把电子技术广泛应用于牧场。其主要做法是：

(1) 在每头奶牛的耳朵上装上电子监测片收集其特征数据，通过电子扫描仪输入便携式电脑，自动显示每头牛的属系、免疫状况和疾病治疗状况，测量身高与体重，根据肥瘦程度决定进食次数和进食量，并能统计挤奶的数量。该装置可以从小牛生长一直跟踪到屠宰后的畜体。每个电子监测片 10 美元，手提扫描仪 3 400～4 000 美元，采用电子监测后，每头牛比未装置前增加利润 20 美元。目前，美国 930 万头奶牛中有 450 万头受到电子监视。此外，还用装在母牛后腿上的传感器来提示母牛 6～12 h 的最佳受孕期，生育率提高了 25%。

(2) 有 1/3 的奶牛场把信息输入奶牛养殖技术改良协会管理的数据库，以便及时得到技术指导。全国养牛协会还向全国近 3 900 个围栏育肥地提供市场信息，指导生产计划。

2.2.6 韩国实施尖端农业园的计划

1999 年前，韩国投资 1 000 亿韩元，在韩国中部以及西南部的全罗道、东南部的庆尚道等地各建一个专供出口的农业园区。其规模为 30 hm^2，包括 16 hm^2 温室再加上流通、出口、检疫设施和国际拍卖市场以及新品种、新栽培技术开发研究所。政府负责研究设施建设，农民负责生产，企业负责种苗供应、产品经销，政府分别给农民与企业以一定的优惠贷款。每个园区政府投资约 330 亿韩元，包括：研究设施投资 30 亿韩元，扶持农户贷款 217 亿韩元，支援企业 83 亿韩元；17～20 年还清贷款，年息 5%。通过农企联合，把农民生产优势和企业经营优势结合起来，再加上高科技指导，以求获得最大的经营效益。韩国计划在今后 5 年内再投资 1 万亿韩元，建设 50 km^2 的大型出口基地。

2.2.7 “公司加农民”模式，农、工、商一体化跨国经营体制

目前，世界农业已进入产业化时代，北美、欧洲的一些国家通过“公司加农民”模式，实施农、工、商一体化经营体制，有的已实现跨国经营。所谓跨国农产品经营即是以具有先进技术、雄厚资金的公司推进农产品贸易，这些公司选择国外欠发达地区廉价的土地与劳动力资源，利用资本与技术输出，在该地建立子公司，使公司业务得以扩展，把农业产业化推向世界。1997 年，全球有 985 家农产品跨国公司，年营业额达 1 351 亿美元，相当于全世界农贸出口总值。少数跨国公司水果、茶叶、谷物、烟草等农产品分别控制了 60%～90%的出口贸易活动。

例如芬兰，由 25 600 个奶牛户(占全国奶牛户的 80%)组成 47 个乳制品合作社，以股份制形式组成全国联社性质的 33 个加工厂，加工量占全国的 77%，向国内外销售 1 400 种奶制品，年营业额达 18 亿美元。

2.3 第二产业

我国的工业具有相当的基础，目前已发展成为全球制造业中心，是国民经济的重要依托。第二产业的发展主要是工业的发展，是我国大部分城市经济发展的主要任务，其发展的快慢决定了经济增长的速度的快慢。

20 世纪 90 年代，随着改革开放的不断深入和扩大，我国进入工业快速发展阶段。从“十五”到“十二五”是工业化从起步到不断成熟的时期。在“十五”期间，提出了“以市场为导向，企业为主体，技术进步为支撑，努力提高我国工业的整体素质和国际竞争力”的目标。要求引进技术和自主创新相结合，在进一步发挥劳务密集型产业竞争优势的同时，强化对传统产业的改造升级，积极发展高新技术产业和新兴产业。“十一五”期间，突出强调要把增强自主创新能力作为中心环节，推进工业结构优化升级，促进工业由大变强。提出了加快发展高新技术、优化发展能源工业、调整原材料工业结构和布局、提升轻纺工业水平等五项任务。“十二五”期间，更加强调转型升级，提高产业核心竞争力要求。指出：坚持走中国特色新型工业化道路，适应市场需求，根据科技进步新趋势，发挥我国产业在全球经济中的比较优势，发展结构优化、技术先进、清洁安全、附加值高、吸纳就业能力强的现代产业体系。提出了改造提升制造业、培育发展战略性新兴工业、推动能源生产和利用方式变革等重点任务。在此期间，劳务密集型

产业对推动工业发展作出了巨大贡献，高科技园区和经济技术开发区从沿海到内地不断发展壮大，传统产业的改造步伐逐渐加快，高新技术产业的示范、辐射和带动作用日益显现。我国的工业产值首次超过美国，显示我国正在从制造业大国向制造业强国迈进。

但是，随着国内外经济发展形势的变化，劳务密集型产业的比较优势减弱；产业发展结构性矛盾突出，有效需求乏力和有效供给不足的问题同时存在；资源环境的承载力已达到或接近上限，生态环境形势严峻；科技创新能力滞后，不少核心关键技术仍受制于人，落后产能淘汰的力度不足，难度极大。

2015 年 5 月 19 日，国务院印发《中国制造 2025》，部署全面推进实施制造强国战略。这是我国实施制造强国战略第一个十年的行动纲领。

《纲领》提出实现制造强国三步战略目标：第一步，到 2025 年迈入制造强国行列；第二步，到 2035 年我国制造业整体达到世界制造强国阵营中等水平；第三步，到新中国成立一百年时，我国制造业大国地位更加巩固，综合实力进入世界制造强国前列。

《纲领》明确了 9 项战略任务和重点：一是提高国家制造业创新能力；二是推进信息化和工业化深度融合；三是强化工业基础能力；四是加强质量品牌建设；五是全面推行绿色制造；六是大力推动重点领域突破发展，聚焦新一代信息技术产业、高档数控机床和机器人、航空航天装备、海洋工程装备和高技术船舶、先进轨道交通装备、节能与新能源汽车、电力装备、农机装备、新材料、生物医药及高性能医疗器械等十大重点领域；七是深入推进制造业结构调整；八是积极发展服务型制造和生产性服务业；九是提高制造业国际化发展水平。

《十三五规划纲要》是实施制造强国开局的五年，《规划纲要》要求"以提高制造业的创新能力和基础能力为重点，推进信息技术与制造技术深度融合，促进制造业朝高端、智能、绿色、服务方向发展，培育制造业竞争新优势。提出了全面提升工业基础能力，重点突破关键基础材料、核心基础零部件（元器件）、先进基础工艺、产业技术基础等"四基"瓶颈；加快发展航空航天、海洋工程、轨道交通、机器人、数控机床、现代农机、医疗器械、化工成套设备等装备的自主设计水平和系通集成能力；推进传统产业改造升级，全面提高产品技术、工艺装备、能效环保水平，实现重点领域向中高端的群体性突破；积极稳妥化解产能过剩，综合运用市场机制、经济手段、法治办法和必要的行政手段、加大政策引导力度，实现市场出清，加快钢铁、煤炭等行业过剩产能退出；以及加强质量品牌建设、降低实体企业成本等六项任务。《规划纲要》还专门用一章的篇幅阐述战略性新兴产业的发展。要求瞄准技术前沿，把握产业变革方向，培育发展战略性产业，构建新兴产业发展新格局；围绕重点领域，优化政策组合，完善新兴产业发展环境，拓展新兴产业增长空间，抢占未来竞争制高点；提升新兴产业的支撑作用，使战略性新兴产业增加值占国内生产总值比重达 15%。并据此确定了新一代信息技术创新、生物产业倍增、空间信息智能感知、储能与分布能源、高端材料、新能源汽车等六项战略性新兴产业的具体发展行动。

下面对我国制造业的现状和努力方向作一简略的分析。

2.3.1 创新是转型期提高经济发展水平的基本保障

自 20 世纪 90 年代以来，我国充分利用廉价劳动力和巨大的国内市场两大优势，在利用外资、扩大外贸上取得了长足的发展。对外开放、招商引资在建立现代产业、增加就业和扩大出口等方面发挥了积极的作用。但是，随着我国工业化进入日趋成熟的阶段，大量企业利用廉价劳动力为国外及港澳台地区企业做贴牌生产加工贸易的方式对国民经济的结构优化和发展的作用越来越有限，因为这种发展方式在世界经济按产业链分工角度看，只能处于国际分工的末端，获得相对较小的收益，在科学技术发展日新月异的条件下，创造新优势的根本在于科技创新，只有这样才能使国家从国际分工的末端走向高端。用这个标准来衡量，技术创新已成为企业发展的重要环节，目前存在的差距是企业技术创新投资严重不足，国际经验表明：一个企业的研发费用在销售收入中的比重只占1%，企业将失去竞争力；若达到3%，企业可维持；若达到5%，企业可参与竞争；若达到8%，企业可以有所发展。用这个标准来衡量，我国还存在不小的差距。

1）企业技术创新投资严重不足

（1）根据2015年全国73 570个规模以上工业企业（年主营业务收入为2 000万元及以上的法人工业企业）的调查，有科技活动的企业仅占19.2%，研发经费为10 014亿元，虽然已大大高于2004年的1 105亿元，但其占产品销售收入的比重仅从0.56%增加到0.9%，用上述标准来衡量，企业在总体上还很难说有竞争力。

（2）再以研发费用总额占GDP的比重分析，2000年为896亿元，占GDP的0.9%；2006年为3 003亿元，占GDP的1.39%；2012年为10 298亿元，占GDP的1.98%；2015年为14 169.9亿元，占GDP的2.07%，虽已达到世界发达国家大于2%比重的低限，但与发达国家比还有差距。据统计，日本为3.13%，丹麦为2.48%，芬兰为3.51%，瑞士为2.94%，韩国为2.85%，美国为2.68%，德国为2.49%，法国为2.16%。

（3）在资金投入方向上，技术引进与消化吸收支出比例严重失调。2015年我国大中型企业引进国外技术支出为414亿元，消化吸收支出为157亿元，引进与消化吸收经费比为1∶0.26，发达国家一般为1∶3以上。改革开放以来，我国引进技术项目数量和总支出可能比日本和韩国之和还要多，但用于消化吸收的费用只相当于日本和韩国的10%左右。大多数企业技术改造未能形成与工艺、技术、装备、原料、试验加工、测试同步配套的整体改造，不能对引进的技术消化吸收，不能从根本上形成开发和创新能力。

2）企业的核心技术仍受控于人

改革开放以来，我国大部分企业的技术来源于引进和模仿，外资企业出于知识产权保护，向国内技术溢出有限，很多行业只得到一般先进的技术，真正的核心技术未能摆脱受控于人的局面。国家知识产权数据显示，我国技术对外依存度高达50%，远高于发达国家。2012年内资大中型工业企业拥有有效发明专利数为27.7万件，但所有内资企业中拥有知识产权核心技术的大约仅占万分之三，99%的企业没有申请专利，60%的企业没有自己的商标，众多厂家在价值链中仅处于加工环节，挣得有限的劳务加工费。例如：手机、计算机等电子产品，由于自主芯片技术严重缺失，国内厂商只能在外观设计、应用设计的竞争上赚有限的钱，高附加值的环节基本由跨国公司垄断。

3）企业创新人才存量偏低

（1）实现自主创新关键在人才。近年来我国企业科技人员规模不断扩大，2012年，我国规模以上企业研发人员为226.8万人，占全国研发人员总量的69.8%，但是这个数量只占大中型企业职工总数的2.7%，远低于发达国家5%的水平。

（2）除了合格的工程师外，还缺乏技师。2004年劳动与社会保障部对我国40个主要工业城市进行的调查显示，企业中技师与高级技师占全部工人的比重为4%，而实际需要为14%。

（3）目前高等教育方向存在诸多弊端，工科教师存在非工化趋势，重论文、轻设计、缺实践，学科交叉欠缺，导致创新与实践双向不足，得不到产业界的认同，也影响了科技创新人才的涌现。

（4）由于研发条件和收入待遇方面的差距，顶尖科技人才向外资企业或在华研发机构流失的状况没有得到改善。跨国公司通过吸引我国各行业顶尖科技人才，强化自身技术垄断，封堵技术扩散渠道，控制技术溢出，加大了国内企业创新的难度。

党的十八届三中全会的决定提出要加快转变经济发展方式，加快创新型国家建设，强调全社会都要充分认识科技创新的巨大作用，敏锐把握世界科技创新发展趋势，紧紧抓住和用好新一轮科技革命和产业变革的机遇，把创新驱动发展作为面向未来的一项重大战略措施。必须清醒地看到我国创新能力还比较薄弱，不仅科学原创和关键核心技术突破少，而且缺乏自主设计创造引领世界的产品、技术装备和经营服务模式。制造业的信息化水平低，人均生产率和附加值低，缺少全球著名品牌，总体仍处在全球产业链的中低端。半个多世纪以来，工业化国家都曾将创新设计作为国家创新战略的重要内涵，推出促进设计创新和设计产业发展的政策举措。目前，全球经济衰退和复苏将加速科技创新和产业变革。奥巴马提出，要使下一次制造革命在美国发生。德国推进以网络智能技术创新为核心的"工业4.0"。日本重点发展协同机器人和无人化工厂，提升竞争力。随着要素成本上升，发达国家回归实体经济，我国将面临发达国家重振高端制造和发展中国家低成本制造的双重挑战。未来十年将是我国发展方式转型，迎接新产业革命的挑战，建设创新型国家的关键时期。必须实施创新驱动发展战略，提升创新设计能力，突破关键核心技术，引领集成创新，创造新的产品、工艺装备和经营服务模式，引领中国制造走向中国创造，提升经济发展质量和效益。必须充分认识产品创新是企业赖以生存和发展的关键，它是提升企业经济效益的引擎，是科技成果转化为生产力的桥梁，是创造品牌、引领企业文化的标志，是培养创新人才的温床，是扩大知识产权疆域的桥头堡。没有创新就没有企业在国际市场上的地位，产品创新对建设创新型国家具有全局性和关键性的作用。

2016 年 5 月 19 日，中共中央国务院印发《国家创新驱动发展战略纲要》。《纲要》在分析国内外形势的基础上，提出了分三步走的战略目标：

第一步，到 2020 年进入创新型国家行列，基本建成中国特色国家创新体系，有利支撑全面建成小康社会目标的实现。创新型经济格局初步形成，创新环境更加优化，若干重点产业进入全球价值链的中高端，科技进步贡献率提高到 60%以上，研究和试验发展(R&D)经费支出占 GDP 的比重达 2.5%，知识密集型服务业增加值占 GDP 的 20%。

第二步，到 2030 年跻身创新型国家行列，发展驱动力实现根本转换，经济发展水平和国际竞争力大幅提升，为建成经济强国和共同富裕社会奠定基础。主要产业进入全球价值链中高端，总体上扭转科技创新以跟踪为主的局面，在若干领域由并行走向领跑。研究和试验发展(R&D)经费支出占 GDP 的比重达 2.8%。

第三步，到 2050 年建成科技创新强国，成为世界主要科学中心和创新高地，为我国建成富强民主文明和谐的社会主义现代国家、实现中华民族伟大复兴的中国梦提供强大支撑。科技人才辈出，依靠科技进步和全面创新提高劳动生产率和社会生产力，产业核心竞争力大大增强，拥有一批世界一流的料研机构、研究型大学和创新企业。

《纲要》提出的战略任务含盖信息技术、绿色制造、现代农业、清洁能源、生态环保、海洋和空间技术、智慧城市和数字化技术、先进有效安全便捷的健康技术、支撑商业模式创新的现代服务技术和引领产业变革的颠覆性技术等十大领域。据此，《纲要》为组织实施作出战略部署和战略保障。

根据德国、美国一些城市成功创新的经验，通过大学科学研究机构和工业企业三者结合，建立共同研发合作平台，形成创新集群，构成具有专业技术优势的区域研发核心。并通过学术和商业联手，将科研优势转化为生产优势，推动产业的腾飞，成为成功的创新模式。德国弗劳思得协会，组建产业集群，合作研发项目，推动了后备人才培养，专业人才获取和集群国际化管理。2014 年集群共产生 900 项创新成果，300 项专利，新建企业 40 家。20 世纪 70 年代，美国有 11 个城市具备丰富的研究和商业资源，都有可能成为生物技术产业的发展温床。然而到2000年后，只有旧金山湾区、波士顿和圣地亚哥三个地区，采用了上述模式成功胜出，成为产业集群重镇。为此，在城市建设中除了为高等教育提供足够的发展空间外，在重点大学建立一批培养创新能力的实验室和交叉型实验室，作为学生的实习基地。在大学附近发展科技园区，形成引领技术创新的高新技术发展基地。同时，国家应挑选信誉高、有竞争力的企业建立一批工程教育基地为学生提供优良的生产实习场所。《十三五规划纲要》要求：引导创新要素聚集流动，构建跨区域创新网络。充分发挥高校和科研院所密集的中心城市、国家自主创新示范区、国家高新技术产业开发区作用，形成一批带动力强的创新型省份、城市和区域创新中心，系统推进全面创新改革试验。支持北京、上海建设具有全球影响力的科技创新中心。

同时，要逐步改变在改革开放早期注重引进外资，主要靠投资拉动经济的状况，更多地从“引资”上升到“引智”，以迅速提高我国的自主创新能力。

目前，我国已发展成为全球制造业中心，产业的国际竞争力逐渐提升，跨国公司出于自身利益最大化的考虑，为拓展在华业务，开始将研发中心、地区总部等产业链的高端部分小规模向我国转移。20世纪90年代中期，跨国公司开始在华设立研发部门，起初只为生产服务，没有核心技术研发内容。20世纪90年代后期以来，随着跨国公司本土化战略的全面实施，跨国公司在华投资研发中心的数量开始增加。例如：微软公司在北京设立中国研究院，是其境外最大的科研机构，贝尔实验室也首次在本土以外建研究院，在北京设立基础科学研究院。据商务部不完全统计，2005年底，我国有外商投资的研发中心约750余家，从地域分布看，主要分布在北京、上海、深圳等外商投资集中的地方。

从发展趋势看，研发中心已从应用开发和技术支持为主部分转向基础开发；研发投入不断增加，规模逐步扩大；研发人才本土化的进程加速。这对我国实施自主创新战略是有利的，应该利用这个机会逐步扩大本土人才的培养。同时，也应该采取多种政策措施，吸引国际人才到中国创业，依靠人才创新驱动，为经济实现跨越式发展提供动力。

2.3.2 先进制造业的发展——从信息化走向智能化

所谓先进制造业是相对于传统制造业而言，其主要特点是由两个引擎驱动：

(1) 信息技术的发展推动了制造业的革命。一是经过数字化处理各种信息(如图形、数据、知识、技能等)，大大提高了产品设计和生产流程的管控效率。二是随着CAD等计算机技术的普及，推动了自动化的发展，大大减轻劳动强度。三是利用信息网络的服务可以更加合理的组织企业间的分工协作，推动企业现代技术、加工技术的集成从而大大提高企业的生产和流通效率。

(2) 新工艺的出现、新材料的运用、新能源的开发，涌现出大量新产品，创造了更为丰富的物质财富。其主要表现：一是精密加工能力大大加强。随着航天技术的发展，微电子芯片的制造，对产品精密度的要求越来越高，推动了精密加工技术的发展，目前加工的精密度已从精密加工发展到细微加工以至纳米加工的程度。二是在极端条件下加工能力大大提高。一些科技前沿产品，如信息、航天、生命科学、医学等领域都提出极端条件下作业的要求，如有的有高温、高压、高湿、高磁场、高腐蚀下作业的要求，有的有高硬度、大弹性的要求，有的在几何形体上有极大、极小、极厚、极薄的要求。三是推动了“绿色”产品的发展，有利于环境保护，不断满足可持续发展的要求。

两者相辅相成，把制造业推向信息化的时代。

目前，正经历从信息化走向智能化的过程。德国在2011年汉诺威工博会首次提出了工业4.0的概念。他们认为，18世纪引入机器制造设备的工业是1.0时代，20世纪初的电气化和自动化是2.0时代，

20世纪70年代开始的信息化是3.0时代，现在正进入工业4.0时代，即实体物理世界和虚拟网络世界融合的时代，是利用信息技术促进产业变革的时代，也就是智能化时代。目前工业4.0概念已成为引领世界制造业未来发展的理论。也可称为第四次工业革命。

工业4.0有三个支撑点：一是制造本身的价值化，不仅是做好一个产品，而且通过制造过程和设计者配合，使生产过程做到浪费最少；二是制造过程中，根据加工产品的差异，加工状况的改变能自动作出调整，达到具有所谓的“自省”能力，也就是整个系统，包括设备和机器本身，在设计制造过程中能跟据变化的情况及时做出调整；三是在整个制造过程中达到零故障、零忧虑、零意外、零污染，至少要低忧虑、低污染，使制造过程达到最小忧虑化，这就是制造业的最高境界。

制造过程中不确定的问题分两部分，即可见的和不可见的。可见的问题包括加工失效、产品缺陷、极低的循环寿命和整体设备效能下降等。不可见的问题通常表现为设备加工性能下降和零部件磨损等。工业4.0的思路是提供透明化的工具和技术，将不可见环节中产生的问题复现出来，阐释并量化那些不确定因素，使生产组织者能客观地估计自身的制造能力。于是，我们提出了“预测性制造系统”的概念，使设备拥有“自省”能力，给用户提供最终预防有关产能、效率和安全性等潜在问题的信息，使用户得以缓解或消除制造运行中产能或效率上的损失。这就是工业4.0追求的“无忧虑的制造”的目标。

工业4.0还显示，仅生产智能产品是不够的，重要的是提供智能化服务能力，否则当前市场领先的生产商将来可能仅是服务商的产品供应者。一般说，创新有三种方式：第一种，把产品改造得更受用户喜欢。第二种，通过研发，用新技术引出多项发明，改变整个产品的功能。第三种通过情境模拟，不断发现顾客没有注意到的问题，通过改进赋予产品新的功能，更好的为顾客服务。如很少有人知道，司机开车的习惯可能影响20%的油耗，在新产品中增加指导司机纠正不良开车习惯的新功能，使产品更加体现人性化，这种通过情境模拟开发产品新功能的方式称为GAP。这也是工业4.0创导的新思维，即必须依靠大数据，由它把商业洞察力达到之前很难触及的深处，将消费数据和工业大数据对接，循着新的价值创造思维，发现需求缺口，通过技术实现使制造与服务、软件与硬件虚实融合。

总之，工业4.0的核心在于通过互联网，让客户、机器、原料形成网络，让客户与工厂之间、机器与机器之间、机器与原料之间互联互通，进一步提高生产智能化程度。其一大特点是在制造的不可见的部分着力，进行预测性制造和主控式创新。预测性制造是要弄明白设备的运行状况，适时维修和恰当生产。其另一大特点是通过互联网所提供的数据进行分析，找出新的拓展空间和新的服务内容，可以打破大规模生产和个性化定制之间的对立，一条生产线，可以自动识别每个工件的不同加工要求并采取对应的操作，生产符合不同客户需求的产品。

2.3.3 生物产业在经济结构调整中的作用与发展前景

生物产业是21世纪新经济体制下催生的新兴产业，具有科技含量高、能源消耗低、环境压力小、带动经济发展作用大等突出特点，其广泛应用于医药、农业、能源、环保、材料等多个关系人类健康和国民经济相关的领域。它的发展可以把我国特有的生物资源优势转变为经济优势，对于提高我国人民的健康水平、保障粮食安全、缓解能源压力、改善生态环境乃至提高综合国力等方面都有不可替代的引领作用。其具体作用表现在以下四方面：

(1) 生物医药产品占生物产业市场的70%以上，是生物产业的主导产业。现代生物技术在医疗方面的应用，涵盖了从药品到临床、从诊断到预防、从保健到治疗等多个重点方面。当前，我国医药行业中化学制药占医药制造业的53%，其生产过程中能源和原材料消耗高、污染物排放量大、生产成本不断增加。生物医药可以大大缓解这些矛盾。目前，我国生物医药发展水平居发展中国家的前列。“十一五”期间，国家大力支持生物医药创新体系的建设，支持重要生物医药产品产业化。2008年，已有30多种产品实现了产业化，300余种产品进入市场，形成了一批具有一定规模的生物产业基地，北京、上海、广州、深圳等地已建立20多个生物技术园区，成为推动产业结构调整的重要力量。

(2) 生物产业可推动农业的变革和发展。利用转基因等生物工程技术，可改善农、畜产品的质量，提高产量，增强抗病虫害能力。我国杂交水稻培育成功、转基因抗虫棉花品种的推广，用胚胎移植技术改良牛羊品种，都说明现代生物技术的应用是提高农业综合实力的重要手段。

利用生物农药、生物肥料取代化学产品，有效缓解化学农药、肥料对我国土壤结构的破坏、有机质含量下降和富营养等问题，减少了化学产品在生产、使用过程中对环境的污染。

(3) 生物产业开发再生新能源，引领我国循环经济发展。生物能源主要包括燃料乙醇、生物柴油、生物质发电和供热等。目前最具发展潜力和应用前景的生物能源是燃料乙醇和生物柴油。随着利用非粮食生物原料生产新能源技术的成熟，一种燃烧性能、动力性能和环保性能都好的新能源将逐步替代化石能源。

(4) 通过对生物材料的深度开发，具有可自然降解和良好的生物相容性、可再生利用、便于机械加工等特点的一批生物制品出现，并广泛应用于医疗、农业、建筑业、包装材料业等领域，大大减少对石油、煤炭等不可再生的化石能源的依赖，是解决我国资源急剧消耗、环境严重污染的关键，是建设资源节约型和环境友好型社会的一条必经之路。

进入21世纪以来，全球信息产业已进入成熟阶段，我国很难在信息技术和产业发展上有所突破，进入世界先进行列。而在生物产业领域我国与国外的差距并不大，比较有条件加快发展步伐，进入世界领先行列。在《中华人民共和国国民经济和社会发展第十二个五年规划纲要》中明确提出要加快培育和发展生物产业，发挥我国特有的生物资源和技术优势，面向健康、农业、环保、能源和材料等领域的重大需求，重点发展生物医药、生物医药工程产品、生物农业、生物能源、生物制造。

为此，必须改变目前低水平重复投资的现状，进行投资结构的优化调整，促进生物产业高速发展，形成良性循环。

扶持优势企业的创新能力建设，对分散的生物技术力量进行整合，促进具有优势的科研院所与企业进行战略合作，建立以企业为主体、产学研相结合的创新体系，形成高效的高技术成果转化的产业集群。

以生物产业为支柱调整、优化产业结构。在加速农业现代化的同时，加速对传统工业的改造，拓展新兴工业，带动与生物产业相关的生产性服务业的发展。

通过以上三方面的努力，将全面落实经济发展质量和效率的提高，推动我国经济又好又快的持续发展。

2.3.4 突出重点，扬长避短，发展适合城市特点的经济

北京作为首都，从20世纪50年代开始就大力发展工业，经过3年恢复时期和第一个五年计划，初步奠定了工业基础，为北京的现代化建设提供了强大的物质保证。但是，在计划经济体制下过分强调门类齐全，结果重工业发展过多，造成环境严重污染，与城市争用地、争能源、争水源，并引起交通紧张，影响政治、文化中心功能的发挥。与其相邻的天津市也走了类似的道路，结果北京与天津都形成了性质雷同、行业众多(约42个行业)的工业体系，许多项目重复建设，在华北地区争夺有限的资源，大家都发展不好。例如，在20世纪80年代初，国家有一个30万t乙烯的投资项目，华北三省市都想要，最后决定分成三个10万t规模的厂子，三家各搞一个，不仅造成污染扩散，而且谁都形不成规模效益。随着

计划经济体制向市场经济体制转化，北京工业发展的弱点就暴露出来了，虽然门类齐全，但缺乏“拳头”产品，不少产品在激烈的市场竞争中，纷纷落马，占领不了市场，成为亏损企业，有的关闭，有的调整。在北京市的“十五”计划中，大力扭转这种局面，把发展高新技术，促进工业结构优化升级作为首要任务。一方面明确充分利用首都人才优势，加快发展基因工程、生物芯片、超大规模集成电路、纳米技术、航天技术等高新技术，力求取得突破性成果，并形成产业规模，成为国民经济新的支柱。力争在电子信息、生物工程、新医药、光机电一体化、新材料、环保与资源综合利用方面着力开发名牌产品，抢占产业发展制高点；另一方面广泛利用高新技术和先进适用技术，对钢铁、化工、机械、电子、汽车、印刷等传统行业实行升级换代，优化重组，并坚决淘汰一批与首都特点不符的、缺乏市场前景的工业项目，如黑色金属冶炼、普通化学制品、炼焦、制革等。“九五”期间，首钢一改以往一味追求钢产量超千吨的目标，从1997年开始，研究与开发大规模集成电路等高新技术产业，2005年已具备超大规模集成电路设计、制造能力，通过优化重组，以非钢产品逐步取代钢铁产业，当年首钢集团非钢销售收入及海外营业额占总销售收入（500亿元）的60%以上，高新技术产业销售收入，占总销售收入的比例由2000年的7.4%提高到20%以上。在“十一五”期间，北京市产业结构调整的力度进一步加大，首钢和焦化厂等重污染产业成功搬迁，高新技术产业和现代制造业在工业中的先导支撑作用日益增强，2006、2007两年，两个产业的产值均呈两位数高速增长的态势，截至2008年，北京市高新技术产业占工业增加值的比重已达23.8%，现代制造业占工业增加值的比重达38.6%。但是，尚有占工业增加值的比重达37.6%的传统产业，占用了70%左右的工业用地和劳动力，亟待加快改造，经济结构调整的任务还很艰巨。在“十二五”期间，提出了继续提升高技术和现代制造业发展水平的任务。要求“着力发展高端现代制造业，改造提升传统产业。延伸制造业产业链，促进工业化与信息化融合发展，增强产业配套能力和集群发展水平”。

在北京市《十三五规划纲要》中，更加强调“加快实施创新驱动发展，建设创新之城。把创新摆在发展全局的核心位置，充分发挥全国科技创新中心作用，全力建设中关村国家的自主创新示范区，大力推进以科技为核心的全面创新，推进供给侧结构性改革，最大限度地激发全社会创新创业活力，加快实现发展动力转换。

上海在“六五”“七五”期间，就重点抓住钢铁、石化、汽车、造船、航空等工业的发展，取得很大成绩，在“十五”期间又突出电子信息、汽车制造、电站设备及大型机电产品制造、石化和精细化工制造、精品钢制造和生物医药制造六大支柱产业，力争在“十五”期间年均增长10%～30%，使其工业总产值占全市工业总产值的比重从50%提高到70%。努力培育大型企业集团，争取宝钢、广电、上汽等集团跻身世界500强，50家以上企业进入国内工业500强，5家以上企业进入国内上市公司50强。在上海市“十二五”期间，提出了“大力实施信息化领先发展和带动战略，加快建设智慧城市”的要求，指出：“加快新一代信息技术产业和传统产业改造升级，以关键技术攻关和新兴技术应用为切入点，大力推进物联网、新型显示、网络和通信、集成电路、汽车电子等产业的自主发展。积极推动国产基础软件、工业软件和行业应用软件研发及产业化，实施‘云海计划’，突破关键技术，打造云计算产业链。”

在上海市《十三五规划纲要》中，提出了建设具有全球影响力的科技创新中心，为形成国际性重大科技发展、原创技术、高新科技产业重要策源地和全球重要创新城市打好框架。建设张江综合性国家科学中心，瞄准世界科技前沿和顶尖水平，汇聚各类创新资源，力争在基础科技和关键核心技术领域取得更大突破。并就推进重大战略项目、基础前沿工程和创新功能型平台建设，积极落实“中国制造2025”战略，改造提升传统优势制造业等方面提出了具体任务。

2.3.5 突出品牌效应，争创名牌，占领市场

世界知名的品牌产品是可以源源不断创造可识别收入的无形资产。品牌是一种许诺，它代表了一种持久不变的品质。只要能成功树立品牌形象，企业就能获得巨大的利润。国际品牌咨询公司根据各公司公开的财务数据，预测其经济收入数字（营业利润扣除资本支出与税款），再分析品牌效应在收入中所起的作用，再扣除风险含量，就可以得出各名牌企业的品牌价值。用上述方法对过去十几年世界2 000多个品牌的价值进行评估。根据2006年《商业周刊》公布的全球最有价值100个品牌名单，品牌价值在前20名的排行榜见表2.1。

表2.1 品牌价值前20名排行榜(2006年)

名 次	品 牌	国 家	行 业	价值/百万美元
1	可口可乐	美国	饮料	67 525
2	微软	美国	软件	59 941
3	IBM	美国	计算机	53 376
4	通用电气	美国	多种经营	46 996
5	英特尔	美国	计算机	35 588
6	诺基亚	芬兰	移动电话	26 452
7	迪斯尼	美国	娱乐	26 441
8	麦当劳	美国	快餐连锁	26 014
9	丰田	日本	汽车	24 837
10	万宝路	美国	卷烟	21 189
11	梅塞德斯奔驰	德国	汽车	20 006
12	花旗	美国	银行	19 967
13	惠普	美国	计算机	18 866
14	美国运通	美国	金融卡	18 559
15	吉利	美国	剃须刀	17 534
16	宝马	德国	汽车	17 126
17	思科	美国	网络通信设备	16 592
18	路易威登	法国	奢侈品	16 077
19	本田	日本	汽车	15 788
20	三星电子	韩国	电子产品	14 956

但是，在市场竞争激烈的时代，排名是在不断变动的，技术创新，新产品开发成功，得到消费者的认可，常常会后来居上。根据英国《金融时报》网站2011年5月8日的报道，苹果公司得益于iPad平板电脑和iPhone手机在消费者和公司中取得成功，品牌价值一路飙升，超过了自2007年以来一直居全球品牌百强首位的搜索引擎公司谷歌，中国移动首次进入全球品牌百强前十名的行列，也是值得庆幸的事。原来在2006年位居前十名的英特尔、诺基亚、迪斯尼、丰田等公司则被排除在前10名以外，详见表2.2。

表 2.2 全球品牌百强前 10 名

品牌	价值/百万美元	品牌	价值/百万美元
1. 苹果	153 000	6. 可口可乐	73 800
2. 谷歌	111 000	7. 美国电话电报公司	69 900
3. IBM	101 000	8. 万宝路	67 500
4. 麦当劳	81 000	9. 中国移动	57 300
5. 微软	78 200	10. 通用电器	50 300

经过多年实践，我国许多企业通过引进外资，合资经营，迅速崛起，在制度、管理与竞争力方面取得了长足的进步，在服务质量、创新管理方式、有效地为客户服务、灵活适应中国市场等方面备受赞赏。《财富》杂志中文版，对中国前 500 家外资企业的发展情况，从总体评价到不同侧面的表现，先后公布了 1999 年和 2001 年总体和单项最受赞赏的前 10 家公司的名单(表 2.3，表 2.4)，通过对照，一方面说明我国通过引进外资、锐意改革、不断创新，完全有条件创出足以与国外同行媲美的名牌企业；另一方面，也说明在市场经济条件下，竞争非常激烈。不进则退，只有不断创新，提高质量，改善服务，才能牢牢地占领市场，使企业长盛不衰。

表 2.3 《财富》中文版外资企业整体最受赞赏的公司前 10 名

名次	2001 年	1999 年
1	一汽大众汽车有限公司	上海大众汽车有限公司
2	上海大众汽车有限公司	摩托罗拉(中国)电子有限公司
3	联想(北京)有限公司	广州宝洁有限公司
4	中国惠普有限公司	康佳集团股份有限公司
5	摩托罗拉(天津)电子有限公司	广东健力宝集团有限公司
6	北京诺基亚移动通信有限公司	一汽大众汽车有限公司
7	青岛海尔电冰箱(国际)有限公司	西安杨森制药有限公司
8	北京可口可乐饮料有限公司	深圳三九药业有限公司
9	宝洁(中国)有限公司	杭州娃哈哈食品有限公司
10	爱立信(中国)有限公司	上海贝尔电话设备制造有限公司

表 2.4 《财富》中文版外资企业单项最受赞赏的公司前 10 名

	2001 年	1999 年
产品/服务质量最受赞赏公司	青岛海尔电冰箱(国际)有限公司	摩托罗拉(中国)电子有限公司
管理方式最创新的公司	联想(北京)有限公司	摩托罗拉(中国)电子有限公司
客户服务最有效率的公司	青岛海尔电冰箱公司	上海大众汽车有限公司
最能灵活适应中国市场的公司	上海大众汽车有限公司	摩托罗拉(中国)电子有限公司
最可靠的合作伙伴或供应商	上海大众汽车有限公司	上海大众汽车有限公司
对中国市场具有最长期承诺的公司	上海大众汽车有限公司	上海大众汽车有限公司
最令员工满意的公司	联想(北京)有限公司	摩托罗拉(中国)电子有限公司
最能表现出良好社会品德的公司	北京麦当劳食品有限公司	摩托罗拉(中国)电子有限公司
最愿意在中国市场分享或转让其技术的公司	摩托罗拉(天津)电子有限公司	上海大众汽车有限公司
财务状况最健全的公司	联想(北京)有限公司	上海大众汽车有限公司

此外，从品牌效应看，并非只有高新技术产业才能创造好的业绩，各行各业只要刻意创新，占领市场先机，都可以取得良好的收益。自发展市场经济以来，我国许多产品也不同程度地发展成国内以至国际的知名品牌，例如乐百氏、娃哈哈饮料系列、鄂尔多斯羊绒衫、伊利奶制品……这些知名品牌不见得都出自大城市，有的是乡镇企业起家，带动了城镇的发展。例如广东中山市，通过乐百氏纯净水的生产创出品牌，占领了国内市场的半壁江山，现在该乡镇已成为具有 10 多万人口，多种企业发展的小城镇。慈溪市庙山村生产汽车轮胎用帘子布的金伦集团，占有国内市场 70%的份额，从而带动了城镇发展。梧州市的蛋白肠衣、人造宝石也在国内外市场占有相当份额，成为该市的支柱产业。只要找准市场，填补市场的空缺，创造优质产品，就可能为我国广大城镇在实现工业化的过程中提供利用地方资源优势发展经济的广阔领域。

总之，在经济结构转型升级创新的过程中，必须重视品牌经济的作用。所谓品牌经济是以品牌为载体承担和发挥地区经济资源集聚、配置和整合功能的经济发展形态。

品牌经济必须具备创新特征。在我国经济处于转型升级的过程中，一方面需要摆脱“借牌、租牌、贴牌、无牌”的困局；另一方面我国产品要融入全球经济快车道，进一步发挥自主品牌的作用，走品牌发展之路。

市场是产品的睛雨表，品牌必需以市场需求为导向，同时，必需走绿色经济之路，符合资源节约型的要求。

品牌经济是开放型经济，发达国家依靠其强大的品牌优势，获得巨大的经济利益。我国正是缺少有影响力的品牌，只能处于产业链的低端，只有掌握品牌的主动权，才能找到经济发展未来之路。

当今世界，品牌代表一个国家的经济实力，品牌强则国力盛。只有做强品牌，才能增强国力，造福人民，生产出高附加值的自主品牌产品，已成为我国经济发展的必然选择。

2.3.6 因地制宜，制定高新技术产业发展的战略

在《中国 21 世纪议程》中提出：“将资源密集型的粗放型经济向知识密集型的资源节约型经济转变，以实现可持续发展。”“十二五规划纲要”提出了“创新驱动，实施科教兴国战略。”《十三五规划纲要》更加强调创新驱动发展战略，指出：把发展的基点放在创新上，以科技创新为核心，发挥科技创新在全面创新中的引领作用，加强基础研究、集成创新和引进消化吸收再创新，着力增强自主创新能力，为经济社会发展提供持久动力。如何贯彻规划纲要提出的任务，在经济发展水平参差不齐的城市，如何实施高技术产业发展战略，成为各城市政府都关注的问题。

自 1985 年“深圳科技工业园”建立至 1992 年，我国已建立 118 个科技园区，其中国家级的科技园区有 52 个。

2010 年，国家级科技园区已增加到 90 家，20 多年来，园区从沿海到内地不断发展壮大，有效地发挥了窗口、示范、辐射和带动作用，成为改革开放的排头兵和区域经济的增长极。从 2000 年至 2009 年，国家级高新区营业总收入增长近 8 倍。截止 2008 年，北京、南京、武汉、成都、西安等 19 个国家级高新区工业增加值分别占到所在区域工业增加值的 30%左右。

但是，有相当部分园区名不副实。一是概念模糊，常把高新技术产业开发区与经济技术开发区、保税区相混淆，结果，开发区内鱼龙混杂，难以发挥高新技术产业的优势；二是有很大的盲目性，不了解高新技术产业设置的条件，出现选址不当、规模过大、功能组成不合理、低水平重复建设等问题；三是不少地方以高新技术开发区建设为名，行房地产开发之实，常常一哄而起，大量建房，投资巨大，与开发区发展需要脱节，使房屋与使用要求不符，建筑空置率高。为了使高新技术产业得以健康发展，参考世界高

新技术发展的状况，界定高新技术产业的特点，并介绍国内外一些国家与城市发展高新技术产业的实例，供研究发展战略时参考。

1）高新技术产业的含义及特点

高新技术产业是创新性强、科技含量高的产业。目前尚无统一的界定标准。根据1994年世界经合组织（OCED）对10个成员国22个产业大类的比较研究，认为研发比重（研究开发经费占销售额或产业增加值的比例）超过7.1%的产业，才可称为高新技术产业。

在我国制定的“863计划”中，确定信息技术、生物技术、能源技术、高科技农业、先进制造技术和自动化技术等8个行业为高科技行业。

高新技术产业有以下几个特点：

（1）高新技术产业是一个群体，而并非单一产业，随着科技进步，市场变化，新产业出现，产业内容会发生变化，龙头产业有一个发展、衰落、转化的过程。目前，高新技术产业以信息产业为龙头，涵盖不同行业的多个分支产业，包括：信息产业、军事航空航天产业、生命科学产业、先进制造产业和新材料产业等。

（2）高新技术产业运作一般包含8个功能环节，即：研究开发、中间实验、规模化生产、产品配套、市场营销、技术服务、人才教育、企业产品孵化。其中，研发、生产、销售是3个主要环节，体现科、工、贸一体化的特色。

研发是高新技术产业的最主要环节，在高科技高速发展，竞争日益激烈的形势下，谁占了市场先机，谁就可能在竞争中取胜。因而一般企业都是精英密集，并与大学、科研部门联手，强化研究开发工作。并与公司总部保持最密切联系，并出现为其服务的中间实验产业配套、产品孵化等机构。

生产环节。它保证在激烈竞争中降低成本，率先投产，产品迅速扩散、占领市场。在全球经济一体化的时代，在经济动态比较利益驱动下，也为发展中国家利用土地和劳动力低廉、潜在市场大的优势，吸收发达国家的资本与技术，发展以生产为主的高科技工业园创造了条件。

营销环节。由于高科技产品的技术含量高，因此产品销售人员必须是技术型的，并与演示、培训、售后服务等结合在一起。

（3）高新技术产业往往在科技力量密集、交通方便的地区率先形成与发展，且以小企业为主。因此，科研、教育集中的大城市及其控制范围内往往是高科技产业发展的理想场所，成为创新中心。在大东京地区、大洛杉矶地区、伦敦西扇地区、巴黎南部、慕尼黑、芝加哥等地都是这样。

例如，伦敦西扇地区系指与伦敦中心区相距35～80 km西北、西南地带的六个群，有一条高速公路与伦敦快捷联系，附近是希思罗国际机场，从20世纪50年代，依托伦敦的国家军事和科研机构的中枢，在军事工业带动下发展起来，至20世纪80年代形成具有2 000个公司的高科技核心区，集中了英国1/3的高科技就业人员（215 100人）。

又如，东京及其周围神奈川县、埼玉县、千叶县拥有日本1/4的制造业，是日本最大的工业区，也是高科技产业集聚区。全日本半数以上的研发试验室、1/3的科技研究人员与院校师资集中在这里。东京地区集中了1/3、神奈川地区集中了半数左右以至2/3的光电通讯、计算机和工业机器人等领域的高科技产业。

2）高科技园区实例介绍

为了便于了解高科技园区的具体发展状况，特选取国内外知名的不同类型的园区作简略介绍。

（1）硅谷

属于综合型园区。位于美国东部被太平洋和旧金山环绕的半岛上，是长70 km、宽150 km的条状地带，方圆1 000 km^2。

硅谷是依托19世纪末创建的斯坦福大学发展起来的科技园区。1939年创建惠普公司。经过半个世纪的发展，20世纪50年代建立工业园。20世纪60年代借助国防部电子技术为基础的微电子公司发展起来。20世纪70年代随着个人计算机开发时代的到来，逐步建立社会网络、金融、服务机构等产业基础，形成创新环境。20世纪80年代，计算机工业的支配地位提高，硅谷产业结构国际化和新一轮创新公司衍生活动发展。20世纪90年代，是重要的转化时期：从电子技术向电脑技术、电脑网络技术转换，从制造业向信息业转换。硅谷的公司正在逐渐脱离制造业，而转向设计、管理和销售，出现了用美国本土技术在国外进行产品制造，产品流向世界各地(包括美国在内)的新模式。

硅谷是高科技队伍最集中的地区，63%的就业人口受过高等教育，拥有20万名大学生，6 000多名博士，在高新技术产业领域中就业人数237 000人，占就业总人数的25%。驻扎着7 000多家高新技术公司总部，世界上最大的100家高新技术公司中20%在硅谷安家落户，如惠普、微软、网景通信、雅虎等公司。平均每周有10家新公司开张，每5天有一家公司股票上市。目前，上市的硅谷股票市值4 500亿美元。截至1996年，惠普、英特尔、IBM三家公司就有专利发明1 216项。劳动生产率(企业增加值除以就业人口)1992年已达114 000美元。目前在生物新药、计算机硬件(存储设备)、航空、产业服务(供应商)、集成电路、多媒体、采购业、网络、外围设备、半导体、半导体制造设备、软件电信、监测设备等方面处于全球领先地位。

(2) 剑桥科学园

属研究型园区。剑桥距伦敦90 km，著名剑桥大学所在地。剑桥科学园创建于20世纪70年代，占地52 hm^2，经过十几年努力发展起350个高新技术公司，1.65万就业人口，是英国高科技发展最快的地区。其特点是没有生产企业，大多是研发型小公司，半数以上依托剑桥大学的人才、基金与数据库设施。

(3) 台湾新竹科技工业园

属生产型园区。距台北约80 km，依托新竹市郊的交通大学、清华大学和工业技术研究所设置，与桃园机场很近。1980年底兴建，计划占地21 km^2，1995年已开发5.8 km^2。截至1998年底，已有272家公司进入园区，3万就业人口，年创产值4 550亿元新台币。新竹科技园采取了“引进、消化、出口”的战略，采取外国公司和本土研发机构、企业结合的运作方式，并采取优惠政策(包括资金帮助和提供良好的生活条件)吸引留学人员回来创业的办法开发园区。由于新竹园区的成功开发，台湾以硬件制造为主的信息产业得以迅速发展，1997年计算机产业的产值仅次于美国、日本，名列第三；半导体产业还落后于韩国，名列第四；有10多项产品，如笔记本电脑、掌上型扫描仪、主板、数据机等产量居世界第一位。

(4) 印度班加罗尔软件园

位于卡纳塔克邦，1985年建德州仪器厂。该厂是借助班加罗尔丰富的人力资源发展起来的，在班加罗尔周围有10所综合大学，70家技术学院，每年可提供18 000名电脑工程师，为园区发展提供了充足的人才资源。再加上印度有25万工程师在硅谷工作，占美国软件工程师的1/3，也是可借助的人才资源。园区是在邦政府、企业和外资合作下开发起来的。鉴于印度经济实力差，没有资本做硬件，因此园区瞄准了软件市场，以编制开发软件为主，以其编程能力强、英语基础好和劳动力价格低的优势成为美国企业的首选。1995年有2 500多家软件公司集中于此，IBM、思科、微软等国际企业纷纷进驻投资，有3.5万就业人口，年底营业额在180亿卢比以上，成为世界“软件之都”。

(5) 北京中关村科技园

属综合型园区。位于北京市中心区西北角。该区集中了清华、北大等全国知名的25所大学和中国科学院属的30多个科研所，该地属海淀区管辖，是科技最发达、科技人员最集中的地区，成年人中33%具有大专学历，有200多位院士，37.8万科技人员，发展高新技术具有得天独厚的优势。中关村科技园区就是依托科学院和大学的科技力量发展起来的。1980 年由中科院物理所的 7 名科技人员组建了第一个高科技研发机构"北京等离子体学会先进技术发展服务部";随后海淀区和中科院、清华合作,陆续创办了科海、海华等公司。1984 年已有包括四通、联想、时代等在内的 40 多家企业。1985 年掀起了创办民营科技热潮,在京高新技术企业达 700 余家,北大方正也开始创建。1988 年国务院正式批准在海淀区以中关村为核心建立"北京市新技术产业开发试验区",进一步推动了园区的发展。1992 年丰台和昌平两个科技园区开始启动,并纳入北京市新技术产业园区范围,上地信息产业基地开始建设。1993～1995 年,四通、联想、北大方正集团陆续在香港上市,联想发展成亚洲最大的微机板卡生产基地,扭转了中国电脑市场大部分被外国品牌占领的局面。1997～1999 年四通利方成为我国第一个吸收美国科技风险投资的高科技企业,从软件起步,并开始涉足网络业;清华同方和紫光集团通过收购,兼并了数家大企业,扩大了规模。

2002 年,在以中关村为核心的科技园区带动下,至 2008 年已形成一园十区格局,驻园企业从 2002 年的 9 000 多家增至 23 601 家,其中 1/3 集中在中关村及其周围 100 km 的范围内。科技园现有就业人口 94 万,其中科技人员 26 万,2008 年技工贸总收入已从 1999 年的 1 109.8 亿元增至 10 222.4 亿元,实现工业总产值 3 622.6 亿元,高新技术对全市工业增加值的贡献率达 70%,人均技工贸收入 108.6 万元,人均工业总产值为 38.6 万元人民币,人均增加值为 8.1 万元人民币。在中关村高科技园区的推动下,2008 年北京在工业总产值中高科技产业的产值占 23.8%,成为首都工业的第二大支柱。

从 2008 年到 2012 年,在以中关村科技园区的带动下,政策范围逐步扩大。2009 年经国务院批准,中关村科技园成为中国第一个国家自主创新示范区,对其空间布局和规模进行调整,政策范围从原来的一区十园 232 km^2 调整为一区 16 园 488 km^2,覆盖全市 16 个区县,形成文化创意、金融服务、农业种子、复合材料、生物制药、纳米材料、新能源等诸多领域、各具特色的的格局。

据统计,从 2008 年到 2014 年,中关村的技工贸总收入和人均技工贸收入逐年攀升,技工贸总收入 2008 年为 1.02 万亿元,2010 年达 1.59 万亿、2011 年 1.96 万亿、2012 年 2.5 万亿、2013 年 3.04 万亿、2014 年 3.57 万亿。人均技工贸收入,2008 年为 108.6 万元,2010 年达 137.7 万、2011 年 141.9 万、2012 年 157.8 万、2013 年 160.6 万、2014 年 1 794 万。

经过多年发展,截止 2014 年,中关村已形成一城三街的完整格局,构建起完善的创新创业体系。

一城,系指上地信息产业开发区。自 20 世纪 90 年代中叶开始建设以来,现在已建成占地 2.6 km^2 的软件园,聚集了 277 家企业总部和全球研发中心,2014 年产值达 1 409 亿元,平均每平方公里 542 亿元,每万元 GDP 的能耗仅为 0.008 7 万吨标准煤,是北京市平均值的 1.5%。目前,以上地信息产业开发区为核心,继续向北延伸,建设清华大学、北京大学及中国矿业大学、北京航空航天大学、北京理工大学等科技园,逐步形成规划总面积达 31.3 km^2 的软件城,成为北方微电子产业、生物医药、新村料和航天产业等集中的综合型基地。

三街,系指中关村西区。经过多年建设经营,已形成集研发、办公、展销于一体的综合性科研中枢。形成三条不同功能的科技街。即:

科技金融一条街。通过聚集科技金融服务资源,深化科技金融创新试点,构建技术和资本高效对接的机制,打造全国创新资本聚集中心、要素金融中心、资本运营结算中心、互联网金融创新中心,促进科技创新和金融创新紧密结合,促进区域产业结构优化升级,2014 年已聚集人民银行、深交所上市基地等金融机构 400 家。

创新创业孵化一条街。是在海淀区图书步行街基础上发展起来的。经过空间整合,形成以创业展示和创业投融资服务两项为核心的功能区,为创业者提供创新交流、公共服务、创业媒体、专业孵化、创新培训平台。2014 年已聚集天使等 21 家新型创业机构，与其合作的天使投资人和投资机构 2 000 个，吸引创业团队近 4 000 个，2014 年已有 123 个团队获得融资，平均融资额为 500 万元。

知识产权和标准化一条街。聚集知识产权代理、资本评估、专业咨询、知识产权商用等机构，建设成标准检验论证、国际技术转移功能区，形成涵盖知识产权代理、咨询运营、信息法律服务的全部链条，促进各类资源在知识产权服务链条上流通，形成“聚变效应”。2014 年已建成国家知识产权局、国际技术转移中心、中关村知识产权大厦等机构，吸引 100 多家知识产权服务机构进驻。

2012 年到 2014 年，中关村又与其毗邻的天津高新区合作，推行优势互补、协同发展战略，分别打造具有全球影响力的科技创新中心和产业创新中心，从中关村到天津高新区将形成一条 150 km 的科技创新带。近年来，搜狐、视频、京东、百合网等 300 多家中关村的领军企业转移到天津高新区，成为中关村高新科技产业转移发展的主要基地。与此同时，16 个园区分别与其毗连的津冀若干城市，如天津滨海新区、宝坻、石家庄、唐山、秦皇岛、廊坊、保定等建立合作关系，内容涉及环保、生物制药和物流等诸多领域，形成环京津科技创新网络，将极大地推进京津冀产业发展一体化的进程，有利于加快产业结构调整升级优化的步伐。

2015 年，中关村上市公司营业总收入 23 441 亿元，上市公司总市值达 48 176 亿元(含境内 3.3 万亿元、境外 1.5 万亿元)，研发投入 821 亿元，平均研发强度为 3.5%。中关村引领新技术潮流的作用更加明显，2015 年聚集了 40 所高等院校、200 余家科研所、300 家跨国公司研发中心；新创办科技型企业达 2.4 万家，全年平均每天产生 66 家；全国“互联网+”专业创新企业 100 强中，中关村占了一半；379 起天使投资，融资 23.4 亿元，占全国 46.1%，引领金融发展的新潮流。

今后，中关村将实施互联网与农业、制造业、金融业、建筑业、交通运输业、能源保护业、零售业，以及教育文化、生活服务、医疗健康等十大重点产业的融合创新工程。展望未来，中关村将成为全球互联网经济前沿技术、解决方案、新兴高精尖产业的发源地和离岸高端互联网服务输出地，持续引领中国创新创业的潮流。

(6) 张江综合性国家科学中心

上海张江综合性国家科学中心 2016 年拥有 22 园，500 km^2 多，汇集科技企业 7 万多家，200 万从业人员和全市 80%高端人才。《上海十三五规划纲要》提出，把张江打造成综合性国家科学中心，依托该地区已形成的国家重大科技基础设施，使超强超短激光、活细胞成像平台、海底长期观测网、高效低碳燃气轮机试验装置等一批科学设施落户上海，打造高度集聚的重大科技基础设施集群。建设世界一流的科研大学和学科，汇聚培育全球顶尖科研机构和一流研究团队，大力吸引国内外顶尖实验室、研究所、高校、跨国公司来沪设立全球领先的实验室和研发中心，为诺奖级别的科学家定制实验室，聚焦生命、材料、环境、能源、物质等基础科学领域发起设立多学科交叉前沿研究计划。今后张江国际化的步伐将越迈越大，到发达国家开设园区，着眼破解中外科创合作瓶颈，争取科研领域更多的话语权。

(7) 大连软件产业示范城

大连软件示范城包括大连软件园、七贤岭和“双 D 港”产业化基地三部分。近几年已开始运作。2001 年初，科技部正式批准大连创建我国第一个软件产业国际化示范城市计划。2002 年，大连全市从事软件开发、系统集成、网络工程的企业已发展到 200 多家，形成了一批在国内外市场上占有一定份额和具有国际竞争力的软件企业，这些企业有 40%的出口任务，产品遍布日本、美国、新加坡、香港、欧洲等国家和地区。企业比较集中的大连软件园已初具规模，累计有 52 家企业入园，东大阿尔派、东大士通、诺基亚、中软集团、中国网通等知名软件企业已进驻。担负软件人才教育培训任务的我国第一所民办软件学院——东北大学东软信息技术学院已建成。大连市计划用 10 年左右的时间，把大连建设成我国对外开放度最高、服务功能最完善、国际竞争力最强的软件出口示范区。其主要任务:① 把大连建成软件产业加工中心。② 通过信息技术学院、与企业联办职业大学、与国外培训机构联合建立网络软件学校等多种形式培训人才。③ 建立软件产品批发市场,大力开展软件产品的电子商务活动,使大连成为全国软件产品的价格形成中心和商品配送中心。④ 建立功能强大的信息平台,强化软件信息网络建设,使大连成为全国的软件信息发布中心。⑤ 强化现有研究机构,吸引国内外研发机构入园,鼓励企业与科研机构联合研究开发,建立多方面专家联合实验室。⑥ 建立风险投资机制,吸引国内外风险投资公司投资大连。据此,还要在基础设施建设、进出口业务运作、税收政策、服务管理体系、质量保证体系等方面采取一系列措施,以保证园区健康发展。

此外,据专家预测,光电子将会成为21世纪最热门的产业。1999年世界光电子产品市场总值已达到了1 800亿美元,国内光电子产品市场总值为50亿美元,2000年全球光通信产业市场规模为400亿美元,中国的市场容量为24亿美元。因此,国内众多城市都看好电子产业发展前景,加大"光通信工业园"(俗称光谷)的建设力度,长春、广州、北京、上海、武汉、深圳等10多个城市都不惜投入巨资兴建光谷。珠江三角洲电子信息产业,特别在光纤光缆、光有源/无源传输设备以及光网络等方面的产值和销量都居国内首位,例如,全国光纤通讯产品销售额为73亿元,深圳就占了30亿元。一个光电子产业群已在这个地区形成,对供应商与企业都有巨大的吸引力,因此最有条件建成我国最具规模的光谷。

3) 我国高科技园区发展前景分析

虽然,经过20世纪80年代的探索实验,90年代大规模布局和初创发展,21世纪以来,中国的一些发展比较成熟的园区已进入以提高自主创新能力为特征的"二次创业"阶段,其本质就是要实现以创新驱动中国经济、以创新引领中国未来的发展。但是,就全国整体发展条件而言,我国经济发展还处于工业化初期和中期,高科技产业尚处于起步阶段,对多数城市来说,还不具备发展条件,只能因地制宜确定发展战略。尤其是综合型园区,需要足够的科技人才和相当的产业基础,必然是在科技实力强、产业基础厚的大城市率先成长,成为我国高科技发展的"龙头",因此,环渤海地区的北京,长江三角洲的上海、南京和珠江三角洲的深圳、广州,处于长江中游的武汉和下游的重庆,以及西安、长春等城市将成为近期高科技产业发展的重点地区。其次,各省的省会城市大多具有大学和科研机构集中的优势,可以因地制宜发展科研型园区,争取在某些领域有所突破,占领市场。对于广大欠发达城市主要应该把力量集中在利用高科技成果改造传统产业、加快产业的升级换代以增强经济实力上。同时,也可以积极创造条件成为发达城市的生产基地,如联想集团在惠州建立生产基地,清华同方等80多家企业在北京远郊聚集,利用土地便宜、环境优良的条件,建立生产基地,这样也可起到带动落后地区经济发展的作用。1998年,我国主要国家级高科技园区分布状况及指标见表2.5。

表2.5 中国主要国家级高科技园区指标

高科技园区		企业数/个	职工数/个	总产值/亿元	总收入/亿元	总利税/亿元	总利汇/亿美元
京津石区带	北 京	3 152	112 253	100.64	154.90	13.21	1.321
	天 津	1 002	36 581	39.79	41.56	5.66	0.956
	石家庄	388	21 002	14.98	14.78	2.36	0.133
	保 定	54	13 764	11.19	8.98	1.06	0.079
	合 计	4 596	183 600	166.60	220.22	22.29	2.489
	占全国比重/%	39.00	23.07	19.54	23.36	20.25	16.360

续表 2.5

高科技园区		企业数/个	职工数/个	总产值/亿元	总收入/亿元	总利税/亿元	总利汇/亿美元
山东区带	威　海	27	6 711	10.50	5.68	0.67	0.139
	青　岛	50	13 080	23.89	36.06	3.98	0.000
	潍　坊	17	4 609	12.49	14.29	0.81	0.040
	淄　博	39	25 624	20.02	20.00	2.24	0.191
	济　南	292	18 353	19.12	25.17	2.70	0.373
	合　计	425	68 377	86.02	101.20	10.40	0.743
	占全国比重/%	3.61	8.59	10.09	10.74	9.45	4.880
沈大区带	沈　阳	806	38 952	37.49	37.60	5.22	0.202
	大　连	492	15 622	17.54	16.68	1.39	0.102
	鞍　山	64	6 317	1.42	0.90	0.15	0.007
	合　计	1 362	60 891	56.45	55.18	6.76	0.311
	占全国比重/%	11.56	7.65	6.62	5.85	6.14	2.040
长江三角洲区带	上　海	196	51 509	89.16	91.87	11.54	1.211
	南　京	62	12 965	28.15	32.63	4.60	0.121
	苏　州	124	25 227	32.72	26.57	1.78	0.844
	无　锡	14	3 634	5.56	5.15	0.62	0.032
	常　州	31	6 966	4.29	5.12	0.47	0.053
	杭　州	171	5 861	7.37	8.09	1.43	0.112
	合　肥	113	15 424	15.07	14.39	1.79	0.180
	合　计	711	121 586	182.32	183.82	22.23	2.553
	占全国比重/%	6.03	15.28	21.28	19.50	20.19	16.800
珠江三角洲区带	广　州	318	9 189	20.62	25.46	2.90	0.046
	中　山	37	5 046	17.69	15.74	2.23	2.790
	深　圳	37	3 688	26.35	25.76	0.72	2.821
	佛　山	7	1 956	6.44	6.43	1.66	0.137
	惠　州	37	12 346	25.44	27.83	1.66	0.637
	珠　海	37	2 182	5.10	3.57	0.20	0.019
	合　计	473	34 407	101.64	104.79	9.37	6.450
	占全国比重/%	4.01	4.32	11.92	11.12	8.51	42.400
闽东南	福　州	76	9 096	14.12	11.06	0.98	0.209
	厦　门	34	2 997	4.26	5.32	0.28	0.182
	合　计	110	12 093	18.38	16.38	1.26	0.391
	占全国比重/%	0.93	1.52	2.16	1.74	1.14	2.570

续表 2.5

高科技园区	企业数/个	职工数/个	总产值/亿元	总收入/亿元	总利税/亿元	总利汇/亿美元
上述地区合计	7 677	480 954	611.41	681.59	72.31	12.987
占全国比重/%	65.15	60.42	71.70	72.31	65.68	85.060
全国合计	11 784	795 976	852.70	942.60	110.10	15.211

资料来源:顾朝林等.中国高技术产业与园区,1998。

十几年来,高新技术产业有了很大发展,截止 2009 年我国主要国家级高科技园区高新技术产业的企业数已从 1998 年的 11 784 个增至 27 218 个,从业人员从 79.6 万人增至 958 万人,总产值从 852.7 亿元增至 60 430.5 亿元,主营业务收入从 942.6 亿元增至 59 566.7 亿元,利税从 1 101 亿元增至4 660 亿元。

2.3.7 合理开发资源,坚持可持续发展的方针

我国是矿产资源比较丰富的国家,特别是在西部大开发的过程中,如何合理开发资源,对发展经济起到重要的作用。像大庆、克拉玛依等工矿城市,多年来创下了很好的业绩,其人均国内生产总值均超过 9 000 美元,处于 200 多个地级以上城市的前列。我国已有 26 个煤矿城市(年产 500 万 t 的矿区,以煤炭开采而兴起的城市),几十年来在我国工业建设中发挥了重要作用。

但是,这些城市普遍存在工业综合发展程度不高,城市公用服务设施和文教科技水平偏低,妇女劳动力利用不充分,对环境生态破坏比较严重等同题。尤其是处于燃料构成改变、产业结构调整、产品升级换代的今天,不少城市出现萎缩之势,如大同、乌海等。

为了保持城市的持续发展,应注意研究解决以下几个问题:

(1) 每个城市在探明资源的前提下,应采取综合协调发展产业的方针,坚持一业为主、综合利用、协调发展的原则。例如,煤矿城市除了采煤以外,还可以发展建材、化工、机械、电力等工业,并结合当地农产品资源的特色发展食品等工业,提高公用服务设施水平,充分利用当地劳力发展多元经营的企事业,使轻重工业之间、工业与农业之间、生产与生活之间取得协调发展。

(2) 从长计议,掌握好矿区不同发展阶段产业发展对策。根据矿储量的状况,在始建阶段主要考虑如何迅速形成生产能力,据此进行城市基础设施建设。在开发中期应考虑利用当地资源向多部门深度加工发展,经过科学论证,选择好产业发展重点,使之与采矿业互相促进、共同发展。处于开发后期,矿产资源将趋萎缩,应加快发展与矿种关系不大的产业,以保持城市经济的持续繁荣。

例如,德国鲁尔工业区,可以说是第二次产业革命的发源地之一,是钢铁和煤炭工人创造工业传奇的地方。但是,20 世纪 80 年代以来,由于煤炭生产不能与成本便宜的南非竞争,至 90 年代有 20 家煤矿关门。失业率大于 10%,个别城市如多特蒙德甚至高达 16%。1986 年地方政府在紧靠多特蒙德大学附近,创办高科技园区,研究开发电子、软件产品,成立电子商务中心,开办软件与咨询公司,结果为该地区提供了 2.5 万个就业岗位,吸引了德国 1/4 的风险投资,形成了数个 1 000 名职工以上的大企业,以生产钢铁著称的克虏伯公司与蒂森公司合并组成现代公司,利用因特网推销钢铁。鲁尔地区从钢铁之都转向新经济的经验,为我们提供了工矿城市持续发展经济的典范。

(3) 合理开发,及时复垦,采用先进技术进行选矿作业,防止生态环境恶化,造成山体的破坏与大

气、水体的污染。处理好矿业与农、林业的矛盾，合理选择定居点，把采矿对自然环境的破坏降到最低点。

(4) 采取东西部联合发展产业的路子，以求得优势互补，共同繁荣。西部地区自然资源丰富，其土地面积为 528 万 km^2，占全国的 57%；待开发利用的土地 7.8 亿亩，占全国的 70%。西部地区林地占全国总量的 36%，草地占 55.9%，水能占 82.3%，煤炭占 38.6%，天然气占 86%(陆地总蕴藏量)，各种矿产占 39.7%。从区位条件看，西部边境与 14 个国家接壤，在开通欧亚大陆桥后，西部具备向西开放的地缘优势。且西部地区有 2.7 亿人口，既可从动态比较利益出发，广泛吸收东部地区扩散出来的企业，又是巨大的潜在市场。因此，西部一方面可以为东部地区发展提供充足的能源与矿产资源，另一方面也可以利用东部地区的资本、人才、技术与信息加速实现工业化的步伐，增强经济实力，同时也可起到更进一步促进东部地区经济发展的作用。东西部通过优势互补，推动西部经济发展，将是今后 20 年的重要任务。

2.3.8 适度发展建筑业，保证各项事业发展的需要

建筑业，是第二产业的重要组成部分。根据北京市 20 世纪 90 年代以来的统计，其增加值在正常年景约占第二产业的 18%；在城市发展速度加快，各项事业需求增加的形势下，基本建设投资增加，建筑业的增加值可能达到 20%～22%。当城市发展缓慢，或城市经过高速增长以后进入相对稳定时期，建筑业的发展也会有所减少，其增加值下降到 12%～15%，占国内生产总值的比例为 8%左右。随着第三产业发展，二产比重相对减少时，这个比重会减少，例如香港 1988 年、1989 年、1990 年这三年，建筑业增加值只占国内生产总值的 5%左右(分别为 4.8%、5.3%和 5.8%)。

建筑业的增加值占其总产值的比重，根据北京近几年的情况分析，大体上在 28%～30%，随着建筑智能化程度和各项设备标准的提高，其比重有所下降，在 1992 年以前，建筑物除了水、暖、电以外几乎没有其他设备，装修水平也极为简陋，增加值的比重可以高达 40%左右。

从我国经济发展现状看，今后 20 年正处于大规模工业化的时期，城市化的高速发展必然带来大量基本建设，现在每个城市几乎都在大兴土木，尤其是对外开放、招商引资、发展房地产业，都促进建筑规模的扩大。就北京而言，1988 年以前，每年竣工建筑面积为 500 万～600 万 m^2，自 1988 年以后年竣工量始终保持在 1 000 万 m^2 以上，1997 年、1998 年、1999 年这三年，年竣工量突破 1 500 万 m^2，1999 年突破2 000 万 m^2，2009 年高达 4 252 万 m^2。几乎一年建两个旧北京城。建筑规模的不断扩大，一方面固然说明城市兴旺发达，经济发展速度加快，需求增加；另一方面也存在着建筑发展规模过分超前，大大超过市场需求的问题，全国各大城市几乎都出现房屋空置率过高的现象，使大量资金积压，造成过多的不良贷款，出现大量死账、坏账，长此下去就会出现泡沫经济，造成经济危机。1993 年我国政府加强宏观调控，扼制通货膨胀，实施经济“软着陆”，就是对房地产过热进行降温的有力举措，避免了东南亚经济危机对我国的冲击。因此，建筑业的发展必须与经济发展的需求相适应，房地产发展规模要根据市场情况来决定。特别要注意各部门大量新建没有进入房地产市场的高标准办公楼、培训中心等建筑，不计成本，不算收益，浪费国家资金，建筑物使用极不充分，甚至大量闲置。

据统计，建筑安装工程投资占固定资产投资的 60%左右，所以建筑规模扩大，必然带来固定资产投资的增加。自 2003 年以来，中国的固定资产投资与当年 GDP 值相比，多年比率均超过 40%，2005 年高达 48.5%(其中北京为 49%、上海为 38%)，这个比率大大超过日本、韩国处于相同经济发展阶段年份的比值，日本为 32%(1961 年)，韩国为 30%(1982 年)。由此造成投资缺乏效率，拿投入资本与

产出值相比(ICOR),中国的五年移动平均值为5,而日本在20世纪60年代接近3.2,韩国60~70年代在2~3之间,说明我国固定资产投资效益还较差,只靠扩大固定资产投资来拉动经济增长决非长久之计。

各级城市政府必须高度重视对城市空置房屋的消化,通过调剂余缺,适当改造,以满足新的需求。国外有不少把废弃的仓库、工厂改作写字楼甚至住宅的经验,化腐朽为神奇,使建筑物获得新的生命。随着各项服务事业社会化程度的提高,“单位办小而全社会”现象的减少,建筑物的使用效率也应该逐步提高。必须充分认识“物尽其用”是最大的节约,这才是现代城市经营之道。

2.4 第三产业——现代服务业

三次产业的划分,各国大体一致,但略有不同。我国的国家统计年鉴对三次产业划分如下:“第一产业:包括农业、林业、牧业和渔业。第二产业:包括工业(含采掘业、制造业以及自来水、电力、蒸气、热水、煤气等供应业)和建筑业(包括建筑安装企业和自营施工单位)。第三产业:除上述第一、二产业以外的其他各业。”

第三产业应该理解为现代服务业的总称,它既是先进技术的领跑者,又是社会生产、分配、流通、消费的组织者,流通是现代服务业最重要的职能,通过它沟通信息、合理调度及协调经济、社会发展中的诸多矛盾,推动经济社会和谐发展。只有健全完善的现代服务业,才能实现经济、社会又好又快的发展,人民的物质文化生活才能得到最大的满足。因此,现代服务业的发展水平代表了国家与城市的现代化的水平。

1992年6月16日,党中央、国务院就做出《加快发展第三产业的决定》,随着我国工业化的进程从起步到逐渐成熟,服务业的发展也不断加快,其在三次产业中的比重逐年增加。在“十五”到“十二五”期间,要求“坚持市场化、产业化、社会化方向,拓宽领域,扩大规模,增强功能,规范市场,提高服务业的比重和水平”,提出拓展生产性服务业、丰富消费性服务业、优先发展教育和丰富人民文化生活。随着我国的工业化不断走向成熟,第三产业对推动现代经济发展的作用越来越大,《十三五规划纲要》对加快推动服务业优质高效发展提出了更高的要求。《十三五规划纲要》提出:开展加快发展现代服务业的行动,完善服务业发展体制和政策,扩大服务业对外开放,优化服务业发展环境,扩大对各服务领域社会资本准入。推动生产性服务业向专业化和价值高端延伸,生活性服务业向精细和高品质转变。

促进生产性服务业专业化。以产业升级和提高效率为导向,发展工业设计和创意、工程咨询、商务咨询、法律会计、现代保险、信用评级、售后服务、检验检测认证、人力资源服务等产业。深化流通体制改革,促进流通信息化、标准化、集约化。推动传统商业加速向现代流通转型升级。加强物流基础设施建设,大力发展第三方物流和绿色物流、冷链物流、城乡配送。加强高技术服务创新工程,引导生产企业加快服务环节专业化分离和外包,建立与国际接轨的生产性服务业标准体系,提高国际化水平。

提高生活性服务业的品质。加快教育培训、健康养老、文化娱乐、体育健身等领域发展。大力发展旅游业,加快海南国际旅游岛建设,支持发展生态旅游、文化旅游、休闲旅游、山地旅游等。积极发展家庭服务业,使其促进专业化、规模化、网络化发展。推动生活性服务业融合发展,鼓励发展针对个性化需求的定制服务。推进从业者职业化、专业化,推广优质服务承诺标识与管理制度,培育知名服务品牌。现对现代服务业的作用做一些理论探索和实例介绍。

2.4.1 现代服务业是提升城市竞争力的最关键因素

现代服务业是提升一个国家或地区参与市场竞争的最关键的因素，发达国家、发达地区之所以发达就是经济重心从“工业型”向“服务型”转移的结果。2000 年服务业占 GDP 的比重世界为 60%，我国截止 2009 年只有 43.4%，这与我国正处于工业化的发展阶段是符合的，随着工业发展不断成熟，我国经济较发达的城市已进入经济转型期，到了大力发展现代服务业的阶段了。

所谓经济转型也就是通过现代服务业的发展，更好地组织生产、组织流通，为人们提供方便、高效、舒适的工作与生活环境。因而现代服务业的发展水平成为衡量城市现代化的重要标志。

应该说现代服务业的母体还是工农业，但是由于社会发展、分工细化，生产的组织形式发生了变化。原来一个企业的生产流程是垂直的，即从产品定型、原料购置、加工制造、成品外销都由企业自身经营，由于社会化程度不高，效率低下，造成人力与资源的浪费。现代服务业的发展使原来资源从垂直整合走向横向虚拟整合，随着信息网络化的发展，外包市场的发育，社会化程度大大提高了。即通过信息网络的发展，企业可以通过中介、咨询等服务获得市场需求、原料采购渠道等各种信息；通过金融服务得到资本的支撑；通过第三方物流的发展与营销服务，大大降低流通成本。

因此，一些跨国公司都通过产业链的延伸，实施多元化经营，调整制造业本身的利润比重。所谓产业链的延伸，即上游向研发延伸，通过创新获得自主知识产权；下游向金融、贸易等服务行业延伸，以获得通过流通产生的利润。通过产业链的延伸达到先进制造业与现代服务业的双赢。以美国通用汽车公司为例，汽车制造与非汽车制造（包括汽车金融、汽车贸易、汽车中介、汽车维修等）的利润比为 1∶9。据称，北京现代汽车公司两者之比为 1∶3。足见现代服务业在组织生产、流通、营销中的作用。

目前，全球商业、信息、金融、创意服务已成为发达国家经济发展最快、竞争力最强的领域。美国 1992～2002 年金融服务资产增长 353%，信息传播业增长 312%，教育与卫生保健增长 367%。2002 年服务业的 GDP 占 GDP 总值的 78.24%，欧盟也达到 69.71%。

2002 年现代服务业占商品出口总量的比例美国为 39.29%，英国为 44.03%，法国为 25.89%。

因此，我国“十二五”规划提出推进现代服务业的发展，以加强技术创新、促进流通、增加就业、整合资源、扼制生态环境恶化为经济转型的战略性任务是十分关键的。

2.4.2 流通业是国民经济中的先导性与基础性产业

马克思主义认为，社会再生产是由生产、分配、交换、消费四要素共同组成的一个有机整体。其中交换即是产品的流通。流通是生产、分配、消费之间的中介环节。

(1) 生产为流通提供物质基础，生产的规模决定了流通的规模；但是流通反过来强烈影响着生产，随着市场的发育，生产是由市场来引导的，市场经济就是流通经济。

(2) 分配也是生产与消费之间的一个中间环节，且在流通之前，分配方式决定了流通方式。当货币成为体现分配的主要方式之后，以货币为媒介的商品交换即商品流通成为流通的主要方式，分配的实现有赖于流通，复杂的社会总产品多次分配过程自然会影响流通的规模与结构；同时，流通也反过来可对分配结构产生调节作用。

(3) 消费是流通的目的，流通是消费的前提。自然消费的规模与结构直接影响流通的规模与结构，消费的速度影响着流通的速度，消费的发展状况直接决定和影响着流通的运行与发展；同时，流通也能反过来促进消费，扩大消费的规模。

中国人民大学商学院黄国雄教授提出的“四个95%”观点值得重视。一是我国的产销率为95%，有5%的产品没有卖出去，没有体现价值。应该以销定产，即按照订单生产，力增产销率达到100%。二是在社会再生产的过程中，95%的商品和原材料通过流通进入厂家，厂家在最终产品体现的价值只占5%，说明提高流通效率潜力很大。三是商品生产的时间只有5%，而流通的时间却占了95%，提高流通效率自然至关重要。四是社会再生产过程中生产费用只占5%，流通费用却占了95%。例如，我国出口美国一架声控地球仪，工厂出厂价为5元钱，成本为3元，工厂只赚2元。地方贸易公司以15元的价格转卖给香港中间商，中间商却以45元的价格卖给美国，美国在市场上的价格增加到99.9元！由此可见流通在提升整体效益的重要性。

由此可见，在社会再生产的四要素中，流通是社会经济体系中一个承上启下的重要环节，是商品所有者全部相互关系的总和，包括商流、物流、信息流、资金流。商品所有者涉及生产商、销售商、消费商，也涉及金融、物流等中介服务机构，因此必须从大流通的角度来认识流通。流通可以更有效地组织生产，提高运行效率；同时，流通过程本身是商品在空间上的移动，是生产过程的一部分，体现在商品价值之中。

流通的环节主要是通过商贸流通服务业来体现的，是现代服务业的基本组成部分。商贸流通服务业包括为第一产业提供服务的农产品流通业，为第二产业提供服务的工业生产资料流通业以及为城乡居民提供生活服务的消费品流通业。其主要作用体现在以下两方面：

(1) 通过社会化、专业化的转化，大大提高了生产效率。在计划经济体制下，第一、第二产业中自设的采购、分销、物流等自我服务的比重较大，存在着效率低、资源浪费等严重缺陷。在实施市场经济体制条件下，在分工深化的进程中，这种自我服务必然会不断被剥离、外包，转化为社会化、专业化的商贸流通服务业，以缩短流通时间，加快经济节奏，消灭耽搁迟滞和断档脱销，已成为新时期提高国家整体竞争力的最主要的战略问题。目前不论处于何种经济发展阶段的国家，都在寻求提高流通效能的途径，商贸流通业的发展不仅能提高国民经济的运行质量与流程，而且对调整国民经济结构，扩大内需，促进消费，扩大就业，节能降耗，降低成本均存在着广泛影响。

(2) 促进存量消化，充分发挥社会财富的效能。目前，我国在经济发展中存在着资源环境代价过大的问题，这是传统的“外延式、拼增量”造成的后果，商贸流通业的发展就是要逐步改变“靠加法、拼增量”的发展思路，实施“靠减法、消化存量”的工作思路。

衡量经济增长的质量，不仅要看我国每年生产了多少物质产品和为得到这些产品付出了多少代价，更要看这些已经被生产出来的产品中有多少是真正处于实际发挥效能的状态，即看有效产品率的高低。

不经过市场流通的检验过程，社会财富只不过是观念的、想象中的存在，并不会带来任何效用和效益。社会财富存量既定以后，货畅其流，消灭耽搁迟滞、库存积压和断档脱销，努力使所有经济环节和领域趋近于“流畅平滑”最为经济合理的有效状态，就是社会财富实际效用和总福利的真实增长，意味着社会生产效率的提高，人民生活得到实惠。因此，关注社会财富存量的效能，是避免虚假增长，落实科学发展观的重要内容。

在市场经济体制下商贸服务业强大的天然功能就在于最大限度地减少各种形式的“财富的闲置与浪费”。在时间上“消灭耽搁迟滞、库存积压和断档脱销”，加快优化经济流程；在空间上“消灭无效生产，优化资源配置，优化产业结构”。这就是实施供给侧结构性改革的重要意义。

因此，从发展与完善商贸流通服务业入手，有望解决国民经济存量中“结构扭曲、流程紊乱、高耗低效、消费瓶颈、信用缺失”等老大难问题，不仅有长期战略意义，而且在近期就可以取得实际效果。

综上所述，在商品经济发达、市场经济发育完善的社会中，生产过程已经完全建立在流通的基础上。流通是现代经济的火车头，是社会再生产过程的血脉和神经，是各种生产要素集合、整合和聚变的载体，是决定经济运行速度、质量和效益的引导力量。没有流通的现代化就没有真正意义上的社会主义市场经济，国民经济整体素质和运行效率不可能提高。中国目前已进入消费通过流通决定生产的时期。只有现代流通方式才能带动现代化的生产，大规模流通方式才能带动大规模生产。因此，必须在城市建设发展中克服计划经济时代长期存在的“重生产、轻流通”的观念，为流通现代化建设提供空间，合理布局，创造更好的发展条件。

为了全面发挥商贸流通服务业的影响力，必须通过流通业的创新，建立完善的流通市场，金融、贸易、交通、通信、商务、中介、服务外包等生产性服务业不断向制造业渗透，为制造业提供产前、产中、产后的全过程服务，发展订单生产，突出品牌效应，沟通营销渠道，减少产品存量，推动制造业的自主创新、节能减耗、提升品质，以大大提高产品的生产和流通效率。为此，要抓好以下五个行动：

(1) 开展以市场化为主导的产业结构优化行动。切实发挥商贸流通服务业竞争性商业订单机制、余缺调剂机制、市场退出机制的作用，通过优胜劣汰，从源头上堵死产业落后、结构失调、产能过剩、库存积压和银行坏账。

(2) 开展以信息化为主导的流程优化行动。批发业、零售业和物流业要发挥市场中介的天然优势，积极主动介入农业和农产品、工业和工业品流程的优化组合，把工农业生产从非市场化的、封闭型的“孤岛”中释放出来，改变我国企业在国际市场、国内市场中流通无渠道，技术无更新，产品无品牌、无订单，处处受制于人的状况，通过流通促进生产。

(3) 开展以物流合理化为主导的节能降耗行动。我国陈旧落后的物流方式大大提高了物流成本，一般物流成本占产品总成本的20%～40%，比发达国家高出9～11个百分点，且运输过程中实损耗过大。为此，必须快速发展现代物流业，优化整合社会物流资源，降低物流成本，逐步达到物流成本占GDP的比重为10%～12%的当前发达国家的水平。

(4) 开展以增进消费为主导的畅销行动。发挥商贸流通在促进消费方面的转化剂、催化剂功能，促进城乡居民日常的、大量的、基本的即时消费。

(5) 开展以服务至上为主导的诚信商业行动，切实提供优质服务，消灭商业欺诈、制假售假、逃废债务、商业贿赂、撕毁合同等违法行为，创造良好的流通环境。

2.4.3 创意产业的内涵和发展条件

创意产业这个概念发端于英国，1998年英国“创意产业特别工作组”在《创意产业图录报告》中将其定义为“源于个体创意、技巧及才能，通过知识产权的生成与利用，而有潜力创造财富和就业机会的产业”。

创意大体上包含两层意思：一是高端的文化产品，通过艺术构思，充分发挥想象力创造出来的产品，如艺术品、收藏品、影视作品、出版物等；二是通过创意提出的产品设计、经营或管理规则、技术标准等有助于提高生产效率和流通效率，且被社会普遍接受与认同的知识产品。它自身的价值实现更多是以相关产业的产品为基础，如工业品，甚至也包括农业品。从产业组织层面上讲，创意产业的发展把艺术家、经纪人、生产商、销售商等不同的参与者连接起来，成为一条企业协作链，链条中的各个环节将可能涵盖各种类型的具体产业。最典型的例子是迪斯尼乐园成功的经营，建立主题公园不仅吸引滚滚人潮，为人们带来了欢乐，由此引起旅游观光事业的发展和周围地产的升值；而且还把这些卡通形象最大范围的应用到生活中去，设计了毛绒玩具、手表、礼品、服装、钱包、饭盒、箱包……品牌意味着营销拉力，自然推动了经济增长。迪斯尼的经营模式大大超过了文化娱乐范畴，它是玩具开发商、时尚服装的引领者、商业地产的经营者，形成了一条企业协作链。因而，创意产业不仅仅局限于艺术创作，而是存在于广告、建筑、设计、时尚等广泛的领域。我认为第二层含义对推动城市经济发展，转变国家和地区的经济增长方式更加重要。

近年来，各级政府都非常重视创意产业的发展，把它作为五年规划的最重要的内容之一。但是，必须认识到创意产业的发展并非是一蹴而就的事，需要相关的硬件和软件支撑。较高的经济发展水平，丰富的信息资讯，较强的高新技术研发能力都是创意产业发展必不可少的条件，切忌盲目跟风追热，要根据自身的实际情况确定合适的发展思路。

对于经济发展水平较低的城市，可以从文化产业发展起步，重点放在对传统落后产业的改造上；随着经济发展水平的提高，逐步把重点转移到推动地区信息化和科技水平的提高上；当经济发展水平较高，并具有较发达的信息产业和高新技术产业，就可以把创意产业作为主导产业，并逐步将其影响辐射到全国乃至全球。

2.4.4 循环经济与逆向物流

循环经济本质上是一种生态经济，是一种以资源的高效利用和循环利用为核心，以可持续发展为目标的经济发展模式。它是以减量化、再使用、再循环为原则，以低消耗、低排放、高效率为基本特征的一种生产方式。

传统经济所构成的物质是正向流动的，其增长模式是大量投入、大量产出、大量消费和大量废弃。这种模式使人们通过高强度地攫取地球上的物质和能源，又把污染和废弃物大量返抛到地球上。循环经济则把正向流动产生的废弃物变成再生资源循环使用，这种变废为宝的物质流动相对于正向流动而言称为逆向流动。循环经济下的产品生命周期是环闭的，其经历了从产品设计到生产制造、流通使用直到废弃，完成产品正向流动的生命周期后，又经过废弃物回收，重新处理、处置后再使用的逆向流动，完成生命周期的全过程，这种从摇篮到再生的循环，有人称之为“生命圈”。很显然，循环经济下物质转化的生命周期比传统经济完全，故称为全生命周期。循环经济既减轻了经济增长对资源供给的压力，又减少了经济发展对生态环境的污染，自然符合可持续发展的要求。

由此可见，逆向物流是支撑和推动循环经济的发展的核心环节。但是，要发展逆向物流并非易事。

一是供需平衡难以控制。逆向物流产生的时间、地点以及回收物的质量、数量难以预测，供需市场均存在高度不确定性，难以掌握供需平衡。

二是运作过程极为复杂。逆向物流的运作包括再制造、修整、再处理、再包装、再循环、填埋等复杂内容，其实施过程离不开政府、企业、供应商和消费者的理解、重视与支持，恰恰在这方面还未完全形成全社会的共识，造成实际操作的种种困难。

三是企业建立回收处理系统需要大量投资，非一般企业能够承受。

为了推动循环经济的发展，使逆向物流的运作得以顺利实施，必须采取以下措施：

(1) 加强政府立法。在我国已颁布的《环境保护法》、《节约能源法》等法律的基础上，急需尽快颁布《再生资源法》、《资源综合利用条例》等专项法律，完善相关的法律体系，以法律形式明确各行业对环境保护和再生资源回收利用的法律责任，规范其经营活动，逐步将循环经济与逆向物流的发展纳入法制化的轨道。

(2) 鉴于逆向物流的投资成本较高，其社会效益大于经济效益，因此，政府必须在政策、法规、税收等方面给予优惠与补贴，鼓励企业提高逆向物流的水平，促进循环经济的发展。并加大舆论宣传力度，使全社会都认识发展循环经济的重要性和迫切性。

(3) 通过组织管理技术创新，应用信息技术追踪产品流动信息，了解产品回流动向，提高对逆向物流产生的时间、地点以及回收品种的质量、数量的预测水平。建立逆向物流的供应链系统网络，加强供应链中供应商、生产商、中间商以及顾客等各个节点的合作，建立契约式的战略伙伴关系。逐步发展第三方逆向物流，建立回收中心，分类处理回收物品，并将其送到最终归宿地，实现逆向物流社会化，提高运营效率。

(4) 最大限度减少商品回流，贯彻为分解设计的理念，将产品设计成易拆卸型的，使一些装备能便捷地升级换代，而不必整机报废。即或已经报废的产品，经过分拆，仍可得到一些可以直接再利用的零部件加以回收再利用；注重包装物的设计，便于循环使用以节约资源；提倡消费者理性购物，正确使用与维护，减少产品的报废量。

综上所述，循环经济是在当前资源被透支、环境被破坏、人与自然矛盾加剧的时代背景下实现可持续发展的必然选择，必须大力推动其发展。

2.4.5 服务业外包与经济全球化

20 世纪 90 年代，随着互联网的发展，全球出现了以制造业、服务业和研发环节转移为特征的新一轮产业转移，服务外包的概念由此产生。国际通行的说法称服务业外包是与制造业相对应的第二次经济全球化。服务业外包是指企业将其非核心的业务外包出去，利用外部最优秀的专业化团队来承接其业务，企业本身可以专注其核心业务的研发，达到降低成本、提高效率、增强企业核心竞争力的目的。即它包括商业流程外包，BPO (BUSiness Process Outsourcing)；信息技术外包 ITO(Information Technology Outsourcing)；知识流程外包，KPO(Knowledgy Process Outsourcins)。三者统称服务外包业。

从发展经济的角度看，服务外包对经济的贡献是来料加工的 20 倍，而能耗只有来料加工的 1/5，因而被誉为“绿色产业”。但是，发展服务外包业必须具备较高的信息和电信网络技术基础，需要一批能熟练掌握 IT 技术、熟练运用英语并拥有某一领域专业知识的实用人才。并且还要有完善的知识产权保护政策、优惠的税收政策等相关政策加以扶持，产业才能较快发展。印度起步较早，具备上述优势，因而服务外包产业发展较快。数据表明，印度从事服务外包的人员已经超过 150 万，是我国的 3 倍；其离岸服务外包的金额接近 500 亿美元，是我国的 20 多倍。差距是很明显的，必须急起直追。

我国在《十一五规划纲要》中明确提出了“建立若干服务外包基地，有序承接国际服务业的转移”的指导方针。2006 年，商务部等国家五部委提出实施“千百十工程”，即在五年内选择一批中心城市建成 10 个以上具有国际影响力的服务外包基地；推动 100 家世界跨国公司将具有一定规模的服务外包业务转移到我国；培育 1 000 家有竞争力的服务外包企业。各沿海、沿边省市加快了发展服务外包业的步伐。2008 年 12 月底，上海中和软件有限公司等 40 家企业成为上海首批服务外包重点企业，卢湾人力资源园和浦东软件园被认定为第二批服务外包专业园区。

2.4.6 世界一些国家第三产业发展状况

1) 日本第三产业发展的状况

日本战后经济经过了恢复、发展到高速发展 3 个阶段，大体上通过 4 次全国综合开发计划，实现了日本经济的腾飞，成为经济实力仅次于美国的经济强国。根据对东京经济发展的分析，大体上从1945年战后至1976年，经历了31年时间，人均国内生产总值突破20 000美元，进入经济发达城市的行列，步入了后工业社会阶段。而日本第三产业发展速度快于第一、第二产业也开始于20世纪70年代，也就是在60年代日本实施国民经济发展倍增计划10年之后，这个时候，日本的工业化已进入了成熟时期。据统计，1978～1985年工业年均增长率为4.1%，而同期第三产业的年均增长率为4.8%，尤其是金融保险业年均增长率达9.1%。以批发与零售商业为例，1988年，日本批发商店有43.7万家，是1952年的3.1倍；职工433.2万人，是1952年的5.1倍；而年销售总额达446.4万亿日元，是1952年的67.7倍，超过了同期国民生产总值的增长率(60.1倍)。1988年，日本零售商店有162万家，比1952年(108万家)增加0.5倍，但是职工人数从1952年的231万人增至685万人(增加近2倍)，年销售额由1952年的1.7万亿日元增至114.8万亿日元(增加66.5倍)。仅批发与零售业就业人数占整个就业人数的比例就从1952年的8.5%上升至1988年的18.6%。

日本把第三产业概括为商业、金融保险业、不动产业、运输通讯业和服务业五大类。服务业又包括信息服务、企业服务、生活服务、娱乐服务和公共服务五类共有41个行业。日本始终把第三产业看成是国家创造财富的重要产业部门，对从事三产的职工进行严格的教育与培训，使职工掌握公司的规章制度和待人接物的礼貌，树立"顾客至上"的思想；并努力提高三产职工的社会地位，工资与奖金不低于其他行业，使职工对自己的工作有"自豪感"，对企业有强烈的"归属感"。因而日本第三产业的优质服务蜚声世界。

第三产业的发展对日本经济起到了积极的推动作用。首先，第三产业的发展为社会提供了日益扩大的投资领域，为社会产品提供了日益广阔的销售市场，从而促进了物质资料生产的发展。其次，第三产业在解决就业问题上发挥了巨大作用。在经济不发达、社会劳动力过剩时，第三产业成为吸引过剩劳动力的"蓄水池"；当经济高速增长时又成为提供劳动力的源泉，第三产业发挥了"就业调节者"的作用。20世纪末，日本第三产业的就业人口约占整个就业人口的60%。

日本第三产业迅速发展是经济发展到后工业社会阶段的必然结果，随着家庭收入的增多，服务的需求必然增多，推动了旅游业、体育和娱乐业、餐馆业的发展；随着高新技术产业的发展，企业对信息的需求增加，推动了信息服务业的发展；随着国民福利要求的提高，也推动了医疗、保健、人寿保险业的发展。今后，随着人民收入的增加和文化程度的提高，必将会出现更多的服务部门。但是，毕竟第一产业、第二产业是第三产业发展的基础和前提，一产、二产比重过分下降会影响国民经济健康发展。因此，根据日本的经验，第三产业占国内生产总值的比重稳定地保持在60%左右的水平较为合适。

2) 意大利第三产业发展的状况

从1971年至1991年，意大利在20年内第三产业有了比较大的发展。就业人数从444万增加到1 292万，增加了近3倍；产值从352亿美元增至7 312亿美元，增加了20多倍。第三产业产值占国内生产总值的比重从50%提升到63%。

意大利的第三产业包括除工农业之外的其他所有部门，包括商业、旅游业、餐馆旅馆业、交通运输业、银行信贷业、公用服务业、信息业、通讯业和修理业等服务行业。

意大利的能源和矿产资源都很贫乏，工业基础也不如英、法等国，但是，1991年的国内生产总值超过了英法，达1.16万亿美元(与我国2000年的总值相近)，这同意大利重视第三产业开发和商业发展是分不开的。据统计，从1971～1991年的20年间，意大利从事商业的就业人数从280万增至480万，全国平均每51个人就有一家商店，居世界前列。意大利除生产合作社外，还有收购与销售合作社与运输合作社，有比较完善的一整套销售网。因此，在其南部西西里的水果、蔬菜运往北部的米兰、都灵1 500多公里路程只需 36 h，运往德国的慕尼黑也只需 72 h，优质服务和快捷的运送赢得了顾客的信任。目前，意大利商业经营规模正向大型化发展，大型商场、超市正在发展，迄今营业面积在 400 m^2 以上的超级市场在全国有5 000家。不足 300 万人口的罗马就有 170 多家超市，160 万人口的米兰有超市250 多家。意大利是一个开放度比较高的国家，不仅通过中间商、代理商的销售网和新闻传媒与厂家沟通市场信息，还通过大量博览会传播重要信息，每年举办 600 多个博览会，观众总人数达 700 万人次。80%中小企业通过博览会推销产品，通过博览会了解市场需求，比较产品优劣，以期在竞争中取胜，并可借此提高产品知名度。因此，意大利的时装、皮鞋、灯具、家具、大理石等许多产品成为世界名牌，并且经久不衰。

意大利历史悠久，文化古迹多，自然风光美，海岸线长，气候宜人，海滩浴场多，交通方便，因而旅游业十分发达。每年接待游客 3 000 多万人次，几乎每 2 个意大利人就接待一个外国游客。旅游部门就业人口 123 万，包括有间接关系的部门，就业人口达 401 万。旅游业年营业额为 400 亿美元，占国内生产总值的 4%左右。

3）比利时第三产业发展的状况

比利时第三产业发展是从 20 世纪 60 年代西方经济高速增长时期开始加快的，到 70 年代，社会进入后工业化阶段，第二产业职工开始下降，而第三产业职工仍然持续增加。服务业已和现代农业、高科技工业共同构成比利时国民经济的三大支柱。

比利时通常所称的第三产业一般为五大部分：交通、通讯和运输服务业，批发和零售贸易，金融、保险和房地产业，商业，服务业。

比利时第三产业发展状况可以概括为以下 3 个特点：

（1）1990 年第三产业就业人口为 253 万，占全国就业人口总数的 67.8%。据统计，服务业创造一个就业机会投资费用比工业低 10～20 倍。

（2）全国共有企业 19.5 万家，其中从事三产的 14.3 万家，占 73%，且三产企业以中小型居多，近 90%是私营企业。

（3）第三产业是实现增加值最高的产业，三产在国内生产总值的比重高达 63.5%，是二产（29%）的 2 倍多，是一产（7.5%）的 8.4 倍。第三产业在提高劳动生产率方面的作用十分明显。

2.4.7 商业服务业

商业服务业是第三产业的重要组成部分，城市商品零售总额所产生的增加值占国内生产总值的比重在我国大城市约占 10%左右，对于小城市来说可能还要高一些。商业服务业不仅反映了城市对外开放的形象，而且直接关系到每个居民的生活，随着计划经济向市场经济体制的转换，人民生活水平的提高，高科技产业和信息化的发展，城市布局的变化，交通方式的改变，都对商业服务业的业态、流通方式、结构网络产生影响。不同的开放度，不同的经济发展阶段，商业服务业的特点是不相同的。鉴于商业服务业的门类繁多，资料来源比较困难，难以一一详述，只能简略介绍一下世界商业服务业的发展趋势，发达国家零售业的发展状况和我国商业服务业的发展趋势，以及商业服务业的主要业态，供研究发展战略时参考。

1）世界商业服务业的发展趋势

世界经济的发展，已经历了农业经济时代和工业经济时代。现在随着科技发展，信息化程度提高，经济发展全球化的趋势，流通的作用日益显著，生产与流通成为显示城市经济实力，衡量城市内聚力和辐射力的两个重要环节。因此，从某种意义上讲，后工业时代也可称为商业时代。商业服务业不仅是一种交易方式，而且也代表了消费观念、生活水平，因此商业零售业是与人民生活密切联系的产业。

从世界商业零售业的发展趋势看，商业大体经历了4个阶段，也可称为“四次革命”。货币的出现，使商品交换突破了时空界线，使流通的规模和数量不断扩大，这是商业发展的第一阶段。随着市场经济的发展，商业的业态不断改进，1852年出现了第一个百货商店，百货业的发展大大提高了流通的规模和效率。但是，随着竞争日益激烈，如何降低流通成本，提高流通效率，更加方便群众购物以取得更大的收益，成为商业经营者不断改进经营的课题，仓储式商场、超市的出现，就是经营方式不断改进的结果，商业的业态发生了变化，这是商业发展的第二阶段。随着计算机的出现，信息网络的形成，通讯效率大大提高，经营者有可能很快地获得供、销信息，也可能对分散在世界各地的产业经营通过信息网络进行沟通，实施有效的管理，通过经营规模的扩大以降低成本、提高效率，形成了超大规模的连锁式商业集团。例如，沃尔玛、麦德龙、家乐福等集团公司，在世界各地发展超大规模的超市，以其商品齐全、价格低廉、服务周到而在竞争中取胜，这种经营制度的创新可称为商业发展的第三阶段。目前，正处在商业发展的第四阶段，随着互联网的普及，电子商务以其价格低廉透明、选择性强、服务快捷等优势，很快占领零售市场，造成对实体零售商的压力，迫使实体零售商也开展电商业务，将线上与线下业务融合起来。在流通业的整合中网络零售将逐步上升到主导的地位，成为流通领域的又一次革命。虽然虚拟世界很神奇，但是现实世界毕竟更精彩。电子商务不可能完全取代传统商业的地位，因为电子商务不可能囊括所有的商品，有许多商品是需要购买者直接触摸、比较选择的(例如时装、字画、工艺品等)；随着消费观念的改变，选购商品已成为一种文化熏陶、社会交往与休闲的享受，这是电子商务无法取代的；而且地区经济发展的不平衡，科技发展水平的参差不齐，电子商务还难以迅速普及，因此，对于电子商务的发展不能在近期给予过高的期望。

当前，世界商业服务业的发展趋势可以概括为3个特点：① 商业由多业态形成，进入百货业衰退、以超市为主体的超市时代，综合超市、专业超市渗透各个行业，深入城市各个地区，规模不断扩大。② 商业经营由价格竞争提高到改善服务、强调信誉的全方位综合竞争的阶段。③ 随着生活水平的提高，消费多样化，人们用于文化、健身、旅游的消费增加，购物的消费比例下降，造成购买力分流。

2) 美国零售业发展特点

美国是经济最发达的国家，也是信息化程度最高的国家。由于小汽车的高度发展，人们对自然环境的追求越来越迫切，城市郊区化的倾向日益增大，市中心区空心化严重，商业中心萎缩，诸种因素促使美国的零售业发生了诸多变化，表现出以下特点：① 在信息化发展的影响下，超市连锁化已成为基本模式，几大商业集团通过超市连锁化占领了零售商业的巨大市场。② 适应郊区化的趋势，在中心城市外围建设起强大的购物中心，许多开发商往往先营造公园与购物中心，形成良好环境再建设住宅，吸引居民到郊区定居。③ 经营专业化，商品细分化。例如一个蜡烛专业店，可以有几千个品种，在一个3 000 m^2 的专业店中可以购得不同规格、不同造型的蜡烛。又如有利于儿童智力开发与启蒙的商品也达数千种之多。④ 业态混合化。在超市中包含了大量专卖店，专业程度高，商品品种全，品种新，品种特别，很少有重复的产品。⑤ 厂家直销集中化。出现厂家直销中心，通过减少流通环节以降低流通成本，以低于市场价格销售产品，有的只相当于市场价格的30%。以上诸点可供我国研究经济发达城市零售业发展趋势时参考。

3) 我国商业发展趋势的展望

经过改革开放30多年，特别是确立社会主义市场经济体制近20年来，我国在发展市场经济的推动下，城市商业网点有巨大的发展，已初步改变了计划经济时代商品匮乏、计划分配、商业萎缩的状态。以北京为例，改革开放30多年来，商业网点从1978年不足1万个，发展到1988年11万个，1999年24万个，网点分布也从中心区向边缘和郊区城镇扩展，日趋合理，网点严重不足的问题已基本解决。据 2009 年统计，在 20 多万个网点中，限额以上的批发和零售企业(即年主营业收入 2 000 万及以上的批发业和年主营收入 500 万及以上的法人企业)为 9 049 个。商业经营业态也从传统的零售和批发转变为批发市场、百货商厦、超市、连锁店、便利店、仓储式商店等多种国际先进的新型业态并存的局面，商业设施的现代化水平也有较快的提高，缩小了与国际先进商业的差距。社会消费品零售总额也从 1978 年的 44.2 亿元增加到 1990 年的 345.1 亿元，2000 年的 1 658.7 亿元，2006 年的 5 295.3 亿元，2009 年的5 309.9 亿元。

但是，由于计划经济向市场经济转化时间还较短，市场发育还不够成熟，虽然经济较发达的城市已呈现多业态并存的态势，国外 150 年走过的道路，我国 15 年就完成了。但是，从实际发展状况来看，我国一些经济比较发达的城市大体上还处于商业发展的第二阶段向第三阶段过渡的状态，大型现代化商业流通体系尚待完善，超市与连锁店近两年虽有较大发展，但是规模偏小，加入世贸组织以后，随着国际商业集团介入，我国正面临与国际竞争的严峻局面。鉴于我国绝大部分城市尚处于工业化时期，大量人口向中心城市集中，移民潮难以扼制，因此城市发展郊区化、中心城市空心化的问题尚不突出，随着小汽车进入家庭，在郊区发展购物中心的时机将提到日程上来。因此，当前我国大多数城市商业发展的思路应该是逐步沟通流通渠道，提高流通效率，通过发展市场带动生产，即在发展三产的同时推动一产、二产的发展。根据各城市不同的经济发展阶段，一般从发展百货业起步，逐步形成批发市场、超市、电子商务多元发展的格局，建立完善的商业流通体系。

特别需要注意的是商业结构的完善成熟是一个漫长的过程，必需根据市场的变化，不断适应、磨合，逐步形成系统，不可能急于求成，一蹴而就。黄国雄教授在回顾我国历次零售革命时，感慨地指出：历次新业态出现，都有一个从迅速兴起、蓬勃发展、一拥而上，到理性回归的过程，从常态到非常态，再从非常态走向新常态。

20 世纪 80 年代贸易中心和自选市场兴起，在短短的几年内几乎在全国遍地开花，最后因条件不成熟、定位不准确，不得不普遍收缩，所剩无几，被新兴业态取代。1992 年中央批准在五个特区、六大城市引资试点，结合市中心的改造，掀起全国“百货热”，五年增幅达到 21%，个别年份超过 46%，但到了 1996、1997 两年，又面临百货店大量倒闭的形势，上海八佰伴改弦、北京王府井“老佛爷”退出、亚西亚关张，甚至政府主管部门和一些专家都感叹：中国百货店只有 3～5 年生存空间，非常态被新常态代替。21 世纪初迎来了中国百货的又一个春天，但是不到几年时间，由于盲目发展，特别推行百货购物中心化，常态又被非常态打破，加上网购兴起，使其陷入新的困境，整体增幅下滑，亏损面扩大，一些企业面临退出、倒闭、转业的威胁。

21 世纪初兴起的“商业街”、“购物中心”热，以及一度炒作的“商业综合体”，无不经历盲目上马、过度开发、总量饱和、结构失衡，到调整收缩、理性回归、科学定位的过程。

近几年随着在社会消费品零售总额中，网上交易的占比不断扩大，对传统商业产生巨大冲击和挑战，正在重新瓜分零售市场，催发了新的零售革命。但也与其他业态的兴起一样，出现不顾客观需要和条件，一拥而上、遍地开花的状态。使电子商务面临重新组合、理性回归的过程。据统计，2007 年网上消费品零售额为 520 亿元，2008 年增幅为 92.3%，2009 年增幅为 160%，达到高峰，但从 2010 年开始，连续五年增幅收窄，2010 年增幅为 97.7%，2011 年为 59.8%，2012 年为 54%，2013 年为 52.6%，2014 年为 49.6%。这一方面说明，网上交易逐渐走向科学定位，不适合网上交易的消费品在调整中退出，在竞争中回归；另一方面也说明消费者逐渐回归理性，选择最方便、最安全、最省钱的方式来决定网购还是店购。

应该说，未来的商业模式是网络化的商业，“互联网+”是方向，但他还是以实体经济为基础的，只有网上网下的有机结合，合理分工，科学定位，才能达到共赢的目的。未来的商业流通系统将是：上有天网、下有地网、中有连网和厂家直销网络，以物流配送为支点，构建一个纵横交错、四通八达、全渠道立体式的零售网络，最大限度地提高流通的效率与效益，这将是一次新的零售革命。

4）商业服务业业态简介之一：百货业、购物中心、商业综合体与奥特莱斯

随着改革开放的不断深入和扩大，新的商业业态不断引进与发展，大体上有17种零售业态，包括：食杂店、便利店、折扣店、超市、大型超市、仓储会员店、百货店、专业店、专卖店、家居建材商店、购物中心、厂家直销中心、电视购物、邮购、网上商店、自动售货亭、电话购物，均已在中国出现，对方便生活、促进消费增长发挥了很大作用。

但是，对城市发展而言，占用空间较大、对城市功能布局影响较大的零售店还是百货店和购物中心。

中国目前的商业结构还是以百货业为主导，以超市为基础，以专门店和专卖店为特色，与夫妻店或个体户共存的格局。

大型百货是城市繁荣的窗口和名片，是城市内聚力和辐射力所在。对于一个城市来说，在商业中心建设大型百货公司是十分必要的。对于发展中的城市来说，人们的消费水平参差不齐，商品种类齐全，营销活动频繁的大体量百货商场具有明显的优势，据业内人士估计，百货业才刚刚步入一个景气循环的黄金起点，在今后5～10年仍有较大的发展空间。

购物中心在国外称作“mall”，是一个定义较为模糊的概念，有的可以覆盖整个街区，例如，美国明尼阿波利斯的尼柯莱特大街和其紧邻的劳林公园组成了一个“mall”，某种意义上说步行商业街也是购物中心的一种模式。有的建在郊区的一个独立地段上，有较大的停车场，内部除了购物外还有较大的休闲空间，吃、喝、玩、乐俱全。

当人们的消费水平提高，对享受和服务需求不断提高的条件下，购物中心就成为人们喜爱的场所。

但是，目前存在的问题是不少城市出现盲目引进与开发的倾向，超过了消费需求，造成大量产业闲置，这是值得注意的问题。

一是商业地产供大于求。以北京为例，2006年商业地产供给增幅为79%，而需求增幅只有37%，供求差42个百分点，2006年购物中心竣工240万m^2，可只销售108万m^2，一半以上闲置，造成巨大浪费。

二是规模超大。据福布斯杂志报道，世界10个最大的购物中心8个在亚洲，其中4个在中国。北京金源百货位居中国第一，号称50万m^2，营业面积18万m^2，虽有巨大面积，可是不具备优美舒适的环境，自然难以产生好的效益。国内相当数量的购物中心倒闭是合乎逻辑的。目前，日本与西方国家购物中心趋向小型化与社区化。日本购物中心平均面积为2万m^2；美国70%的购物中心为1万m^2左右；印度平均为1.4万m^2。

三是与经济发展水平不适应。购物中心是高级商业业态，与消费水平有直接关系。据业内人士介绍，当人均GDP达到2 000～3 000美元时可以试点；人均GDP达到3 000美元时可以起步；达到5 000美元时进入发展阶段；达到10 000美元以上，购物中心的发展才基本成熟。由此可见，对我国大部分县级城市来说还不具备发展大型购物中心的条件，还是处于适当发展百货业的阶段。

商业综合体是一种多功能组合而成的商业形态，它不仅包含了比购物中心档次更高的商业服务功能，而且还增加了商务办公、信息服务等多种功能，成为对外交往的平台、信息交流的平台、依托区位的经济优势形成多功能交易平台。鉴于其有诸多优势，不少城市都在开发建设中。对于一、二线大中城市来说，如能科学定位、适度建设自然是必要的。但是，由于其规模巨大，常能成为某个区域知名度较高的地标式建筑；且其容积率高，可为开发商提供更丰厚的回报。因此，在土地供应日趋紧张，地价不断上涨的形势下，越来越成为开发商关注的热点，出现了对其作用的误读。在政府要形象、开发商要利润

的推动下，商业综合体在各大城市越建越多，越建越大。武汉要建30几个综合体，面积达1 100万m^2。北京已投入和在建的有49个，总面积超过2 100万m^2，几乎相当于现有商业总面积。甚至只有8万人的小县城也要建20万m^2的综合体。概念的误读，必然导致行为的失控。目前这种一拥而上、规模过大、数量过多、遍地开花的泡沫现象，应引起高度关注，加以纠正。

奥特莱斯(OUTLETS)是近年来引进和发展起来的新业态。OUTLETS的原意是销路、商品批发店群，在国外是销售过季滞销库存商品的折扣店的集合地，其中不乏知名品牌，由于性价比高，吸引了对产品文化品质要求较高，而又更加务实精明的顾客群，成为广受欢迎的商业模式，他自创立至今已有百年历史。

在我国从北京燕莎首次引进奥特莱斯商业模式以来，先后出现了重庆砂之船奥特莱斯、北京赛特奥莱、天津武清佛罗伦萨小镇、宁波杉杉等成功企业，目前在国内正出现高速发展的趋势。

当今，实体零售店由于受到电子商务的冲击，业态缺乏创新，品类、品牌同质化现象严重，利润平台收窄、业绩不断下滑，且日趋严重，迫使零售平台运营商寻找新的突破口。奥特莱斯在这个背景下引进中国，并发展起来。如何成功经营奥特莱斯？从一些成功企业的经验看，有以下特点：一是把主目标客户群定位在消费能力最强，追求时尚最热心的群体(中产阶级)，他们既追求更高的文化和精神生活品质，又比较务实和低调。二是追求商业和艺术结合。在建筑设计上力求把现代商业和地域文化融合，更加强调建筑的艺术品味。在经营理念上力求唤醒顾客对美的认识，利用各种话题宣扬美的生活方式，提升欣赏美的格调，启发人们挖掘和发现中华和世界文明之美，让艺术的种子在奥特莱斯开花，赋予品牌更好的形象。三是除了一般的媒体宣传外，利用商店开业、传统节日，邀请明星、知名音乐团体参与，举办演唱会、模特大赛等多种文化娱乐活动吸引顾客，提高知名度；把大品牌、小价格作为营销口号推动营销。中国特色的奥特莱斯把折扣店和购物中心的功能融合起来，集购物、餐饮、休闲、文化娱乐于一体，演变成一种新型业态。在面对电商冲击下，成为中国零售实体店新的骄傲与辉煌。

据了解目前中国已有300多家奥特莱斯商店，但经营得好的不超过10%，近两年已有不少项目倒闭。说明奥特莱斯必须以市场为导向，由具备零售背景的专业团队来经营。切忌以建奥特莱斯之名行房地产开发之实，一轰而起，造成不应有的损失。

5) 商业服务业业态简介之二：批发市场

在计划经济向市场经济转化的过程中，商品从计划分配转变为自由选购，粮票及副食品供应票证取消，使得原有的商品供应渠道发生了变化，国家原有的一级、二级批发站被大量民营的大大小小的批发市场取代而日见萎缩。例如上海，据不完全统计，1994年有大小批发市场近千家，其中：副食品交易市场300多家，工业品批发市场400多家。据1999年统计，北京有各类市场943处，但是只有315处是批发市场性质，其他均为零售集市，主要从事农副产品、服务、日用小商品以及花鸟鱼虫等交易。这些市场设施十分简陋，规模也较小，北京的900多处市场，占地面积超过10 hm^2的不足2%，超过1 hm^2的不足8%，90%的市场只有几千平方米，这种市场绝大多数称不上批发市场，只能说是体制转化过程中的一种过渡形式。回顾30多年的历程，中国农产品市场经历了四个阶段，已初步形成多层次的批发体系。从原始形态的集市贸易发展到农贸市场，并逐步形成具有时代特色、中国特点的各种类型的批发市场，现已进入新的发展阶段——打造现代化的农产品及其加工品的交易中心。四个发展阶段是改革的成果，也是普遍存在的农产品市场的多层次形式。

现代化的农产品交易中心必须具备8大功能，即：① 商品集散功能；② 信息传递功能；③ 价格发现功能；④ 商品展示功能；⑤ 物流配送功能；⑥ 重要商品储备功能；⑦ 农产品加工功能；⑧ 商品检测功能。

现代化农产品交易中心是多中心的集聚：① 农产品交易中心；② 金融结算中心；③ 物流配送中心；

④ 信息发布中心；⑤ 商务生活中心；⑥ 商品展示中心。

现代化农产品交易中心具有多种的现代交易：① 即期交易与定期交易相结合；② 网上交易与传统交易相结合；③ 现金交易与电子货币结算相结合；④ 农产品交易与农产品加工相结合；⑤ 代管代储与期货交割相结合。

农产品交易中心应该是"三链一体"的新型的批发市场：① 产业链，把农产品收购、交易、储存、加工、配送构成完整的产业链，以扩大赢利空间；② 供应链，实现多种形式的物流配送、物流整合，实现农产品和加工品门对门衔接，最大限度实现流通无环节和少环节；③ 价值链，提高效益、降低成本，把利润让给农民、把优惠让利于民，正确处理利农、惠民、益企的利益关系。从这个意义上来说，原有国营的批发站，具有良好的交通、用地条件和比较完善的储存设备，在体制转化过程中不应该轻易改变原有功能，而应该适应市场竞争的形势，发挥优势，发展现代化大批发市场，率先按照贸易中心、信息中心和设计中心的功能创出新的路子。现介绍国外一些批发市场的状况。

(1) 法国巴黎兰吉斯农产品批发市场(图 2.1)

该市场原在市中心区，是自发形成的。随着业务量增加，难以就地扩展，从市中心区迁至与中心区相距 10 km 的郊区，该处有对外高速公路和环绕城市的公路连接，并有铁路专用线进入，对内、对外交通十分方便。该市场 1967 年筹建，1969 年开业，经过 20 多年的发展，已形成占地 2.3 km^2 的大型批发市场，市场建筑总面积 117.5 万 m^2，包括 10 个交易厅，55 个库房，还有产品加工与配送场所以及行政服务和附属楼各一栋，有经营企业近 2 000 家(包括大型批发企业 850 家，生产销售商 680 家，从事各种服务业的企业 450 家)，职工 16.7 万人，批发市场经营品种齐全，包括粮、油、肉、蛋、禽、水果、蔬菜、花卉等，是服务周全、效率较高的副食品集散中心。批发市场系由政府投资控股的企业(政府投资占 53%)，其余部门吸收民间股份，成立股份公司。政府通过批发市场加强对农产品生产的宏观调控，并稳定市场价格。但是政府不直接管理，而是交给市场管理委员会管理，管委会的董事长兼总经理由政府推荐，管委会主要负责市场规划、制定规章制度、沟通价格信息以及负责治安、卫生等事宜。市场经营系独立核算单位，与政府是行政管理关系，与经营者——批发商是经济关系，把市场出租给经营者使用，管委会收取管理费和场租费。批发市场主要起联系生产与消费的纽带作用，农产品不仅来自国内，而且还来自世界各地，一般由生产合作社及其联合体把农产品从农民手中收集起来送到市场；或由批发商将农产品从不同地区组织到市场，再发给零售商或超级市场出售。由于其规模巨大，管理科学，所以市场有强大的辐射力，其影响范围为直径 300 km 的广大区域。

(2) 荷兰阿姆斯特丹花木拍卖市场(图 2.2)

创建于 1920 年，总用地 73 hm^2，是世界最大的花木交易场所，是具有合作社性质的拍卖中心，有 5 000 个花农会员，大体上有 3 000 家买方在中心注册，每天有万余人入场交易。该市场具有完善的展销、拍卖、包装、配送场所及停车场。日销花卉 1 400 万棵，盆花 150 万盆，年营业额 22 亿荷兰盾。

批发市场还可以发挥创新产品、组织生产与销售的作用。例如 1994 年文汇报报道：美国某礼品市场，收集了世界各国的礼品资料，集中了数百名设计人员参照资料，创作新品，今年已把明年圣诞礼品设计完成。世界各国中小企业都争先恐后到该批发企业领取样品，进行生产，数以万计的零售商前来订货。该礼品市场成为信息中心、设计中心和贸易中心。

在我国，批发市场发展尚处于初级阶段，但是也有一些市场起到了沟通信息、设计产品、带动生产的作用。例如，浙江省义乌的小商品市场、绍兴的柯桥化纤纺织品市场、湖州织里的童装市场等，其产品辐射全国，市场促进了工业发展，也推动了城市化的进程。

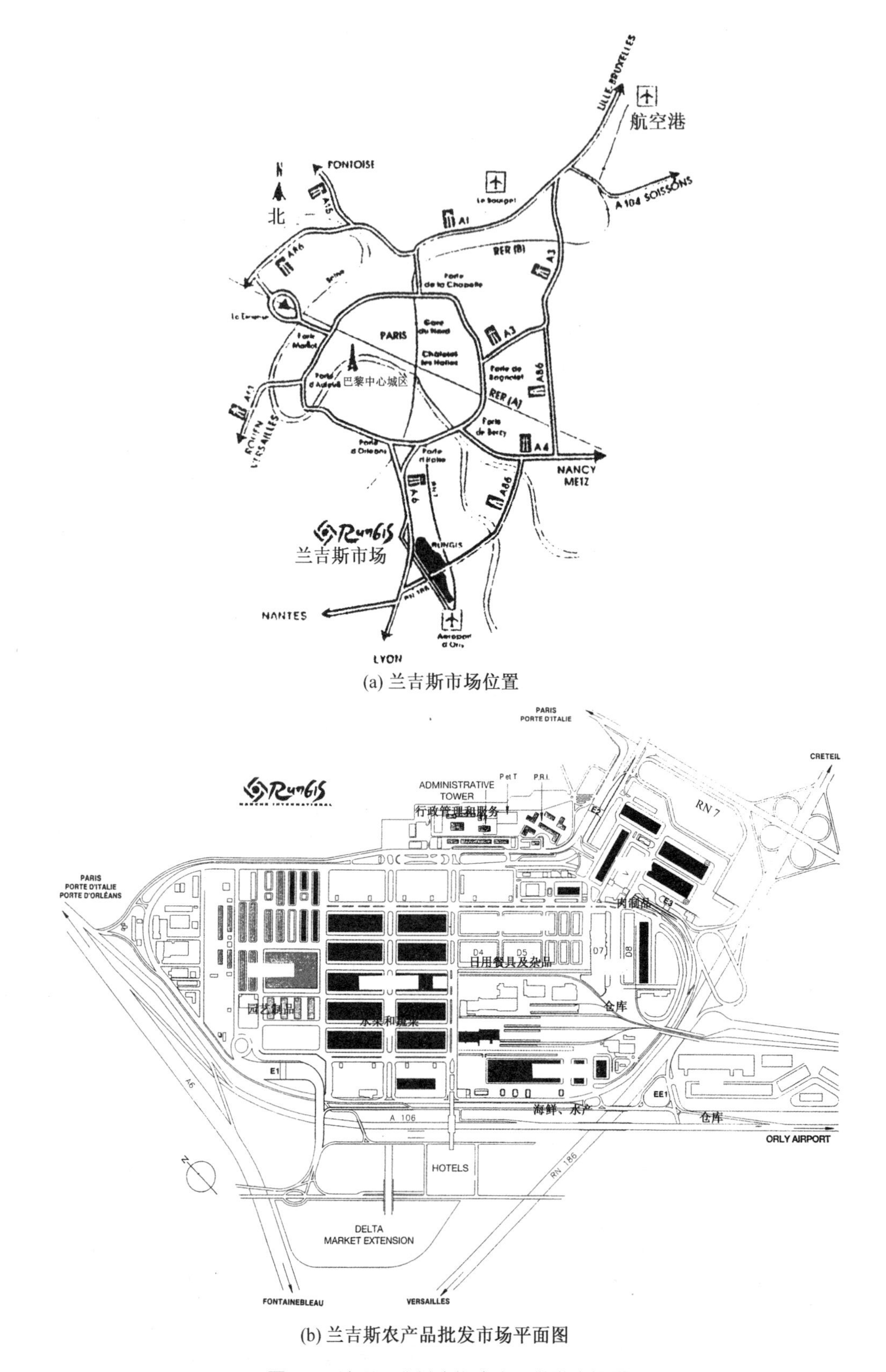

(a) 兰吉斯市场位置

(b) 兰吉斯农产品批发市场平面图

图 **2.1** 法国巴黎兰吉斯农产品批发市场图

图 **2.2**　荷兰阿姆斯特丹花木拍卖市场

6）商业服务业业态简介之三：超市

超市是规模可大可小以自选模式为主的业态。大的可达3万多平方米，小的只有几百平方米。仓储式商场也可归入超市类。从国外超市的规模看，大体上以8 000～10 000人拥有一个超市者居多（表2.6），相当于我国小区级商业的规模。

表 2.6　国外平均每个超市的服务人口(1985)

国　家	服务人口/人	国　家	服务人口/人	国　家	服务人口/人
德　国	8 617	比利时	9 018	奥地利	13 403
法　国	9 898	丹　麦	6 895	日　本	10 553
意大利	29 608	瑞　典	4 884	美　国	5 771
荷　兰	7 363	瑞　士	8 803		

国外超市的营业面积大体上在700～1 000 m^2（表2.7），商品品种在6 000种上下，各国的超市销售额占商品零售总额的比重各不相同，与其普及程度有关，以美国所占比重最大，将近30%（29.1%），日本次之为18.5%，德国为16%。

表 2.7　国外每个超市门店平均营业面积(1985)

国　家	营业面积/m²	国　家	营业面积/m²	国　家	营业面积/m²
德　国	739	荷　兰	684	瑞　典	1 008
法　国	686	比利时	914	瑞　士	744
意大利	680	丹　麦	837	奥地利	630

与这些国家比较,我国一些大城市的超市商品品种与营业面积均不如国外,销售额占零售总额的比重也相对较低。例如上海 1996 年共有超市门店 750 家,营业面积 26 万 m^2,平均每个门店不足 400 m^2(346 m^2),商店经营品种四千余种,销售额占零售总额比重只有 6.7%。北京 1998 年约有超市及仓储式商场 4 800 个,其中规模超过 3 000 m^2 的不足 30 个,多数规模较小,据统计,超市、仓储式商场加上连锁式便民店销售总额占零售总额的比重只有近 10%(9.97%)。说明随着市场经济的发展,超市还有很大的发展余地,初步预计到 2020 年,至少 70 多个现在人均国内生产总值已超过 4 000 美元的城市,将达到人均国内生产总值 10 000 美元以上的水平,相当于欧洲一些国家 20 世纪 80 年代的状况,届时超市的发展规模与数量大体上可能达到欧美的水平。

7) 商业服务业业态简介之四:连锁店

在信息发达的今天,计算机网络的出现,使流通领域的组织成本和交易成本大大降低,促使企业向超大型集团的规模发展,一个集团公司在全国各地乃至世界各地开设分店,通过大规模的连锁经营,取得更大的利润。沃尔玛、麦德龙、家乐福是国外著名的集团公司。我国沿海大城市也涌现出不少集团公司,例如,北京王府井百货大楼集团、香港新世界集团除了在北京开店以外,已在成都、重庆、天津、武汉等地开设分店,连锁经营。许多专业商店也纷纷跨出原有的门店到处开设分店。例如,北京创建的首家计算机软件连锁商店目前已有 500 家分店,辽宁木兰电子设备公司在我国各地有 120 家分店,北京、哈尔滨、天津、西安和南京的 20 多家书店已经联营。厦门、广州、佛山、东莞等市连锁商店也有所发展。在激烈的竞争中,连锁经营方式几乎渗透到每个角落,餐饮服务业也出现连锁经营模式,许多中小型店铺也纷纷加盟连锁企业,以求生存。商业服务业连锁化经营,正在改变着原有传统商店的模式,“大企小店”的经营方式,方便居民生活消费的连锁企业正在不断地向城镇社区和农村居民点延伸,逐步形成服务规范化、经营标准化、低成本、高效率的商业服务业运营体系。

8) 步行商业街

每一个城市几乎都有一个或几个规模较大、知名度较高的商业街,精品店、老字号云集,有较大的百货商店,并有若干餐饮、文化娱乐设施,成为人们购物、休闲场所,这类商业街是城市的重要窗口,代表了每个城市独特的文化,反映了各有特色的城市形象。随着城市现代化的发展,商业服务业业态出现了多样化。随着人们生活需求的提高,传统商业街的环境越来越不能适应需要,原有商业街的人车混流、设施落后、环境杂乱、商业结构单一(百货业占主体)、缺乏文化品位等问题引起各方面的关注。人们对商业街的需求,不仅局限于购物,而且要求提供餐饮、娱乐、旅游、休闲等综合服务。随着商业现代化的发展,商业服务业的不断规范化与标准化,效率提高了,为人们日常生活提供了更为方便的条件。但是,商业服务业普遍缺乏个性,不能满足人们对文化的需求,如对传统特色的怀念,对自然环境的追求。因此,发达国家的一些城市在 20 世纪 70 年代开始,对传统商业街进行改造,步行商业街应运而生。改造的指导思想是提高文化品位,充分表现地方特色,营造商业街的独特风貌,强化老字号、名店、精品店的效应,增加餐饮、娱乐设施,采取多元化、错位经营方式以满足人们多种需求。精心设计城市景观,包括建筑小品、道路铺装设计,以及两侧商店橱窗、招牌及广告的整理,增加绿地与广场,体现

“以人为本”的原则，集人气、商气、财气、喜气于一体，为人们提供舒适、优美、方便、完善的购物和休闲环境。例如，美国明尼阿波里斯的尼柯莱特大街(图 2.3～图 2.5)、新加坡的乌节路、北京的王府井(图 2.6)、上海的南京路(图 2.7)等都是按这个思路整治的，或实现完全步行街，或限制车辆通行，采取半步行街模式。

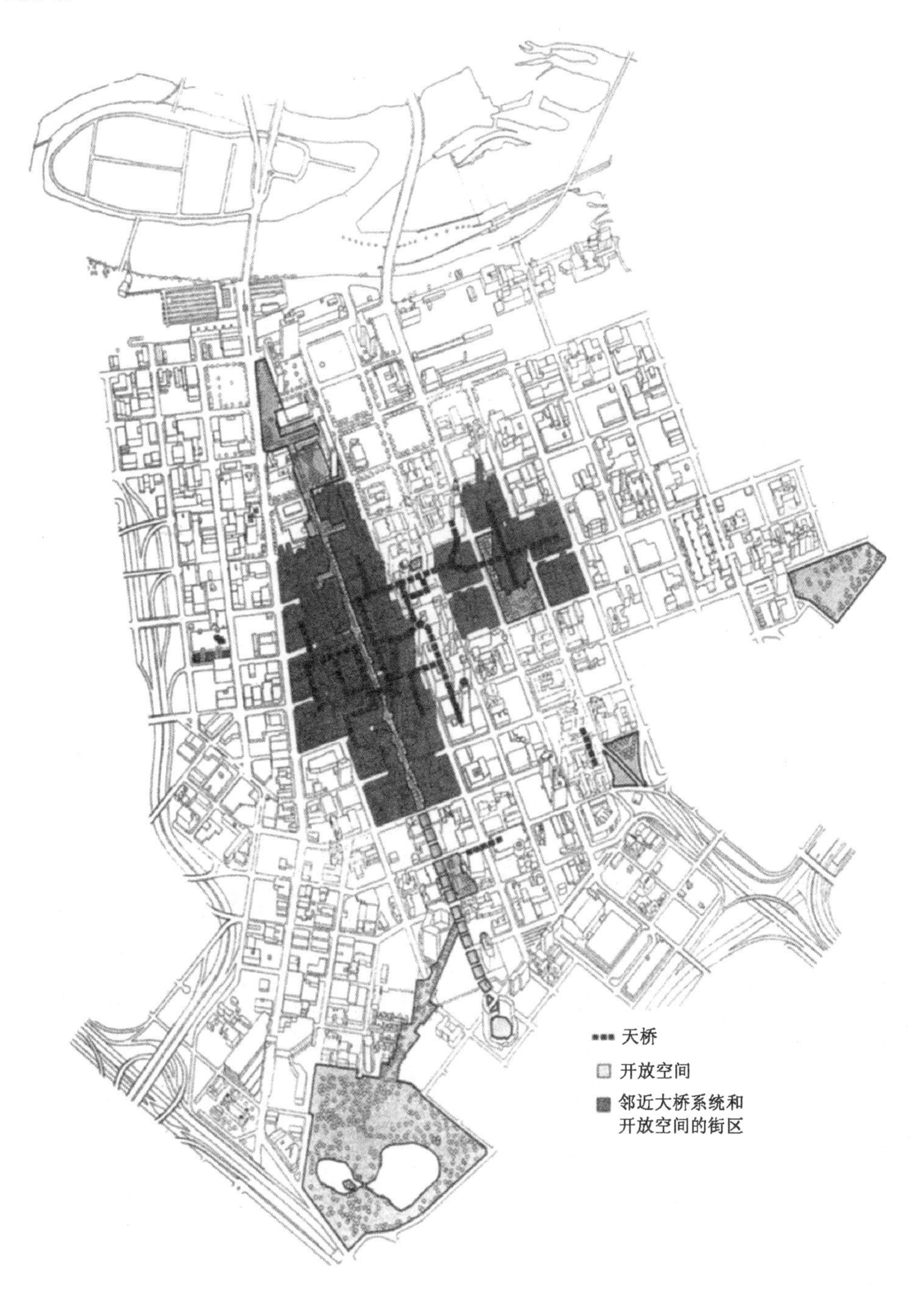

图 2.3　美国明尼阿波里斯的尼柯莱特大街总平面图

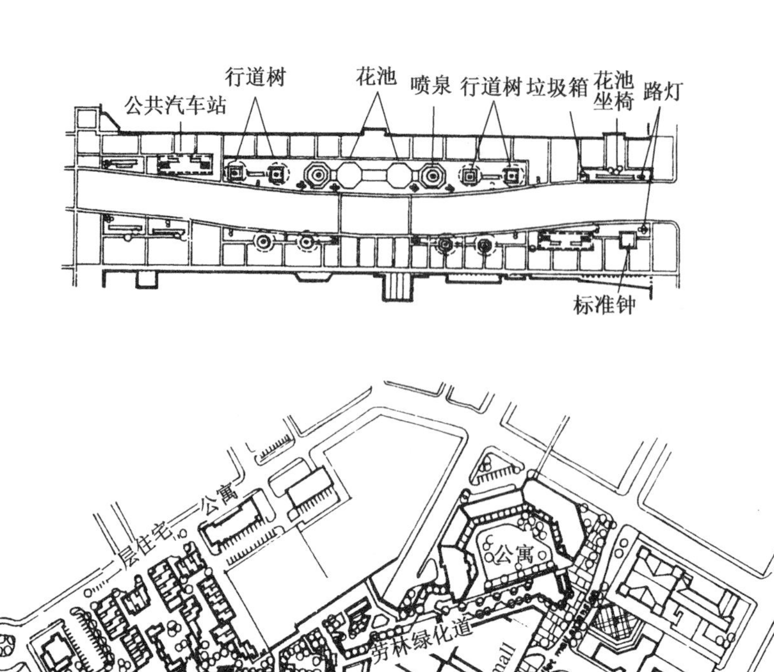

图 **2.4** 尼柯莱特大街、劳林绿化道详图

图 2.5 尼柯莱特大街

图 2.6 北京王府井

图 **2.7**　上海南京路

美国的不少地方，把步行街的概念扩大到某些地段的改造，例如，旧金山把沿海边原有废弃巧克力工厂改造成环境优美的步行商业区，命名为吉拉代里广场(图 2.8)，使其具备与步行商业街类似的购物与休闲环境。

2.4.8　中央商务区(CBD)

中央商务区(Central Business District，简称 CBD)这一概念产生于 1923 年，由美国社会学家伯吉斯(E. W. Burgess)首先提出，他以芝加哥城市发展模式为蓝本，认为城市空间结构呈同心圆圈层式发展，其中心为城市地理及功能的核心区域，这个地区往往是城市最早的发源地，交通的中枢，容纳了城市中功能层次最高的行业，主要包括零售商店、办公机构与娱乐场所以及其他公共建筑，这个地区称为中央商务区。随着产业结构的调整、升级，中心区功能的更替，城市不断地呈同心圆式向外扩展，形成功能各不相同的 5 个圈层，即：CBD、功能转换区、一般住宅区、高级住宅区、城市边缘区。1939 年，霍依特(H. Hoyt)又提出环绕 CBD，城市各项功能沿城市轴线向外呈放射形扩展，形成幅面与大小各异的扇面。1945 年哈里斯与乌尔曼(C. D. Harris&E. L. Ulman)又提出了城市不是围绕单一核心发展而是通过一组独立的核心共同发展的，城市可以有多个核心。

二战以后，随着经济快速发展，发达国家的城市完成了初步现代化的任务，陆续进入后工业化阶

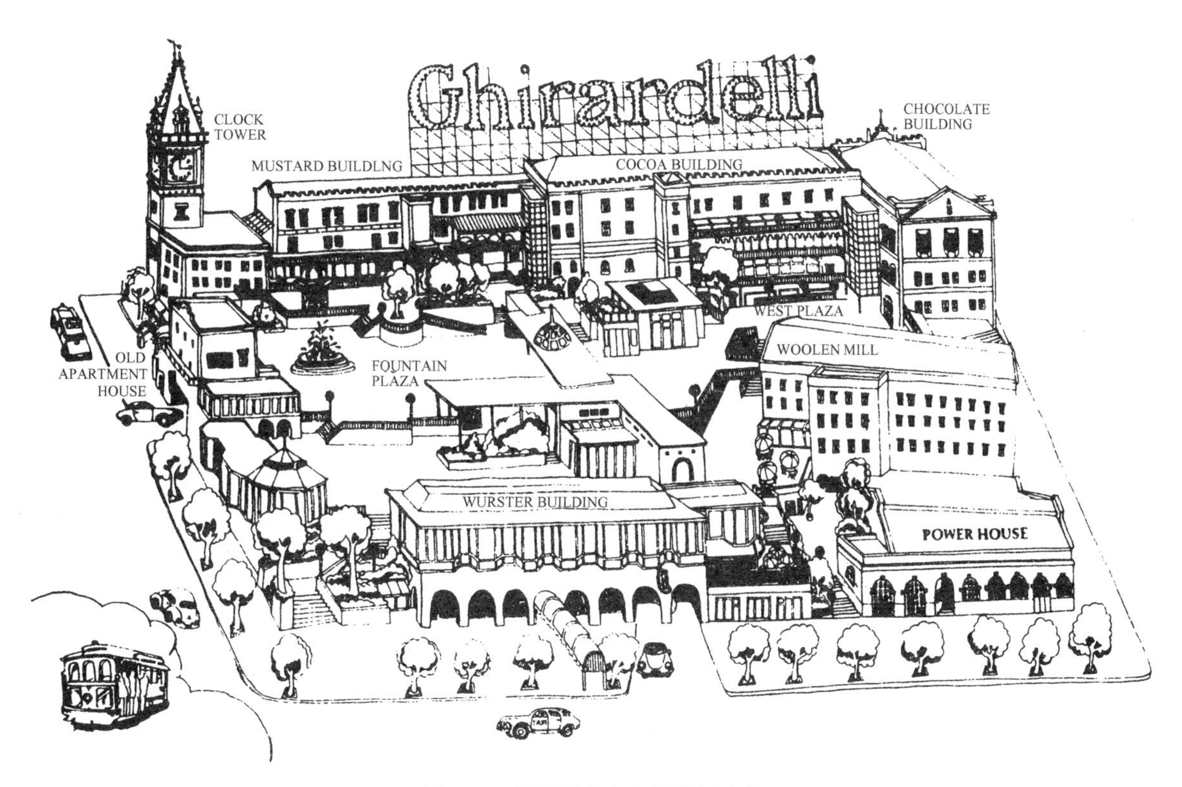

图 **2.8** 美国旧金山吉拉代里广场

段，CBD 的建设规模与强度大大增加，表现出以下 7 个特征：

(1) 拥有高赢利水平的产业。体现经济管理控制中心、金融中心和专业化生产服务中心的职能，由若干从事生产与贸易的大集团公司总部、商业银行以及证券公司等金融服务机构和广告、会计、商务法律、管理咨询、创新策划等专业化生产服务业组成。

(2) 拥有高等级的零售业、旅馆、酒店、文化娱乐等服务业为其提供最佳服务。

(3) 拥有商务空间的最高聚集度。该地区建筑容积率、建筑密度、建筑标准和建筑物的科技含量都是最高的，因而具有最快捷的信息服务和最高的工作效率。

(4) 具有最高的交通可达性。该地区是交通量最大的地区，也是交通最发达的地区，城市快速路网、公共交通系统与步行系统为其提供最佳服务。

(5) 具备良好的城市景观，有的城市与旧城中心区融为一体，有的与旧城中心有一定的关联，是城市最繁华的地区，成为反映城市形象的标志地区。

(6) 拥有最高的地价。诸多优越条件显示了区位的重要经济功能，因而该地区的土地批租价、建筑楼面的售价和租金都是全市最高的。

(7) 昼夜人口反差最大的地区。鉴于地价高昂，大量商务建筑发展把居住区挤到 CBD 外围，因而该地区就业岗位集中，但就近居住的人口却稀少，使昼夜人口反差极大。

现就 CBD 的结构、用地范围界定及发展规模与布局作一简略介绍。

(1) CBD 的结构

CBD 的结构大体可分为零售业、办公机构、服务业 3 个部分，随着经济发展，零售业的比重有所下降，而办公机构日益增多。

根据美国一些城市的发展，零售业约占 CBD 建筑总量的 30%(表 2.8)。产生的年社会零售额约占城市社会零售总额的25%。从零售业的结构看百货、服装、家具、餐饮占60%～80%。

表2.8　20世纪50年代美国城市CBD内零售活动的空间份额

城　市	1950年各城市的建成区人口/万人	CBD总建筑面积/万m^2	CBD内零售业总建筑面积/万m^2	CBD用于零售活动的空间比例/%
费　城	367.1	358	107	30
辛辛那提	90.4	92	28	30
盐湖城	22.7	103	31	30
格兰特拉皮兹	22.7	79	21	27
罗彻斯特	21.9	72	22	31
凤凰城	21.6	56	19	34
圣克拉蒙多	21.2	92	31	34
图尔萨	20.6	102	23	23
莫比尔	18.3	44	15	34
塔克马	16.8	50	20	40
罗安诺克	10.7	50	19	38
总计	634.0	1 098	336	31

办公机构随着商品经济的规模化、专业化的发展，服务于生产组织、产品经营的多种办公行业成为经济运行不可缺少的内容。办公行业在CBD中的比重不断增加，成为经济活动的主体行业群，形成具有强大经济实力，产生较高经济效益的社会阶层。据统计，20世纪50年代美国城市中办公机构约占建筑总量的30%(表2.9)。

表2.9　20世纪50年代美国城市CBD的办公空间容量

城　市	1950年城市建成区人口/万人	建筑容量/万m^2		办公面积与CBD容量的比重/%
		CBD总容量	CBD内办公容量	
费　城	367.1	358	118	32.9
米沃基	87.1	290	73	25.2
盐湖城	22.7	103	30	29.1
格兰特拉皮兹	22.7	79	26	32.9
罗彻斯特	21.9	72	21	29.2
凤凰城	21.6	56	14	25.0
图尔萨	20.6	102	43	42.2
莫比尔	18.3	44	12	27.3
塔克马	16.8	50	11	22
罗安诺克	10.7	50	10	20
总　计	609.5	1 204	358	29.7

办公机构主要包括：金融机构(银行、保险、财务公司、不动产公司、证券公司等)、总部办公机构(大型贸易公司、企业的总部)、普通办公机构(各类中小型公司，通常使用综合办公楼)及其他。根据20世纪50年代墨菲对美国9个中等城市的调查，大体上金融办公占12%，总部办公占20%，普通办公占52%，其他占16%。

服务业主要是宾馆、会展与停车等服务设施，约占 CBD 建筑量的 20%。但是占地面积较大，有的可占 CBD 用地的 35%左右。

其余 20%建筑主要是居住和其他用房。在 CBD 中保持一定数量的公寓，不仅可满足部分职工就近居住的需要，另一方面也可缓解昼夜人口差额过大，使晚间成为空城的弊病，增加 CBD 的生活性。根据对东京与巴黎的统计，居住用地约占 CBD 核心区用地的 25%，解决 10%职工的就近居住。

在新加坡除了居住等建筑，属于 CBD 性质的建筑，大体上办公占 50%，商业、餐饮占 35%，旅馆和文化娱乐设施占 15%(图 2.9)。

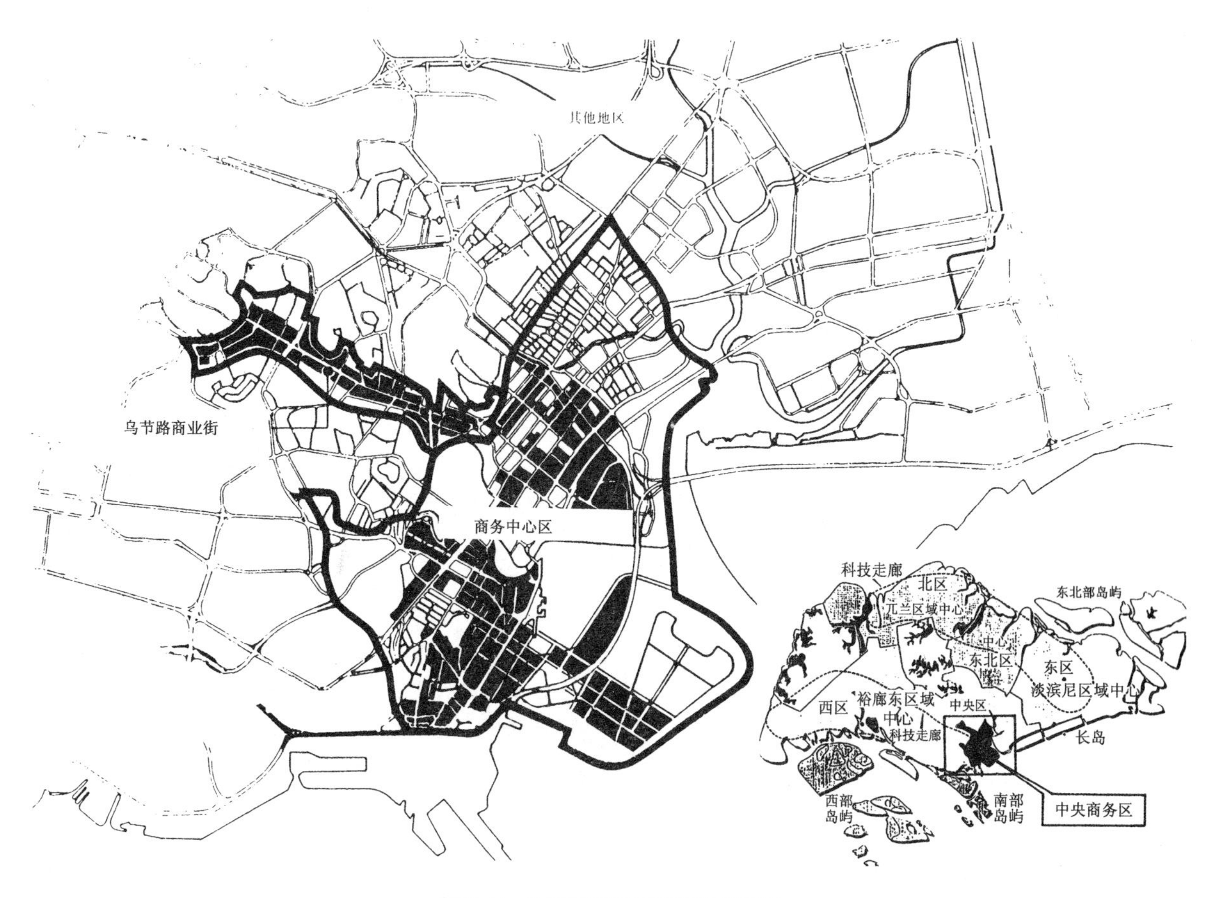

图 2.9 新加坡中央商务区示意图

(2) CBD 用地范围界定

如何界定 CBD 的用地范围有多大。最简单易行的办法是由墨菲和万斯(R. E. Murphy & J. E. Vance)于 20 世纪 50 年代提出的中央商务高度指数 CBHI(Central Business Hight Index)和中央商务指数 CBII(Central Business Intensity Index)测定法。

$$\text{CBHI}=\frac{\text{被调查用地内商务用途的建筑面积}}{\text{被调查用地面积}}$$

$$\text{CBII}=\frac{\text{被调查用地内商务用途的建筑面积}}{\text{被调查用地内的总建筑面积}}\times 100\%$$

墨菲与万斯根据对当时美国 9 个中等城市的调查规定：CBHI>1、CBII>50%的地区是 CBD。

但是，这个数字对于大城市而言显然不够准确，因此，1959 年地理学家戴维斯(D. H. Davies)又提出

CBD划分硬核与核缘的概念，即规定CBHI＞4、CBII＞80％的地区为CBD的核心，称硬核。CBHI＞1、CBII＞50％地区所包含的范围为CBD核缘。由硬核与核缘共同组成CBD地区。对于硬核与核缘，许多地理学家根据不同城市提出了诸多不同的标准，但是基本方法没有多大区别。当然硬核与核缘只是一种概念，城市中CBD的形状是千变万化的，要因地制宜地分析界定，不能用同心圆的简单概念生硬地套用。

(3) CBD的发展规模与布局

CBD的发展规模和布局，一是取决于经济发展的阶段，随着工业化时期的成熟，后工业化社会的到来，信息化和经济全球化的发展，第三产业比重的增加，CBD的规模将迅速增大。二是取决于城市在世界或国内经济发展中的地位，开放度越高，在经济发展过程中对世界或国内经济辐射范围越大，那么CBD的规模就越大。因此，CBD的性质在世界范围有全球性和区域性的CBD，在国内有全国性的、跨省市区域的、省市级的和地区性的CBD。只要实行市场经济体制，各级中心总是有商务、金融以及相关服务行业活动，总是有若干集团公司进驻，因此不论城市大小，在城市中一般都存在CBD性质的功能。

在我国，大多数城市一方面处于工业化的初期和中期，少数城市工业发展比较成熟，开始向后工业化阶段过渡，在今后20年大多数城市将完成初步现代化的任务，向更高的经济发展阶段迈进。根据国外经验，这个时期正是CBD规模从小到大，功能不断完善成熟的时期。另一方面，由于计划经济体制向市场经济体制转变的过程刚刚开始，在计划经济时代城市只有零售业中心，很少有功能相对齐全的CBD，因此，在城市发展过程中都有在中心地区通过土地调整开辟中央商务区的任务。但是，CBD不是一朝一夕就能形成的，是市场培育到一定程度才能日趋成熟。其规模并非越大越好，必须与城市在区域经济发展中的地位相适应，不能把CBD的建设等同于房地产开发，当前，一些城市商业地产开发过热，布局极为分散，金融中心、总部基地满天飞的状况如不加制止，必然造成资金积压、资源浪费。中央商务区规模应该多大，位置如何选择，大、中、小城市中CBD的结构有何不同，成为研究经济发展战略必须解决的问题。

参考国外的情况，在经济发展初期，CBD的功能往往和城市中心区是重合的，城市中心区包含了零售业、金融等商务办公业和文化、服务业。对于一些小城市来说，经济辐射范围不大，仍可保持购物中心与商务中心合一的状态。但是随着商务活动的增加，商务办公的规模不断扩大，使城市中心区内的商业购物中心与商务中心产生分离，CBD沿中心区的一侧向外扩展。当城市规模不断扩大，城市经济的辐射范围越来越大时，当原来的老城区由于受用地、交通等条件的限制，难以容纳CBD功能扩大的要求时，CBD将会在城市原有中心的一侧，选择交通枢纽地带，对内、对外联系方便之处，发展新的CBD。或者与老城原有CBD形成双核结构，或者由老城原有CBD与多个副中心形成CBD网络，或者新发展起来的CBD成为主中心，而原有的CBD处于从属地位。

例如，伦敦原有的CBD位于伦敦城及其西部维斯敏特部分地区，20世纪80年代随着商务办公机构的大量增加，在其东部废弃的码头区道克兰的堪纳瑞地段开辟了新的商务办公区，伦敦城的老区仍保持国际金融中心的地位，而新区将成为公司总部的办公区，形成了双核结构。

东京原来的CBD集中在丸之内地区，随着规模的扩大，又在新宿和临海部分别开辟办公区和信息港，并计划在幕张与横滨再开辟两个副中心，形成以丸之内为核心、几个副中心环绕的、各有分工的CBD网络。

巴黎原有市中心在旧城区的第一区到第十区的椭圆形地段内，银行和金融服务集中在第一、第八、第九区，是仅次于伦敦的欧洲第二大商务中心，20世纪50年代又向西移动到第十六区。60年代开始，政府经过30年的努力，在老城的城市轴线西延长线上，与老城相距10 km的德方斯建成了欧洲大陆最大的新兴国际性商务办公区。

芝加哥、休斯敦、多伦多、悉尼、新加坡等大体上还保持了单一中心的状态。

一个城市，在CBD中集中了比较多的商务办公机构，但不可能全部办公机构都集中在这里，因此，商务办公机构从全市布局看，还是集中与分散相结合的。

从北美一些大城市状况看，纽约与旧金山集中程度最高，在70%左右，多数城市在30%～50%，少数城市仅占20%左右(表2.10)。

表2.10　1990年北美部分大城市CBD比较

城　市	1990年人口/万人	办公建筑面积/万 m^2		(CBD/大都市区)/%
		CBD	大都市区	
纽　约	1 809	3 112	4 275	72.8
洛杉矶	1 453	257	1 027	25.0
芝加哥	806	793	1 371	57.8
旧金山	625	346	493	70.2
费　城	590	282	612	46.1
底特律	467	104	515	20.2
波士顿	417	369	794	46.4
多伦多	375	419	1 011	41.5

国外经济比较发达的大城市商务中心区的用地规模与城市规模有关，作为单个中心大体上在1～2 km^2，建筑容积率(楼面面积/用地面积)凡是在老城中心区发展起来的一般都比较高，可高达5～7，比较拥挤，环境质量较差；新建的一般在2.5左右，有的更低，为1～1.5(表2.11)。

表2.11　单中心规模统计

单中心CBD	用地面积/km^2	建筑面积/m^2	容积率	备　注
下曼哈顿	2.1	约1 500	7.0	高强度开发，金融
纽约中城区	1.2	约700	5.8	商务办公
新　宿	1.6	160	1.0	办　公
临海部副都心	1.5	350	2.3	Teleport Town及展会
伦敦IFC+Westend	4.0	1 400	3.5	金　融
道克兰堪纳瑞	0.71+0.34=1.05	110	10.4	办　公
巴黎IFC+格朗瓦尔	2.0	1 500	7.5	金融，办公
德方斯商务区	1.6	250	1.5	办　公
芝加哥中心	1.8	600	3.3	—
休斯敦中心	1.5	420	2.8	—
悉尼金融区	1.0	250	2.5	—
新加坡CBD	1.5	350	2.3	—
上海陆家嘴中心	1.7	450	2.6	实施中

作为全球性的国际经济中心城市，CBD常常是多核心的，其CBD用地总量可达3.5～4 km^2(表2.12)。

表 2.12　城市中心面积、商务办公用地规模及空间分布(单位:km²)

城　市	城市中心面积			商务办公用地规模		
	市　区	中心市区	市中心区	CBD	副中心	合　计
纽　约	786	60（曼哈顿）	26	3～3.5（下曼哈顿 2.1 和部分 Midtown 1.3）		约 3.5
伦　敦	300	47（都心 3 区）	26.9	约 2（伦敦城＋Westend）	1.05（道克兰堪纳瑞）	约 3.05
东　京	598（东京区都）	41.5（都心 3 区新宿）	20.5	约 1.5（丸之内等）	1＋1.5（新宿＋临海部通讯港）	约 4
巴　黎	760	39（中心 9 区）	20	2（金融中心）	1.6（德方斯）	3.6

(4) CBD 规模简易估计方法

对于新发展的城市，预测 CBD 的规模应该多大，是一个十分困难的问题，因为涉及的因素太复杂，与城市的性质、规模、布局、经济发展阶段、就业率、就业结构比例都有很密切的关系。

根据对美国一些综合性大城市和中小城市的现状测算，大体上，CBD 职工总数约占大城市第三产业就业总人口的 13%，中小城市占 23%～35%。CBD 拥有的建筑量一般可按人均 20 m² 核算，则可得出公式：

CBD 的建筑规模＝预测全市从事第三产业的人数×13%(或 23%～35%)×20 m²

CBD 的建筑规模再除以容积率即可以得到用地规模。

(5) 金融中心的建设与发展

我国《十二五规划纲要》指出:“要有序发展金融服务业，服务实体经济，防范系统性风险，有序发展和创新金融组织、产品和服务，全面提升金融服务水平。”鉴于我国不少城市在金融业的建设发展中存在一定的盲目性，为落实《十二五规划纲要》的目标，推动我国金融事业的健康发展，特介绍一些有关金融中心建设的一些相关常识。

国际金融中心的形成、发展和转移往往伴随着一个国家兴衰的过程。从 13 世纪的威尼斯到 18 世纪的阿姆斯特丹、19 世纪的伦敦、20 世纪的纽约，中心的每一次转移意味着一个时代结束，另一个时代开始。

随着世界经济的发展，产业结构的升级，金融中心的功能、结构和形成的条件也发生了变化。金融中心大体可分为三类:第一类商业银行类，除了一般存储、借贷外，还给国家、企业提供债券融资的平台。第二类投资银行类、特色服务类金融中心，除了一般商业银行的服务内容外，还为客户提供企业股权交易、融资平台，如纽约世界金融中心;还有专门为高端私人理财为主的银行，如瑞士的日内瓦、苏黎世、迪拜等理财中心。第三类风险投资类金融中心，专门为高新企业提供各类风险投资和私募股权基金等金融服务，如硅谷银行。

目前，中国的经济处于快速发展时期，在珠三角、长三角和京津冀地区都有条件率先形成国际性的金融中心，尤其是上海。各省的省会和沿海、沿江、沿边的中心城市也有条件形成具有不同辐射范围的地区性的金融中心。这些金融中心大体上不同程度具备金融中心的三类功能。但是,并非所有城市都有必要建设金融中心,一般地说,商业银行是每个城市都要建设的,其他的金融功能则要借助于与其相关的中心城市,与之形成网络体系。

就国际金融中心而言,也还有全球性的和地区性的区别。国家发改委2012年初下发《"十二五"时期上海国际金融中心建设规划》确定了以下五个具体目标:(1) 基本形成国内外投资者共同参与,具备较强交易、定价、信息功能的多层次金融市场体系;逐步形成人民币跨境投融资中心、人民币产品基准价格形成中心、大宗商品定价中心和金融资讯服务中心。(2) 基本形成各类机构共同发展、具有较强创新和服务功能的金融机构体系;逐步形成人民币产品创新中心、人民币资产管理中心和航运贸易金融服务中心。(3) 基本形成框架合理、功能完善、统一高效的现代化金融基础设施体系,逐步形成人民币跨境支付清算中心。(4) 基本形成专业门类齐全、结构合理、具有较强支持功能的金融人力资源体系,逐步形成国际金融人才集聚地。(5) 基本形成符合国际金融中心运行需要的金融税收、会计、信用、监管等法规体系,逐步形成具有较强国际竞争力的金融发展环境。应该说以上是国际金融中心必须具备的条件,由此可见金融中心的形成是经济发展的结果。一个城市金融中心的属性不是自封的,而是要被国际公认的。目前,在编制城市规划中许多城市都提出建设国际金融中心的口号是不切实际的。不能把金融中心的建设等同于房地产开发。现在许多城市以建设金融中心为名,过量建设写字楼,引起大量房屋空置,造成惊人的浪费。而且,人们常常把商务中心和金融中心的概念混淆,具有金融功能的建筑一般只占商务中心区总建筑量的15%左右,其他为一般写字楼、公寓、商业服务业等,所以把商务中心区统称为金融中心是不恰当的。也要认识到,并非所有商务中心区都具备金融中心功能,有的以金融为主,有的则以办公为主。此外,商务中心只有集聚才有效率,一个城市一般也只有一两个商务中心区(一主一副),少数城市有三到四个(一主二到三副),像纽约、伦敦的商务中心区的总建筑量也只有1 500万~2 200万 m^2,用地3 km^2 左右。纽约大都市区办公建筑的总面积也不过4 200万 m^2 多。而我国有的城市到处都想建金融中心,这些中心名曰金融,实为房地产开发的一种炒作,实不可取。某个城市提出:一个主中心,一个副中心,三个新中心,四个金融后台的金融体系;还不算各区正在策划的文化金融中心、花园金融中心、交通金融中心、运河金融中心,再加上诸多总部基地开发,名目繁多,不一而足。粗略统计该城市计划建金融中心的总用地超过20 km^2,建筑量按比较保守的指标2.5测算,总建筑量也将超过5 000万 m^2,如果再加上金融中心区以外整个都市区的办公面积,总数大大超过纽约大都市区,而从事金融工作的职工不及纽约的10%,如此巨大的规模,怎能不造成资源的浪费和低效率呢!

(6) 会展业

会展业是指通过举办各种形式的会议和展览、展销,带来直接或间接经济效益或社会效益的一种经济现象和经济行为。通过会展形式可以促进国际国内商品交易、技术交流、信息交换和资金引进。会展常常是由政府出面举办,例如"高新技术产业国际周"、"科技合作研讨洽谈会"、"经济合作研讨洽谈会"等,通过这些活动可以加快科技成果产业化,推动高科技领域的交流与合作。会展内容直接反映出一个时期的经济热点,成为城市经济发展的"风向标"。例如,随着人民生活质量的逐步提高,家用轿车、名贵钟表、高档时装的展品就会增加。随着信息产业发展重点由传统计算机行业转向电信行业,电信类的产品迅速增长。会展产业还可以加快产品国际化、专业化、品牌化的发展,密切与国际市场的关系。因此定期举办会议、展览,逐步形成规模是城市会展业市场成熟的重要标志。

会展业还可能对其他产业起带动作用。根据对北京第四届高新技术国际周的抽样测算,场馆收入为9 089.9万元(含门票收入1 199万元,参展商展台布置费用7 890.9万元);接待普通群众12万人,人均消费 314 元，专业观众约 8 万人，人均消费 3 578 元，参展商 1 738 家，平均花费 7.7 万元，三者在旅游、交通、通讯、餐饮、购物等方面的综合支出为 45 774.6 万元，因此国际周各项会展活动对全市相关产业的带动作用约 1∶5。另据香港统计数据表明，会展业每 1 000 m^2 的展厅面积，可创造 100 个就业机会，北京的统计也大体如此，因此，会展业将是城市经济发展中的一个活跃因素。

在举办大型会展时，往往是由一个主会场和若干个分会场同时进行，形成网络。许多国家会展业的主会场是与 CBD 结合在一起的，但也可以单独设置。

会展场馆的规模应该多大？现在还难以准确地估计，就北京的现状而言，“九五”期间全市共举办各类展览会 1 251 个，占全国展览会总数的 50%左右，其中国际性来华展览 812 个，占全市展览会总数的 64.9%，每年举办国际性来华展览数量基本稳定，约占全国总数的 25%。“九五”期间全市共举办各类国内外会议 1 746 个。每年举办国际会议数量保持在 50 多个（表 2.13）。

表 2.13 “九五”期间北京会议展览情况统计表

年　份	数　量					
	展览会/个			会议/个		
	总　计	国内展	来华展	总　计	国　内	国　外
1996	219	62	157	368	310	58
1997	208	56	152	343	286	57
1998	224	62	162	351	297	54
1999	298	144	154	321	270	51
2000	302	115	187	363	306	57
总　计	1 251	439	812	1 746	1 469	277

2000 年北京已有的 17.6 万 m^2 会展场馆，均已超负荷运转。全市展览馆出租率普遍超过 50%，农展馆和国际贸易中心在规划 CBD 范围内，出租率达到 60%，国际会议中心的使用率高达 84%，有的会议的会期已预约到后几年。当时，全市能举办千人以上国际会议的场所只有北京国际会议中心、友谊宾馆、中科院国际交流中心，5 000 人以上的大型国际会议很难安排。因此，进入 21 世纪以来，北京积极策划筹建新的世界贸易中心和国际展览中心，计划建成一个 10 万 m^2 或 15 万 m^2 的会展中心，以及与现有会议中心和展览馆组成的会展网络。2009 年全市会展总面积已达到 56.8 万 m^2，以不断满足国内外会展的需要。

从“十五”至“十二五”期间，北京的会展业有了长足的发展。据北京市旅游委统计，2011 年至 2014 年北京市会展总收入超过 850 亿元，比“十一五”期间增加六成以上。其中会议收入 470 多亿元，国际会议收入占总收入的 8.2%。

2014 年全市，接待会议 23.1 万个，会议人数 16 393 万人次，会议收入 100 多亿元。其中国际会议 6 577 场，接待人数 64.4 万人次。据国际大会与会议协会公布的《2014 年度国际协会会议市场年度报告》城市排行榜中，北京共举办大型国际会议 104 场，位居全世界各大城市第 14 位，在亚太城市中排名第二，在中国位列首位。高规格的国际会议助推北京会展业转型升级。2014 年 11 月 APEC 领导人峰会在北京怀柔雁栖湖举行，全面展现中国作为世界大国的形象，北京国际交往中心的功能日益凸显。APEC 会议成功举办，快速拉升了怀柔的旅游业，雁栖湖成为京郊游的新热点。

2014 年全市展览收入 92.5 亿元，2011 年至 2014 年保持年均 3.6%的增速，举办 1 万 m^2 及以上的展览个数2010年为140个，2012年增至204个。经过多年资源积累和品牌培育，在京举办的国际汽车、机床工具、工程机械、服装服饰、冶金铸造、石油石化、制冷设备、信息通信、建筑材料、旅游消费、灯光音响乐器展等一批专业技术展览会业已成为亚洲或全球的行业名展。

世界博览会是会展产业中规模最大、影响最大的会展形式。它起源于1851年英国伦敦海德公园举办的万国博览会。随后的发展成为各国产业技术的竞技场，是显示财富、开拓产销市场、争取国际贸易地位的舞台。二次大战后，注入了呼吁民族和解、团结的主题，在2000年汉诺威博览会上，其主题定位在历史与未来、环境与人类和科技与可持续发展等热点上。

博览会的规模有越来越大的趋势。根据史料记载，1851年英国第一个博览会用地规模只有10.4 hm^2，展馆7.68万m^2，参观人数604万人次。1958年比利时布鲁塞尔博览会发展到用地规模2 km^2，拥有112个展馆，4 145万人次的规模；2000年德国汉诺威博览会用地规模1.6 km^2，拥有190个展馆，预计4 000万人次。因此，博览会的举办成为推动城市建设的重大举措。一些国家把举办博览会与实现城市规划结合起来，在博览会开过以后，或有计划地留下一些作为永久性会展场馆，或与新城建设、绿化建设相结合，或与城市土地再开发相结合。在云南昆明举办国际园艺博览会，大大推动了昆明的城市建设和旅游业的发展。上海市申办2010年世界博览会成功，必将大大推进城市现代化和国际化的进程。展望未来，中国将会有更多的城市争取举办世博会，以促进城市与经济的发展。值得注意的是，大型会展中心一般都建在区域核心城市，中小城市可以设置分会场，规模不宜过大，有的可与批发市场结合。当然也不排斥在特殊条件下形成辐射国内外大型会展中心的可能，例如，浙江的义乌、柯桥。

但是，切不可把会展中心作为城市的"形象工程"，不顾条件，盲目建展馆，展览项目水平低、效益差、市场竞争无序、行业规范缺失、管理粗放。有的城市为了增加"知名度"，搞了一些没有效益的"面子展"，除了增加企业和城市的负担外，并未达到促进流通的作用，这种做法急需纠正。

2.4.9 保税区和自由贸易区

根据1973年国际海关理事会签订的《京都公约》，自由贸易区是指在一国的部分领土内运入的任何货物就进口关税及其他各税而言，被认为在关境以外，免于实施惯常的海关监管制度。1984年联合国贸发会议的报告将自由贸易区定义为：货物无须通过国家海关的区域。其实，早在1547年，意大利热那亚湾里窝那自由港设立，标志着自由贸易区作为一种重要的对外开放模式正式登上历史舞台。此后的400年间全世界先后成立了1 200多个自由贸易区，极大地推动了世界贸易发展和经济一体化的进程。

我国的综合保税区是经国务院批准设立的具有保税功能由海关封闭监管的特定经济功能区域，由海关执行税收和外汇等相关政策，集出口加工区、物流区和港口功能于一身，可以开展国际转口贸易，国际采购、分销和配送，国际中转、检测和售后服务维修，商品展示等业务。截至2012年底我国共在27个省市设立110个海关特殊监管区域，包括12个保税区、46个出口加工区、5个保税物流园区、14个保税港区、31个综合保税区，以及2个跨境工业区。

我国的综合保税区同国外的自由贸易区比较虽有相似之处，其地点都选择在交通条件优越的对外运输港口或港区附近，均按照国际惯例设置隔离设施。但是，进入区的货物仍须在海关登记，货物在区内的加工与调动均在海关监管下进行，进出货物均有电子账册管理，且不允许国内货物入区。总之，不符合"境内关外"的原则，仍然是"境内关内"的模式，自由度底，且管理体制不统一，法律体系不健全，这些都阻碍了进一步对外开放的要求。

2013年9月中央决定建立"中国(上海)自由贸易试验区"是在新形势下推进改革开放的重大举措，

对加快政府职能转变、积极探索管理模式创新、促进贸易和投资便利化，为全面深化改革和扩大开放探索新途径、积累新经验具有重要意义。自由贸易试验区和综合保税区比较：

一是扩大了投资领域。总体方案提出负面清单管理模式，即不在负面清单名录内的投资项目均可进入自贸区，企业享有完全的经营自主权，政府不加干涉。体现“非禁即入”的原则。

二是扩大服务领域开放。选择金融服务（银行、专业医疗保险、融资租赁）、航运服务（远洋货物运输、国际船舶管理）、商贸服务（增值电信、游戏机游艺机销售及服务）、专业服务（律师服务、资信调查、人才中介服务、投资管理、建筑服务）、文化服务（演出经纪、娱乐场所）、社会服务（教育培训、职业技能培训、医疗服务）等六大领域扩大开放。

三是试验区将真正走向“境内关外”模式，按照“一线彻底放开，二线高效管住”的要求，改革现货物“先申报、后入区”的海关监管模式，允许企业“先入区、再申报”。

四是试验区代表国家行使管理权力，具有较高的管理权威：通过国家立法，逐步建立完善的法律体系。总体规划要求加快政府职能转变，推进政府管理由注重事先审批转为注重事中、事后监管。实现不同部门的协同管理机制，建立集中统一的市场监管综合执法体系，在质量技术监督、食品药品监管、知识产权、工商、税务等管理领域实行高效监管，积极鼓励社会力量参与市场监督。提高行政透明度，保障投资者的权益。

中央决定建立自由贸易试验区，也是适应国际形势发展的需要。全球金融危机爆发后，美国为了赢得新一轮全球经济的主动权推行一项新战略：一是加入跨太平洋伙伴关系协定（TPP），其提出的背景是世界贸易组织（WTO）为推进商品贸易自由化的多哈回合陷入僵局，各国失去了耐心，于是“另起炉灶”在国与国之间通过建立伙伴关系，增加商品贸易的自由度，把商品贸易的关税降下来。该协定涵盖农业、劳工、环境、政府采购、投资、知识产权、服务贸易等诸多领域。跨太平洋伙伴关系协定系由新加坡、新西兰、智利四国在2005年发起成立的，2008年美国看到有可利用之处，于是宣布加入谈判并成为主导力量，日本、韩国也先后宣布参加谈判，目前谈判国家已达12个，预计明年可能达成某个协定，将形成对我国的孤立。我国决定建立自由贸易区是应对国际经济形势的重要举措，是对美国针对我国实施经济包围的反制。2014年在北京召开的第22届亚太经合组织（APEC）会议上，通过的尽早实现亚太自由贸易区（FTAAP）的领导人宣言，具有与日美主导的TPP相抗衡的浓厚色彩。二是参加服务贸易协定（TISA）谈判，服务贸易虽然也在世界贸易组织管理之下，但其自由化的进展一直不大，所以美国和澳大利亚经过世贸组织同意发起了TISA谈判，主要是采用负面清单的谈判方式来达到服务贸易自由化。其最核心的内容是全面给予外资国民待遇，即任何国家要将给本国企业的所有好处同样给外资企业，特别是取消合资企业外资控股规定。你要参加必须承认这个规则，目前已有近50个国家参加谈判。我国建立自贸试验区也为参加谈判提供前提。

经过一年多的实施，上海自贸试验区在法治创新、简化审批、压缩负面清单、扩大开放清单方面，都取得重大进展，2014年12月的12届全国人大常委会第12次会议通过上海自贸区扩区方案，涵盖陆家嘴金融片区、金桥开发片区、张江高科技片区、外高桥保税物流园区、浦东机场综合保税区洋山保税港区，面积从28 km^2 增加到120.72 km^2，成为目前全国最大的自贸区。

2015年3月24日中共中央政治局审议通过在广东、天津、福建自由贸易试验区总体方案和进一步深化上海自由贸易试验区改革开放方案。要求贯彻“一带一路”建设、京津冀协同发展、长江经济带发展等国家战略，在构建开放型经济新体制、探索区域经济合作新模式、建立法制化营商环境等方面，率先挖掘改革潜力，破解改革难题，当好改革开放的排头兵。

天津、福建、广东三大自贸区各具特色。天津自贸区以天津滨海新区为主，它的战略定位将挂钩京津冀协同发展，突出航运，打造航运税收、航运金融等特色，面积 119.9 km^2。福建自贸区包括厦门、平潭和福州三个片区，面积 118.04 km^2，作为大陆与台湾距离最近的省份，重点突出对接台湾自由经济区，以及建设海上丝绸之路。广东自贸区包括南海新区、前海蛇口片区和珠海横琴新区，面积 116.2 km^2，主打港澳牌，将建立粤港澳金融合作创新体制粤港澳贸易服务自由化，以及通过制度创新推动粤港澳交易规则的对接。

2016 年 9 月中央决定在辽宁省、浙江省、河南省、湖北省、重庆市、四川省、陕西省新设立 7 个自贸试验区。新设的自贸试验区大多布局在中西部地区，对接“一带一路”特别是丝绸之路经济带。

自由贸易区战略和“一带一路”倡议结合，是新形势下中国对外开放的顶层设计，其目的在于加快培育参与和引领国际经济合作竞争的新优势，积极开展多边、双边谈判，倡导区域全面经济伙伴关系协定(RCEP)和亚太自贸区协定，形成面向全球、辐射“一带一路”的自由贸易区网络和对外开放新格局。

可以预见，随着改革进一步深化、开放进一步扩大，自由贸易区必将在全国各省的主要城市(尤其是港口城市)建立，作为一项特殊的高水平、高质量、高效率的产业功能新区，自然要作为城市的一个亮点纳入城市总体规划。

2.4.10 物流—仓储业

物流是一个国家实现流通现代化的重要途径。随着经济发展，物流总量迅速增加。为了提高生产效率、提升核心竞争力，制造业普遍实施主辅分离、物流外包的举措，通过制造业与物流业的深度合作，大大提高了物流业的社会化程度。电子商务的发展、区域经济分工协作的进一步加强，都给物流业发展带来新的商机。

在我国《十二五规划纲要》中把“大力发展现代物流业”作为发展生产性服务业的重要内容，要求“加快建立社会化、专业化、信息化现代物流服务体系，大力发展第三方物流，优先整合和利用现有物流资源，加强物流基础设施的建设和衔接，提高物流效率，降低物流成本。推动农产品、大宗矿产品、重要工业品等重点领域物流发展。优化物流业发展的区域布局，支持物流园区等物流功能集聚区有序发展。推广现代物流管理，提高物流智能化和标准化水平。”2014 年 6 月 11 日国务院常务会议讨论通过《物流业发展中长期规划》，确定了农产品物流、制造业物流与供应链管理、再生资源回收物流等 12 项重点工程，提出到 2020 年基本建立现代物流体系，提升物流标准化、信息化、智能化、集约化水平，提高经济整体运行效率和效益。当前建设现代物流的重点：一要着力降低物流成本。加快物流管理体制改革，行政条块分割和地区封锁，加强市场监管，清理整顿乱收费、乱罚款等各种“雁过拔毛”行为，形成物畅其流、经济便捷的跨区域大通道。二要推动物流企业规模化。推进简政放权，支持兼并重组，健全土地、投融资、税收等扶持政策，培育发展大型现代物流企业，形成大小物流企业共同发展的良好态势。三要改善物流基础设施，完善交通运输网络，改进物流配送车辆城市通行管理，提升物流体系综合能力，服务联通千百万企业，方便和丰富广大群众的多彩生活。《十三五规划纲要》要求加强物流基础设施建设，大力发展第三方物流和绿色物流、冷链物流、城乡配送。

所谓“第三方物流”就是介于供给方与需求方之间的一种产业机构，该机构既非商品供给方，也非商品需求方，而是通过契约为客户提供全过程商品流通服务。实现物流社会化，可以在零售商、经销商、代理商和生产企业之间实现高效的信息沟通，从而使周转库存量降为最低，使物流成本大大下降(有的可以下降 30%～40%)，从而改变了企业搞“小而全”的自我服务的物流模式。例如，青岛啤酒厂实现物流社会化以后，仅 1999 年就降低物流费用 3 900 万元，仓库面积由 7 万 m^2 减少到 2.96 万 m^2，仓储费用下降 187 万元，市内运输周转费用降低了 189.6 万元。

2000 年，第三方物流占整个物流市场的比重，日本为 80%，美国为 57%，而我国只有 18%，我国工商企业自有运输工具的空驶率高达 40%，仅此一项每年造成的损失就达 100 亿元。一般商品物流费用占商品总成本的比重，美国为 10%～32%，而我国珠江三角洲地区为 50%～60%。发达国家物流成本占国内生产总值的比重为 10%，而我国为 16.7%。根据世界银行估算，如果在"十五"期间，这一比例能下降到 15%，每年将为全社会节省物流成本 2 400 亿元。

"十五"期间，专业化的物流企业有了较大发展，中远、中海、中外运等大型国有企业已初步发展成具有竞争力的大型物流企业，宝供、大田、远成等民营企业也迅速成长。随着物流业进一步开放，国外的联邦快递、荷兰天地、敦豪、马士基等外资企业进入国内市场，使物流行业的竞争更加激烈。

随着物流企业的发展，国内的一些大型物流枢纽城市都提出了建设物流园区的要求。"十一五"期间全国已规划了 300 多个规模化物流园区，其中北京空港物流园、上海洋山物流园，以及天津滨海新区多个物流园都吸引了大批国内外物流企业。深圳、成都、南昌、南宁等城市都分别规划了 3～9 个物流园区，汽车、塑料等工业品以及农产品等专业物流园也有进一步发展的需要。

仓储业是物资集散流通的过程中不可缺少的行业，除了维持城市正常的生产与生活供应外，还有一定数量的物资储备仓库，以便在遇到灾荒年时可调剂余缺，或应付紧急情况时的需要。

在计划经济时代，仓储业成为各部门储存国家分配的物资，或对城市生活供应的一个环节，由于仓储业的社会化程度不高，使用常常很不充分，物资周转期长，存在很大浪费；单位仓库只能单位使用，很少进行经济核算，因而很难成为一个比较活跃的产业部门。随着计划经济向市场经济的转化，一方面，国营的仓库由国家包办转为自负盈亏，由于种种原因，经营不善，呈萎缩的趋势，不少地方仓库用地被蚕食改作他用；另一方面，大量个体经营的仓库却迅速发展，不少地方侵占了道路、农田，对城市布局与交通带来极大的影响。

如何改变经营体制，合理调整仓库布局，充分发挥现有仓库的用地、设备与交通条件，建设物流园区，发挥物资集散作用，已成为城市建设中的一个重要问题。在市场经济条件下，除了国家的粮食储备以及一些战备物资仓库外，一般为城市生产、生活所需的仓库客观上是物资集散流通周转的一个环节，也可称为物流园区，是物资流通中心（或称货流中心）和配送中心，它常常安排在城市建成区的外围，或靠近港口、车站附近，也常常与批发市场结合，成为商业贸易的一个重要环节。一般大城市也常常与城市入境口岸结合，在口岸附近建立货流中心，经过口岸海关检查、检疫后，能迅速把物资运送出去。因此，提高社会化的程度，缩短仓库的储存周期，加快物资的流通速度，成为仓储业发展的关键。现在世界上广泛发展的第三方物流，对仓储业的改革有重大影响。

在"十一五"期间，第三方物流继续保持较快的发展。但是，由于体制的约束，在国内建立跨行业、跨地区的一体化业务网络体系的阻力很大，物流的社会化、专业化程度偏低，生产、流通、消费环节互相分割，各物流有关行业、部门、企业均自成体系、独立运作，严重影响了物流的运作效率与整体水平。因此，打破条块分割的物流管理体制，制定必要的政策，促进传统仓储企业向物流企业转变，实现跨区域、跨行业经营，实为当务之急。展望今后 20 年，"第三方物流"将有较大发展，每个城市将出现若干具有相当规模的物流中心和配送中心。

近年来，快递业的飞速发展，为物流业注入了新的活力。截止 2015 年 12 月 25 日 10 时 08 分，年内全国的第 200 亿件快递寄出，意味着我国的快递业已进入 200 亿时代。

目前快递已经成为电商发展的主渠道。不仅如此，快递正从服务电商拓展到制造业、跨境贸易多点开花。跨境电商、高附加值产品，如高端医疗产品、冷链运输等产品成为快递业的重要组成。

快递服务推动航空和陆地运输的发展，目前邮政 EMC、顺丰、圆通三家企业已建立了自有航空公司，自有全货机超过 90 架(2014 年，全国全货机只有 104 架)，我国快件量占国内货邮吞吐量比例已超过一半。自然与美国联邦快递拥有 600 架全货机比，还有不小的发展空间。

快递下乡对沟通城乡的流通，改善老百姓的生活，特别是农民的生活意义重大。很多农村地区利用快递网络打开农产品市场，成为当地政府扶贫、致富工作的有利抓手。2015 年，农村地区收寄和投递包裹 50 亿件，带动农副产品进城超过 500 亿元，工业品下乡超过 2 500 亿元。现在全国乡镇快递服务覆盖率已远超过 70%，已基本具备为广大农村服务的基础能力。

目前，快递业正由劳务密集型向资本、技术密集型加速提升。随着电子运单、自动化分拣、智能化终端技术广泛应用，智能快件箱、快递公共服务站、连锁商业合作、第三方服务平台等新业态不断涌现，促使快递服务水平不断提升，为社会提供更优质的末端服务。

2.4.11 旅游业

随着经济发展，人民生活的富裕，世界旅游事业发展很快。根据世界旅游组织公布的材料，1996 年国际游客达 5.92 亿人次，从旅游地点看还是赴欧美者居多，据统计，赴欧洲旅游人次为 3.47 亿人次，赴美洲旅游人次为 1.15 亿人次；其次为东亚和太平洋地区为 9 000 万人次，非洲为 2 260 万人次，中东 1 240 万人次，南亚 450 万人次。由此可见，旅游占主导地位的是最富的国家与地区，说明旅游事业的发展和城市现代化发展有密切的关系。

改革开放以来，我国的境外游客大幅度增长，2000 年来华的境外游客达 3 120 万人次，在世界的排名从 1990 年的第 12 位跃升至第 5 位。2007 年境外游客已突破 5 600 万人次。

2000 年在芬兰举办了“旅游至新千禧年”座谈会，邀请全球 400 名观光业专家就未来观光事业发展进行讨论。预计到 2020 年全球观光旅游人数将从 2000 年的 6.68 亿人次上升到 16 亿人次，届时将有1.3 亿(这个预计已于 2012 年突破)外国观光客来中国参观，成为全球最大的旅游热点，法国作为全球最吸引观光客地点的排名将拱手让给中国。就全球而言，欧洲仍将维持其作为吸引全球最多观光客的地区，人数将从 4 亿上升至 7 亿。

在国内，随着人们经济收入的增加，节假日、休息日时间增多，各地旅游产品的开发力度加大，国内旅游人数也大幅度增加。据统计，1985 年全国国内旅游人次为 2.4 亿人次，1990 年为 2.8 亿人次，1995 年为 6.3 亿人次，1998 年为 6.9 亿人次，2006 年为 13.9 亿人次，2012 年增至 29.6 亿人次，与 1985 年相比，旅游人次增加了 13 倍(表 2.14)。

表 2.14　历年国内游客数量统计

年　度	游客数量/亿人次
1985	2.4
1986	2.7
1987	2.9
1988	3.0
1989	2.4
1990	2.8
1991	3.0
1992	3.3
1993	4.1
1994	5.2
1995	6.3
1996	6.4
1997	6.4
1998	6.9
2002	8.8
2006	13.9
2009	19.0
2012	29.6
2015	41.0

尤其是假日旅游已成时尚，春节、“五一”和“十一”成为每年旅游的黄金周。根据 1999～2002 年的统计，1999 年“十一”出游人次为2 800 万人次，实现旅游收入 141 亿元；2002 年“五一”出游人次高达 7 376.6 万人次，实现旅游收入 288 亿元；3 年假日黄金周的旅游人次增加了 1.6 倍，旅游收入增加了 1 倍。

旅游事业的发展，给各国带来了可观的经济收益，旅游产业已成为国民经济的重要产业，也是提供就业的重要部门。根据 1996 年世界旅游组织的估计，旅游产业为世界提供了 2.55 亿就业岗位，在未来的 10 年内将新开辟 1.3 亿个就业岗位。

根据1996年的统计，从平均每个旅游人次的花费看，美国、加拿大、墨西哥最高达952美元；东亚次之，为811美元；欧洲为620美元；其他地区为300～400美元（表2.15）。

与之相比，北京的海外游客的人均消费水平并不低，2009年北京共接待海外游客412.5万人次，旅游收入43.6亿美元，人均花费达1 057美元，相当于美国、加拿大与墨西哥的水平。按同口径比较，南京、杭州、西安、洛阳、郑州、大同、敦煌等大体上人均收入也在600～800美元，相当于欧洲和东亚及太平洋地区的水平。就全国平均水平而言，2009年人均花费为315美元，与中东的水平接近。

从国内旅游花费看，不论从黄金周的统计，还是各省市的近几年不完全统计看，在2000年我国平均人均旅游花费大体上在300～500元，高的可达800～900元，随着经济发展，人民生活水平的提高，旅游花费呈不断增加的趋势，2012年我国平均人均旅游花费为767元，至2016年春节，全国平均人均旅游花费高达1 200元，展示着旅游产业的巨大发展。

表2.15　1996年各地区旅游收入统计

地　区	旅游人次/亿人次	旅游收入/亿美元	人均花费/美元
欧　洲	3.47	2 150	620
美　洲	1.15	1 060	922
其中：美国、加拿大和墨西哥三国	0.84	800	952
东亚和太平洋地区	0.9	730	811
非　洲	0.226	100	442
中　东	0.124	48	387
南　亚	0.045	40	889

但是，随着生活水平的提高，国内旅游花费在今后将会有较大增长。虽然人均花费无法与海外游客相比，但绝对数量却很大。据统计，2012年全国旅游人次30.89亿人次（不含国内居民出境的0.83亿人次）；其中国内旅游人次为29.6亿人次，占95.8%；海外旅游人次为1.32亿人次，占4.2%。由于国内旅游绝对数大，虽然人均花费不大，但在旅游产业收入中所占的份额却很大，随着我国旅游产业不断发展，大体上国内旅游收入占国内外旅游总收入的比重已从2000年的50%提高到目前的80%左右。因此，积极开发海外客源和大力发展国内旅游必须同时并举。从城市建设角度看两者要求是一致的，都可以促进城市环境改善和城市各项服务业的数量与质量的提高。

旅游产业的增加值占国内生产总值的比重可达多少，是衡量旅游产业作用的重要指标。根据对北京的多年测算，旅游产业的增加值约相当于旅游总收入的15%～16%，例如，北京1999年旅游总收入为655亿元，其增加值为100亿元，相当于旅游总收入的15.27%。如果按这个标准测算，目前，旅游比较发达的城市，大体上为5%左右（例如北京），一般的为2%～3%（如云南省、秦皇岛、桂林），多数地区只有1%～2%（如河南、福建省）。

也有把旅游总收入直接与国内生产总值比较，所占比例较高。例如，河南、福建都达7%～7.5%，桂林、秦皇岛为15%左右，北京则高达29%，这是不同概念的两个数字对比，容易造成假象，不能准确地衡量旅游产业在国内生产总值中的实际贡献。上述统计，一方面说明我国大多数地区，旅游事业发展还很不够，另一方面也说明旅游资源开发还有很大潜力。

中国具有悠久的城市发展史，名川大山众多，历史遗存丰富，与目前旅游资源开发的状况相比，还有很大差距。例如，截至2010年，我已国列入世界文化遗产、世界自然遗产和世界文化与自然遗产、文化景观者有 40 处(表 2.16),还有 30 多处正在申报中。目前,各国已列入世界遗产名录的项目有近 700 处,与之相比中国少得可怜,与自然资源丰富、名胜古迹众多的泱泱大国极不相称。这些遗产都具有世界影响,必然会吸引更多的旅客来此观光,使相关城市成为世界知名的旅游城市。现在申报世界遗产的问题已引起各级地方政府的高度重视,可以预计今后必将有更多的项目进入世界遗产名录,从而增加当地城市的知名度,逐步发展成世界知名的旅游城市。

表 2.16 中国的世界遗产名录

遗产名称	所在地域	批准时间	遗产种类
长城(明长城、九门口长城[①])	横跨 17 个省市自治区、辽宁绥中县	1987.12	文化遗产
明清皇宫(北京故宫、沈阳故宫[⑦])	北京东城区、辽宁沈阳	1987.12	文化遗产
秦始皇陵及兵马俑坑	陕西临潼	1987.12	文化遗产
莫高窟	甘肃敦煌	1987.12	文化遗产
周口店猿人遗址	北京房山区	1987.12	文化遗产
泰山	山东泰安市	1987.12	文化与自然双重遗产
黄山	安徽黄山市	1990.12	文化与自然双重遗产
武陵源国家级名胜区	湖南张家界市	1992.12	自然遗产
九寨沟国家级名胜区	四川南坪县	1992.12	自然遗产
黄龙国家级名胜区	四川松潘县	1992.12	自然遗产
布达拉宫(大昭寺[②]、罗布林卡[③])	西藏拉萨	1994.12	文化遗产
承德避暑山庄及周围寺庙	河北承德	1994.12	文化遗产
孔庙、孔府及孔林	山东曲阜	1994.12	文化遗产
武当山古建筑群	湖北丹江口市	1994.12	文化遗产
庐山风景名胜区	江西九江	1996.12	文化景观
峨眉山—乐山风景名胜区	四川峨眉山市、乐山市	1996.12	文化与自然双重遗产
丽江古城	云南丽江大研镇	1997.12	文化遗产
平遥古城	山西平遥	1997.12	文化遗产
苏州古典园林	江苏苏州[④]	1997.12	文化遗产
颐和园	北京海淀区	1998.11	文化遗产
天坛	北京东城区	1998.11	文化遗产
大足石刻	重庆大足县	1999.12	文化遗产
武夷山	福建南平武夷山市	1999.12	文化与自然双重遗产
青城山和都江堰	四川都江堰市	2000.11	文化遗产
龙门石窟	河南洛阳	2000.11	文化遗产
明清皇家陵寝:明显陵、清东陵、清西陵、十三陵[⑤]、明孝陵[⑥]、盛京三陵[⑧]	湖北钟祥市、河北遵化市、河北易县、北京昌平区、江苏南京、辽宁沈阳	2000.11	文化遗产
安徽古村落:西递、宏村	安徽黟县	2000.11	文化遗产
云冈石窟	山西大同	2001.12	文化遗产
三江并流	云南丽江、迪庆州、怒江州	2003.7	自然遗产

续表 2.16

遗产名称	所在地域	批准时间	遗产种类
高句丽王城、王陵及贵族墓葬	吉林集安市	2004.7	文化遗产
澳门历史城区	澳门	2005.7	文化遗产
四川大熊猫栖息地	四川成都市、雅安市、阿坝州、甘孜州所辖的12个县域县级市	2006.7	自然遗产
安阳殷墟	河南安阳	2006.7	文化遗产
中国南方喀斯特	云南石林、贵州荔波、重庆武隆	2007.6	自然遗产
开平碉楼与村落	广东开平市	2007.6	文化遗产
福建土楼	福建永定县、南靖县、华安县	2008.7	文化遗产
三清山	江西上饶市	2008.7	自然遗产
五台山	山西忻州五台县	2009.6	文化景观
“天地之中”历史建筑群	河南登封	2010.7	文化遗产
中国丹霞	湖南新宁县、贵州赤水市、福建泰宁县、广东仁化县、江西鹰潭市、浙江江山市	2010.8	自然遗产

资料来源：根据中国世界遗产网(http://www.whcn.org/)相关资料整理。

注：① 2002年11月中国唯一的水上长城辽宁九门口长城通过联合国教科文组织的验收，作为长城的一部分正式挂牌成为世界文化遗产；

② 2000年11月拉萨大昭寺作为布达拉宫世界遗产的扩展项目被批准列入《世界遗产名录》；

③ 2001年12月西藏拉萨罗布林卡作为布达拉宫历史建筑群的扩展项目被批准列入《世界遗产名录》；

④ 2000年11月苏州艺圃、藕园、沧浪亭、狮子林和退思园5座园林作为苏州古典园林的扩展项目被批准列入《世界遗产名录》；

⑤⑥ 2003年7月北京市的十三陵和江苏省南京市的明孝陵作为明清皇家陵寝的一部分收入《世界遗产名录》；

⑦ 2004年7月，沈阳故宫作为明清皇宫文化遗产扩展项目列入《世界遗产名录》；

⑧ 2004年7月，盛京三陵作为明清皇家陵寝扩展项目列入《世界遗产名录》。

我们应该重视旅游业的发展，积极开发旅游产品，争取更大的收益，但是期望值也不能过高。对于一个综合性的大城市来说，旅游产业占国内生产总值达到5%，已经是很高了，再要增加一个百分点是很不容易的。因此，对旅游产业带来的收益要有一个恰当的估计，不宜过分夸大其作用。但对于一些小城市来说，尤其是具有知名的旅游资源的小城市，例如张家界、丽江、敦煌等，还是可以取得可观的收益。张家界2000年游客达280万人次，收入达25亿元，其增加值占地区国内生产总值的7.8%，占市区国内生产总值的31.6%。

回顾30年(1985～2015年)旅游产业的发展，旅游人次从2.9亿猛增至41亿，30年旅游人次增加了16倍，旅游设施建设日臻完善，旅游内容不断丰富。根据多年实践，总结出的以下六条经验，对指导今后的旅游建设仍然有效。

(1) 应防止低水平、近距离重复建设，特别要注意开发特色旅游产品，应该着重利用我国的自然资源和历史资源，人造景观开发要慎重，特别是内容雷同的项目。例如许多城市一度都搞西游记宫、世界公园、大观园、缩景园等，效益都不好。据统计，北京共开发37个人造景观，只有2项是短期盈利的。

(2) 要根据市场预测建设旅馆等旅游设施，切忌盲目追求外延扩张型发展方式。根据1996年统计，北京207家星级旅馆(49 651间客房)平均出租率为63%，比1993年下降12%，至2009年北京星级旅馆增至815家，平均出租率为49%，比1996年又下降了14%；深圳1996年有300家旅馆(33 000间客房)，出租率为54%，比1993年下降14%；天津、广州、桂林、西安的出租率也不乐观；西安、桂林的出租率长期徘徊在40%～50%。

(3) 加速优化旅游产品结构，推进拳头产品换代，逐步建立完善的结构体系。精心策划旅游路线，形成具有吸引力的旅游系列，安排好交通与生活，提高导游服务质量。

(4) 处理好接待数量与效益的关系。据统计，2008年我国接待境外游客5 305万人次，世界排名第三，但外汇收入441亿美元，排在第七位，说明与国外比效益尚不理想。因此，除了旅游资源开发以外，相关的旅游服务设施也要跟上，避免出现“白天看庙，晚上睡觉”的现象，游客有钱没地方花，自然收益就打折扣。根据北京市2009年统计，国外游客的花费，长途交通占37.4%，市内交通费占2.7%，住宿占14.5%，餐饮占7.5%，购物占20.4%，游览占3.9%，其他占9%。国内游客的花费，住宿占17.7%，餐饮占21.8%，购物占34.5%，长途交通占12.9%，市内交通占4.9%，游览占6.1%，文化娱乐占1.2%，其他占0.9%。由此可见，真正游览的花费并不高，餐饮与购物占花费的30%～55%，如果再加上娱乐消费，游客约一半以上花费在这几项，因此，提高旅游服务设施的水平与质量，刺激游客更多地消费是提高效益的重要措施。

(5) 必须处理好旅游开发与环境保护的关系，实现经济效益、社会效益、环境效益的有机统一。要合理估算旅游容量，旅游服务设施建设不能破坏旅游景观的环境，以保持旅游资源的长期利用。

(6) 建立合理高效的产业政策体系。在金融、税收、价格、出入境等方面，管理要有力度，操作要快捷简便，并相对稳定。

当前，以下三点旅游产业发展的新动向值得关注。

(1) 旅游服务质量越来越引人关注。有一个号称全球最大的旅游社区——TripAdvisor，一共设有39个分站，覆盖22种语言，每月来自全球直接访问者达2.6亿人，同时收录1.5亿条来自世界各地旅行者对酒店、餐馆、景点的评论和建议。

2014年5月，该公司挑选了全球37个主要旅游城市，请超过5 400名受调查者根据自己的亲身旅行经历，从0到10给这些城市的不同方面打分。打分的标准包括当地居民乐于助人、友好的出租车司机、出租车服务、街道整洁、出行方便、公交系统、消费性价比、购物、酒店、餐馆、景点、文化、夜生活、适合独自旅行、适合家庭旅行、整体体验等16个项目。调查结果：

东京共有13项名列前十，其中还有5项排名第一，包括“当地居民乐于助人”、“出租车服务”、“街道整洁”和“公交系统”，因而东京也理所当然地成为“整体体验”最佳的城市。

新加坡尽管旅游资源并不占优势，却能在很多项目中排名靠前，包括荣登全球最适合独自旅行的城市，在出租车服务、街道整洁、适合家庭旅行上都排名第二。“虽说新加坡有如麻雀般小，但里头却五脏俱全。无论交通、娱乐、美食、城市与设施方面都集中齐全，漂亮干净的花园城市名符其实，是个不可欠缺的好去处”。

与东京、新加坡正好相反的是，拥有竞技场、万神殿、许愿泉等成片历史古迹的罗马在景点、文化上占尽先机，但游客整体体验的得分却并不靠前。不少游客感叹称“确实充满历史底蕴，是一座露天博物馆。但可惜，马路上超级堵车，只能脏乱差挤地铁公交，还得时时刻刻地防小偷。”

在调查中，北京在安全性上，被游客称赞为世界上最安全的城市之一。而城市所拥有的文化和历史景点更是获得不少好评。但是，调查报告显示，由于出租车数量不足，司机服务态度欠佳，北京在“友好的出租车司机”、“出租车服务”两项上排名倒数第二。由于语言差异等原因，在当地居民乐于助人这一项上，北京排名也靠后。

如果梳理一下这些评价，不难发现，旅游城市配套的服务环境乍看上去只是充当配菜的角色，但“短板效应”却足以令游客“无情”地给出差评。

(2) 大规模旅游给城市带来的挑战。2015 年 8 月 8 日西班牙《国家报》网站的文章《大规模旅游潮给城市带来的挑战》指出：目前正处于从 20 世纪的大众旅游向 21 世纪的大规模旅游的过渡的时代，其过渡的进程源于全球化的进程。所谓大众旅游系指一种利用一部分人相当接近的喜好来引导时间和地点的消费方式。但这种高度标准化的消费不能满足今天具有作为社会文化特征的消费需求，后者的发展规模不断超过前者，引起全球旅游格局的变化表现在以下五方面：一是已知的旅游类型强化。旅游成本降低，在不到 5 年时间里航空运输用户范围迅速扩大。二是不同旅游类型增多。文化旅游、酿酒旅游、生态旅游、恐怖旅游等等新类型层出不穷。三是新的旅游类型出现引起旅游消费市场逐步细分。四是旅游已成为人们生活的常态。五是旅游已成为对目的地历史解读与欣赏的一种情感消费。

数据显示，2014 年全球的游客已超过 10 亿人次，预计到 2030 年将达到 18 亿。如此大的规模的旅游将对城市的环境、社会文化、公共服务产生巨大影响，对城市公共空间带来巨大压力。为此，旅游产品的开发更应强调城市特色的唯一性，避免复制与粘贴的做法造成文化的同质化、平庸化。合理开发公共空间，保护和改善生态环境，在硬件建设的同时更应强化软件建设，倡导文明旅游，提供优质服务，把旅游产业有机地融入城市生活中去。

(3) 提升旅游基础设施水平，改善旅游消费环境迫在眉睫。2015 年 8 月，国务院办公厅印发《关于进一步促进旅游投资和消费的若干意见》。《意见》指出旅游业是国民经济社会发展的综合性产业，是国民经济和现代化服务业的重要组成部分。通过改革创新促进旅游投资和消费，对于推动现代服务业的发展，增加就业和居民收入，提升人民生活品质，具有重要意义。

《意见》提出六条意见：一是实施旅游基础设施提升计划，改善旅游消费环境。着力改善旅游消费软环境，完善城市旅游咨询中心和集散中心，加强中西部地区旅游支线机场建设，大力推进旅游厕所建设。二是实施旅游投资促进计划，新辟旅游消费市场，大力发展特色旅游城镇，大力开发休闲度假旅游产品，大力发展旅游装备制造业，积极发展“互联网＋旅游”。三是实施旅游消费促进计划，培育新的消费热点，丰富提升特色旅游商品，积极发展老年旅游，支持研学旅行发展，积极发展中医药健康旅游。四是实施乡村旅游提升计划，开拓旅游消费空间。坚持乡村旅游个性化、特色化发展方向，完善休闲农业和乡村旅游配套设施，大力推进乡村旅游扶贫。五是优化休假安排，激发旅游消费需求。落实职工带薪休假制度，鼓励错峰休假，鼓励弹性作息。六是加大改革创新力度，促进旅游投资消费持续增长。加大政府支持力度，落实差别化旅游业用地用海用岛政策，拓展旅游企业融资渠道。

此外，随着国际跨国公司的增多和全球战略思想的确立，跨国公司的总裁和高级管理人员要经常“全球行”，同时，对其雇员也应经常作“跨国家”、“跨地区”的调动。为了适应这个特殊的市场需求，“商旅服务”应运而生。美国首先推出了商旅服务公司——“美国运通”，它为跨国公司提供 29 种货币的商旅“公司卡”，并且能通过网上“开支报告工具”显示开支明细表，让委托服务的客户公司对其开支是否合理一目了然，既可以提高服务公司的信誉度，又可以随时对下属人员的开支状况进行监督。一般商旅服务公司通过便宜周到的服务，可为客户节省 20%～30%的开支。在我国加入世贸组织之后，跨国公司纷纷到中国投资，谋求发展，中国公司也要跨出国门向全球发展，商务旅游就成了“双重需求”。有人估算，每年亚太地区这方面的花费约 900 亿美元，我国每年这方面的支出超过 100 亿美元。在沿海经济较发达的城市，特别是北京、上海、深圳等城市，学习国际商旅服务经验，发展商务旅游服务公司，也将成为一种特殊的旅游服务行业。

2.4.12 房地产业

房地产业是改革开放以后出现的新兴产业，鉴于在计划经济时期，宪法规定土地为国家所有，不能进行交易；建设需要的土地采用行政划拨使用的制度，一般没有期限。因此，一旦土地划给哪个单位，国家土地实际上为该单位所有，调整十分困难，少量调整也是上级部门行政命令解决，这样的体制自然形不成房地产市场。

1980年开始对三资企业征收土地使用费，可以说是土地使用制度改革的开端。1984年第六届全国人民代表大会在《政府工作报告》中正式提出要征收土地使用费：强调城市土地有偿使用，土地使用权和所有权分离，所有权归国家，各单位和个人有土地使用权。1984年发布的国家标准《国民经济行业分类和代码》(GB 4754-84)中，将房地产管理业列为独立行业，其内容包括对住宅、土地的管理和房产开发公司及房管所兼管的房屋的零星维修。1987年党的十三大报告指出："社会主义市场体系，不仅包括消费品和生产资料等商品市场，而且应当包括资金、劳务、技术、信息和房地产业生产要素市场。"1988年第七届全国人民代表大会第一次会议通过的《中华人民共和国宪法修正案》，在宪法第十条第三款中指出："任何组织或者个人不得侵占、买卖或者以其他形式非法转让土地。"这句话的后面加上了"土地的使用权可以依照法律的规定转让"。在《政府工作报告》中明确提出"发展房地产市场，实行土地使用权的有偿转让"。1990年国务院颁布了《中华人民共和国城镇国有土地使用权出让和转让暂行条例》，明确了国家按所有权和使用权分离原则出让转让国有土地；土地使用权可以租给使用者，在一定期限内用作经济活动；并对出让年限以及土地租让的形式(协议、招标、拍卖)做了规定。同时又颁布了《外商投资开发经营成片土地暂行管理办法》，指出在土地主权由中国所有的前提下，允许外资开发成片土地，有限期使用。1992年《中共中央国务院关于加快发展第三产业的决定》中，把房地产业列入第三产业加快发展的重点。此后，我国的房地产业进入高速发展时期。

房地产业是国民经济发展的一个基本要素，任何行业的发展都离不开房地产业。其重要作用可以归纳为以下10条：① 可以为国民经济的发展提供重要的物质条件；② 可以改善人们的居住和生活条件；③ 可以改善投资环境，加快改革开放步伐；④ 通过综合开发，避免分散建设的弊端，有利于城市规划的实施；⑤ 可以为城市建设开辟重要的投资渠道；⑥ 可以带动相关产业，如建筑、建材、化工、轻工、电器等工业的发展；⑦ 有利于产业结构的合理调整；⑧ 有利于深化住房制度的改革，调整消费结构；⑨ 有利于吸引外资，加速我国的经济建设；⑩ 可以扩大就业面。以上这些作用目前已初步显示出来，随着国民经济和房地产业的进一步发展，房地产业在国民经济中必将发挥更广泛、更重要的作用。

通过20多年的发展，房地产业产生的增加值在国内生产总值中的比重逐年攀升。以北京为例，1999年其增加值为69.45亿元，占国内生产总值(2 174.46亿元)的比重为3.2%，当年的建筑业的增加值为190.89亿元，占国内生产总值的比重为8.8%，房地产业的增加值只相当于建筑业的1/3多，这说明房地产的发展还极不充分，大量的建筑还处于产品阶段，没有进入市场流通。至2012年，其增加值达到1 244.2亿元，是1999年的17倍，占国内生产总值(178 79.4亿元)的比重为7%，而同期建筑业的增加值为765亿元，占国内生产总值的比重为4.3%，房地产业的增加值比建筑业高出0.63倍。上海房地产业的发展也大体如此。

但与香港比较还有较大差距。香港是市场经济高度发展的城市，房地产经营有比较成熟的经验，有相当完善的法律法规体系。从1999年至2008年，其房地产业产生的增加值从966亿港元增至2 911.9港元，10年间其占国内生产总值的比重始终保持在16%～18.5%的高位。而同期建筑业的增加值占国内生产总值的比重大体上保持在3%左右，房地产业的增加值比建筑业高出4～5倍。目前我国大多数城市还在快速发展中，城市化进程必将大大促进房地产业的发展。

但是，房地产开发是一把双刃剑，它既有促进国民经济发展，推动城市建设的作用，又有很大的盲目性，如果调控失度，将会冲击城市规划，恶化城市环境，干扰城市健康发展。回顾自1992年以来走过的道路，充分说明了其正反两方面的作用。20多年来，在房地产开发初期政府急于引资，大量土地通过协议，廉价批租。在买方市场的作用下，吊高了开发商的胃口，他们以要求提高容积率作为投资条件争取高回报，与政府讨价还价。政府往往怕失去投资而让步，规划确定的建筑高度控制与容积率的规定几乎全线突破，形同虚设，造成了对生态环境和历史城市极大的冲击和破坏，加剧了城乡矛盾。到后期国内房地产商崛起，一方面，政府过分依赖土地财政，寅吃卯粮，地王频出，投机盛行，房价飞涨，民怨日增，中央不得不多次重拳出击，抑制房价，另一方面房屋大量空置，不少地区城市功能结构出现一定程度的失衡，后劲不足，影响可持续发展。对于一些关注民生的建设还有待落实，经济实用房和廉租房的建设滞后，旧城危旧房屋亟待改造；某些公共设施建设力度不足，不同程度给居民生活造成困难。历史城市保护的任务也很繁重。

以北京为例，自1992年6月至1994年6月，两年间，北京市已批租土地约13 km^2，相当于香港同期批租土地的13倍，新加坡24年批租土地总量的7倍。在郊区已批准的工业区规划面积100 km^2（相当于解放40多年建成的北京市区工业区的2倍），有25 km^2 已起步。从市区各大商业中心、二环路两侧黄金地段到郊区各开发区，在短期内抛出大量未经开发的生地竞相招商引资。各区、县为了争取拉到投资商，甚至不惜压低地价，提供更多优惠，结果造成内部相争，外方得利。鉴于土地批租形成了买方市场，大多数土地只能以协议批租方式售出，地价上不去，政府收益大大减少，达不到通过土地批租集聚资金促进城市建设的目的。根据粗略统计，香港中心区批租1 km^2 土地，售价为300亿元，新加坡为100亿元，上海约60亿元，而北京只有22亿元。在北京郊区1 km^2 土地只有2亿多元。就是这样还有大量土地撂荒，无人投资。

可是到2009年，房地产开发的形势发生了很大变化。中心城市的土地供应日趋紧张，特别自2006年政府取消协议批租方式以来，土地拍卖价节节攀升，每平方米的平均地价从600元升至3 500元，进而突破1万元。北京与上海、杭州、广州等一线城市的状况大体如此。“以土升金”成为各级地方政府获得收益的重要举措。根据中国指数研究院发布的2009年中国土地出让金年终盘点报导指出：2009年中国土地出让金总额达15 000亿元。杭州、上海成为土地出让金超过千亿的城市，北京以928亿元排名第三。此后节节攀升，2010年突破千亿元大关，2013年1 829亿元，2014年1 916.9亿元，2015年接近2 000亿元。2014年成交土地141宗，用地面积9.38 km^2，成交金额1 916.9亿元，平均每平方公里土地出让金高达204.4亿元；2015年1月成交土地0.93 km^2，成交金额342.28亿元，平均每平方公里土地出让金高达369.2亿元，超过香港中心区的售价。在土地日见稀缺的形势下，中心地区边缘及其外围新城的地价也大幅上涨，竞拍的土地频出地王，以成交土地的平均楼面价计算，丰台达7.5万元/m^2、通州台湖3.3万元/m^2、门头沟3.22万元/m^2、密云2万元/m^2，如折算成房价，将高达10万～20万元/m^2，与当地的房价比，出现了“面粉的价格比面包贵”的反常现象。

根据国外城市规划的惯例，为了保障城市健康发展，政府颁布的建筑容积率与建筑高度控制是不能轻易改变的，是有法律和严格的审查程序保证的。例如香港，建设单位如果要求突破规划署颁布的指标，就必须向其上级香港城市规划委员会提出要求更改规划的申请。根据1991年年报记录，规划委员会受理申请47项，有13项有条件地同意申请，33项被否决，还有一项暂时挂起来，每项申请都正式下发审查文件，说明决定同意或不同意申请的理由。如果建设单位不同意规划委员会的裁决，还可以向市政府投诉，市政府专门设立了“城市规划上诉委员会”，专门管理投诉案件。1991年就有3起上诉状，但是截至当年年底上诉委员会一件也没有受理。由此可见规划委员会的权威性，也可看到上级部门对规划的支持。

由于房地产业是20世纪90年代发展起来的新兴产业，当时缺乏市场调查预测的经验，对于房地产开发规模多大、在哪里开发心中没有数，往往只从眼前的利益出发进行决策，带有很大的盲目性，造成开发规模过大，房屋供过于求，大量房屋空置，积压大量资金。北京1991年至1995年，郊区共开发别墅区58处，占地11.7 km^2，总建筑面积374万 m^2。销售率超过60%的仅8处，大多数销售率低于30%，半数地段尚无买主。1995年北京建设的写字楼约1 000万 m^2，公寓约600万 m^2，到2000年使用的没有超过500万 m^2，计划建设量超过实际需要的2倍。同期建设的大型商厦120座600万 m^2，而到2000年建造的大型商厦有174个之多，大大超出实际需要。据分析，发达国家大型商厦的年销售额一般不超过社会商品零售总额的10%，90%销售额是由中小型商场、超市、集贸市场和各类连锁店完成的，这是合理的商店网络结构。北京1995年的大型亿元商厦年销售额已占零售总额的19%，如果计划建设的商厦在2000年全部投入使用，并且维持正常经营，其年销售额将占零售总额的40%～60%，这是不可能的。这种网络结构的畸形，势必造成部分商厦倒闭，或房屋改作他用。上述问题至今依然存在，据统计，2014年北京推出10万元/m^2以上的高端楼盘117套，成交82套，空置率30%；推出别墅5 738套，成交1 938套，空置率60%。另据统计，2015年全国主要城市商业综合体存量达3.6亿 m^2，2016年将突破4.3亿 m^2，过剩风险正在逐年加大。

目前房地产业的发展应该说已积累了不少经验，可以更加理性的发展。可是，事与愿违，在地方政府"以土生金"和追求GDP的驱动下，仍然过高地估计房地产开发的作用，调控不力，管理失当，投机盛行，不断把房地产业的泡沫吹大。

在房地产开发中有一定的房屋空置是普遍现象，但是空置房过高，势必造成资金积压。为此，对房屋空置率的关注往往成为政府对房地产市场进行宏观调控的依据。据新加坡联合早报1995年12月29日载，香港1993年的办公楼空置率为7.9%，1995年升至9.8%。根据未来10年对已计划兴建的办公楼的统计，总供应量将达443.7万 m^2，拆除量23万 m^2，总吸纳量为322.2万 m^2，约有98.5万 m^2的办公楼过剩，预计空置率将达22%。于是政府就提出预警，建议压缩房地产开发规模，以免造成损失。一般认为空置率控制在5%较为理想，最大不宜超过10%，但是房屋存量受经济波动影响很大，在加拿大、美国一些城市也出现过15%～20%的空置现象，在这种情况下一般就要压缩房地产开发的规模。上海、北京是办公楼需求量最大的城市，在2000年前后已出现过空置率达33%～40%的现象。另据香港仲量联行统计，2013年底长三角地区一些城市写字楼的空置率都在30%左右，浙江杭州的空置率为30%，江苏无锡的空置率为58%。说明房地产开发规模过大，或者说明开发结构不合理，在今后几年必须加快消化存量，不宜继续大量兴建写字楼。目前，房地产开发规模过大仍是全国各大城市普遍存在的现象，而且越演越烈，国家统计局2006年6月末公布的数据，全国商品房库存量为1.27亿 m^2，虽然此后年年要求控制房地产的发展规模，可是收效甚微，库存量年年攀升，2013年为4.93亿 m^2，2014年6.22亿 m^2，2015年高达7.19亿 m^2，中央不得不把去库存作为2016年的重点任务下达。根据2013～2015年的销售量和库存量比较，房屋空置率为30%左右，要把空置率下降到10%以内将是十分艰巨的任务。这种现象难道还不应该引起反思吗？因此，加强宏观调控，根据市场预测确定房地产开发规模和结构，是各城市政府必须重视的问题。

为了使房地产业能有效、有序地发展，建议采取以下措施：

1）必须根据市场的需求制定房地产开发的规模与发展策略

新加坡有一个建筑公会，是房地产行业协会，它代表房地产业主的利益，对房地产业的发展起着指导作用。做市场调查是该公会的一项重要工作，他们对城市各地段的房地产开发状况进行调查，回顾前5年的状况(包括各类房屋的出售状况、售价、租金等)，并预测今后5年的市场动向，提出在哪些地方应该开发什么项目，预计售价与租金可能达到多少，用于指导房地产开发以减少盲目性。香港政府对于房屋存量与吸纳量的预测也是进行宏观调控以减少盲目性的重要手段。

就中国的现状看，情况更为复杂，很难用一个全国的统一政策来应对不同地区房地产业发展出现的问题。但是，按照供给侧结构性改革的要求来研究对策对每个城市来说都是适用的。对于住房的开发建设而言：

首先，应建立统一的全覆盖的住房信息系统，摸清住房的总存量和库存量，把待售房、待租房、空置率等关键性指标纳入统计体系，并实时更新。通过对大数据的分析探索目前住房供需矛盾的症结所在。统计显示，截至2014年底我国有物业管理的住房超过200亿m^2，可供2.6亿户，7.4亿居民居住，而目前我国城镇户籍居民不到5亿人，如按每户只能拥有一套住房计算，上述存量住房至少可满足2.4亿进城农民的住房需求。中国社科院发布的2016年《社会蓝皮书》显示，95.4%的受访家庭有房住，19.7%的城镇居民家庭拥有两套以上住房。北京市2012年3月流动人口是725万人，空置房屋381.2万套，按一套房住3人计算，即使不建新房也可以居住1 140万人。上述资料说明存量住房的潜力是巨大的，但是，要把这些潜力充分挖掘出来并非易事，这与目前推行的住房政策有关。1992年开始推行的住房商品化制度，缺少完善的住房分类供应的政策满足不同层次人群的需求，未能完全把住房办成民生工程。加之政府对土地财政的依赖，在房地产开发高额利润的驱动下，各行各业纷纷兴办房地产企业，住房投机盛行，大量囤房，推高了房价。这种住房供应政策造成了结构性过剩和短缺并存的局面：一方面大量房屋闲置，住房库存量巨大；另一方面中低收入群体买不起房，造成住房紧缺。中央政治局2015年12月14日会议在2016年经济社会发展任务中指出：要化解房地产库存，通过加快农民工市民化，推进以满足新市民为出发点的住房制度改革，扩大有效需求，稳定房地产市场，成为2016年经济社会发展的关键点之一。每个城市都要摸清房屋存量的底细，研究对策，改革住房制度，挖掘潜力，消化存量，逐步改变结构性过剩和短缺并存的局面，引导房地产开发步入健康发展的轨道。

其次，要根据人口结构的变化和城镇化的速度分析未来人们对住房需求的变化，以需定产，制定切合实际的住房的发展规划。以下的动向值的关注：

楼市销售额经过十年疯长后，到2014年开始下降，2014年前10个月楼市销售额同比下降10%。据官方统计，2014年开发商有560万套房未售出，比2012年高出近一倍，真实数量可能更高。供大于求局面的恶化成为楼市面临的最大威胁。更令人担忧的长期挑战是购房人口将开始下降，据国家卫生计生委人口研究所提供的数据显示，构房主力人口（25岁～49岁）在2015年达到峰值。1990～1999年出生的人口总数比1980～1989年出生的人口总数下降23%，2000～2009年出生的人口总数比1990～1999年出生的人口总数下降16%。根据我国人口年龄分布特征推算25岁～49岁购房主力人口在2015年达到峰值，并从2018年开始出现中长期下降的趋势。粗略估计，2015年该年龄段的人口约5.68亿，2020年下降到5.43亿，2050年将降至5亿以下。另据统计2012年中国劳动人口（15岁～60岁）的数量达到峰值，近两年间以每年数百万人的幅度减少，上述转变已体现在劳动力市场趋紧和诸多领域的薪酬上。根据其他国家的历史教训，劳动年龄人口的减少与房地产泡沫有明显关联。如日本，在1992年劳动年龄人口达到峰值后仅一年就出现巨大的房地产泡沫。

老龄化将引发未来住房闲置，据2011年4月28日发布的第六次全国人口普查统计，我国60岁以上人口占13.26%，比2000年上升2.93个百分点（10.33%），其中65岁及以上人口占8.7%，比2000年上升1.91个百分点（6.96%），人口结构趋向老龄化将不可避免引发住房闲置问题。据日本总务省发布的《住宅和土地统计调查》，截至2013年10月1日，日本全国共有5 240多万个家庭，住宅总数约为6 063万套，按每户一套计算，闲置住宅约为820万套，闲置空置住宅占全国住宅总数的13.5%。因此，人口结构变化对住房需求的长期影响，必须予以关注，未雨绸缪，早作准备。

另据相关部门分析，构成房地产业发展的动力70%来自城镇化，随着城镇化速度加快，住宅年需求量逐年增加，到2014年基本达到峰值，即每年1 200～1 300万套（住宅面积为7.2～8亿m^2），解决3 600万人左右的居住需求，这样的规模维持一段时间后，随着城镇化速度的减缓将逐渐回落。“十三五规划”预测到2020年城镇化率将从2015年的56.1%增加到60%，平均每年新增城镇人口约1 500万左右，住宅需求比2014年已大幅下降。

第三，要分析住房市场的需求发生的变化，相应调整结构，适应市场需求。

从我国住房建设的总体发展水平看，人均套户比已达1.0，人均住房建筑面积2015年已达38m^2，已达到许多发达国家的水平。因此，人们对住房的要求已从量的需求逐步向质的需求转化。城市化已从规模扩张型向品质提升型转化，进入数量型城市向质量型城市的飞跃时期。新形势下房企需借助互联网手段从“以供定产”向“以需定产”转变，通过资源整合，集成发展，精准服务，以满足消费者安全、舒适、健康生活的要求。

另据统计，2015年城镇住房总量中，约有2/3是2 000年以前建的，或多或少需求品质的改善，无疑也为房地产业提供新的市场契机。城镇的棚改任务在今后几年还是一项重要任务。

总之，解决住房问题要建立健全市场和保障两个体系，市场体系应按照以居住为主、民生为主、普通商品房为主这三个原则进行调控，必须充分认识房屋是用来住的，不是用来炒的。保障体系要尽最大努力，多策并举，解决好中低收入家庭和困难家庭的基本性住房需求，这是党和政府的职责。

上述诸点都是预测房地产未来发展规模的市场因素，是决定房地产发展方向的源头，房地产开发规模的确定必须建立在对房地产业长期发展趋势综合分析的基础上，由此制定的住房宏观发展规划才是科学的，是治本之策，是推动房地产业长期稳定健康发展的保证。

对于商业地产，也应在大数据统计的基础上，根据市场需求的变化，适时调整业态结构和建设规模。

2）必须合理选择批租土地的地点，控制土地批租量，以求获得最佳收益

鉴于土地资源无法再生，一旦土地批租出去，使用者就获得少则40～50年，多则70年的使用权，因此，这是一件对城市规划的实施、用地功能布局的调整至关重要的事情，如果处置不当，将会造成难以弥补的损失。成熟的房地产业一般要做到以下几点：

（1）遵照城市规划，根据城市发展的需求，选择土地批租的地点，在做好详细的准备后才进行土地招标，并为投标者规定了严格的开发和使用规则。新加坡通过土地售卖推动市中心改建的经验值得我们效仿。城市中心区的用地，新加坡一般是由重建局负责土地售卖。售卖地段的选择，是重建局的一项经常性工作。其主要任务是根据城市总体规划确定的用地性质，研究市场对各种建筑的需求，并听取发展商的意见，根据市政基础设施条件，选定拟开发地段的位置。位置选定后，由重建局负责拆迁单位和居民，完善基础设施，创造一切必要的开发条件。但并不急于马上出手，而是等待经济发展开发条件成熟时才进行招商。招商前，规划部门把该地区经过政府审查批准的规划设计条件、相关图纸、地形地质勘测资料以及投标者必须遵守的投标规则、手续、土地标价、付款方式、资金管制规定等资料都装入“发展商文件袋”中，然后进行公开招标。任何有兴趣的投资商均可购买“发展商文件袋”回去策划，重建局还选择与重建局有联系的较为理想的投资商主动发通知，争取更多投资商参加竞标。在招标消息公布后的3个月内，投资商必须把发展计划与建筑设计方案向重建局提呈，申请投标。

对投标者的遴选一般分两步走：第一步由政府指定的建筑师组成判选团，根据各投标的建筑设计方案的优劣提出入选作品；第二步由市区重建局总执行官（即总规划师）与其他政府高级官员组成的投标鉴选委员会，决定得标者。其遴选的特点是并非投标款额最高的申请者一定得标，设计方案之优劣常常是得标的主要条件。这就鼓励发展商寻找世界知名的建筑师进行设计，以增加中标的机会，提高新加坡中心区新建房屋的水平。投标者一旦得标，即可着手建设。在建设过程中，重建局还要进行监

督，发展商不得随意改变已审定的设计方案，不得降低建筑物内外建筑材料的标准和施工质量。发展商购得土地在建筑工程竣工前不得擅自转让；竣工后的建筑，必须保留30%的建筑量供发展商自用或出租，以保证发展商对建筑的主要拥有者的地位，以便对建筑进行有效的维护与管理。

新加坡的做法是始终在城市规划指导下进行，每一块土地的批租都符合经济发展产生的市场需求，从开发、招标、遴选到开发后的管理都由重建局负责，因此政府取得了很好的收益，城市面貌得到了极大的改观，开发商也获得了相应的回报。

当然，处于城市边缘的开发区、工业仓库区不必如此繁琐，手续会简化一些。同时，在开发区创建初期，土地批租也可采取协议批租方式，给予一定的优惠，以吸引有影响的发展商进驻，带动全区发展，逐步提高土地批租价格。但是，必须避免那种“要钱没有，要地有的是”的心理状态，不做土地评估，不进行可行性研究，不顾规划条件，一味迎合发展商的要求，进行土地廉价大拍卖的做法。

(2) 尽量避免把未经开发的土地批租，使大量资金流失。据分析，一块未经开发的土地批租价格只占经过开发后的土地价格的10%。一块开发成熟的土地价格一般包含：10%土地转让金，30%基础设施及基地处理投资，60%土地增值费。如果把生地出让，政府只能得到10%的土地转让金，而60%的土地增值费就让开发商拿走了，这还不算开发商出售房屋的收益，这样的赔本买卖自然越少做越好。

为此，许多城市成功的经验是由政府掌握土地一级开发权，即由政府根据城市总体规划和经济发展的要求，选定地段，进行开发，变生地为熟地，然后批租给发展商进行二级开发，这样政府可以通过土地批租集聚更多的资金。例如香港，土地开发自始至终处于政府严格控制之中，由拓展署负责土地开发(包括土地处理和城市基础设施建设)。初步统计：全岛开发土地的平均成本是每公顷1 000万港元(其中40%的费用是填海工程花费)。开发1 km^2 土地将花费10亿港元。通过拍卖，可收回5～10倍于成本的费用。根据《香港土地行政》记载：1992年花费的土地开发成本是19.2亿元，而来自土地的收益(包括土地交易和租金)是224.3亿元。因此，政府只有牢牢地掌握土地一级开发权，才能获得为城市集聚资金、有效地实施规划的主动权。

(3) 必须维护城市的整体利益，对开发用地的各项规划指标进行必要的控制。城市总体规划是城市建设宏观调控的主要依据，其任务就是从城市整体利益出发，对城市建设进行控制和管理，与开发部门的局部利益之间客观上存在着矛盾。只要有城市建设，控制与反控制的矛盾就始终存在，世界各个城市概莫能外。城市建设法规就是这种矛盾冲突、协调、磨合的产物。政府一方面从城市总体利益出发对开发部门进行管理与制约；另一方面也要照顾开发部门的正当利益。市场经济越发达，法律就越健全；开发越充分的地方，社会舆论对环境风貌保护的呼声越强烈，房地产开发回报就越有限。大家都依法办事，就不会存在政府与开发商之间在规划确定的建筑高度与容积率控制问题上讨价还价的现象。

回报率是衡量开发商利益的主要指标，没有足够的回报率吸引，开发商是不会来投资的。一般情况下，城市越不发达，房地产开发的需求越大，为了吸引发展商来投资，回报率就要高一点；反之，越是发达的城市，房地产业的回报率越低。改革开放以来我国之所以能吸引大量海外投资，原因就在这里。根据香港的一些发展商在20世纪90年代对北京房地产开发市场的调查，认为只要回报率达到15%～25%，在北京搞开发就有利可图，就愿意来投资，因为这个回报率已经比香港(10%～12%)高出将近1倍，更大大高于悉尼(6%)和日本(2%)。

但是，发展商并不向我们透露这个底牌，却利用我们急于引资的心情，常常以“无利可图”为由，不断提出高容积率的要求，在这种买方市场的形势下，协议批租的土地无一例外地卖不出好价钱，而且开发商往往要求高容积率以得到更多的回报。结果，开发冲击了规划，两者的矛盾扩大。

如何来计算回报率，简言之，就是房地产商进行土地开发最终可获得的回报占其总成本的比例。

总成本包括土地费、建造费和销售费三项之和。土地费包括土地出让金、征地拆迁费、大市政费、购地手续费以及贷款利息等支出。建造费包括直接费用（建筑安装）、间接费用（管理费、设计费及其他费用）、不可预见费以及贷款利息等支出。销售费包括销售成本、销售代理及广告费、销售手续费以及税费等。

总销售收入也可称开发总价值，就是销售房地产收入的总和。简言之，即总成本加出售、出租房屋的利润和土地开发的利润。

回报率是所得利益占总成本的比例。年回报率是平均每年开发商所获得的回报占成本的比例。一般在开始策划时，开发商要做市场调查，测算可能得到的回报，以便选择开发地点、项目与规模。

政府也要根据城市发展需要确定批租土地的数量和相应政策，以求开发与实施规划两者矛盾的协调。把房地产开发的主动权牢牢掌握在政府手中，除了健全法律、法规，把规划做得更符合实际外，还必须在开发地点、项目和回报率上，采取区别对待的诱导政策。对于亟须开发的地段，各方面的控制可以宽松一点，对于城市风貌要求比较高，或是城市中心的黄金地段，各方面的控制应该严格一些，这样才能规范好房地产业的发展，保证房地产开发有序地进行。

3）必须加强宏观调控，及时调整与完善政策，引导房地产业健康发展

自1992年实施土地有偿使用的政策以来，我国的房地产业有了长足的发展，一些经济较发达的城市，房地产业的增加值占当年GDP的比重已达到7%以上的高位，成为经济增长的支柱产业，随着城市化进程的加速，房地产业仍展示着良好的发展前景。

但是，从近几年房地产业发展的形势看，产生的问题远比1992年房地产业发展初期复杂得多，主要表现为供应结构不合理，商品住宅价格上涨过快，市场秩序比较混乱，投资规模过大。如果不能通过政府的宏观调控，及时调整与完善政策，必将扰乱房地产业的良好运转，对经济与社会生活带来严重后果。

当前存在的主要问题：

一是商品房价格上涨过快。据国家统计局数据，2004年商品房平均价格同比增长14.4%，其中商品住宅价格同比增长15.2%，无锡、苏州、青岛、厦门等部分城市涨幅超过20%，上海市中心内环线以内的商品房涨幅达27.5%，这种脱离市民收入水平的非理性增长必将扰乱房地产市场的正常运转。

二是房地产市场秩序比较混乱。在房地产开发、交易、中介服务和服务管理的各个环节，都不同程度地存在违法、违规行为。一些开发企业和中介机构利用市场信息不对称，误导市场预期，通过囤积土地、囤积房源、虚假交易、发布不实价格信息等不正当手段，人为造成市场紧张，恶意哄抬房价，带来一些项目房价短期内非正常上涨。

三是投机、投资性购房增长过快。基于房价上涨预期，境内外不少购房者并非实际需要，而把购房作为投资手段，以期获利。2004年长三角主要城市投机、投资性购房比例在20%左右，上海市购房一年内转让的住宅占存量房地产交易量的46.6%。北京市投机、投资性购房比例占17%，其中28.5%短期内转手，23.5%用于出租，48%的房屋空置，等待涨价。

四是商品房结构性问题进一步凸现。表现为中小型、中低价位普通商品住宅和经济适用住房供应不足。据对北京、上海、天津、沈阳、西安、南昌、成都、武汉、杭州等城市房屋销售情况调查，2004年销售住宅中120 m^2/套以上的住房都在40%以上，最高的超过60%，中小套型住宅比例偏低。据北京市统计，2005年北京市符合廉租房条件（家庭月收入不足1 000元，人均住房建筑面积在10 m^2 以下的）的困难户共7万户，其中特别困难的有1万户，可是当年实际可提供的廉租房只有400套，仅占实际需房的0.57%，说明基本上没有安排廉租房的建设。

五是部分地区房地产投资规模过大。前几年不少地方政府背离其市场服务和监管者的角色，过度介入市场经济活动，土地批租量过大，造成政府土地储备不足，而开发商却有充足土地储备的反常现象。再加上不适当的加快旧城改造，大搞会展中心、购物中心等商业地产以及高档办公楼、大广场等形象工程，造成国有资产流失、资金积压、资源浪费。

2005年3月底和5月11日国务院办公厅发出《关于切实稳定住房价格的通知》(简称国八条)和国务院办公厅转发的由建设部、发改委、财政部、国土资源部、人民银行、税务局、银监会七部委出台的《关于做好稳定住房价格工作的意见》(简称新国八条)，就是针对上述问题采取的措施。随后几年，国务院多次下发文件，强制调控措施一次比一次严厉。但是，收效甚微，上述五种现象至今未能完全扭转。

为了扭转土地财政带来的弊端，把房地产开发引向建康发展的轨道，必须从两方面着手：

一方面通过财政体制改革，协调好中央和地方的关系。据中国指数研究院2014年1月2日发布的报告显示，2013年全国300个城市土地出让金总额为31 304.5亿元，比2009年增加了1倍，同比增加50%；据财政部数据，2013年1月至11月累计地方财政收入62 567亿元，同比增长13.1%，估计全年约6.9万亿元，两者相比，可见近50%的财政收入来自土地收入，土地出让金收入名符其实地成为各地的第二财政。另据数据显示，2004年至2012年9年间，土地出让金收入占地方财政收入的比例多数在40%～70%之间，最低是2008年，为36.21%，最高为2010年，为71.68%。长期以来，土地财政弥补了地方财政的不足，为地方建设作出了一定贡献，但是其负面影响也越来越大，不仅造成城市盲目扩张、破坏生态、不可再生的土地资源严重浪费，而且引发房地产价格暴涨、地方经济结构畸形发展，成为城市持续健康发展的严重障碍。

造成土地财政的原因是十分复杂的，其中现行财政分税体制不合理是一个重要因素。分税体制形成于1994年，其产生的背景是在改革开放初期，中央为了发挥地方的积极性，一度推行“大包干”政策，即地方政府只要每年上交中央固定的税款，其增收的部分全归地方所有，这个政策大大地鼓励了地方的积极性，推动了地方经济的发展。但是随着改革开放的深入，市场经济体制的确立，地方经济增长很快，但上交中央的款额却仍然不变，结果，地方越来越富，中央越来越穷。中央财政收入占GDP的比重从1978年的30%多降至1993年的11%左右，而随着经济规模的扩大，中央需要投入国家基本建设的资金缺口却越来越大，已经难以为继。1994年分税制的政策是在确认各地方1993年财税收入基础上，从1994年开始其产业增值部分的增值税75%归中央，25%归地方。这个政策，在保持地方既得利益的前提下缓解了中央财政紧缺的矛盾。随着经济发展形势的变化，分税制越来越不能适应形势发展的要求，其症结是中央与地方政府的财权与事权不匹配：即地方政府需要投入的城市基础设施的资金越来越大，但是基础设施产业的增值税却很少；其他产业产生的增值税越来越多，大部分却被中央拿走了，出现地方政府入不敷出的状况，结果不得不用卖地的钱来弥补财政缺口。以土生金，土地财政的现象越演越烈。党的十八届三中全会提出的深化财税体制改革的核心就是完善立法、明确事权、改革税制、稳定税负、透明预算、提高效率，建立现代财政制度，发挥中央和地方两个积极性：明确了事权，即根据财政支出的责任来划分财税支配的权力，提高地方财税分成的比例；逐步推行房地产税政策，把它作为地方主体税种，为地方提供经常性收入。

另一方面必须结合改变政府职能等改革措施，逐步解决“土地财政”和“房价暴涨”的问题。

今后，政府的主要职责：一是要强化规划调控，改善住房供应结构；二是要加强土地供应调控力度，严格土地管理；三是要加强房地产信贷管理，防范金融风险；四是要调节住房转让环节营业税政策，严格税收征管；五是要明确享受优惠政策普通住房标准，合理引导住房建设与消费；六是要加强经济适用房建设，完善廉租房制度；七是要切实整顿规范市场秩序，严肃查处违法违规销售行为；八是要加强市场监测，完善市场信息披露制度。以期通过以上八项举措引导房地产业走向健康发展的道路。但是面对十分复杂、瞬息万变的市场形势，控制与反控制的斗争显得更加严峻，各级地方政府必须顾全大局，端正立场，坚守政府的服务与监管的职责，加强调研，因地制宜地提出对策，落实中央加强宏观调控的要求，切实掌握房地产开发的“度”，这是关乎民生和社会稳定的重要任务。

对于当前提出的“去库存”的任务，是针对目前房地产业发展形势作出的近期对策，全国各地提出了诸多应对措施，随着形势的变化，政策也会不断作出调整。鉴于我国的楼市存在着需求不平衡、供应不平衡、库存不均衡，一、二线城市和三、四线城市存在的问题有很大差别，必须因地制宜在宏观规划指导下制定应对策略。对于一、二线城市而言，针对房价“爆涨”问题，政府应主动履行主体责任，实行严格的限购、税收、金融政策；增加土地供应并公布于众，稳定预期；增加中小型套型数量，搞好保障房建设；打击各种违法违规行为，主动发声引导舆论。对于三、四线城市而言，则需取消限购、降低融资成本、降低首付标准、改善公积金支持、降低税费、实行棚改货币化安置等措施，鼓励购房；并需采取政府回购商品房作保障房，实施购房补贴，购租并举、放松户口限制等措施，解决农民工进城定居问题。

总之，房地产开发是否成功的标准只能看它是否有利于经济结构的调整，是否有利于城市土地功能的优化，是否有利于推动城市基础设施的建设，是否有利于生态环境改善和历史城市风貌保护，归根到底是能否促进经济、社会健康发展。

2.4.13 交通运输业

交通运输业系指铁路、公路、民航、水运的客、货运输服务。随着改革开放，市场经济发展，大大增加了客、货运输的流通量。

据统计，自 20 世纪 90 年代以来，客、货运输量每年都以两位数的速度增长。经过多年铁路、公路建设和民航事业的发展，运输紧张的状况有所缓和。但随着我国加入国际世贸组织和搞西部大开发，交通运输仍呈快速增长之势。

交通可以说是城市发展的龙头，城市往往是在交通发达的地区发展起来的，没有方便的交通，就谈不上经济快速发展。因此，在研究城市发展战略时，都毫不例外地要分析城市所处区位的交通状况，力争改善铁路、公路、水运、航空等多种交通手段，建立城市与国内、国际广泛而又便捷的联系，促进经济发展。

每个城市都十分重视交通设施建设，一些大城市的海港、空港的规模不断扩大；交通不发达的城市力争铁路、高速公路在中心城区附近通过；一些中小城镇，特别是旅游城市，为改善交通状况，已建成或正在建设小型机场，积极发展航空支线。

在“十五”至“十二五”期间，始终把完善区域交通、改善城际交通、优先发展公共交通、构建综合交通体系，作为交通建设的主要任务。《十三五规划纲要》对“构建现代综合交通运输体系”的任务阐述得更加系统、具体。《纲要》提出“坚持网络化布局，智能化管理、一体化服务、绿色化发展，建设国内国际通道联通，区域城乡覆盖广泛、枢纽节点功能完善、运输服务一体高效的综合交通运输体系。”具体要求：

一是构建内外联的运输通道网络。构建横贯东西、纵贯南北、内畅外通的综合运输大通道，加强进出疆、出入藏通道建设，构建西北、西南、东北对外交通走廊和海上丝绸之路连廊。打造高品质的快速网络，加快推进高速铁路成网，完善国家高速公路网络，适度建设地方高速公路，增强枢纽机场和干支线机场功能。完善广覆盖的基础网络，加快中西部铁路建设，推进普通国省道提质改造和瓶颈路段建设，提升沿海和内河水运设施专业化水平。加强农村公路、通用机场建设，推进油气管道区域互联。

二是建设高效的城际和城市交通。在城镇化地区大力发展城际铁路，鼓励利用既有铁路开行城际列车，形成多层次轨道交通骨干网络，高效衔接大中小城市和城镇。实行公共交通优先，加快发展城市轨道交通、快速公交等大容量公共交通，鼓励绿色出行。促进网络预约等定制交通发展。强化中心城区与对外干线快速联系，畅通城市内外交通。加强城市停车设施建设。

三是打造一体衔接的综合交通枢纽。优化枢纽空间布局，建设北京、上海、广州等国际性综合交通枢纽，提升全国性、区域性和地区性综合交通枢纽水平，加强中西部重要枢纽建设，推进沿海沿边重要口岸枢纽建设，提升枢纽内外辐射能力。完善枢纽综合服务功能，优化中转设施和集疏运网络，强化客运零距离换乘和货物无缝衔接，实现不同运输方式协同高效，发挥综合优势，提升交通物流整体效率。

四是推动运输服务低碳智能安全发展。

现简单介绍一下我国城市交通事业发展的状况：

1）港口建设

发达国家城市发展的经验证明，港口是促进国民经济发展的一个十分重要的条件，以海运事业为契机，海、陆交通为支撑，工业、贸易为主导而繁荣起来的港口城市，往往成为全球性、地区性的国际经济中心城市或全国性经济中心城市。当前，世界20个人口在600万以上的特大城市中有12个是港口城市，其中一半是首都，另一半也是国家的全国性的经济中心或国际中心城市。凡拥有海岸线的国家，几乎无不以一个或几个主要港口城市作为其对外交流的窗口和本国经济发展的纽带。海洋型国家如日本，在其10个百万人口以上的大城市中有8个是港口城市；陆海型国家如美国，在近50个50万人口以上的大城市中，1/4是港口城市。

我国自改革开放以来，沿海港口有了较大发展，1994年全国已拥有海港约200处，年吞吐量在1 000万t以上的有21处，设市港口城市42座，在经济比较发达的长江三角洲、珠江三角洲和环渤海地区已初步形成港口城市群，港口建设对推动沿海地区工业化与城市化进程起到了越来越显著的作用。根据国家海洋局在1994年对全国7个港口组合区的统计，在将近149个港口中，年吞吐量大于1 000万t的大型港口12个，年吞吐量在500万～1 000万t的中型港口9个，年吞吐量小于500万t的港口128个。1994年港口组合区的年货物吞吐量最大的已突破2亿t，小的也超过3 000万t(表2.21)。这7个港口组合区的特点是：由大、中、小港口组成的相互毗连的港口群；拥有比较广阔的腹地，并有相应的交通网络联系；具有一定的分工互补性；各区都有一个大区或跨省意义的经济中心城市为核心的具有一定规模的城市群。

据《中国统计年鉴》2016统计，2015年我国沿海具有一定设施和条件，供船舶停靠、旅客上下、货物装卸、生活物料供应等作业的规模以上港口的泊位已从1994年的601个(万t级以上的泊位为296个)增至6 115个(万t级以上的泊位为1 723个)；货物吞吐量从1994年的6亿t、1995年的8亿t增至78.5亿t。内河规模以上港口的泊位从151个(万t级以上的泊位为28个)增至14 248个(万t级以上的泊位为416个)。详见表2.17至表2.20。

表2.17　中国海港地域组合概况(1994年)

组合区名称	海港数目/个					主要港口货物吞吐量/万t		
	小计	特大	大	中	小	1984年	1994年	增长率/%
东北沿海	6		1 (大连)	1 (营口)	4	4 124	7 177.1	74
华北沿海	6		2 (天津、秦皇岛)	—	4	5 190	12 946.5	149

续表 2.17

组合区名称	海港数目/个					主要港口货物吞吐量/万 t		
	小计	特大	大	中	小	1984 年	1994 年	增长率/%
黄淮沿海	30		4（烟台、青岛、日照、连云港）	1（龙口）	25	4 499	9 777.8	117
华东沿海	46	1（上海）	1（宁波）	—	44	10 986	23 362.7	112
东南沿海	20		1（厦门）	4（温州、福州、泉州、汕头）	15	1 177	3 793.9	222
华南沿海	12		1（广州）	2（蛇口、赤湾）	9	3 101	9 679.1	218
西南沿海	29		1（湛江）	1（海口）	27	1 853	3 933.2	112

注：港口规模按照年吞吐量分为：大，>1 000 万 t；中，500 万～1 000 万 t；小，<500 万 t。

表 2.18 沿海规模以上港口码头泊位数(2015 年底)

名称	总计		
	码头长度/m	泊位数/个	其中万吨级泊位数/个
全国总计	815 428	6 115	1 723
大　连	43 956	247	103
营　口	18 966	90	57
秦皇岛	17 161	92	44
天　津	38 729	173	118
烟　台	19 041	98	59
青　岛	25 626	97	75
威　海	4 455	22	14
日　照	13 989	54	47
上　海	126 921	1 238	188
连云港	15 608	64	57
宁波—舟山	86 789	703	157
台　州	13 139	185	9
温　州	17 093	218	19
福　州	24 031	177	56
厦　门	29 309	179	71
汕　头	9 898	92	19
深　圳	30 627	156	66
广　州	51 722	561	74

续表 2.18

名称	总计		
	码头长度/m	泊位数/个	其中万吨级泊位数/个
湛　江	18 419	174	33
北　海	6 739	59	12
防　城	15 260	124	35
海　口	7 049	52	16
八　所	2 223	11	9

表 2.19　沿海规模以上港口货物吞吐量(万吨)

名称＼年份	1985	1990	1995	2000	2005	2006	2007	2008	2012	2015
全国总计	31 154	48 321	80 166	125 603	292 777	342 191	388 200	429 599	665 245	784 578
大　连	4 381	4 952	6 417	9 084	17 085	20 046	22 286	24 588	37 426	41 482
营　口	98	237	1 156	2 268	7 537	9 477	12 207	15 085	30 107	33 849
秦皇岛	4 419	6 945	8 382	9 743	16 900	20 489	24 893	25 231	27 099	25 309
天　津	1 856	2 063	5 787	9 566	24 069	25 760	30 946	35 593	47 697	54 051
烟　台	689	668	1 361	1 774	4 506	6 076	10 129	11 189	20 298	25 163
青　岛	2 611	3 034	5 103	8 636	18 678	22 415	26 502	30 029	40 690	48 453
日　照	—	925	1 452	2 674	8 421	11 007	13 063	15 102	28 098	33 707
上　海	11 291	13 959	16 567	20 440	44 317	47 040	49 227	50 808	63 740	64 906
连云港	929	1 137	1 716	2 708	6 016	7 232	8 507	10 060	17 367	19 756
宁波—舟山	1 040	2 554	6 853	11 547	26 881	42 387	47 336	52 048	74 401	88 929
汕　头	201	279	716	1 284	1 736	2 015	2 301	2 806	4 563	5 181
广　州	1 772	4 163	7 299	11 128	25 036	30 282	34 325	34 700	43 517	50 053
湛　江	1 231	1 557	1 885	2 038	4 647	5 664	6 075	6 682	17 092	22 036
海　口	170	288	468	808	2 118	2 127	2 373	2 614	7 217	9 204
八　所	388	431	275	378	486	479	546	554	1 095	1 767

注:在 2015 年统计中增加的城市有:威海(4 213)、台州(6 237)、温州 (8 490)、福州(13 967)、厦门(21 023)、深圳(21 706)、北海(2 468)、防城(11 504)未列入表中(这里单位为万吨)。

表 2.20　内河规模以上港口码头泊位数(2015 年底)

名称	全国总计		
	码头长度/m	泊位数/个	其中万吨级泊位数/个
全国总计	926 768	14 248	416
重　庆	90 920	1 175	—
宜　昌	7 412	47	—
武　汉	24 910	280	—

续表 2.20

名称	全国总计		
	码头长度/m	泊位数/个	其中万吨级泊位数/个
黄　石	10 300	143	—
九　江	18 828	191	—
安　庆	11 735	168	—
池　州	10 359	118	—
铜　陵	5 726	69	1
芜　湖	14 076	142	13
马鞍山	10 749	161	—
南　京	32 122	284	57
镇　江	22 187	209	44
泰　州	17 080	123	59
扬　州	8 029	49	25
江　阴	12 612	72	31
常　州	3 488	28	8
南　通	18 095	105	51
上海(内河)	97 465	1 984	—

据《香港概论》记载,香港 1989 年港口吞吐量超过 8 600 万 t,集装箱超过 444 万箱,这个规模在当时已跻身于世界大港行列。2000 年,上海港年吞吐量已突破 2 亿 t,宁波港年吞吐量已达 1 亿 t,青岛港已达 8 600 万 t,福建省厦门、福州、泉州三市年总吞吐量已达 5 000 万 t,上海港国际集装箱年吞吐量已突破 500 万标准箱,已跻身于世界前 6 名。2005 年我国沿海主要港口货物吞吐量比 2000 年增加了一倍以上,上海港年吞吐量已突破 4 亿 t,宁波港已达 2.7 亿 t,青岛港已达 1.86 亿 t。2010 年,上海港集装箱吞吐量达 2 907 万标准箱,首次超越新加坡港,成为全球港口集装箱吞吐量和货物吞吐量的双料冠军。《十三五规划纲要》提出的港航设施建设的重点工程是:优化提升环渤海、长三角、珠三角港口群,加快长江、珠江—西江、淮河、闽江等内河高等级航道建设。大力推进上海、天津、大连、厦门等国际航运中心建设,有序推进沿海港口集装箱、原油、液化天然气等专业化泊位建设,稳步推进海南凤凰岛等国际邮轮码头建设,提高港口智能化水平。目前,我国北起大连,南至珠海,沿海岸线各省都在不停地新建和扩建港口,汕头正在建设几个集装箱码头,将成为京九铁路南部出口,深圳、青岛、大连经过扩建,集装箱吞吐量都将达到 100 万标准箱。至 2020 年内东部沿海将有一大批海港跻身于世界大港行列。

2) 空港建设

随着改革开放的不断深入,国际交往日益增多,经济快速增长,我国的航空运输增长很快。据中国民航总局 2001 年 2 月 20 日公布的资料,2000 年全国 139 个通航机场共完成旅客吞吐量 13 369 万人次,比上年增长 11.4%。其中国内航线完成 11 907 万人次(含港、澳地区),比上年增长 10.7%;国际航线完成 1 462 万人次,比上年增长 17.3%。完成货邮吞吐量 399.18 万 t,比上年增长 15.1%。其中国内航线完成 290.06 万 t,比上年增长 16.2%(含港、澳地区);国际航线完成 109.12 万 t,比上年增长

12.4%。飞机起降架次175.7万架次，比上年增加6.3%(表2.21)。

表2.21　2000年民航运输机场前50名飞机起降架次和客货吞吐量统计(按旅客吞吐量排序)

机　场	起降架次				旅客吞吐量/人				货邮吞吐量/t			
	排名	2000年	1999年	增减/%	排名	2000年	1999年	增减/%	排名	2000年	1999年	增减/%
139个机场总　计		1 757 117	1 652 705	6.3		133 691 886	120 016 525	11.4		3 991 777.13	467 350.5	151
北　京	1	187 070	164 829	13.5	1	21 691 077	18 190 424	19.2	1	774 204.5	628 208.8	23.2
广　州	3	132 776	126 586	4.9	2	12 790 999	11 899 348	7.5	3	491 868.1	448 116.5	9.8
上　海	4	102 222	135 110	−24.3	3	12 139 462	14 349 100	−15.4	2	612 219.5	752 352.6	−18.6
深　圳	5	74 251	64 214	15.6	4	6 422 685	5 246 279	22.4	5	202 742.6	154 638.9	31.1
昆　明	6	68 642	72 115	−4.8	5	5 604 090	7 626 209	−26.5	7	125 033.6	125 874	−0.7
上海浦东	8	58 306	3 917	—	6	5 543 667	269 846	—	4	266 682.2	13 466.8	—
成　都	7	58 614	53 405	9.8	7	5 524 709	4 985 883	10.8	6	158 634.5	127 933.5	24.0
海　口	9	56 767	48 490	17.1	8	4 362 743	3 565 107	22.4	13	71 064.2	58 262.2	22.0
西　安	10	51 473	42 570	20.9	9	3 878 988	3 112 812	24.6	9	76 455.4	69 265.3	10.4
厦　门	11	44 505	41 766	6.6	10	3 551 531	3 380 023	5.1	8	99 483.9	98 244.6	1.3
重　庆	13	36 405	35 918	1.4	11	2 780 359	2 453 466	13.3	11	75 721	60 876.8	24.4
大　连	14	34 429	30 119	14.3	12	2 751 613	2 362 234	16.5	10	76 282.5	60 811.8	25.4
杭　州	20	26 448	23 634	11.9	13	2 492 442	2 191 418	13.7	12	74 630.7	70 561.2	5.8
南　京	16	34 055	324 432	5.0	14	2 436 455	2 167 103	12.4	16	53 752.2	42 502.6	26.5
青　岛	17	33 158	28 915	14.7	15	2 431 490	2 031 124	19.7	19	48 380.8	40 724.5	18.8
沈　阳	21	23 876	22 928	4.1	16	2 420 455	2 216 249	9.2	14	58 137.8	55 210.6	5.3
桂　林	17	33 439	29 131	14.8	17	2 316 011	2 058 469	12.5	21	39 215.5	27 861	40.8
福　州	19	28 996	27 885	4.0	18	2 158 994	2 014 476	7.2	17	53 470.8	47 494.7	12.6
长　沙	12	37 722	34 700	8.7	19	2 034 526	1 776 424	14.5	26	27 966.3	24 311.8	15.0
武　汉	15	34 158	30 307	12.7	20	1 756 733	1 608 319	9.2	22	34 418.3	35 806	−3.9
温　州	23	22 661	24 983	−9.3	21	1 627 682	1 598 757	1.8	23	31 728.5	24 777.9	28.1
乌鲁木齐	30	15 360	14 134	8.7	22	1 597 575	1 315 177	21.5	15	54 456.6	58 765.8	−7.3
哈尔滨	27	18 418	17 559	4.9	23	1 574 980	1 378 862	14.2	25	30 699.3	26 414.4	16.2
郑　州	22	22 945	26 276	−12.7	24	1 516 658	1 450 582	4.6	27	25 949.8	21 389.7	21.3
贵　阳	24	21 286	19 223	10.7	25	1 389 477	1 310 607	6.0	31	20 197.6	17 748.7	13.8
济　南	26	18 585	16 438	13.1	26	1 212 129	1 036 642	16.9	28	25 227.8	19 168.6	31.6
宁　波	29	16 271	16 119	0.9	27	1 179 888	1 049 949	12.4	29	21 921.9	17 830.9	22.9
汕　头	31	15 023	14 326	4.9	28	1 119 825	1 128 163	−0.7	30	20 335.9	19 576.7	3.9
长　春	38	11 308	10 347	9.3	29	967 263	836 789	15.6	32	16 864.1	12 792.8	31.8
天　津	25	19 677	19 878	−1.0	30	884 448	781 243	13.2	18	53 156	57 371.5	−7.3
西双版纳	41	8 458	11 164	−24.2	31	853 824	1 355 157	−37.0	41	9 157.6	8 031.5	14.0
南　宁	32	13 477	13 260	1.6	32	808 198	751 027	7.6	34	13 954.6	11 211.8	24.5
南　昌	33	13 242	11 390	16.3	33	783 419	678 159	15.5	40	9 463	6 678.4	41.7

续表 2.21

机场	起降架次				旅客吞吐量/人				货邮吞吐量/t			
	排名	2000年	1999年	增减/%	排名	2000年	1999年	增减/%	排名	2000年	1999年	增减/%
武　汉	35	12 083	12 883	−6.2	34	737 836	762 764	−3.3	33	15 742	13 636.3	15.4
兰　州	34	12 907	13 896	−7.1	35	679 142	571 563	18.8	39	10 901.3	9 399.3	16.0
烟　台	39	10 040	9 963	0.8	36	661 637	605 931	9.2	37	11 852.3	9 586.5	23.6
三　亚	40	9 987	15 784	−36.7	37	654 473	500 268	30.8	43	6 844.6	5 976.6	14.5
合　肥	36	11 634	10 926	6.5	38	612 169	555 774	10.1	38	11 501.3	8 803	30.7
珠　海	28	17 369	11 660	49.0	39	558 485	578 518	−3.5	42	8 833.1	9 995	−11.6
张家界	43	7 790	5 363	45.3	40	547 037	323 259	69.2	53	2 549.8	1 623.8	57.0
拉　萨	62	2 607	2 050	27.2	41	489 534	400 697	22.2	36	12 459.8	10 152.6	22.7
太　原	37	11 323	10 392	9.0	42	460 824	435 313	5.9	20	40 828.8	32 470.8	25.7
丽　江	50	4 836	4 510	7.2	43	436 905	507 335	−13.9	58	1 873.7	1 825.1	2.7
北　海	46	6 711	9 124	−26.4	44	377 607	343 357	10.0	48	3 482.9	2 953.3	17.9
呼和浩特	47	6 477	5 740	12.8	45	376 963	289 397	30.3	35	13 426.2	19 643.8	−31.7
延　吉	52	4 194	3 291	27.4	46	363 424	280 908	29.4	46	3 742.5	2 982.7	25.5
泉　州	49	5 249	5 382	−2.5	47	360 662	359 423	0.3	44	6 547.9	6 246.9	4.8
黄　山	48	6 002	4 956	21.1	48	334 316	288 159	16.0	52	2 558.1	1 798.6	42.2
湛　江	42	7 802	10 785	−27.7	49	334 146	393 601	−15.1	49	3 257.5	4 192.7	−22.3
银　川	45	7 257	4 400	64.9	50	257 578	175 833	46.5	50	3 014.3	1 763.4	70.9

另据《中国统计年鉴》2016 年统计，2015 年全国机场数从 2000 年的 139 个增至 206 个，完成客运量从 6 722 万人(其中国内 6 031 万人、国际 690 万人)增至 43 618 万人(其中国内 39 411 万人、国际 4 207万人)，15 年间客运量增加了 5.49 倍。完成货(邮)运量从 196.71 万 t(其中国内 147.48 万 t、国际49.23万 t)增至 629.29 万 t(其中国内 442.45 万 t、国际 186.84 万 t)15 年间货(邮)运量增加了 2.2 倍。该数据与民航总局的 2001 年的统计资料有较大出入，可能是统计口径不同而已，一并放在这里供参考。

我国已建成北京首都航空港、上海浦东、上海虹桥、广州白云、厦门高崎等 5 个国际机场，对外开放的机场有 24 个，即北京、上海、广州、厦门、天津、太原、呼和浩特、沈阳、大连、哈尔滨、杭州、合肥、南京、长沙、武汉、南宁、三亚、成都、昆明、西昌、西安、兰州、乌鲁木齐、和田。1994 年底，我国共开辟 84 条国际航线，通航 39 个国家和地区的 56 个城市，有 10 个城市通航国际航线，即北京、上海、广州、大连、沈阳、哈尔滨、西安、昆明、厦门和乌鲁木齐。与世界全球性和地区性的国际中心城市相联系，如纽约、洛杉矶、东京、伦敦、巴黎、法兰克福、莫斯科和新加坡等，促进了我国城市与世界城市接轨(表 2.22)。

表 2.22　我国民航国内城市与国际城市接口(1994)

航　线	航线数/条	国内城市	国外城市	班次/次	旅客运输量/万人次
北美航线	6	北京、上海	旧金山、纽约、西雅图、洛杉矶、芝加哥、安克雷奇、温哥华、多伦多	1 074	30.89
日本航线	14	北京、上海、大连、西安	东京、大阪、长崎、福冈、名古屋、仙台	4 535	112.57
大洋洲航线	2	北京、广州	悉尼、墨尔本	106	3.46

续表 2.22

航　线	航线数/条	国内城市	国外城市	班次/次	旅客运输量/万人次
东南亚航线	32	北京、上海、广州、厦门、深圳、汕头、南宁、昆明、拉萨	新加坡、曼谷、吉隆坡、槟城、雅加达、泗水、马尼拉、万象、加德满都、河内、胡志明、仰光	4 729	62.90
中东、欧洲、非洲航线	17	北京、上海	卡拉奇、科威特、巴林、迪拜、伦敦、巴黎、柏林、法兰克福、布鲁塞尔、马德里、苏黎世、罗马、斯德哥尔摩、哥本哈根、维也纳、开罗、亚的斯亚贝巴	1 595	28.28
其他航线	13	北京、乌鲁木齐、哈尔滨、沈阳、青岛、大连	莫斯科、新西伯利亚、伊尔库茨克、阿拉木图、伊斯兰堡、塔什干、乌兰巴拉、平壤、汉城	1 305	9.02
总　计	84			13 344	247.12

随着经济发展，国际、国内交往增多，我国的航空运输事业的发展方兴未艾。目前，首都航空港虽已形成规模达每年 7 000 万人次的国际航空枢纽，首都第二航空港正在加快筹建中。广州花都机场也已建成投入使用，但是，仍不能满足快速增长的客运需要。一些旅游城市、边缘城市也极需加快机场的建设与改造，以加强城市间的联系。《十三五规划纲要》提出民用机场建设的重点工程是：打造国际枢纽机场。建成北京新机场，建设京津冀、长三角、珠三角世界级机场群，加快建设哈尔滨、深圳、昆明、成都、重庆、西安、乌鲁木齐等国际航空枢纽，强化区域性枢纽机场功能。实施部分繁忙干线机场新建、迁建和扩建改造工程，建设支线机场和通用机场。建设郑州等以货运功能为主的机场，新增民用运输机场 50 个以上。机场的建设、航空网的不断完善，必然对城镇体系的形成与发展产生越来越大的影响。随着经济发展，各地通用机场也将有较大发展。

3）铁路建设

在国家铁路网中，铁路枢纽所在地，必然会出现经济较为发达的城市。例如，郑州、石家庄、徐州等，随着航空和高速公路的发展，对铁路运输，特别是客运产生一些影响。但铁路运量大、能耗低、污染轻等优点是其他交通方式无法比拟的，今后仍将是国内各城市之间联系的主要交通方式。全国铁路网仍在不断扩展完善中。我国正加紧建设的一条长约 2 200 km 的陆海铁路大通道，纵贯黑龙江、吉林、辽宁、山东、江苏、浙江 6 省，把东北、环渤海、长江三角洲 3 大经济区更紧密地连接起来，必将对沿线城市群的发展起到极大的促进作用。例如，处于通道上的江阴，本是无锡所辖的县级市，由于地处沪宁高速公路的中部，最近作为陆海大通道中段的长江大桥建成通车，为江阴市的经济发展注入了更大的活力，目前其国内生产总值已超过地级市常州市区。青藏铁路的建成极大地推动青海、西藏城市与经济的发展。2015 年，全国铁路营业里程已达 12.1 万 km。高速铁路得到较快发展，2015 年营业里程从 2008 年的 672 km 增至 19 838 km。

为了提高铁路运输的效率，在进一步完善全国铁路网的同时，高速铁路的建设已经提到议事日程上来，特别是京沪、京广、京哈 3 条铁路干线上承担了全国客运量（11 亿人）的 1/3，迫切需要增大容量，提高运输效率。“十二五规划纲要”提出的铁路建设重点是：建成“四纵四横”客运专线，建设城际轨道交通干线，基本建成快速铁路网，营业里程达到 4.5 万 km，基本覆盖 50 万以上人口城市。铁道部，为连接东北、华北、华东、中南、西北五大区，基本覆盖人口稠密、经济发达的东、中部地区，计划建设京广、京沪、津沈、广深、哈大以及徐州至西安、上海至长沙、济南至青岛、成都至西宁、广州至福州等 10 条

(9 000 km)高速铁路客运专线,构成高速客运专线网。该网络连接百万人口以上的特大城市 23 个,50 万～100 万人口的城市 15 个,其建设对加强中心城市间的联系,推动沿线城市发展将起到极大的促进作用。《十三五规划纲要》对高速铁路的建设提出更高的目标,把加快完善高速铁路网列为重点工程,要求:贯通哈尔滨至北京至香港(澳门)、连云港至乌鲁木齐、上海至昆明、广州至昆明高速铁路通道,建设北京至香港(台北)、呼和浩特至南宁、北京至昆明、包头银川至海口、青岛至银川、兰州(西宁)至广州、北京至兰州、重庆至厦门等高速铁路通道,拓展区域联络线。基本贯通沿海高速铁路、沿海高速公路和沿江高速铁路,高速铁路营业里程达 3 万 km,覆盖 80%以上大城市。并建设和田至若羌铁路、东北沿边铁路和川藏等沿边铁路,推进与周边国家跨境通道和"一带一路"沿线通道建设,建设乌鲁木齐、兰州重要节点城市铁路国际班列物流平台,建设深中通道。

4) 公路建设

新中国成立 60 年来,国内公路网的建设一直没有中断,目前我国已建的 600 多个城市,无不是沿着国道发展起来的,2015 年全国公路里程已达 457.73 万 km。在经济迅速增长的今天,传统意义上的公路已难以适应经济发展的需要。不少公路车行道过窄(只有一上一下),路况很差,且快慢车混行;不少城市沿路建房,变公路为城市道路;更有甚者,许多城市在公路旁进行集市贸易,严重阻塞交通。因此近几十年来,高速公路得到了迅猛发展,高速公路的里程已从 1988 年的 18.5 km 增加到 2015 年的 12.35 万 km,建成了世界上第二大高速公路网。

高速公路网的建设不仅密切了各中心城市之间的联系,而且沿高速公路交叉口的节点都成为城市发展的经济增长点,沿高速公路出现了经济发展走廊,例如,京津塘高速公路建成,不仅沟通了北京和天津的交通联系,而且沿线出现了北京经济技术开发区(亦庄)、河北廊坊开发区、天津扬村开发区,经过天津至塘沽的新港开发区,成为华北地区经济最发达的产业带。沈大、沪宁、广深高速公路沿线也形成了经济发达的产业带。

根据 20 世纪末交通部公路发展规划,我国将建成以高速公路为主的全国主架公路网,规划建设五纵七横全长三万余公里的 12 条国道主干线网,其中三纵、三横为高速公路网。三纵是黑龙江同江至海南三亚,北京至广东珠海,北京至上海;三横是江苏连云港至新疆霍尔果斯,上海至四川成都,北京、沈阳至西南出海通道。以高速公路为主的国道主干线贯通了首都、直辖市及各省(自治区)省会(首府),连接了目前所有 100 万人口以上的特大城市和绝大部分 50 万以上人口的城市。《十三五规划纲要》提出公路建设的重点工程是:加快推进 7 条首都放射线、11 条南北纵线、18 条东西横线,以及地区环线、并行线联络线等组成的国家高速公路网建设。提高长江经济带、京津冀地区高速公路网密度和服务水平,推进繁忙拥堵的高速公路路段扩容改造,沿海高速公路与沿海高速铁路基本贯通,新建改建高速公路通车里程约 3 万 km,加快建设沿边公路。展望未来,我国大城市间、省际间、经济区域间,将逐步形成 400～500 km 当日往返、800～1 000 km 当日到达的新局面。公路网的建设无疑将大大促进我国城镇体系的成长、发育,推动经济发展。

5) 城际与城乡交通建设

随着经济社会的现代化发展,中心城市不断扩大,新城辈出,城乡结构不断调整,城际间的联系日益广泛,这些都给城市交通提出新要求。小汽车的普及,引起城市交通结构的改变,对城市交通带来了新的矛盾。《十三五规划纲要》提出了建设现代高效的城际城乡交通的总体战略,要求完善城市群、城市、农村的交通体系,加强城市交通枢纽建设,提高智能交通水平。其重点任务是:

一是完善城市群交通。建设中心城市间、中心城市与周边城市间 1～2 小时交通圈,打造中心城市与周边重要城镇间 1 小时通勤圈。基本建成京津冀、长三角、珠三角、长江中游、中原、成渝、山东半岛城市群城际铁路网，建设其他城市群城际铁路网主骨架，实施市城郊铁路示范工程。

二是完善优化超大、特大城市轨道交通网络。加快300万以上人口城市轨道交通成网，优化城市公共交通系统，建设集约化停车设施，新增城市轨道交通设施3 000 km，畅通城市道路与对外公路繁忙出入口，具备条件的城市规划建设绕城公路。

三是继续加强农村公路建设。有条件的地区推进公路联网，加强县乡级道路提级改造、建设公路安全防护设施、进行危桥改造，加强农村公路养护力度，实现具备条件的建制村通硬化道路和班车。

四是打造一批客、货运交通枢纽。以高速铁路、城际铁路和机场等为重点，打造开放式、立体化综合客运枢纽，推进同台换乘、立体换乘，加强城市内重要客运枢纽间快速通道建设，减少换乘距离和时间。建设一批多式联运货运枢纽，提升换装效率。鼓励依托交通枢纽建设城市综合体，推进整体开发。

五是发展智能交通。推进交通基础设施、运输工具、运行信息等互联网化，加快构建车联网、船联网，完善故障预警、运行维护和智能调度系统，推动驾驶自动化、设施数字化、运行智慧化。推动铁路、民航、道路客运"一站式"票务服务建设，建设综合运输公共信息服务平台和交通大数据中心。

2.4.14 信息业

信息业由电子工业、印刷工业等信息装备业和科技、教育、通信、咨询、传播、金融、保险、政府等信息服务业组成。报纸、广播、电视等传播媒体既是文化事业，又起着传播信息的重要作用，也可归入信息产业部门。随着信息技术的变革，信息网络的发展，信息化几乎渗透到各个经济发展领域，信息技术与经济发展深度融合，信息业已成为引领经济发展的重要产业部门。

1）传统信息业的状况

据《中国城市统计年鉴》1989年记载，一般国际经济中心城市邮电信件均在10亿件以上，拥有百万电话用户。例如纽约年信件高达65亿件，电话用户295.7万户（1984年）；东京年信件40亿件，电话用户490.6万户（1985年）；巴黎年信件10.8亿件，电话用户131万户（1979年）；北京1994年有电话用户97.6万户（装机容量已达176万部），年邮件处理量92亿件。一般信息中心拥有报刊数十种，期刊数百种，拥有近百家国家通讯社。鉴于我国的统计资料不全，口径也不一致，难以与国际城市一一对应比较，但是仅就电话用户状况看，改革开放以来，经济较为发达的城市电话普及的速度是惊人的。特别是移动电话、无线通信的大规模发展，更加提高了电话的普及率，例如北京，截至2001年1月，电信电话用户达445万户，已与东京不相上下。深圳、上海、广州等城市电信事业的发展更加迅速。许多中等城市电话普及率也达到相当高的水平。根据《中国统计年鉴》公布的资料，2015年末，全国固定电话用户为23 099.7万户，平均5.9人就拥有一部电话。移动电话年末用户127 139.7万户，平均1.08人就拥有一部电话。互联网宽带接入端口从2009年的13 835.7万个增至57 709.4万个，平均2.4人就有一个端口，上网人数从2009年的38 400万人增至68 826万人。

2）城市信息化的发展对城市发展的影响

随着卫星遥感技术、地理信息系统的发展，信息高速公路的建设，移动电话、个人电脑、因特网等各种各样信息通信设备的普及，给社会、经济带来巨大的冲击，先进的信息技术贯穿于现代城市的方方面面，已逐步成为城镇体系内、各城市间信息交流的最主要的手段之一。概括起来其作用表现在以下5个方面：

（1）能强化政府管理与服务的效率，促使政务高效迅捷，确保决策的科学性与民主性。

（2）能更大程度地实施企业内部高度信息化、自动化、智能化的生产组织、管理与质量控制，缩短生产周期，降低生产成本，提高产品质量，以取得更高的经济效益。

(3) 通过电子商务化,构建商场、超市、连锁店、专卖店的数字化网上电子商城,以及建立安全认证、电子支付、高效快速物流配送体系,将彻底改变社会公众的购物与消费方式。

(4) 教育部门和科研机构可借助全球或国家空间信息基础设施,实现远程教育,加强远程教育和科技动态的组织与管理,加快科技创新,推动科技和教育的产品化、产业化、市场化,为科教兴国、培养人才作出贡献。

(5) 推进社区信息化,可为广大居民提供出行、娱乐、医疗、教育、通信等各方面的详尽信息,极大地方便广大市民的日常生活。所有这些都将对城市经济、社会现代化的发展带来深远的影响。

目前,许多城市提出建设"智慧城市"的愿景,所谓"智慧城市"就是信息化对城市上述作用的概括。"智慧城市"充分利用信息化相关技术,通过监测、分析、整合以及智慧响应的方式,给各职能部门提供更好的服务,整合优化现有资源,营造绿色环境、建设和谐社会,为企业及大众提供优良的工作、生活和休闲的环境,保证城市可持续发展。智慧城市的建设是一个长期的过程,需要分阶段、有步骤推进:首先要做好顶层设计和整体规划;然后完成重点项目平台建设,投入试运行;最后,不断深化平台应用,逐步投建新的智慧项目,使市民感知"智慧城市",充分享受"智慧之城、幸福之市"。

信息化会不会削弱大城市的作用?现在看来对此不必担忧,因为大城市企业与居民集中,本市信息沟通还是比跨地区的沟通容易,并且专利类的高科技信息也难以跨地区流动。何况存在于人脑中的经济和技术知识很难通过文件与图像加以分离,不可能完全依靠电脑传输、共享,必须进行面对面的交流,人际间的活动不会削弱。

因此,在研究 21 世纪城市发展策略时,必须高度重视信息技术的作用。对于广大发展中国家的城市而言,信息化技术的发展既为赶超发达国家提供机遇;同时,由于城市信息基础设施水平低,网络普及率差,会加大网络接入成本,难以充分利用信息为发展经济与社会服务,在经济全球化进程中处于不利地位,在信息业发展过程中,南北差距将进一步扩大,"数码鸿沟"不断加深,在城市间竞争中更容易落后于先进国家。

3)《十三五规划纲要》对信息化提出的目标和发展概况

《十三五规划纲要》提出拓展网络经济空间,实施国家大数据战略的目标。把大数据作为基础性战略资源,全面实施促进大数据发展行动,加快推动数据资源共享开放和开发应用,助力产业转型升级和社会治理创新。

牢牢把握信息技术变革趋势,实施网络强国战略,加快建设数字中国,推进信息网络技术广泛运用,形成万物互联、人机交互、天地一体的网络空间。要求完善新一代高速光纤网络,构建现代化通信骨干网络,提升高速传送、灵活调度和智能化适配能力。推进宽带接入光纤化进程,实现城镇地区光网覆盖。建立畅通的国际通信设施,优化国际通信网络布局,完善跨境陆海缆基础设施,建设中国—阿拉伯国家等网上丝绸之路,加快建设中国—东盟信息港。构建先进泛在的无线宽带网,加快第四代移动通信(4G)网络建设,实现乡镇及人口密集的行政村全面深度覆盖,加快边远山区、牧区及岛礁等网络覆盖。合理规划利用卫星频率和轨道资源,实现空间和地面互联互通。

实施"互联网+"行动计划,促进互联网深度广泛应用,带动生产模式和组织方式变革,形成网络化、智能化、服务化、协同化的产业发展新形态。

在我国,互联网的发展非常迅速,截至 2015 午 6 月,我国手机网民达 5.94 亿,其中 10～39 岁网民占 78.4%,互联网已渗透到人们的日常生产、生活的各个领域,人们对互联网的依赖与日俱增,"互联网+"已成为时代进步的重要标志。

概括起来,"互联网+"包含三重含义:一是互联网不断演进,从窄带到宽带,从桌面到移动,永无休止地往前发展，信息密度不断提高。二是互联网时代的特征是在行业业态和模式没有本质改变的前提下，随着信息不对称问题不断改善，通过线上线下资源整合、优化配置，使传统行业不断升级，效率不断提高。三是更多地用互联网思维、技术、手段改造传统产业，创新服务，是一个重塑、再造传统业务的过程。

2014 年 7 月 4 日，国务院印发的《关于积极推进“互联网＋”行动的指导意见》，提出了 2018 年和 2025 年的发展目标；提出了 11 个具体行动。《指导意见》指出：到 2018 年互联网与经济社会各领域的融合发展进一步深化，基于互联网的新业态成为新的经济增长动力，支撑大众创业、万众创新，并成为提供公共服务的重要手段，网络经济与实体经济协同互动的发展格局基本形成。到 2025 年，“互联网＋”新经济形态初步形成，“互联网＋”成为我国经济社会发展的重要驱动力量。

《指导意见》提出 11 个具体行动：(1) “互联网＋”创业创新。发挥对创新创业的支撑作用，推动各类要素资源集聚、开放、共享。形成大众创业、万众创新氛围。(2) “互联网＋”协同制造。发展智能化制造和个性化定制，提升网络化协同制造水平，加速制造业服务化转型。(3) “互联网＋”现代农业。构建依托互联网的新型农业生产经营体系，发展精准化生产方式，培育多样化网络化服务模式。(4) “互联网＋”智慧能源。推进能源生产和消费智能化，建设分布式能源网络，发展基于电网的通信设施和新型业务。(5) “互联网＋”普惠金融。探索推进互联网金融云服务平台建设，鼓励金融机构利用互联网拓宽服务覆盖面，拓展互联网金融服务创新的深度和广度。(6) “互联网＋”益民服务。创新政府网络化管理和服务，大力发展线上线下新型消费和基于互联网的医疗、健康、养老、教育、旅游、社会保障等新兴服务。(7) “互联网＋”高效物流。构建物流信息共享互通体系，建设智能仓储系统，完善物流配送调配体系。(8) “互联网＋”电子商务。发展农村电商、行业电商和跨境电商，推动电子商务应用创新。(9) “互联网＋”便捷交通。提升交通基础设施、运输工具、运行信息的互联网水平，创新便捷化交通运输服务。(10) “互联网＋”绿色生态。推动互联网与生态文明建设深度融合，加强资源环境动态监测，实现生态环境数据互联互通和开放共享。(11) “互联网＋”人工智能，加快人工智能核心技术突破，培育发展人工智能新兴产业，推进智能产品创新，提升终端产品智能化水平。

随着“互联网＋”行动的实施，必将对城市空间布局的调整带来巨大影响。

信息高速公路由光缆干线构成。我国 2002 年已建成光缆 33 000 km，东南沿海以及通往西部的郑州—西安—成都、西安—兰州—乌兰巴托的干线已建成，计划近期建成“三纵五横”，远期建成“八纵八横”光缆干线网，使长途电信传输干线基本覆盖全国各大中城市。同时，我国已建成北京、上海、广州三个国际通信地球站，以及由上海与日本、青岛与韩国的海底光缆，加强了国内城市与国际通信网的接口。

据《中国统计年鉴》统计，2015 年我国长途光缆线路长度已达 96.5 万 km。信息高速公路的建设，推动了我国邮电通信事业的发展。进入 20 世纪 90 年代，我国已初步形成以北京为中心，多种通信手段相结合，公众通信网为主体，专用通信网为补充的通达全国的现代化通信网络。今后将陆续建设大连经青岛至上海，北京经九江至广州，呼和浩特经榆林至西安，呼和浩特经太原、襄樊、南宁至北海，大连经丹东、牡丹江至哈尔滨，广州经湛江、北海至昆明，银川经太原、石家庄、济南至青岛，上海经合肥至西安，兰州经西宁至拉萨，武汉经合肥、南京至上海，西安经襄樊至武汉，南宁经贵阳至昆明等光缆干线。届时将进一步完善电话、数据通信、移动通信以及智能网、支撑网等网络，以适应国民经济信息化社会的多层次需要。

4) 信息业在国内生产总值中所占的比重

信息业在国内生产总值中的比例，2000 年以前在第三产业统计分类中没有独立的项目，常常把交通运输、仓储及邮电通信业三者归为一类。其在国内生产总值中所占的比重大体上在 7%～10%，不同经济发展阶段，比重略有变化，经济越发达，其比重也越高。例如：东京，1955年为7.2%，1980年为8.9%；香港，1988年为9.2%，1995年为10.1%；北京，1990年为4.8%，1994年为5.6%，1999年为8%。

随着信息产业的发展，从2000年开始，信息产业的产值在地区生产总值的统计中从传统的交通运输、仓储及邮电通信业的统计中分离出来，新增了信息传输、计算机服务和软件业的子项。因此，交通运输、仓储及邮电通信业在国内生产总值中所占的比重逐年下降，而信息传输、计算机服务和软件业的比重则逐年增加。以北京为例，交通运输、仓储及邮电通信业在国内生产总值中所占的比重从2000年的7%、2004年的5.9%降至2015年的4.28%；而信息传输、计算机服务和软件业在国内生产总值中所占的比重却从2000年的5.2%、2004年的7.9%增至2015年的10.36%。随着信息化程度的提高，其比重还将逐年增高。

2.4.15 科技、教育、文化、卫生事业

科技、教育、文化、卫生事业的发展是社会发展的主要内容，是现代服务业的重要组成部分，也是关乎民生的重要建设，其发展水平的高低是衡量一个城市是否发达的标志，近年来越来越引起各级政府的重视。

科技、教育、文化、卫生事业的发展，既是公共产品的一部分，要与经济发展的阶段相协调，使居民能更多地享受经济发展成果，又是促进消费、推动经济发展的动力。各项事业将在改革和调整中得到完善与提高，逐步形成高效、合理、可持续的运行机制，各项设施的发展水平要更加符合现代化与国际化的标准，以不断满足科技进步与创新、人才培养和人民日益增长的物质与文化生活的需求。

科技、教育、文化、卫生事业的发展要面向广大群众，体现公平与效率原则以满足人人享有基本公共服务的要求，合理配置资源，调整布局。既要重视大型科技文化、体育、教育、医疗卫生、社会福利设施的建设，更要逐步形成面向基层的，级配合理的公共服务设施网络；不仅要加大政府对社会设施资金的投入，而且要推动社会事业产业化的进程，多渠道地引进资金，逐步建立起社会事业主体多元化，服务内容与形式多样化的格局，以满足国内外不同市场、不同人群的多样化需求。

科技事业的发展，科技进步和创新，是增强综合国力的决定性因素。党的十八届三中全会的决定指出：深化科技体制改革，建立健全鼓励原始创新、集成创新、引进消化吸收再创新的体制机制，健全技术创新市场导向机制，发挥市场对技术研发方向、路线选择、要素价格、各类创新要素配置的导向作用。建立产学研协同创新机制，强化企业在技术创新中的主体地位，发挥大型企业创新骨干作用，激发中小企业创新活力，推进应用型技术研发机构市场化、企业化改革，建设国家创新体系。加强知识产权运用和保护，健全技术创新激励机制，探索建立知识产权法院。打破行政主导和部门分割，建立主要由市场决定技术创新项目和经费分配、评价成果的机制。整合科技规划和资源，完善政府对基础性、战略性、前沿性科学研究和共性技术研究的支持机制。促进科技进步和创新，为结构调整和经济发展提供强大动力。

《十三五规划纲》专门用一个篇幅阐述“实施创新驱动战略”，强调把发展基点放在创新上，以科技创新为核心，以人才发展为支撑，推动科技创新与大众创业万众创新有机结合，塑造更多依靠创新驱动更多发挥先发优势的引领性发展。

首先，强化科技创新在全面创新中的引领作用。加强基础研究，强化原始创新、集成创新和引进消化吸收再创新，着力增强自主创新能力，为经济社会发展提供持久动力。

一是，推动战略前沿领域创新突破。聚焦目标、突出重点，加快实施已有国家重大科技专项，部署启动一批新的重大科技项目。加快突破信息通信、新能源、新材料、航空航天、生物医药等领域核心技

术。加强深海、深地、深空、深蓝等领域高技术部署。围绕现代农业、城镇化、环境治理、健康养老、公共服务等领域的瓶颈制约，制定系统性解决方案。强化宇宙演化、物质结构、生命起源、脑与认知等基础前沿科学研究，积极提出并牵头组织国际大科学计划和大科学工程，建设若干国际创新合作平台。

二是，提升创新基础能力。瞄准科技前沿，以国家目标和战略需求为导向，布局一批高水平国家实验室。加快生命、空间和天文、地球系统和环境、能源、材料、粒子物理和核物理、工程技术等科学领域和部分多学科交叉领域国家重大科技基础设施建设，依托现有先进设施组建综合性国家科学中心。

三是，优化创新组织体系。明确各类创新主体功能定位，构建政产学研一体化创新网络。强化企业创新主体地位和主导作用，支持科技型中小企业发展。推动科教融合发展，促进高等学校、职业院校和科研院所全面参与国家创新体系建设，支持组建跨学科、综合交叉的科研团队。在重大关键项目上发挥市场经济条件下的举国体制优势，实施国家技术创新工程，构建产业技术创新联盟，发展市场导向的新型研发机构，推动跨领域跨行业协同创新。

四是，打造区域创新高地。引导创新要素聚集流动，构建跨区域创新网络。充分发挥高校和科研院所密集的中心城市、国家自主创新示范区、国家高新技术产业开发区的作用，形成一批带动力强的创新型省份、城市和区域创新中心，系统推进全面创新改革试验。支持北京、上海建设具有全球影响力的科技创新中心。

其次，实施人才优先发展展略。人才是最宝贵的资源，当今和未来的国际竞争，说到底是人才竞争。《纲要》指出，把人才作为支撑发展的第一资源，加快推进人才发展体制和政策创新，构建有国际竞争力的人才制度，提高人才质量，优化人才结构，加快建设人才强国。

一是，建设规模宏大的人才队伍。推动人才结构战略性调整，突出“高精尖缺”导向，实施重大人才工程，着力发现、培养、集聚战略科学家、科技领军人才、社科人才、企业家人才和高技能人才队伍。培养一批讲政治、懂专业、善管理、有国际视野的党政人才。善于发现、重点支持、放手使用青年优秀人才。改革院校创新型人才培养模式。引导推动人才培养链与产业链、创新链有机衔接。

二是，促进人才优化配置。建立健全人才流动机制，促进人才在不同性质单位和不同地域间有序自由流动，激励人才向中西部、艰苦边远地区流动，开展东部沿海地区与中西部地区、东北等老工业基地人才交流和对口支援，继续实施东部城市支援西部地区人才培训工程。

三是，营造良好的人才环境。完善人才评价激励机制和服务保障机制，营造有利于人人皆可成才和青年人才脱颖而出的社会环境。在人才资源开发和引进人才、人才评价标准和激励机制、利益的保障和分配等方面提出了若干措施。

教育是培养人才的基础。坚持教育适度超前发展，为国民经济和社会发展服务。发展教育要面向现代化、面向世界、面向未来，着力推进素质教育，促进学生德、智、体、美全面发展。党的十八届三中全会的决定指出：深化教育领域综合改革，构建利用信息化手段扩大优质教育覆盖面的有效机制，逐步缩小区域、城乡、校际差距。统筹城乡义务教育资源均衡配置，实行公办学校标准化建设和校长教师交流轮岗，不设重点学校重点班，破解择校难题，标本兼治减轻学生课业负担，加快现代职业教育体制建设，深化产教融合、校企合作，培养高素质劳动者和技能型人才。创新高校人才培养机制，促进高校办出特色，争创一流。推进学前教育、特殊教育、继续教育改革发展。

《十三五规划纲要》要求全面贯彻党的教育方针，坚持教育优先发展，加快完善现代教育体系，全面提高教育质量，促进教育公平，培养德智体美全面发展的社会主义建设者和接班人。

一是，加快基本公共教育均衡发展。建立城乡统一、重在农村的教育经费保障机制，加大公共教育向中西部和民族边远地区投入的倾斜力度。义务教育巩固率提高到95%，学前三年毛入园率提高到85%，普及高中阶段教育的毛入学率达到90%以上。提升残疾人群特殊教育普及水平、条件保障和教育质量。积极推进民族教育发展，科学稳妥推行双语教育。

二是，完善职业教育体系加强职业教育基础能力建设。推动具备条件的普通本科高校向应用型转变。推行产教融合、校企合作的应用型人才和技术技能人才培养模式，促进职业学校教师和企业技术人才双向交流。

三是，提升大学创新人才培养能力，建设一流师资队伍，用新理论、新知识、新技术更新教学内容。推进高等教育分类管理和高等学校综合改革，优化学科专业布局，改革人才培养机制，实行学术人才和应用人才分类通识教育和专业教育相结合的培养制度，强化实践教学，着力培养学生创意、创新、创业能力。统筹推进世界一流大学和一流科学建设。

《纲要》还对加快学习型社会建设、增强教育改革活力提出了要求。

改善民生，建立健全基本公共服务体系。坚持民生优先，推进基本公共服务均等化，努力使发展成果惠及全体人民。《纲要》要求进一步提高民生保障，实施就业优先战略，推行更加积极的就业政策，提高公共就业、创业服务能力，完善就业、创业服务体系，鼓励以创业带就业，实现比较充分的高质量就业。《纲要》还要求坚持普惠性、保基本、均等化、可持续的方向，从解决人民最关心、最直接、最现实的利益问题入手，增强政府职责，推动公共服务供给方式多元化，提高公共服务建设能力和共享水平。在卫生事业的发展方面，党的十八届三中全会的决定指出：深化医药卫生体制改革，统筹推进医疗保障、医疗服务、公共卫生、药品供应、监管体制综合改革。深化基层医疗卫生机构综合改革，健全网络化城乡基层医疗卫生服务运行机制。加快公立医院改革，落实政府责任，建立科学的医疗绩效评价机制和适应行业特点的人才培养、人事薪酬制度。完善合理分级诊疗模式，建立社区医生和居民契约服务关系。充分利用信息化手段促进优质医疗资源纵向流动，加强区域公共卫生服务资源整合。《纲要》提出推进健康中国的部署。要求全面深化医疗卫生体制改革，实行医疗、医保、医药联动，推进医药分开，建立全覆盖城乡居民的基本医疗卫生制度。健全全民医疗保障体系，完善医保缴费参保政策，全面实施大病保险制度，健全重特大疾病救助和应急救助制度，降低大病、慢性病医疗费用。加强重大疾病防治和基本公共卫生服务，实施慢性病综合防控战略，加强妇幼健康、公共卫生、肿瘤、心脑血管疾病、糖尿病、呼吸系统疾病、精神疾病，以及儿科等薄弱环节能力建设和有效防控。加强重大传染病防控，降低乙肝病毒感染率，艾滋病疫情控制在低流行水平，肺结核发病率降至58/10万，基本消除血吸虫危害，消除疟疾、麻风病危害。完善医疗服务体系，优化医疗机构布局推动功能整合和服务模式创新全面建立分级医疗制度，加强医疗卫生队伍建设，每千人口执业(助理)医师数达到2.5名。《纲要》还对加强妇幼卫生保健及生育服务、促进中医药传承与发展、广泛开展全民健身运动、保障食品安全等方面作出部署。

党的十八届三中全会的决定指出：推进文化体制创新。建设社会主义文化强国，增强国家文化软实力，必须坚持社会主义先进文化前进方向，坚持中国特色社会主义文化发展道路，培育和践行社会主义核心价值观，巩固马克思主义在意识形态领域的指导地位，巩固全党全国各族人民团结奋斗的共同思想基础。坚持以人民为中心的工作导向，坚持把社会效益放在首位、社会效益和经济效益统一，以激发全民族文化创新活力为中心环节，进一步深化文化体制改革。据此，构建现代公共文化服务体系，建立公共文化服务体系建设协调机制，统筹服务设施网络建设，促进基本公共服务设施标准化、均等化。整合基层宣传文化、党员教育、科学普及、体育健身等设施，建设综合性文化服务中心。完善文化管理体制，按照政企分开、政事分开原则，推动政府由办文化向管文化转变。建立健全现代文化市场体系，完善市场准入和退出机制,鼓励各类市场主体公平竞争、优胜劣汰,促进文化资源在全国范围内流动。提高文化开放水平,坚持政府主导、企业主体、市场运作、社会参与,扩大对外文化交流,加强国际传播能力和对外话语体系建设,推动中华文化走向世界。

《十三五规划纲要》要求丰富文化产品和服务,推进文化事业和文化产业双轮驱动,实施重大文化工程和文化名家工程,为全体人民提供昂扬向上、多姿多彩、颐养情怀的精神食粮。繁荣发展社会主义文艺,扶持优秀文化作品创作生产,推出更多传播当代中国价值观念、体现中华文化精神、反映中国人民审美追求的精品力作。构建现代公共文化服务体系,推进基本公共文化服务标准化、均等化,完善公共文化设施网络,加强基层文化服务能力建设,加大对老少和边穷地区文化建设扶持力度,加强老年人、未成年人、农民工、残疾人等群体文化保障。加快发展现代文化产业,发展网络视听、移动多媒体、数字出版、动漫游戏等新兴产业,推动出版发行、影视制作、工艺美术等传统产业转型升级,推进文化业态创新,大力发展创意文化产业,促进文化与科技、信息、旅游、体育、金融等产业融合发展。建设现代传媒体系,加强主流媒体建设,提高舆论引导水平,增强传播力、公信力、影响力。加强网络文化建设,实施网络内容建设工程,丰富网络文化内涵,鼓励推出优秀网络原创作品,大力发展网络文艺,发展积极向上的网络文化。提高文化开放水平,拓展文化交流与合作空间,加强国际传播能力建设。

《纲要》要求广泛开展全民健身运动。实施全民健身战略,发展体育事业,加强群众健身活动场地和设施建设,推行公共体育设施免费或低收费开放。实施青少年体育活动促进计划,培育青少年体育爱好和运动技能,推广普及足球、篮球、排球、冰雪等运动,完善青少年体育健康监测体系。发展群众健身休闲项目,鼓励实行工间健身制度,实行科学健身指导。促进群众体育和竞技体育全面协调发展。鼓励社会力量发展体育产业。

以上所述是为我国今后10年或更长时间提出的战略任务。这些事业的发展,随着计划经济向市场经济的转变,产业化的成分大大增加,其增加值在国内生产总值中的比重逐年增高,已成为不可忽视的产业。据北京市的统计:科、教、文、卫产业的增加值占国内生产总值的比重1978年为3.7%(4.1亿元),1990年为6.4%(32亿元),1994年为9.3%(100.8亿元),1999年为11.7%(254.7亿元),2005年为13.7%(944.5亿元),2012年为13.3%(2 716亿元);其占第三产业的比重分别为16%、16.5%、19.8%、20.4%、19.84%、19.9%。

科、教、文、卫各占多少比例,目前还缺乏足够的资料进行综合分析,仅从北京市统计年鉴2005年资料反映,科学研究和综合服务业增加值占科、教、文、卫增加值的46.7%(1 268.4亿元),教育占25.1%(681.8亿元),卫生、体育、文化娱乐、社会福利事业占28.2%(766.2亿元)。从这些数据可以大致了解各类事业所占份额。

但是与发达国家相比,还存在着较大的差距。现根据科技、教育和文化的相关资料分别介绍如下:

1) 科技、教育水平

经济发达的城市,科技、教育的水平一般较高。例如,纽约拥有100所大专院校,788个科研机构,25岁以上人口具有大学以上学历者占25.4%;波士顿拥有60多所大专院校,650个科研机构,25岁以上人口具有大学以上学历者占28.8%。1986年东京、大阪、名古屋三大城市拥有全国69.2%的大学生,全国一半科研机构云集于此。

根据《中国教育成就》、《中国教育统计年鉴》、《中国教育综合统计年鉴》全国普通高等学校按省分布情况见表2.23。

表 2.23 全国普通高等学校按省分布情况表

	1983 年	1993 年	1998 年	2003 年	2008 年	2013 年	2015 年
总计	805	1 053	1 022	1 522	2 263	2 491	2 560
北京	55	67	63	73	85	89	91
天津	21	22	20	37	55	55	55
河北	33	47	46	83	105	118	118
山西	17	25	23	45	69	78	79
内蒙古	14	19	19	27	39	49	53
辽宁	50	61	61	70	104	115	116
吉林	32	42	41	40	55	58	58
黑龙江	36	42	38	54	78	80	81
上海	38	50	40	56	66	68	67
江苏	58	67	66	94	146	156	162
浙江	24	35	32	64	98	102	105
安徽	30	36	34	73	104	117	119
福建	21	33	29	39	81	87	88
江西	19	28	31	54	82	92	97
山东	41	51	49	85	125	139	143
河南	31	47	51	71	94	127	129
湖北	46	57	54	75	118	123	126
湖南	26	45	47	73	115	122	124
广东	36	43	43	77	125	138	143
海南	36	4	5	11	16	17	17
广西	17	24	28	45	68	70	71
四川	48	60	43	62	90	103	109
重庆	48	60	22	34	47	63	64
贵州	16	23	20	34	45	52	59
云南	20	26	26	34	59	67	69
西藏	3	3	4	4	6	6	6
陕西	34	45	42	57	88	92	92
甘肃	14	17	17	31	39	42	45
青海	6	7	6	12	9	9	12
宁夏	6	6	5	12	15	16	18
新疆	13	21	17	26	37	41	44

资料来源:《中国教育成就》(1949～1983),人民教育出版社 1984 年版;《中国教育统计年鉴》(1988),北京工业大学出版社 1989 年版;《中国教育综合统计年鉴》(1993),高等教育出版社 1994 年版;《中国教育统计年鉴》(1998、2003、2008、2012),人民教育出版社 1999、2004、2009、2014 年版。

根据 1998 年的资料,25 岁以上人口的大学普及率全国平均只有 3.5%,东部较发达地区还不足 6%(5.8%),西部地区只有 3%。北京、深圳、上海是经济较发达、教育程度比较高的城市,其普及率分别为 10%、7.2%和 6%。近年来,随着大学数量增加,上述比例有所改变,但变化不是太大,如上海 2016 年为 7.4%,比 1998 年仅提高 1.4%,计划在“十三五”期间提升到 10%。与发达国家比还有不小的差距。

根据发达国家的经验，高等教育的发展都有一个从精英教育向大众教育过度的过程，大学的分布也不断趋向均衡。如美国，从精英阶段转化为大众化普及阶段花了100年时间。从1862年、1882年国家两次颁布“莫里尔法”，通过国家赠予土地在各州办大学，进入20世纪后美国创建侧重实用科学技术教育和师范教育，并产生了社区大学，使高等教育规模不断扩大，办学结构发生重大变化，大学分布越来越广泛。再如英国，牛津、剑桥等古典大学开办已有800年左右，但19世纪初，只有牛津、剑桥和苏格兰的5所大学，当时是典型的精英型高等教育，随着工业发展的需要，各城市陆续开办地方性大学，弥补了地区大学分布的空白。二次大战后，特别是20世纪60年代，中学毕业生激增，中小城市的郊区也开办大学，尤其是多科技类型的学院发展较快，使高等教育进入普及阶段。德国、法国、日本也都经历了类似的发展过程。

我国高等教育的发展经历了计划经济体制和社会主义市场经济体制两个阶段，1993年以前，大学1/3集中在北京、上海、江苏、湖北、四川、辽宁、陕西七省市。随着转向市场经济体制后，广东、山东、浙江、河北、河南、湖南等省有很大的发展，除四川、重庆外，西部省份增长相对缓慢。目前，我国的高等教育正处在精英阶段向大众化普及阶段迈进过程中，现有的传统大学不可能承担起高等教育的全部职能，因此，在抓争创世界一流大学的同时，要继续改变大学分布不均衡状况，加大在西部各省开办大学的力度，还要探索更多新的办学方式。

从教育投入看，近年来有较大发展，中央和地方财政用于教育事业的支出从1998年的2 949.1亿元、2008年的14 500.7亿元增至2015年的32 806.5亿元。与同年国内生产总值的比例分别从3.5%、4.6%增至4.8%，已接近发达国家教育投入的低限。今后更应通过教育改革，在提高教育质量和经费使用效率上下功夫。

2）文化产业的发展

经济发达的城市，拥有比较发达的文化事业，有众多的图书馆、博物馆、剧场等文化设施，不仅为本国开放，而且为世界游客开放。例如，伦敦拥有421个图书馆、藏书1 989万册，48个博物馆，43个剧场；东京拥有164个图书馆、藏书1 936万册，131个博物馆，79个剧场；纽约有204个图书馆、藏书2 079万册，150个博物馆，390个剧场；莫斯科有418个图书馆，334个剧院、电影院、文化宫，97个博物馆。伦敦、巴黎的博物馆都具有很高的质量，世界驰名。据统计，1993年大英博物馆参观人数达600万人之多。

与发达国家相比，我国在文化事业发展方面有较大差距。随着经济发展，近年来开始有较快发展，北京国家大剧院、首都博物馆已相继建成。继国家级北京图书馆建成之后，市级首都图书馆也已建成，各区陆续建设了区级文化馆、图书馆，全市共有图书馆24个，艺术表演场馆72个，全市博物馆的数量由48个增至159个，仅次于英国伦敦，博物馆总数居世界第二。2014年12月15日文化部批准在北京朝阳区78 km^2 范围内设立我国首个国家文化创新实验区。实验区形成自2009年，当时提出在朝阳门外商务中心区至定福庄建设国际传媒走廊的设想，当年这个区域已集中了人民日报、凤凰卫视、中央电视台、北京电视台和北京广播电台等传媒巨头，还有BBC、美联社等200家国际新闻机构。2014年文化创意产业已突破5万家，其中有一定规模以上的有2 620家。实验区的整体定位是国际化、高端化。要求政策设计系统化、个性化，服务系统社会化、专业化，服务手段信息化、智能化。在空间利用上要对现有700万 m^2 建筑发展空间通过整体谋划、科学规划进行整合，对具体项目作精细化设计，提高品质，力争把存量资源做精，把增量资源做大做强。上海在人民广场附近新建了上海博物馆、美术馆和歌剧院3家标志性的文化艺术馆。据报导，截至2016年底，上海共有剧场135个，图书馆238个，博物馆125家，美术馆76家，电影院275家，各类书店8 000余家，一个“15分钟公共文化服务圈”已形成。在“十三五”期间，上海提出2020年在浦东、浦西形成各具特色的包括上海大歌剧院、上海轻音乐团、东方艺术中心周边的博物馆群、虹桥国际舞蹈中心和宛平剧场(为越剧院、沪剧院共用的专属剧场)等在内的五大文化场馆群落，这些新建筑群将成为上海文化的新地标。随着一批新的文化设施建设，浦东将改变商业大厦林立而文化设施不足的现状。1999年，昆明举办世界园艺博览会，大大推动了昆明的城市建设。随后，沈阳、西安、锦州、青岛、唐山也相继举办了世界园艺博览会。

除了面向国际的、高端的精英文化建设外，按《十三五规划纲要》的要求，还要关注传统文化的传承、大众文化的普及和草根文化的挖掘，既有“阳春白雪”又有“下里巴人”，只有在城市快速发展的同时，强化文化自信，才能在文化建设上使传统文化和精英文化、大众文化、草根文化融合，从而提高全民族的文化水平，创造出具有中国特色的文化生态格局。

2.5 不同经济发展阶段城市建设的任务

由于多种因素促成经济发展的不平衡，全国各个城市经济发展水平呈现出很大差距，有的已接近经济发达国家城市的水平，有的已进入工业化的成熟阶段，有的正处在工业化的发展阶段，有的还处于工业化初期，还有少数城市还不具备实施工业化的条件。不同发展阶段经济发展的重点是不同的，产业结构调整的方向是不同的，自然城市建设的任务、城市功能结构调整的内容也是有区别的。面对如此不在同一起跑线上的城市，自然不能用一种模式来解决城市发展问题，因而城市总体规划的编制必须因地制宜，根据不同经济发展的要求来确定城市发展的方向，预测城市化的速度，确定城市发展规模，提出空间布局方案，体现城乡协调发展和区域协调发展的要求，搞城市规划的不了解经济社会发展的规律，很难提出切合实际的总体规划，达到又好又快的发展目标。

鉴于各城市的经济、社会与自然、区位条件的不同，尤其是中小城市(特别是小城市)很难用同一的标准来要求。但是，对于一般综合性城市而言，还是大致有规律可循，为了给研究城市发展战略提供参考，特对不同经济发展阶段城市建设任务作一些一般性的描述，各地可结合本地区的实际加以取舍，确定城市发展战略，以适应不同城市建设发展需要。

(1) 对于处于工业化初期的城市，其首要任务自然是要加快工业化的步伐，大力发展第二产业。只有通过工业化，才能推动城市化的进程，加快农业现代化的步伐，促进现代服务业的发展。在这个阶段，必然要依靠土地、劳动力价格低廉的优势，引进从经济发达地区疏散出来的工业，以迅速增加经济实力。

但是，第二产业的发展方向要有利于在原有基础上的创新与提高，不能是传统产业简单的迁移，而是要以先进技术改造传统产业。在经济技术开发区内引进的产业，起点要高。一般说，手工业为主的比较粗放的工业每平方公里的年产值为2.5亿元，传统工业每平方公里的年产值为10亿元，现代制造业每平方公里的年产值为30亿～40亿元，高新技术产业每平方公里的年产值可高达100亿～200亿元以上。在此期间，应力争使开发区内的企业达到现代制造业的水平。由于受到当地人才与技术条件等限制，高新技术研发的条件尚不具备，不宜盲目搞高新技术开发区，但也不排斥利用环境条件好的优势，吸引生产高新技术产品的厂家到经济技术开发区落户，发展一些以产品加工为主的产业还是有可能的，如能做到这一点，自然对促进开发区的发展，实现跨越式发展大有好处。

第一产业的发展要实现由粮食、棉花等满足基本生活消费的生产为主向经济作物、蔬菜、林果等共同发展的转变，还要加强农牧业技术的改进，实施种苗改良的研究，努力提高产品的数量与质量，由自给型农业逐步向出口型农业转化。在这个阶段，如有条件，可以进行农业科技园的试点，通过国家投资，建立具有一定规模的园区，在园区内除了建设现代化温室外，既要设置新品种、新栽培技术的研发中心；又要建立营销中心，实现了研、产、供、销一体化的网络，为实现农业产业化的进程提供样板。

第三产业的发展要发挥现代服务业组织生产、促进流通、满足消费的作用，充分利用当地资源特色和环境优势，合理确定在区域范围内产业分工中的地位。成为与发达城市组成的产业链中的一个环节。在发展商贸流通服务的过程中，根据市场需求，适度发展一定数量的金融、物流、会展、批发等行业是必要的，但切忌盲目做大求全，特别是中小城市商贸流通服务要融入区域中心城市的体系中去，成为其不可缺少的组成部分。商业服务业的定位也要恰当，为了满足市民日益增长的物质、文化需求，引进新的业态，不断完善和提高商业服务业的水平是十分必要的，但也要阻止过早引进脱离当地消费水平的如沃尔玛等大型连锁超市以及大型购物中心等项目，因为这样过分超前的做法，不仅达不到预期的经济效益，而且可能会造成资源浪费或引起一批中小企业破产使职工失去就业岗位，造成社会问题。

(2) 对于已实现初步现代化的城市，则调整产业结构，逐步实施经济转型，成为首要任务。中心城市建设的重点将逐步从外延扩展向内涵发展转移，城市建设的重点将从中心城市向外围新城转移。

创新将是转型期提高经济发展水平的基本保障，工业的发展要改变为境外企业做贴牌生产加工贸易的方式，要通过技术创新，力争从世界产业链分工的末端走向高端，创意产业、IT产业、生物产业等高新产业将逐步成为产业的主体，循环经济、低碳经济将有长足的发展。流通业将成为加速制造业发展、创新的基本保障。为此，必须增加企业研发的投资，力争每年的研发经费达到当年企业年产值的5%以上；大力提高教育的投入，力争每年用于教育的投入与当年GDP之比达到5%以上，改革高等教育，大力引进和培养创新人才，注意工程师与技师的级配，努力改变企业核心技术受控于人的局面。届时，每平方公里工业用地的年产值将大幅度提高。

第一产业将加快农业产业化的进程，通过高科技的研发和广泛应用，主要集中在滴灌、生物育种、园艺设施及其高附加值的家畜产品等领域，使农产品的品种、品质、产量不断得到改进和提高；并强调市场机会，适时调整产业结构，使农业生产及其技术逐步走向国际化、专业化、商品化的道路。随着生产发展、生活宽裕，新农村的建设将扎实稳步推进。

第三产业即现代服务业将逐步成为三次产业的主导产业，其在引领三次产业的发展中起着关键作用。

科技、教育、研发等具有长远影响的战略性服务业，逐步完善、形成规模，大学普及率普遍提高，科技机构覆盖大部分生产领域，为新技术的发展提供基础。

通过流通业的创新，建立完善的流通市场，金融、贸易、交通、通信、商务、中介、服务外包等生产性服务业不断向制造业渗透，为制造业提供产前、产中、产后的全过程服务，IT产业成为沟通信息、促进流通、组织生产的重要手段，大大提高产品的生产和流通效率；商务中心区初具规模；中心城市的物流中心、会展中心与区域范围内的中小城市逐步形成级配合理的网络体系。

随着生活水平的提高，人们生活、娱乐的需求从普通消费型向时尚享乐型转变，为文化创意产业提供了广阔的市场，促其较快发展，商业服务业以百货、购物中心、连锁店、社区服务为骨干的多种业态将逐步完善，形成集购物、餐饮、休闲、娱乐于一体的多元化、错位经营的格局，电子商务（包括：电视购物、电话购物、网上购物和邮购）的交易也将不断扩大。

当产业结构通过调整日趋合理，经济转型的任务基本完成之时，就是城市将进入经济发达城市行列之日。

对于城市政府而言，必须更加理性地研究城市发展现状，以市场为导向，按照城市经济发展规律进行宏观调控与引导，为城市现代化发展服务，注意三次产业的合理级配，在经济、社会发展的不平衡中求平衡，在平衡中求发展，达到新的平衡，保使城市健康成长，推动城市不断向现代化的目标前进。掌握城市各项事业发展合适的“度”显得格外重要，切不可超越经济发展阶段，提出不切实际的“漂亮”口号，跟风追热，盲目求大、求快，片面追求短期效益。这样做常常会欲速不达，浪费大量资金和不可再生的宝贵资源，影响城市持续、稳定、健康、较快的。

3 城市性质

城市性质是对城市发展战略的高度概括，是城市发展的总纲，必须抓住主要矛盾，突出重点，切忌面面俱到。城市性质的确定将会对城市发展带来持久而深远的影响。

和城市发展战略一样，随着政治、经济形势的变化，城市性质也会发生变化，因此，每一次修订城市总体规划，都要在调整城市发展战略的基础上，对城市性质进行校核，作必要的补充与修改。

值得注意的是当前有不少城市把宜居城市、生态城市都列入城市性质中，本人认为不妥。一是每个城市只要存在，必然适合居住，如果丧失了起码的生存条件，这个城市就湮灭了，就如楼兰古城那样。二是宜居是一个相对标准，要努力提高居住环境、改善生活质量是每个城市都要追求的目标，因而不是城市性质要求的内容。至于生态环境，也是每个城市都关注的问题，改善生态环境是每个城市都要努力实施的目标，也不是城市性质的内容。如果在城市性质的论述中加了许多这样的形容词，反而会淡化其特殊性，这种为提高城市“知名度”的炒作行为是不可取的。

3.1 城市的一般属性和特殊属性

总的说来，城市不论大小，都是辐射一定地区的政治、经济、文化中心，是镇、市、地区、省以至中央政府所在地。而这些城市往往是处于自然条件较好、交通联系方便之处，或依山傍水，或靠近港口、铁路、公路的枢纽地带。鉴于中国有悠久的历史，城市形成较早，有丰富的历史遗存和自然资源，许多城市有条件冠以国家或省级历史文化名城的称号，不同程度地存在着旅游价值。不少城市处于矿产资源丰富的地带，形成工矿城市。对于这些一般属性，比较容易识别，我们在论证城市性质时，必须首先看到这一点。

确定城市性质，只认识其一般属性是不够的，还必须认识其特殊属性，建立量化指标，形成区别于其他城市的主要特征。根据自然与历史条件不同，开发的程度不同，对国际、国内的影响不同，形成性质各异的城市。

如何分析城市性质，参照经济学界对城市的论证，在以下 10 项内容中，特点最为突出的应该概括到城市性质中去。

3.1.1 行政中心

一般国家的首都，省、地方政府所在地，这个性质是唯一的，必然会反映到城市性质中去。其行政中心的主要职能，往往会给城市经济、社会、文化发展带来更多的机会，比较容易发展成辐射一定地域的经济、文化中心。发达国家的首都，不少对世界经济产生影响，具有全球性经济中心性质，如伦敦；或具有地区性国际经济中心性质，如巴黎。我国的北京与各省会城市也是如此。

3.1.2 金融中心

在经济发展全球化的今天，国际资本交易发生的主要场所，某些流通量特别大的空间节点，通常有大量金融机构结集，成为国际金融中心城市。例如，伦敦有外国银行 479 家，纽约有 356 家，东京、巴黎、新加坡等城市外国银行均超过百家,我国的香港有银行165家(1990年)。这些城市还是外汇交易额最大、证券交易市场国际化程度最高的地方。我国的上海、深圳金融中心的作用正在不断显现,北京、东部沿海各省会城市,以及开放较早的城市,随着开放度日益扩大,国外银行的进入,国内银行的增加,具有不同辐射范围的金融中心城市的性质也将逐渐呈现。

3.1.3 制造业中心

目前,大多数已进入后工业化时期的经济发达的城市,虽然第三产业已成为主导产业,但是历史形成的制造业的基础,仍然是经济发展不可忽视的力量。例如,伦敦工业产值占全国1/4,是集中了电子、石油、化工、汽车、航天、航空、机械制造以及印刷等众多工业部门的综合工业中心。巴黎工业产值也占全国的1/4。其他如芝加哥、东京、大阪、香港、新加坡、首尔等无一不是制造业集中的城市。

我国正处在工业化时期,经过半个世纪的发展,我国现有百万人口以上的70个特大、超大城市以及87个50万~100万人口的大城市,无不是各个地区的经济中心和工业基地,在改革开放的形势下,这些城市已经涌现出一大批实力较为雄厚的产业集团,不少产品已打入并占领国际市场。在今后的10年,每个城市以市场为导向,根据其所处的自然地理位置,与地区经济中心城市的距离,在全国交通网中所处的地位(包括水、陆、空交通线路的数量和运输能力),与本地域所具备的矿产、能源以及农、林、牧产业的资源条件,扬长避短、因地制宜地合理配置资源结构,逐步形成符合本地条件的产业结构,必将发展一大批各具特色的综合型或资源型的工业城市。

3.1.4 国际交通枢纽

国际交通枢纽主要是指海港与空港。具有国际海港与空港职能的城市往往成为该城市性质的一部分。

国际上比较著名的港口城市有纽约、伦敦、东京、鹿特丹、汉堡、洛杉矶、大阪、新加坡、香港等。

国际重要空港是本地区未来经济发展的重要因素之一。全世界国际机场附近地区一般都产生较重大的经济活动,在机场的一侧出现新城,内容包括为机场服务的各类设施、工业园区、商务园区以及旅馆、购物中心、娱乐中心和居住区等。例如,伦敦希思罗机场成功地建立了史脱克里商务园区;列雷丁地区成为英国的"硅谷";华盛顿的杜勒斯机场、新加坡的樟宜机场附近都出现了新城。

根据中国民航报(1999年)资料,1998年世界前50家国际机场排名,其旅客的吞吐量均在1 600万人次以上,货运量一二百万吨(表3.1,表3.2)。今后20年,随着对外交往的大幅度增长,我国必将出现更多的国际航空枢纽或国际航空港。

表3.1 1998年世界前50家机场排名

排 名	城 市	机 场	旅客吞吐量		货运吞吐量	
			旅客量/万人	变化/%	货运量/千t	变化/%
1	亚特兰大	哈茨菲尔德	7 347.4	7.7	907	4.9
2	芝加哥	奥墨尔	7 237.0	3.0	1 440	6.1
3	洛杉矶	国际	6 127.6	1.8	1 861	0.7
4	伦敦	希思罗	6 066.0	4.3	1 663	−8.3
5	达拉斯/沃思堡	国际	6 048.3	0.0	802	−1.1

续表 3.1

排名	城市	机场	旅客吞吐量		货运吞吐量	
			旅客量/万人	变化/%	货运量/千 t	变化/%
6	东京	羽田	5 124.1	3.9	693	−0.5
7	法兰克福	梅茵	4 273.4	6.1	1 465	−3.2
8	旧金山	国际	4 006.0	−1.1	770	−1.2
9	巴黎	戴高乐	3 862.9	9.5	1 014	−1.4
10	丹佛	国际	3 681.8	5.3	447	2.3
11	阿姆斯特丹	史基浦	3 442.0	9.0	1 219	1.0
12	迈阿密	国际	3 393.5	−1.7	1 793	1.5
13	纽约	纽瓦克	3 244.5	5.0	1 096	4.8
14	凤凰城	天港	3 177.2	3.6	347	5.7
15	底特律	韦思乡	3 154.4	0.1	285	−11.6
16	纽约	肯尼迪	3 129.5	−0.2	1 605	−3.7
17	休斯敦	乔治·布什	3 102.6	8.1	355	8.1
18	拉斯维加斯	麦卡伦	3 021.8	−0.3	74	3.5
19	汉城	金浦	2 942.9	−19.9	1 425	−9.1
20	伦敦	盖特威克	2 917.3	8.2	294	2.3
21	圣路易斯	郎伯	2 864.0	3.5	134	9.0
22	明尼阿波利斯	国际	2 853.2	−2.8	366	−3.6
23	香港	国际	2 782.8	−3.8	1 663	−8.3
24	奥兰多	国际	2 774.9	1.6	237	7.8
25	多伦多	莱斯特	2 674.5	2.5	—	—
26	波士顿	洛根	2 641.6	5.1	440	−0.3
27	西雅图	国际	2 582.6	4.4	427	8.4
28	曼谷	曼谷	2 562.4	2.0	719	−6.7
29	罗马	菲乌米奇诺	2 525.5	1.0	263	−8.8
30	马德里	巴拉加斯	2 525.4	7.0	262	−1.5
31	巴黎	奥利	2 495.2	−0.4	217	−8.4
32	东京	成田	2 444.1	−4.8	1 638	−5.8
33	费城	国际	2 423.1	8.0	494	0.9
34	新加坡	樟宜	2 380.3	−5.4	1 306	−3.9
35	夏洛特	夏洛特	2 294.8	0.7	181	−6.8
36	檀香山	国际	2 292.1	−3.9	502	0.6
37	纽约	拉瓜迪亚	2 268.0	5.0	67	−20.1
38	悉尼	史密斯	2 120.7	2.8	519	−2.5
39	辛辛那提	北肯塔基	2 117.9	4.0	376	3.7

续表 3.1

排名	城市	机场	旅客吞吐量		货运吞吐量	
			旅客量/万人	变化/%	货运量/千 t	变化/%
40	匹兹堡	国际	2 055.6	−1.0	157	−4.0
41	盐湖	盐湖城	2 025.2	−3.9	250	−0.4
42	慕尼黑	弗朗兹	1 932.1	8.0	118	−4.3
43	苏黎世	苏黎世	1 930.1	5.3	351	−1.0
44	大阪	关西	1 922.4	−2.7	767	2.9
45	墨西哥城	贝尼托	1 894.6	6.2	—	—
46	布鲁塞尔	扎伦图	1 848.2	16.0	597	12.5
47	帕尔马	帕尔马	1 766.0	6.7	26	8.9
48	曼彻斯特	国际	1 750.8	8.3	106	6.9
49	北京	首都	1 731.9	2.4	361	20.4
50	哥本哈根	哥本哈根	1 667.1	−1.0	—	—

表 3.2 1998 年世界前 10 家机场年起降架次

排名	机场	起降架次/次
1	芝加哥	897 354
2	亚特兰大	846 079
3	洛杉矶	773 569
4	达拉斯/沃斯堡	736 079
5	底特律	542 440
6	凤凰城	537 822
7	迈阿密	536 262
8	波士顿	507 449
9	奥克兰	506 628
10	圣路易斯	503 736

3.1.5 国内交通枢纽

随着铁路网的完善，高速公路的建设，在新形成的交通节点附近，是物资交流最发达的地方，根据其交通流量的大小，必然会推动附近城市的经济发展，涌现出规模不等，具有一定辐射半径的、具有明显交通枢纽特征的城市。

3.1.6 信息中心

城市的政治地位、经济实力、文化发展水平和通信设施的先进程度决定了城市信息业的发展。经济中心城市必然具备信息中心的功能。例如东京，拥有全国 1/4 计算机传输终端，出版业、广告业、情报服务非常发达，是名副其实的全国信息中心。

3.1.7 重要国际组织集中设置的城市

所谓国际组织,一般有国际政府组织和国际非政府组织两类。

所谓国际政府组织,主要是协调国与国之间关系的组织。该类组织是由3个或3个以上国家组成的组织。根据《国际组织年鉴》1986年的统计有311个,如包括两国间的组织和其他类型国际政府组织,总数达3 600个。

国际非政府组织包含的内容涉及商贸、文化、科技、卫生、宗教、社会福利,以及教学、体育等方面,据1987年统计有4 235个,如包括两国间或其他类的非政府组织约18 000多个。这类组织大多集中在经济、文化、科技比较发达的国家,特别是欧洲国家。个数最多的前5位城市是:巴黎有866个,布鲁塞尔862个,伦敦495个,罗马445个,纽约232个。

跨国公司本质上也带有国际性,是集中控制、跨不同国家、在多个地点上从事某项盈利性经营活动的企业组织。其对国际经济活动的影响越来越大,目前跨国公司的产值已占世界总产值的1/3左右。这些公司大多数也诞生于发达国家的大城市。据1982年国外经济学家分析,世界上500家跨国公司有2/5集中在纽约、伦敦、东京、巴黎、芝加哥、大阪、洛杉矶7个城市。

在我国,国际组织在城市设置的数量较少,但随着经济的发展和市场的发育,我国已出现不少跨省集团公司,例如,首钢、宝钢、武钢联合组成的钢铁集团公司,华能电力国际公司接管了山东华能电力公司,北京燕京啤酒公司、青岛啤酒公司也分别收购或入股外地啤酒厂组成集团公司。此外,上海华联、北京王府井百货大楼集团等也都是跨出本地域经营的商贸集团。可以断言,集团公司总部集中的城市,必然是经济比较发达的中心城市。例如,上海把吸引全国性大公司、大企业落户上海作为一条重要的经济发展战略。截至1997年底,外省市进入上海的企业已达1万家左右,行业领域涉及海上运输、外贸进出口、房地产开发经营、机械制造、科技开发和信息咨询服务等。名列国际集装箱船公司"五强之一"的中运集团、江苏春兰集团、宁波埃力生集团都把总部移至上海。上海还采取灵活的投资方式,努力营造公平、公开、公正的市场环境为来沪投资企业提供便捷周到的服务,吸引了来自不同地区、不同部门、不同行业和不同所有制的企业集团进驻上海,以海纳百川的气度,迎接全国各地的客商到此落户,进一步拓展了城市功能,增强了城市的集聚和辐射能力,更好地发挥出了中心城市应有的作用。

3.1.8 科技、教育中心

科技、教育的发达程度与城市经济发达程度成正比例关系,只有高素质的人才才能适应生产力发展的需要。教育程度高的国家,人均收入增长快,受过健全完整教育的劳动力对于充分实现经济自由带来的好处至关重要。反之,经济越发展,人才必然集聚,进一步推动了科技、教育的发展。因而经济中心城市必然是科技文化较发达的城市。

科技文化实力较强的城市,必然成为举办国际会议最多的城市,例如,1990年来自5个以上国家、与会人数在500人以上的国际会议共举行了8 504次,80%以上在欧美召开。举行会议最多的10个城市是:巴黎(361次)、伦敦(268次)、布鲁塞尔(194次)、维也纳(177次)、日内瓦和柏林(各166次)、马德里(151次)、新加坡(136次)、阿姆斯特丹(108次)、罗马(91次)。北京在"九五"期间共举办国际会议277次,平均每年55.4次(2000年为57次)。

对于我国的城市来说,科研机构及大学的拥有量,大学的普及率,以及国际、全国性、省际间的会议举办的数量也应作为衡量城市作用的内容。

3.1.9 文化、艺术中心

只有具有一定规模的城市才能有一定规模的图书馆、博物馆、展览馆、剧院，往往这些设施不仅为本市服务，而且为附近的城镇服务，因此文化、艺术中心也和一定地域的中心城市是重合的，其服务半径的大小，决定了其中心作用的大小。

3.1.10 旅游城市

中国具有悠久的城市发展史，名川大山众多，历史遗存丰富，旅游资源开发的潜力很大。随着改革开放扩大，对外联系增多，国内、外旅游的人次与日俱增，旅游业已成为城市的一个重要产业，在国内生产总值中占有一定份额，特别是一些具有丰富旅游资源的小城市，旅游不仅成为其经济的主要来源，而且因其独特的景观和历史、自然价值，成为世界驰名的旅游城市。

以上 10 项内容，反映了每个城市不同的功能作用，也决定了其在世界、国内或一定地域内经济活动的地位。界定其辐射范围，即可大体认定城市的主要性质。当然很少有一个城市在 10 项指标中都居领先地位，但是许多内容是相辅相成的，一般能具备 6 项以上功能在世界、国内或一定地域内处于领先地位，那么这个城市就成为相应地区的中心城市。

有些城市单一功能突出，具有世界影响，虽然规模不大，也可成为国际性的城市，但不一定具备经济中心的功能，例如，威尼斯、佛罗伦萨、圣马力诺是国际旅游城市。我国的张家界、敦煌、丽江、平遥也有条件发展成国际旅游城市。

城市的分级，目前没有统一的标准。对于国际经济中心城市的界定，综合中外一些经济学家的意见，认为国际经济中心城市是社会经济高度发展的产物，它是以面向世界、充分发展市场经济为前提，以高度城市化为基础的。所谓“国际”化，就是充分利用城市的历史、地理优势和政治、经济、文化、科技的特点，加强在物资、人才、文化、信息方面与国际交流，不断增加强度，当城市在经济的某些领域或某一方面在国际活动中起到控制或中心作用时，这个城市就具备了国际经济中心城市的性质。

根据“迈向 21 世纪的上海”课题组研究的意见，把国际经济中心城市划分为三级：

第一级：纽约、伦敦、东京，可称为综合性全球城市，人口均在 1 000 万人以上。

第二级：巴黎、芝加哥、洛杉矶、香港、大阪、法兰克福，为区域性国际经济中心城市，人口在 500 万～1 000 万人。

第三级：新加坡、旧金山、休斯敦、迈阿密、多伦多、悉尼、米兰、慕尼黑、马德里、罗马、布鲁塞尔、阿姆斯特丹等，为规模较小的国际中心城市，人口在 100 万～500 万人。

参照国际经济中心城市的分级，我国的经济中心城市大体上也可分成全国性的、跨省域的、省级的以及不同范围的地区性的中心城市。

3.2 不同类型的城市性质

3.2.1 北京市

根据史料记载，北京市最早的现代城市规划是日伪时期，是由北京市伪建设总署于 1941 年 3 月编制，由日本北支那方面军司令部审定的。规划编制的背景是日本侵略北京与华北后随着战线南移，北京成为日本指挥作战的大本营，在北京的人口急增。据统计，北京的人口 1936 年为 153 万，1938 年底为160万，1939年达173万；在北京的日本人1936年仅4 000，1939年10月达4.1万。当时急于寻找人口增加的对策，以回避中国人与日本人混居造成的摩擦。为适应上述诸多需要，特在北京旧城西郊开辟新北京，把日本侵华指挥中心和日本人定居点都迁到西郊去。在这种背景下，《北京都市计划大纲》把城市性质定为“政治、军事中心，特殊之观光城市，可视作商业城市”。

1945年9月，抗战胜利，日寇无条件投降，北京又改称北平，国民党政府对城市规划加以修订，1946年提出《北平都市计划大纲》，把城市性质定为“将来中国之首都，独有之观光城市”。去掉了日伪时期把北京作为侵略据点的性质，对北京的地理优势和丰富的历史遗存作了充分肯定。显然，当时北平市长何思源认为北京作为首都比南京更好，这一点颇有远见。

1949年1月北平和平解放，同年9月27日中国人民政治协商会议第一届全体会议通过决议：定都北平，改北平为北京，10月1日毛主席在天安门城楼宣告中华人民共和国成立，从此古都北京揭开了它历史发展的新纪元。1949年5月至1953年11月，用了4年多时间编制了新中国成立后第一个首都城市总体规划。当时北京的主要问题是迅速医治战争创伤，恢复发展生产，解决数十万失业人口的生计，巩固新生的政权；为适应中央机关开展工作的需要，尽快改善城市各项设施；解决日益增多的城市人口的工作与生活条件。因此，市委提出了“为生产服务，为中央服务，归根到底是为劳动人民服务”的城市建设总方针。在这个背景下把北京的城市性质定为“首都应该成为我国政治、经济和文化的中心，特别要把它建设成为我国强大的工业基地和科学技术的中心”。在当时市委向党中央的报告中进一步说明了这个观点，认为“首都是我国的政治中心、文化中心、科学艺术中心，同时还应当是也必须是一个大工业城市。如果在北京不建设大工业，而只建设中央机关和高等学校，则我们的首都只能是一个消费水平极高的消费城市，缺乏雄厚的现代产业工人的群众基础，显然这和首都的地位是不相称的”。“我们在进行首都规划时首先就是从把北京建设成为一个大工业城市的前提出发的”。

1982年城市总体规划编制是在“文化大革命”结束以后，从1974年开始到1980年，北京市规划部门做了大量的准备工作，但是对关系北京城市发展大局的城市性质、规模、布局、旧城改建等问题认识很不一致，工作难以开展。

当时首都面临的问题是，经过“十年动乱”，城市市政基础设施和住宅生活设施严重缺乏，大量欠账，很难为党中央和国务院提供良好的城市环境以领导国内工作和开展国际交往；也给广大市民的正常工作与生活带来很多困难。自20世纪50年代以来，北京重化工业发展规模过大，成为北京工业的主体，其占地过大，耗能耗水过多，运输量大且污染严重，也干扰了首都政治、文化中心功能的正常发挥。

据此，1980年4月中央书记处听取了北京城市建设问题的汇报，胡耀邦总书记作出了关于首都建设方针的4项指示，明确指出：北京是全国的政治中心，是我国进行国际交往的中心。要求把北京建成：① 全国和全世界社会秩序、社会治安、社会风气和道德风尚最好的城市；② 全国环境最清洁、最卫生、最优美的第一流城市，也是世界上比较好的城市；③ 全国科学、文化、技术最发达、教育程度最高的第一流城市，并且在世界上也是文化最发达的城市之一；④ 同时还要做到经济不断繁荣，人民生活方便、安定。经济建设要适合首都特点，重工业基本不再发展。

中央书记处的指示为首都建设明确了方向，统一了各方面的认识。

1982年3月正式提出《北京城市建设总体规划方案（草案）》，将北京的城市性质确定为“全国的政治中心和文化中心”，不再提“经济中心”和“现代工业基地”。当时认为不再提经济中心不等于不发展经济，而是更强调全国的政治中心和文化中心这一区别于其他城市的独一无二的特点。同时也包括着经济发展不能影响政治、文化中心功能的发挥，并提出首都的经济发展要适合首都特点，经济发展不能仅局限于工业的观点。但是什么是适合首都特点的经济，在计划经济体制下是难以说清的，而且在计划经济体制下，当时只注重工、农业总产值，三次产业划分与国内生产总值的概念还刚刚出现，因此，对第三产业发展还缺乏具体认识。

如果用上述 10 项功能分析，北京除了没有海港以外，其他 9 项几乎都在全国处于中心地位，为什么不把它都写到性质中去，当时认为其他功能都是首都政治、文化中心派生出来的，在城市性质中，中心过多反而会削弱首都的主要特点，而且容易挂一漏万，阐述不全面。

1992 年底北京通过两年努力又推出了经过修订的《北京城市总体规划方案》，于 1993 年 10 月得到国务院的批准，并颁布实施。这一稿总体规划是在党中央明确提出"确立社会主义市场经济体制"的背景下编制的，而且恰逢邓小平同志"南巡"讲话以后，改革开放继续扩大，全国经济呈大发展的形势，新的城市总体规划必须解决在社会主义市场经济体制下城市的发展方向问题，不能不对经济发展方向有一个明确的认识。同时这一次总体规划恰好处于跨世纪阶段，必须对 21 世纪城市发展前景有一个展望。

这一稿总体规划最后提出的城市性质是："北京是伟大社会主义祖国的首都，是全国的政治中心和文化中心，是世界著名古都和现代国际城市。"

这个性质的概括，既突出了全国的政治、文化中心这个首都的最主要的功能，同时体现了全方位对外开放与国际接轨建设现代城市的目标。在城市性质中不再简单地提国务院公布的"历史文化名城"，而突出"世界著名古都"，说明北京的历史地位具有世界性，是当之无愧的世界著名的历史城市，这个提法加大了文化中心体现历史文化内涵的分量。同时也明确了 21 世纪中叶北京的奋斗目标是建设现代国际城市，虽然没有用"全方位开放"、"经济"、"科学技术"等这些词，但是"现代国际城市"已经把改革开放、经济与文化发展的任务要求都概括进去了。

在这个城市性质的前提下，经济如何发展？规划中明确提出"北京不仅要为全国经济建设服务，同时必须发展自身的经济"，关键是要适合首都特点，能促进而不是干扰首都政治、文化中心功能的发挥。"适合首都特点的经济"或简称"首都经济"，其内容是什么呢？在城市总体规划中定义为"以高新技术为先导，第三产业发达，经济结构合理的高效益、高素质的经济"。为经济发展明确了方向，只有实施这个经济发展方针，才能充分体现首都城市性质的要求。

从北京城市性质的演变中，可以充分看出政治、经济形势对城市性质的影响，也可以看到在社会发展过程中，不同的政治、经济背景下对首都城市性质认识的深化。

3.2.2 上海市

上海市地处太平洋的西岸，明末清初已引起国际市场重视，认为是理想的通商口岸。1840 年英国发动第一次鸦片战争，1842 年清政府被迫同英国签订不平等的《南京条约》，上海被列为 5 个通商口岸之一。翌年 11 月 7 日，上海正式开埠。1848 年英国又迫使清政府签订《上海租地章程》，使 1846 年开始的英租界合法化。当时的英租界包括了外滩至河南中路、延安东路至北京东路之间 52 hm^2 的用地。随后又出现美租界、英美公共租界，1899 年用地面积扩大到 22.8 km^2。1847 年法国在上海县城北开辟法租界，至 1914 年面积从 65.7 hm^2 扩展到 1 000 hm^2。1901～1924 年，英法殖民主义者通过越界筑路，从东向西不断扩大地盘，逐步形成上海狭长形的老市区。

辛亥革命后，于 1927 年成立上海特别市，1912～1914 年拆除城墙，填埋护城河建成环城路（人民路），1927～1931 年在吴淞与江湾间策划建设上海市中心区，抗日战争前夕已初具规模，但不久即毁于战火。

抗战时期，日本曾做过"大上海规划"，企图长期霸占上海。抗战胜利后，于 1945 年 10 月至 1949 年解放前夕，国民党政府先后编制完成《大上海区域计划总图初稿》、《上海市土地使用总图初稿》、《上海市建成区暂行区划计划》、《上海市都市计划三稿初期草图》等，曾吸取“有机疏散”等国外城市规划理论，强调建设新计划区，避免旧市区不断向外蔓延，并注意到了交通与土地使用的配合等问题。

1949 年 5 月，上海解放，市政府立即组织城市规划编制工作，1953 年曾在前苏联专家影响下编制《上海市城市总体规划示意图》，基本上是单核发展的模式，与莫斯科规划和 1953 年的北京城市总体规划极为相似，把城市规划为 500 万～600 万人，600 km^2 这样一张“大饼”。1956 年上海市域扩大，从 1949 年 618 km^2 扩展到 6 185 km^2。1959 年编制了《上海市总体规划草图》，提出“逐步改造旧市区，严格控制工业区的规模，有计划地建设工业城镇”的原则，这个规划思路和北京市同期的“旧城逐步改造、近郊调整配套、远郊积极发展”的思路如出一辙，反映了计划经济体制下城市规划的思想。上述规划虽在上海建设中起了指导作用，但是均未得到中央和国务院批准。直到“十年动乱”结束，党的十一届三中全会以后，1979 年开始着手编制《上海市城市总体规划纲要(草案)》，1980 年经市委讨论原则通过，1981 年广泛发动上海市各部门和专家讨论，以充实与完善《纲要》，1982 年市人民政府原则审定了《纲要》，1983 年《上海市城市总体规划方案》编制完成，经上海市人大常委会讨论通过，于 1984 年 2 月上报国务院。1985 年 9 月，市委市政府根据变化了的情况，向中共中央、国务院补报了《关于上海市城市总体方案的几点说明》，提出了指状发展的城市布局、逐步实现城乡一体化的生产力布局和城镇网络等思路。1986 年 10 月，国务院正式批准《上海市城市总体规划方案》，与 1983 年 7 月中共中央、国务院正式批准的《北京市城市建设总体规划方案》相距 3 年，这是两大城市总体规划第一次得到中央的批准，也是计划经济体制下两大城市完成的最后一稿总体规划。虽然上海与北京发展基础极为不同，但在同样体制下总体规划的思路差别并不大。

1985 年《上海市城市总体规划方案》确定的城市性质是“上海是我国的经济、科技、文化中心之一，是重要的国际港口城市”。

“党中央、国务院十分关心上海的经济和社会发展，要求上海在我国社会主义现代化进程中发挥‘重要基地和开路先锋’作用。这对上海全市人民是极大的鼓舞和鞭策。以上海的现有基础，应该而且可能经过努力，实现党中央、国务院对我们的期望。有利的是，上海濒江临海，腹地宽广，具有优越的自然地理和港口条件；现已建立了比较齐全的工业门类，有 8 000 家工厂，是一个综合性的工业基地；有 51 所高等院校，近 600 所自然科学和社会科学研究机构，有一支比较强的科学技术力量和技术工人队伍，能较快地吸收先进技术和先进经营管理方式；金融、贸易、交通运输方面也有较好的基础。不利条件是，许多工业企业的设备和技术水平同发达国家差距很大；远离原材料和燃料产地；港口、铁路运输十分紧张；城市过分拥挤；城市基础设施薄弱等等，这些问题都限制着上海的进一步发展。因此，今后上海要扬长避短，继续贯彻国民经济调整、改革、整顿、提高的方针，走‘外引、内联、改造、开发’的途径，大力发展对外经济贸易，加强对内经济技术协作和联合，改造老企业和老城市，开发经济、科学、技术和建设的新领域，进一步发挥经济、科技、文化中心城市和国际港口城市的综合功能，在全国开创我国社会主义现代化建设新局面中作出应有的贡献。”

1992～1999 年，经过了近 8 年的酝酿与实践，上海市根据社会主义市场经济体制的要求，编制完成了新一轮城市总体规划，国务院于 2000 年批准了这个规划，对于城市性质又有了很大的提升。第一次提出建设国际城市的目标，充分反映了改革开放与经济体制转变对上海市功能要求的扩大与提高。现把总体规划说明中有关城市性质的论述摘录如下：

1986 年国务院在对上一轮城市总体规划的批复中指出：“上海是我国最重要的工业基地之一，也是我国最大的港口和重要的经济、科技、贸易、金融、信息、文化中心，应当更好地为全国的现代化建设服务。同时，还应当把上海建设成为太平洋西岸最大的经济、贸易中心之一。”当时确定的上海城市性质，对上海的现代化建设发挥了重要的指导作用和产生了深远的影响。

进入20世纪90年代，随着经济体制改革的深入和社会经济的加速发展，中央把促进上海尽快崛起为国际经济中心城市作为国家整体发展中的重要组成部分，并在党的十四大报告中明确要求“以上海浦东开发、开放为龙头，进一步开放长江沿岸城市，尽快把上海建成国际经济、金融、贸易中心之一，带动长江三角洲和整个长江流域地区经济的新飞跃”。在十五大报告中又指出：“改革开放和发展经济的根本目的是提高人民的生活水平。21世纪初第一个十年要实现国民生产总值比2000年翻一番；东部有条件的地区要率先基本实现现代化。”中央的战略决策明确了上海在中国改革开放和发展中的地位与作用，也指明了上海迈向21世纪的发展目标，客观上要求对上海的城市性质必须在更高的层次上予以定位。

据此，本次规划对上海的城市性质表述为：我国最大的经济中心和航运中心，国家历史文化名城，并将逐步建成国际经济、金融、贸易中心城市之一和国际航运中心之一。这一表述，既体现了中央对上海的要求和上海新时期的发展需要，又涵盖了原总体规划关于城市性质的基本内容。

1）党的十四大报告明确指出要“尽快把上海建成国际经济、金融、贸易中心之一”

20世纪30年代，上海已成为远东地区最大的金融、贸易和航运中心。新中国成立以后，上海作为我国最重要的工业基地之一和最大的工商城市，对国民经济的发展起到了重要作用。

改革开放以来，上海作为长江三角洲地区城市群的中心城市，拥有全国最大的港口和最多的外资金融机构，也是国际跨国公司在中国投资最集中的地区之一，并在与长江三角洲地区及全国的分工合作、互相促进过程中，发展成为我国最大的经济中心城市。这使上海初步具备了沟通国内外市场和与国内外经济循环接轨的能力，使上海发展成为国际经济中心城市的内在条件逐步走向成熟。

同时，随着世界经济增长重心向亚太地区转移和中国正在成为世界经济新的增长极，中国参与国际分工的领域日益拓展，配置资源的区域范围日益扩大，迫切需要自己的国际经济中心城市。业已兴起的沿海经济带和正在兴起的长江流域经济发展带，为上海从中国最大的经济中心城市崛起为国际经济中心城市提供了重大的机遇和坚实的基础。

另外，世界城市发展的经验表明，国际经济中心城市的崛起和发展离不开雄厚的工业基础支撑与推动。上海拥有完整的工业生产体系、相当的生产规模、较高的科技开发水平以及强大的工业综合体，为发挥经济中心的作用提供了坚实的基础。

据此，本规划将上海的城市性质确定为我国最大的经济中心，并将逐步建成国际经济、金融、贸易中心城市之一。

2）国务院1996年1月明确提出要建设上海国际航运中心

上海港在20世纪30年代已是世界重要海港之一，其吞吐量和集散能力均居当时国内首位。在其后的四五十年时间里，上海港作为我国最大的港口对国民经济的发展起到了巨大的推动作用。改革开放以后，上海港的国内外业务发展迅速，国际航行船舶和进出口量剧增。上海港已经确立了我国最大航运中心的地位。

建设以上海港为中心的长江三角洲地区组合港既是上海发展的需要，也是长江流域经济带发展的需要。作为全国最大的航运中心，上海肩负着繁荣区域经济、扩大流通的历史使命，必须充分发挥组合港的综合优势，互相协作，突出港口群体在国家经济中的作用；同时，上海国际中心城市的形成与发展，也需要与之相匹配的国际航运中心的强力支撑，以保持同世界经济体系的紧密联系，主动参与世界范围的经济循环和竞争。据此，规划确立“以发展我国最大的航运中心为先导，以建设集装箱深水港区为标志,尽快建成上海国际航运中心”的战略目标。

3) 1986 年国家已公布上海为国家历史文化名城

上海拥有丰富的近代历史文化遗产和丰厚的传统文化底蕴,1986 年被国务院正式公布为国家历史文化名城。与上一轮城市总体规划相比,本规划将“历史文化名城”作为城市性质之一予以定位,以正确处理保护与发展的关系,切实保护历史文化遗产。

3.2.3 深圳市

自深圳设市并随即成立经济特区以来,城市功能不断变化,总体规划也不断调整,它是在特殊的历史环境下发展起来的,因此,其发展过程与北京、上海有很大的不同。

(1) 1979 年深圳市成立,规划建成区面积 10.65 km^2,人口 20 万~30 万人,规划范围包括深圳、蛇口、沙头角三个点,主要性质是“发展来料加工工业”。

(2) 1980 年成立深圳经济特区,规划建成区规模扩大至 60 km^2,规划人口 60 万人。主要性质是“以工业为主,工农相结合的边境城市”。

(3) 1981 年 7 月,中央颁发 27 号文件,明确指出:“深圳特区要建成以工业为主,兼营商业、农牧、住宅、旅游等多功能的综合性经济特区。”特区规划到 2000 年人口规模增至 80 万人。

(4) 1984~1986 年,市政府组织编制了《深圳经济特区总体规划》,城市性质定为“以工业为重点的综合性经济特区”,将 2000 年城市规模定为 122.5 km^2、110 万人口。1989 年将城市规模调整为 150 km^2,150 万人口。

(5) 1992 年为宝安县、龙岗县撤县改区作准备,政府批准了相应的总体规划。

经过十几年的努力,深圳迅速发展成特大城市,城市的特征与优势日趋明显。

主要特征有以下 6 点:

(1) 亚热带河口—海湾型城市。深圳市兼有河口水域和海域水域优势的亚热带自然条件及优良的港口岸线与生活岸线,赋予深圳良好的港口与景观资源。

(2) 城市化水平很高的工业化城市。1994 年占总人口 95%以上的人口是非农业人口,就业人口总数 98%以上是非农业人口。

(3) 外向型市场经济高速成长的综合性特区城市。在中央优惠政策启动下,率先在全国建立了以土地有偿使用、房地产市场、各类生产材料保税区、证券市场、涉外金融业务和劳动力市场为主要特征的社会主义市场经济运行机制,起到了我国改革开放的“窗口”、“试验场”和“排头兵”作用。

通过“外引内联”,将一个边陲小镇迅速建成一个拥有 335 万人口,以电子及通讯设备、医药、服装和食品加工等制造业为主体,交通及通信、金融贸易、商业服务、旅游观光、文化教育等第三产业相对发达,以出口创汇农业为特征的、我国经济外向度最高的综合性大城市。

(4) 区域综合交通枢纽城市。深圳机场有 66 条国内航线和 3 条国际航线沟通国内外,有东、西两大港区沟通与国际的海运,罗湖客站和深圳北站承担着广九铁路边境中转客货运输服务,发达的对外公路沟通了珠江三角洲与香港的联系。

(5) 边境口岸城市。深圳是我国唯一的海、陆、空口岸俱全的城市,1994 年全市共有一线口岸 12 个,过境车辆 739 万辆,过境人口 5 194 万,是我国最繁忙的综合性口岸。

(6) 外来人口占多数的移民城市。1994 年,在全市总人口 335.51 万人中,非户籍常住人口占 72.5%,而户籍人口的 50%~60%也是自特区成立后外地移民及其在深圳生育的子女,两者合计占全市总人口的 80%。

以上这些特征也将是深圳今后发展的优势。

1995年开始编制的《深圳城市总体规划》(1996—2010)，面临香港回归、经济结构转型、城市空间拓展、可持续发展战略的落实、协调与珠江三角洲经济发展等一系列新形势。

在《深圳市国民经济和社会发展"九五"计划》中，对未来15年的社会经济发展提出以下几个重点：

(1) 功能定位：区域性金融中心、信息中心、商贸中心、运输中心和旅游胜地，以及我国南方的高新技术产业开发生产基地。

(2) 经济发展战略：建设以高新技术产业为先导，先进工业为基础，第三产业为支柱，都市农业发达的现代产业体系。

(3) 社会发展战略：控制人口规模，优化结构，提高素质；建设科技强市和教育强市；培育现代都市文化；依法治市，形成按国际惯例运作的体制和法制环境；实现经济、社会同步发展。

(4) 环境发展战略：严格控制全市各类污染源，全面整治水土流失，有效控制新的土地开发，切实加强大气、水土、动植物、自然保护区、风景名胜区和历史古迹的保护。把深圳建成珠江三角洲地区，乃至全国的环境生态保护示范城市。

(5) 城市社会经济发展目标：形成较完善的社会主义市场经济体制，人民生活达到中等发达国家水平，基本建成社会主义现代化国际性城市。根据"九五"经济和社会发展计划，明确城市的主要职能是：具有全国意义的综合性经济特区，区域综合交通枢纽，以集装箱运输为主的港口城市，与香港及珠江三角洲协调发展的区域副核心城市，以高新技术产业为先导的区域制造业生产基地。

最后，其城市性质概括为："现代产业协调发展的综合性经济特区，珠江三角洲地区中心城市之一，现代化的国际城市。"

3.2.4 天津市

天津市在历史上始终与北京有着唇齿相依的关系，是京城的海防前线、通商口岸。从辽代设置津府算起已有一千多年历史，历经金(中都)、元(大都)、明(北京)，天津与北京都在同一行政辖区内，清朝时天津独立称府，没有包括在顺天府范围内，但是它与首都属性关系未变。清末，天津和上海一样，在鸦片战争后，被迫划为通商口岸。在天津市区老城东南，沿海河西岸先后出现英、法、日、德租界，东岸出现俄、比、奥租界，经过1903年和1913年(北洋政府期间)两次扩张，形成天津市区老城与多国租界组成的格局。此后，至1930年天津市区格局已相对稳定，即沿海河两岸从东北至西南不平衡发展的态势，并延续到1953年。

天津市较早的现代城市规划，具有代表性的是1930年梁思成、张锐所拟方案，称《天津特别市物质建设方案》，主张收回租界统一规划，指出"充分利用海河航运及休憩功能，选定金钢桥附近作为市行政中心"，并提出了顺应地势规划道路网系统、对城市进行功能分区等思想。此方案未能实施。1954年规划，试图改变多国租界形成的五花八门、各自为政、地块拼凑的格局，用城市轴线与环形放射路来改变城市畸形的状况，但收效甚微。1959年的城市总体规划放弃了这种结构设想，采用了组合型城市结构，恢复沿海河两岸发展的格局。规划以旧城为中心，在外围规划12个新区，规划建成区从70.79 km^2 增加到371 km^2，使城市重心向新区转移。这个规划虽未经中央批准，但一直指导着天津的建设。

1976年地震后，在震后修复阶段，1977年、1981年先后编制过总体规划，直至1985年正式形成《天津市城市总体规划方案》(1985～2000)，上报国务院，1986年得到国务院正式批复。这个过程与北京很相似。

1985年规划提出的城市性质为"具有先进技术的综合性工业基地，开放型、多功能的经济中心和现代化的港口城市”。这一性质综合反映了天津的历史沿革、地理环境、自然资源、经济结构、工业基础、科学技术和文化教育状况，尤其反映了天津靠近首都北京，在发展工业和内外经济技术交流方面与北京相辅相成的关系。这是对天津城市30多年规划思想的总结，也反映计划经济时代对天津城市的认识。

1996年天津市新一轮的城市总体规划是在建立社会主义市场经济体制下编制的，在规划指导思想和城市发展战略方面有了新的变化。

在指导思想方面突出体现由计划经济体制向社会主义市场经济体制转变的要求，坚持可持续发展的原则，经济增长从粗放型向集约型转变，珍惜和合理利用土地，加强区域观念，提高城市现代化的目标。

城市发展战略目标为：根据天津的特点及其在京、津、冀、环渤海乃至东北亚所处的战略地位，立足于国内外资金、资源和市场；依托京、冀，联合环渤海，面向世界；以滨海新区开发和中心市区更新改造为突破口，促进城市产业结构和城市土地空间资源的优化配置；以港口建设为重点，加快交通、通信、水源等基础设施的现代化建设。

到2010年，建设成为全国率先基本实现现代化的地区之一，成为我国北方的经济中心，具有科学合理的布局结构，四通八达的交通，灵敏高效的信息通信网络，经济合理的供气供热系统，充足可靠的水电供应，完善配套的教育卫生设施，水平先进的文化体育场所，舒适实用的居民住宅，能满足各种消费层次需要的商业、服务业，良好的生态环境，整洁美丽的城市容貌，为在21世纪中叶把天津基本上建成为具有世界一流水平的国际大都市奠定基础。

根据这个战略目标，把城市性质确定为：“我国北方的商贸金融中心，具有先进技术的综合性工业基地，现代国际港口城市，国家级历史文化名城。”

这个性质突出反映了对天津城市发展的一些认识：

(1) 天津应当成为我国北方的商贸金融中心。将我国北方的商贸金融中心作为城市性质的第一位，就是要突出天津在整个区域中的地位和作用，形成比较完善的内外贸易市场体系，面向国内外市场，成为我国重要的商品集散地、进出口中转枢纽和金融调度中枢。

(2) 天津应当成为具有先进技术的综合性工业基地。要充分利用现有的基础，由粗放型向集约型转变。加速发展技术密集型和知识密集型产业、新兴产业、能源与材料消耗少的产业，使产品逐步向高、精、尖、新的方向发展，不断提高经济效益，积极发展汽车和机械、电子、化工、冶金四大支柱产业，有重点地发展轻纺、食品行业。积极发展壮大建筑业，为全国各地提供档次较高的消费品和先进的技术装备。

(3) 天津应当成为现代化的国际港口大都市。① 要把天津港建设成为一个具有现代化设施、现代化管理水平的国际一流港口，相应地发展海、陆、空交通运输，不断扩大港口的吞吐能力和集疏能力；② 要抓紧开辟临港工业区，发挥贸易港和工业港的双重功能；③ 要积极建设好经济技术开发区、保税区和海洋高科技园区，使之成为技术、知识、管理和对外政策的窗口；④ 要建设好港口后方设施，创造良好的投资环境，吸引外资，服务内地，起到沟通内外的桥梁作用。

(4) 天津是国家级历史文化名城。天津目前保留着一大批不同风格和特征的中、西方优秀建筑，有很多革命史迹遗存，两者构成中、西文化融合的独特的城市空间形态。

3.2.5 西安市

1) 1949年前城市性质的演变

西安是中国历史上周、秦、汉、唐等13个王朝的都城，在长达一千多年的时间里，一直是全国政治、经济、文化中心。汉唐鼎盛时期，长安不仅是国内最繁华的都市和世界上最大的城市，而且是通往西域和欧洲“丝绸之路”的起点，是中外经济、文化交流的中心。唐以后，随着黄河上游的断航和政治中心的东移，长安失去了国都的地位。长安曾先后改制为州、府、路、省等，于明洪武二年改奉元路为西安府，但在经济、文化诸方面仍然占有重要地位，一直是控制西北、西南的军事重镇。清朝统治年间，受“闭关自守”政策的影响，闭塞的西安逐步萧条衰落。民国初年，战乱频繁，经济遭破坏，但西安仍为西北各省与周围地区的物资集散地。西安市建制最早发生于1928年。1934年陇海铁路通车后，西安虽有少量的纺织、面粉、火柴、电力工业，但基本上是一个消费性城市。抗战中，西安人口聚集，民族工商业和教育文化事业有所发展。1947年西安改为直辖市，隶属国民党南京政府行政院。

2）第一次总体规划确定的城市性质

1949年后，西安曾作为中共中央西北局和西北行政委员会的所在地，是中央人民政府的直辖市。1954年改为省辖市，是陕西省省会。当年编制的城市总体规划，把西安作为新兴的工业城市，城市性质确定为轻型的精密机械制造与纺织工业城市。“一五”计划时期，西安被列为全国第一批重点建设的城市之一，国家的156项重点建设项目在西安地区有17项。短短几年，形成了东郊的纺织城、军工区，西郊的电工城和南郊的科教文化区，城市规模迅速扩大，西安成为陕西省的政治、经济、文化中心和西北地区最大的工业、科研、教育基地。当时对文物、环境保护虽还没有提到应有的认识高度，也未明确提到“保持古都风貌”问题，但在主要工业区的布局上，基本上远离明城范围，注重对文物古迹、重要遗址的保护和利用，较好地解决了现代工业建设与文物保护之间的矛盾。可见当时确定的城市性质、规模、布局，基本上是正确的，是比较符合实际和建设需要的。1958年以后，在“建立一个独立工业体系”的思想指导下，工业建设从精密机械和纺织向综合性工业发展，高校、科研机构建设较快，人口迅速增长，大大突破了原规划预定的总数。随着城市规模的迅速扩大，城市的供水、交通、住房、商业服务设施日趋紧张。特别是在“文革”期间，人口继续增长，城市建设和经济发展徘徊不前。

3）第二次总体规划确定的城市性质

党的十一届三中全会后，面对改革开放和以经济建设为中心的新形势，《1980—2000年城市总体规划》确定西安的城市性质是：西安是陕西省省会，是我国历史文化名城之一。今后应在保持古都风貌的基础上，逐步把西安建设成以轻工、机械工业为主，科研、文教、旅游事业发达，经济繁荣、环境优美、文明整洁的社会主义现代化城市。上述《规划》中确定的城市性质，充分考虑了历史特点和已有的工业基础，更加注重城市的经济发展，这与后来城市建设实践是基本吻合的。20世纪80年代以来，西安开放取得了重大进展，国民经济稳步增长，城市面貌发生新的变化。

4）第三次修编总体规划的城市性质

10年来，西安市《1980—2000年城市总体规划》的实施，对西安经济发展和城市建设起到了重要的指导作用。随着城市建设和对外开放的迅速发展，西安城市性质的确定，必须明确以下几个问题：

(1) 明确西安的战略地位和作用。城市性质的确定要突破以往就城市论城市的局限，把西安的战略地位置于全国经济的大格局中去认识，指出西安在区域经济发展中的功能和作用，在全国经济布局中的区位优势，在世界的影响和地位。

(2) 明确城市发展的方针和战略目标。通过对发展趋势的分析和科学预测，描述出规划期内西安建设的基本方针和总体目标。

(3) 明确重点产业和主导行业。根据西安的特点和优势，按照优化城市结构的要求，提出今后西安应重点发展的产业和行业。

根据以上分析和研究，对西安市城市性质的表述是：

西安是世界闻名的历史名城，我国重要的科研、高等教育及高新技术产业基地，北方中西部地区和陇海兰新地带规模最大的中心城市，陕西省省会。今后的发展要在保护历史文化名城的同时，以科技、旅游、商贸为先导，优化经济结构，促进电子、机械、轻工等工业的改组改造，优先发展高新技术产业，大力发展第三产业，逐步把西安建成经济繁荣、功能齐全、环境优美、具有自身历史文化特色和现代文明的社会主义外向型城市，成为世界一流的历史名城和旅游胜地，进而建成现代化的国际性城市。

3.2.6 其他城市

在20世纪90年代，为适应社会主义市场经济体制的需要，不论是省会城市，还是区域性的中心城市，或是工矿城市，在城市性质的论述中大多突出了其区位优势和交通条件，重视了多元化的经济发展，强调了商贸、科技、文化功能。这些论述都是在城市发展战略研究的基础上概括的。此外，有的城市还论及本市历史文化名城的特色。例如，济南"以泉城著称"，湖州"以丝绸文化为代表"，这种概括是可取的。现简介如下。

重庆、武汉、南京与上海是长江流域4个最重要的城市，在其城市性质中都突出了这一区位特色。

(1) 重庆：我国的历史文化名城和重要的工业城市，是长江上游的经济中心，水陆交通枢纽和对外贸易港口。

(2) 武汉：湖北省省会，著名的历史文化名城，是中国中部的经济、贸易、金融和科教中心，全国重要的交通通信枢纽。

(3) 南京：著名古都，江苏省省会，长江下游重要的中心城市。

(4) 上海：我国最大的经济中心和航运中心，国家历史文化名城，并将逐步建成国际经济、金融、贸易中心城市之一和国际航运中心之一。

各省会城市除了为政治、经济、文化中心和大多是国家级历史文化名城这些共同点外，也突出反映了不同区位的经济特点。

(1) 广州：广东省政治、经济、文化中心，我国历史文化名城之一，也是我国重要的对外经济、文化交流中心，将建成为华南地区中心城市。

(2) 哈尔滨：黑龙江省省会，国家级历史文化名城，我国东北部经济、政治、贸易、科技文化事业的中心城市。

(3) 济南：以泉城著称的历史文化名城，山东省省会，环渤海经济区重要的中心城市。

(4) 呼和浩特：内蒙古自治区首府和政治、经济、文化中心；我国北方沿边开放地区重要的中心城市和商业贸易中心；国家历史文化名城。

(5) 西宁：青海省的政治、经济、文化、交通中心，是省域的中心城市和开发建设青海省的基地；将逐步发展建设成为第二、第三产业并举的具有地方民族特色的现代化城市。

(6) 长沙：全国历史文化名城，湖南省省会，并将逐步建设成为我国中部地区的区域性现代化中心城市。

(7) 昆明：云南省省会，全省的政治、经济、文化中心和交通、通信枢纽；我国的历史文化名城；面向东南亚的国际性商贸旅游城市。

各工矿城镇多数都向多元化性质转变，也都突出其不同区位中心城市的特点。

(1) 泸州：川、滇、黔、渝毗邻地域的水陆交通枢纽和商贸中心，国家级历史文化名城，以化工、能源、食品(以名酒为主)、机械等为主导的现代化综合性城市。

(2) 包头：以冶金、机械为主的综合性工业城市，是内蒙古自治区中西部的经济中心。

(3) 枣庄:山东省重要的煤炭化工和建材基地,鲁南地区的中心城市。

(4) 淄博:国家重要的石油化工基地,历史文化名城,鲁中地区经济、科技、信息中心,交通运输枢纽。

(5) 大同:历史文化名城,国家重要的煤炭能源城市,晋冀蒙交会地区的中心城市。

(6) 建水:国家历史文化名城和风景旅游城市,以旅游产业和农产品加工业为主导的轻工业城市。

(7) 襄樊:国家级历史文化名城,全国重要的交通枢纽和汽车工业基地,鄂、豫、渝、陕毗邻地区的中心城市。

(8) 攀枝花:我国西部以资源综合开发利用为主的现代化工业城市,川滇交界毗邻地区的区域性中心城市,具有南亚热带风光的山水园林城市。

(9) 曲靖:滇东中心城市,以烟草、机械和生物工程为主导产业的现代城市。

(10) 湖州:浙江省北部太湖南岸中心城市;以丝绸文化为代表的历史文化名城;长江三角洲地区的现代化工贸、旅游城市。

4 城市规模

研究城市规模的主要内容是要确定人口规模与用地规模，估计规划期内的建筑量，为城市布局和各项专业规划提供基础数据。

城市规模的确定是城市总体规划根据经济、社会发展的需要，把定性的目标定量化，它是城市空间布局的依据。城市规模确定过大，超出了经济、社会发展的需要，必将造成建设分散，土地浪费；确定过小，则规划常被实际的发展突破，造成建设的混乱与被动。当前主要的倾向是前者，但是城市总体规划是战略规划，不可能把20年的用地都计算准确。但可以在现状调查的基础上，对照经济发达城市的发展过程，分析城市发展的规律，做一些预测，使规划指标大体适应需要，并适度超前，留有余地。在规划实施过程中，还可根据实际情况进行微调。

目前，我国研究城市规模时，一般主要从分析人口的自然增长和迁移增长着手。随着改革开放的深入，移民潮的出现，许多城市把暂住人口也纳入城市规模中去。但是，对就业岗位的研究较少；对产业结构与劳动结构的关系，就业岗位和人口规模的关系的论证也较少。这样确定的城市规模，很难与经济、社会发展的需要进行校核，以说明其是否符合实际情况。

目前，在用地规模方面往往不从城市的经济发展特点出发，只简单地用人均100～120 m^2 的标准为上限控制用地。这种以不变应万变的做法很难适应千差万别的城市状况。

根据国外一些城市规划的经验，能提供多少就业岗位，是城市规划的主要内容。产业的发展，吸引大量农村或其他地区劳动力集中到城市安家落户，这既是城市化的过程，也是现代城市形成与发展的过程。没有产业的发展，哪来城市的发展。因此，本章试图结合我国在快速城市化时期存在的问题，重点从各类产业与就业岗位的关系出发，来论证城市规模确定的方法。鉴于能得到的资料有限，许多数据不尽全面，缺漏甚多，只能做一些方向性的探索。

4.1 科学预测城市规模，建设节约型城市

2003年底，我国的人均国内生产总值(GDP)已突破1 000美元，经济发展到这个阶段，意味着我国已进入了工业化的高潮时期。工业化必然推动城市的快速发展，因此，加快城市化的进程，适当扩大城市规模，以适应经济社会发展的需要，已成为城市总体规划要解决的重要议题。

此后，全国各大城市都在根据党的十六大提出的我国新世纪实施社会主义现代化建设第三步战略部署，特别是头20年全面建设小康社会的目标和任务，修订城市总体规划。党的十六届三中全会又进一步明确提出了“坚持以人为本，树立全面、协调、可持续的发展观，促进经济、社会和人的全面发展”；强调“按照统筹城乡发展、统筹区域发展、统筹经济与社会发展、统筹人与自然和谐发展、统筹国内发展和对外开放的要求”推进改革与发展。每个城市在修编城市总体规划的纲要中都把十六大和十六届三中全会提出的发展目标和科学发展观作为最重要的指导思想写在总则的最前面。但是，城市化的速度能快到什么程度？城市规模多大才能满足经济、社会空间发展需要？随着经济发展阶段的不同，城市规模会发生什么变化？有何规律可循？总之，如何掌握城市发展的“度”，才能在城市未来的发展中切实贯彻十六大精神，落实五个统筹的要求？通过我在近年来参与总体规划编制和对若干城市总体规划纲要评审的体会，觉得还存在着不少值得思考的问题，总的倾向是过热，为此在这一章首先分析一下现

状的问题，探索一下工作的方向。

4.1.1 当前我国在城市规模预测中存在的问题

1）经济增长的速度估计过快

编制城市总体规划首先要确定经济、社会的发展目标作为编制的根据。其中一个重要指标是GDP的增长速度，即年均增长率。现在不少城市在2004～2020年的规划中都提出了两位数持续增长的指标，少则12%，多则17%，甚至更高；党中央提出经济增长到2020年翻两番，有的城市却提出了翻三番的超常发展目标。这种增长速度如能达到或许是值得追求的，如果违背了经济发展规律，成为空想，则弊端甚多，必然会浪费宝贵的资金和资源。

在实现初步现代化（即人均GDP从500美元增加到4 000美元）到底要花多少时间？年均增长率会有多快？据资料统计，韩国、新加坡和我国的香港、台湾走完这段路大体经历了13～17年，上海经过了14年，北京经过了15年。年增长率时高时低，有相当年份可达到两位数增长，但平均年增长率均在9.5%左右。通过对我国25个百万人口以上的大城市分析，实现这个目标快的需要14～17年，少数城市则需要20年甚至更长。

在城市总体规划修编时，许多大城市，市域人均GDP已接近或突破4 000美元，却要在今后十几年内始终保持两位数以上的高速增长，是否又是一个不切实际的高指标？我认为对于综合性的大城市来说，在今后十几年内如能保持6%～8%的平稳发展，已经留下了相当大的发展余地，且要经过相当艰苦的努力才能达到预期的目标，同时年均增长率的准确计算还要刨去涨价、美元贬值等因素，用一个统一的标准价比较才有意义。如以1990年为标准价计算，一般实际增长率相当于当年增长率的七成左右。超常发展对处于有特殊区位或有特殊发展机遇的中小城市来说比较容易实现，对综合性大城市实现的可能性就非常小了。

2）城市化的速度估计过快

在这次修编总体规划的过程中，不少城市提出了"加速城市化促进经济发展的口号"，把年均城市化率提高到2%～2.5%，甚至更高。对于综合性大城市来说，市域范围内城市化水平比较低，但是市区（中心城）的水平比较高，2020年的规划，关键是要研究市域范围内城市化水平以什么样的速度提高。

不少城市在市域范围内城市化水平目前还不到30%，可是，规划到2020年城市化水平竟然超过65%～70%，甚至更高。是否可能有这么快？对于深圳特区，东莞、无锡等城市，在20世纪八九十年代城市化年增长确实突破了1%，但就全国而言只是极少数，对于大多数城市来说达不到这个速度，尤其是在十几年内都要保持2%以上的高增长，几乎是不可能的。如前所述，1978～2009年31年内，我国平均城市化年增长率为0.91%。1999年以后城市化速度快一些，也只保持在1.22%左右。因此，作为长远规划城市化年增长率不宜提得过高，即或按年均增长1%推算，对于综合性大城市来说已经是了不起的成绩了。与发达国家城市化速度比较，城市化水平从20%至70%，英国从1750年工业革命开始到1950年完成城市化，共花了200年；美国从1860年至1950年花了90年；拉美从1930年至2000年花了70年。而我国1978年的城市化水平为17.8%，到2014年城市化水平达到54.8%，共花了45年，预计2023年左右达到70%，完成城市化只花了54年左右。这个速度比发达国家走过的道路都快。何况经济是城市发展的动力，只有工业化才能推动城市化，如果经济发展不起来，把大量农民轰到城里来，又没有这么多的就业岗位安置，只能增加城市的负担，增加不稳定因素，又有何益处呢？应该承认，某些地区改革力度较大，市场发育较快，乡镇个体经济发展迅速，已经出现城市化快速发展的需要，可由于受到城乡二元结构的影响，城市发展严重滞后，拖了经济发展的后腿（例如浙江省不少城市出现的情况），在这种情况下提出加快城市化的步伐促进经济发展的计划是正确的。但对于经济尚不甚发达的地区，把城市化的目标提得过高，勉强把城市做大，只能造成土地浪费与资金积压。

此外，还有一个概念需要明确，公安部门的城市化水平统计是户籍非农业人口与户籍总人口之比；在全国第五次人口调查时的城镇化水平是城镇实际人口（包含在城镇居住的农民和暂住人口）与城市总人口之比。一般城镇化水平比城市化水平高出10%～15%，年增长率测算应该用同一个概念作比较才有意义。有的城市把现状按公安部门统计的城市化水平作基数，可预测水平又用城镇化的概念，这样年增长率就很高，这是不确切的。

3）城市人口增长的数量估计过大

改革开放以来，随着市场经济的不断发育完善，工业化高潮的到来，落后地区人口向发达地区流动，大量农村富余劳力转移到城市，已形成一股强大的移民潮，这是改革开放带来的必然结果。现在，户籍人口以外的暂住人口已成为城市不可缺少的组成部分，对城市经济发展作出了不可磨灭的贡献。在这样的状况下，再用自然增长与迁移增长（或称机械增长）的方法来预测人口规模显然是不合适了，建设部已正式明确要求把暂住1年以上的人口纳入城市规模，目前，很多城市在计算城市常住总人口时把暂住半年以上的人口也统计在内，这也无可非议。

在新的形势下应该如何预测城市规模，目前出现了许多方法，例如，联合国法、趋势外推法、综合增长法等等，但是论来论去，名目繁多，却很难有一个比较有说服力的结论。因此，在城市总体规划确定的人口规模被屡屡突破的状况下，普遍出现要把规模做大的心理，生怕到时候城市规模不够，说明总体规划保守。甚至有人提出城市规模无法控制，也无需控制，可以放任发展。

在市场经济条件下人口增长是否有规律可循，应该如何认识城市规模预测的作用？我认为城市规模预测的主要作用，是要对未来发展有一个方向性的估计，以利于更有效地落实持续发展的要求，既保留足够的城市发展空间，又不至于造成土地资源的浪费，并非计划经济时代消极的控制。但是，十几年以至20年的过程，影响规模的因素比较复杂，很难有一个十分准确的预测，好在一个时效20年的总体规划一般情况下在执行10年左右就得修订一次，所以即或规模预测小了，对城市建设也不会有大碍，届时调整就可以了。如果规模定得过大，在目前规划管理法制尚不完善的状况下，常常会造成土地过早、过多、过散地占用，浪费了宝贵的土地资源，使大量国有资金在廉价土地批租中流失。况且不少中心城以外的城镇，目前人均占地大大突破100～120 m² 的指标，有的甚至超过150 m²，说明土地浪费现象比较严重，还有不少潜力可挖。当地政府之所以要把城市规模做大，实际上是为了“以土生金”，争取今后有更多的土地可以拍卖，以获得眼前利益。在当前国家对土地开发控制比较严格的政策下，企图通过总体规划编制对国家的控制政策有所突破，使大量批租土地合法化，这显然与中央一再强调的可持续发展的方针是背道而驰的。

4.1.2 如何合理预测城市规模

检验城市规模预测是否合理，可以从以下几方面来分析：

1）从经济发展阶段分析

从国外一些综合性大城市分析，人口的增长速度与经济发展的阶段有关。在工业化初级阶段，人口增长速度最快；当实现初步现代化（人均GDP为4 000～5 000美元）以后增长速度会迅速减缓；当经济发展进入后工业化阶段（人均GDP超过2万美元），人口规模趋于稳定，增长速度极小或者出现负增长。

例如日本东京，1940～1962年工业化时期，人口从735万增至1 018万，年均增长率为15‰，1962年人均GDP约5 000美元；从1962年至1976年，人均GDP从约5 000美元提高到2万美元，人口从

1 018万增至 1 168 万，年均增长率为 10‰；至 2000 年人均 GDP 达 6 万美元，人口从 1 168 万增至 1 206 万，年均增长率只有 1.25‰。

又如伦敦，在一战以后，市区人口迅速增加，从 19 世纪 20 年代的 200 多万人增加至 1939 年的850 万人。为此，1944 年编制大伦敦规划时，把伦敦市区的人口规模定为1 000万人（市域面积为11 427 km^2），但是，至 20 世纪 60 年代后期，进入后工业化时代，市区人口与就业岗位外流日趋明显，产业逐步向东南英格兰地区转移，因而在 1970 年编制的东南英格兰地区规划时，把规划范围扩大至27 000 km^2，伦敦市区规划的人口保持在 700 万左右，而在距伦敦市中心 64～128 km 的地方发展了 5 个 50 万～150 万人口规模的新城，把原预计 20 世纪末在伦敦外圈城镇的可能增长的450 万人都吸引到新城了。

再如巴黎，在二战以后，从 20 世纪 50 年代中期至 70 年代中期，人口迅速增加，20 年内人口持续以 9 万～13.5 万的速度增加，巴黎人口已占全国的近 1/5。于是在 1960 年编制《巴黎区域的布局与总体规划结构》时，提出在全国选定马赛、里昂等 8 个城市加快发展，形成反磁力，以平衡巴黎过快发展，要求控制进入巴黎的移民，每年人口增长不超过 10 万人，到 20 世纪末规划人口为 1 200 万左右。但是，这个规划在当时受到批评，认为人口控制会削弱巴黎经济发展，因而在 1965 年编制的《巴黎区域布局与城市化指导方针》时，把 20 世纪末的人口规模扩大到 1 400 万人。可是，巴黎已在 20 世纪八九十年代进入后工业时代，人口增长速度锐减，到 2000 年人口规模连 1 200 万都没有达到，至今巴黎人口还未突破 1 100 万。因而 20 世纪 90 年代推出的《大巴黎区规划》又恢复了 1960 年的思路，加强与周边城市的联系，形成巴黎盆地共同发展的模式。

从国外发达城市走过来的道路可以看出，经济发展不同阶段人口增长是一条曲线，我们在预测人口增长时要考虑经济发展阶段对人口增长的影响。我们现在遇到的状况几乎和伦敦 20 世纪 40 年代、巴黎 20 世纪 60 年代的状况一样，把城市做大的心理占上风。这个经济发展规律在我国是否适用？为此，根据 1998 年、2006 年、2012 年的统计数据，我们对珠江三角洲、长江三角洲和环渤海的城市群的发展状况进行了对比分析，得出结论：发现大多数城市是符合这个规律的。珠江三角洲 17 个城市 1998 年人均 GDP 为2 633 美元，2006 年人均 GDP 为 5 508 美元，在此期间常住人口的年均增长率为 38.5‰；2012 年人均 GDP 达到11 600美元，在此期间常住人口的年均增长率降至 8.1‰。苏南 8 个地级市（含县辖市共 30 个城市）1998 年人均 GDP 为 1 695 美元，2006 年人均 GDP 为 4 472 美元，在此期间常住人口的年均增长率为 25‰；2012 年人均 GDP 达到 9 853 美元，在此期间常住人口的年均增长率降至 6‰。浙北 6 个地级市（含县辖市共 18 个城市）1998 年人均 GDP 为 1 954 美元，2006 年人均 GDP 为 4 390 美元，在此期间常住人口的年均增长率为 30‰；2012 年人均 GDP 达到 9 439 美元，在此期间常住人口的年均增长率降至 8.8‰。辽中南 11 个地级市（含县辖市共 24 个城市）1998 年人均 GDP 为 1 393 美元，2006 年人均 GDP 为 3 367 美元，在此期间常住人口年均增长率为 15‰；2012 年人均 GDP 达到 8 552 美元，在此期间常住人口的年均增长率降至 3.5‰。胶东半岛 7 个地级市（含县辖市共 27 个城市）1998 年人均 GDP 为 1 300 美元，2006 年人均 GDP 为 4 362 美元，在此期间常住人口的年均增长率为 12‰；2012 年人均 GDP 达到9 386美元，在此期间常住人口的年均增长率为 1.1‰。当然，在经济发展水平不断提高的状况下，人口年增长率较低的城市群是比较理想的。唯有北京、天津和上海从 1998 年至 2012 年，人口始终保持高增长状态，而且后 6 年比前 8 年的增长速度更快，这可能与举办奥运会、世博会和国家决定加快天津滨海新区发展的决策有关，京津和冀北地区经济发展严重不平衡也是刺激人口向京津集聚的原因之一。

2）从就业岗位需要量分析

经济发展阶段的提升是劳动生产率提高的结果，相关内容在后面几节中将进行详细分析。一般来说，人均 GDP 为 1 000 美元时人均 GDP 只有 1 万元左右；人均 GDP 达到 2 000 美元时为 3 万元左右；4 000美元时为 6 万元左右；6 000 美元时为 10 万元左右；10 000 美元时为 18 万元左右；20 000 美元时为 35 万元左右。三次产业构成不同，上述数字会有些改变，但不可能有大的增减。

因此，只要确定了 2020 年 GDP 值和人均 GDP 值，即可估计出就业岗位来。当人均 GDP 处于 8 000～10 000美元阶段，一般就业比较充分的城市考虑到老龄化的影响，就业率在 50%左右；如果在就业年龄组中失业人员和无就业意向的人员较多，就业率也不应该低于 48%；如果就业率过低，说明这个城市经济不景气，是一个消费型城市，长期下去将会出现经济衰退、社会不稳定等诸多社会问题。如果用这个方法校核，许多城市 2020 年的就业率还不到 46%。很明显，总体规划提出的人口规模过大与一个经济发展健康的城市的要求不匹配。

3）从城市发展可能达到的速度分析

一个城市从开发到基本成熟，初步形成完善的社会结构至少要经过 20～30 年。北京亦庄开发区 20 世纪 80 年代末开始筹建，起步区只有 3 km^2，经历了 18 个年头，招商引资的形势很好，出现了快速发展的势头，开发区扩展到 12 km^2，建了一批居住区，产业发展很快，但是社会结构还属初创阶段，常住人口不足 5 万人，远未达到结构完善、人气旺盛的地步。大连开发区、烟台开发区的规模均为几十个平方公里，开发了 20 年，开发区的居民仍不多，大量生活服务设施还要依赖老城区。实际状况说明，一个城市从发展到成熟是一个要经过半个世纪至一个世纪的漫长过程，不可能一蹴而就、迅速成熟。可是，在这一轮总体规划中，不少现状只有 200 多万人口的城市，企图到 2020 年城镇人口超过 1 000 万；一些县城目前人口只有 20 多万，在 10 年内要跃升至 100 万人口的特大城市的行列。不少城市动辄划出几十以至上百平方公里的开发区，又怎么不造成大量耕地被毁、投资难以收效的后果呢？

上述种种现象都说明了对城市发展的规律缺乏足够研究，没有掌握好合适的“度”，种种主客观原因造成了过“热”潮流。回顾自 2006 年以来中央陆续出台的种种政策措施，从认真解决三农问题、基本农田不得随意占用，到派督察组到各大城市检查开发区的占地状况，几乎要求每个大城市砍掉 90%以上的开发区，腾退几百平方公里土地恢复耕地；从宏观调控压缩固定资产投资，大力消化上亿平方米的空置房，到总理批示制止盲目建设物流中心、购物中心，以至提出勤俭办奥运的指示；通过对北京奥运工程投资的审核，进行“瘦身”，节约了近百亿元的投资……都说明了中央对目前城市建设过热的状况一直在通过坚持不懈的努力加以纠正。

2004 年底，中央领导同志明确指示：“对新一轮城市规划的修编，必须及时进行正确引导，并制定严格的审批制度，尤其要有明确而有力的土地控制政策，合理限制发展规模，防止滥占土地，掀起新的圈地热。此事要早抓，不可放任不管，否则会贻害子孙，造成无可挽回的历史性错误。”

2005 年 1 月 21 日，国务院召开常务会议审议《北京城市总体规划（2004—2020）》时强调：“总体规划是北京城市发展、建设和管理的基本依据，必须认真组织实施”，“要控制人口，合理布局，有效配置城市发展资源”，“要切实解决好保障城市持续发展的土地、水资源、能源、环境问题……严格控制城镇建设用地规模，加强环境保护，建设节约型城市”。

在 2012 年党中央召开的城镇工作会上又强调，城镇化是一个自然历史过程，是我国发展必然经历的经济社会发展阶段。推进城镇化必须从我国的基本国情出发，遵循规律，因势利导，顺势而为，水到渠成。确定城镇化目标必须实事求是，切实可行，不能靠行政命令层层加码，级级考核，急于求成，拔苗助长，不能政府一换届，规划就换届。但是在当前把城市做大的倾向仍然很难扼制，中央最近调查了 12 个省，省会城市规划了 55 个新城，144 个地级市规划了 200 个新城，161 个县级市规划了 67 个新城，占地面积超过老城一半以上，规划用地面积大得惊人。另据报导，2003 年某地启动开发新城，最初规模

30 km²，随即改为 60 km²，接着跃升为 250 km²，最后到 2008 年扩展为 2 000 km²，几年内投资1 000多亿元，结果债台高筑，入不敷出，尝尽了盲目造城的苦果。某地一个只有 25 万人的山区小县，县城规划区的面积为 100 km²，控制区为 150 km²，鉴于该县产业发展动力不足，已经有 66%的劳动力外出经商务工，有的已举家外迁，落户他乡，不知今后从哪里弄上百万人来此居住。这种现象已经不是个案，地方政府在没有客观分析自身资源禀赋的状况下就出台大而空的城市发展规划的现象屡见不鲜。有人统计，全国新城、新区规划总人口加起来已经超过 30 亿，就算把全部农村人口都转到城市也只有 13 亿多人，真有点荒唐可笑，这种规划怎能起到正确指导城市建设的作用呢？

城市的现代化发展应该首先立足于把城市做"强"，所谓"强"，主要表现在土地与其他自然资源最大节约的前提下，创造出更多的经济效益，走内涵发展的道路；而不应该一味追求外延扩展，通过土地拍卖，扩大固定资产投资，用牺牲环境和宝贵的土地资源的手段，取得短期效益，把城市勉强做大。这也是衡量是否落实科学发展观的关键所在。

4.2 不同经济发展阶段劳动生产率比较

不同的经济发展阶段，由于科学技术水平的提高，市场经济发育的成熟，人民物质文化生活需求的变化，产业结构的调整，劳动生产率因此不断提高。

影响劳动生产率的因素很多，但以下两个因素影响较大：

一是第一产业占 GDP 的比重越大，劳动生产率就越低。因为第一产业劳动生产率提高的速度大大低于二、三产业。例如，香港在 1985 年一产占 GDP 的比重为 0.33%，到 1997 年降至 0.12%，2005 年只有 0.06%；而北京、上海在从 500 美元至 4 000 美元等各个不同阶段，一产占 GDP 的比重分别为 9%、6%、4%和 2%；当人均 GDP 突破 5 000 美元时，一产占 GDP 的比重不足 2%。

二是劳动生产率与就业率成反比例关系，即在同样的经济发展阶段，就业率越低，反映出来的劳动生产率越高。现就北京、上海、香港、东京 4 个城市在不同经济发展阶段就业岗位对国内生产总值(GDP)的贡献及其和就业率的关系作一比较(表 4.1～表 4.5)。

表 4.1 北京市内生产总值与就业率和劳动生产率关系分析

年份	GDP/亿元	总人口/万人	人均 GDP/美元	就业率/%	就业岗位/万人	劳均 GDP/元
1980	139.07	904.3	188	53.5	484.2	2 872
1988	410.20	1 061.0	471	56.8	603.1	6 802
1990	500.82	1 086.0	562	57.7	627.8	7 986
1992	709.10	1 102.0	785	58.9	649.3	10 921
1993	886.20	1 112.0	972	56.5	627.8	14 116
1994	1 145.30	1 125.0	1 242	59.1	664.3	17 241
1997	2 077.10	1 240.0	2 042	52.9	655.8	31 673
1998	2 377.20	1 245.6	2 327	50.0	622.2	38 206
1999	2 678.80	1 257.2	2 598	49.2	618.6	43 346
2005	6 969.50	1 538.0	5 525	57.1	878.0	79 379
2009	12 153.00	1 755.0	8 591	56.9	998.3	121 737

表 4.2 上海市内生产总值与就业率和劳动生产率关系分析

年份	GDP/亿元	总人口/万人	人均 GDP/美元	就业率/%	就业岗位/万人	劳均 GDP/元
1986	508.76	1 231.93	503	62.19	766.22	6 640
1992	1 100.00	1 310.70	1 023	64.60	847.00	12 987
1995	2 462.57	1 304.00	2 303	63.60	829.90	29 673
1998	3 688.2	1 306.58	3 443	64.00	836.21	44 106
2000	4 551.00	1 316.80	4 131	62.90	828.35	54 941
2006	10 366.37	1 815.08	6 965	48.78	885.51	117 067
2009	15 046.45	1 921.00	9 557	48.37	929.20	161 929

表 4.3 台湾地区生产总值与就业率和劳动生产率关系分析

年份	GDP/亿元	总人口/万人	人均 GDP/美元	就业率/%	就业岗位/万人	劳均 GDP/元
2001	23 766.55	2 241	12 936	43.8	983.2	241 727
2005	27 828.95	2 276	14 905	45.6	1 037.1	268 334

表 4.4 香港生产总值与就业率和劳动生产率关系分析

年份	GDP/亿元	总人口/万人	人均 GDP/美元	就业率/%	就业岗位/万人	劳均 GDP/元
1961	64.13	312.96	250	38.0	119.10	5 384
1967	156.07	375.30	507	38.0	142.62	10 943
1971	266.89	393.66	827	40.2	158.30	16 859
1972	322.05	403.10	977	40.8	164.56	18 463
1976	628.99	440.30	1 742	43.1	189.62	33 171
1977	730.39	452.17	1 970	43.3	195.88	37 288
1981	1 752.67	489.66	4 286	48.3	241.10	72 695
1985	2 814.70	531.10	6 463	47.9	254.50	110 597
1997	12 674.89	648.93	23 819	49.1	318.66	397 756
2005	15 525.82	693.60	27 298	48.9	339.33	457 543
2009	16 291.00	700.40	28 365	49.7	348.40	467 595

表 4.5 东京国内生产总值与就业率和劳动生产率关系分析

年份	GDP/亿元	总人口/万人	人均 GDP/美元	就业率/%	就业岗位/万人	劳均 GDP/元
1976	19 015.0	1 168.36	19 848	46.28	540.8	351 611
1985	40 276.3	1 183.00	41 519	50.76	600.5	670 713
2000	66 895.3	1 206.41	61 539	51.04	615.8	1 086 245
2005	68 176.4	1 257.66	62 329	47.04	591.6	1 152 505

根据各城市反映出来的数据，各经济发展阶段的劳动生产率水平大体如下：

(1) 当人均 GDP 为 500 美元时，香港的劳均 GDP 为 1.0 万元(1967 年)，上海为 0.66 万元(1986 年)，北京为 0.68 万元(1988 年)，即说明在工业化初期，在实施城市现代化的起步阶段，上海、北京的劳动生产率水平几乎相等，可是只相当于香港的66%～68%。主要是香港当时的就业率只有38%，而北京、上海的就业率分别高达60.2%和62.19%。

(2) 当人均GDP为1 000美元时，香港的劳均GDP为1.85万元(1972年)，上海为1.3万元(1992年)，北京为1.37万元(1993年)，说明在达到小康标准时，上海、北京的劳动生产率水平相当于香港的74%左右。当时，香港的就业率为40.8%，而北京、上海的就业率分别为59.7%和64.6%。

(3) 当人均GDP为2 000美元时，则香港的劳均GDP达到3.73万元(1977年)，而上海为2.97万元(1995年)，北京为2.76万元(1997年)，上海、北京分别相当于香港劳动生产率的80%和74%。除了香港就业率(43.3%)低于上海(63.6%)、北京(53.9%)外，同时也反映了香港科技发展水平比上海、北京高，市场发育比较完善，第三产业比较发达。

(4) 当人均GDP为4 000美元时，香港的劳均GDP为7.27万元(1981年)，而上海为5.49万元(2000年)，相当于香港的75.5%。当时，香港的就业率为48.3%，而上海的就业率为62.9%。

(5) 当人均GDP达到2万美元进入发达国家城市行列时，从东京1976年的数字可以看出，其就业率为46.3%，劳均GDP高达35万元，为上海2000年水平的6.36倍，为香港1985年水平的3.18倍。

(6) 当人均GDP突破4万美元时，东京就业率为50.8%，劳均GDP达到67万元，为1976年的近2倍(1.9倍)，分别为上海(2000年)的12.18倍，香港(1985年)的6.09倍。这个数字说明，当城市发展进入高科技时代时，劳动生产率将比传统产业时代有10倍的增长，当然对我国城市来说，这还是比较遥远的事。

综上所述，在预测各不同经济发展阶段的就业岗位时，必须根据城市的实际状况，确定合理的就业率。从北京历年就业率比较来看，随着经济发展，就业比重逐年下降，1988～1999年就业率从60.2%降至49.2%，与香港的水平接近。

参考国外一些城市的就业率，例如贝尔格莱德就业率为40.5%(1975～1985年)，东京都为46.28%～50.76%(1976～1985年)，大巴黎为46.58%(1975年)，索菲亚为48.76%(1976年)。

从我国今后发展状况看，随着普及教育程度从九年义务制教育提高到普及高中，逐步增加受高等教育的比重，就业年龄会推迟；今后双职工的比重将有所减少，城市老龄化人口将逐年增加，所有这些因素，都会使就业率有所下降。因此，大多数城市在进入初步现代化的经济发展阶段时(即人均国内生产总值达4 000美元)，就业率从60%～64%降至50%左右，可能比较符合实际。

结合我国城市的实际情况，对于一般城市粗线条地测算就业岗位时，建议采用比较保守的参考指标以留有余地。大体上可以考虑当人均GDP为500美元时，一产占GDP的比重为10%左右，劳均GDP按0.7万元测算，就业率为60%左右；人均GDP为1 000美元时，一产占GDP的比重为7%左右，劳均GDP按1.5万元测算，就业率为58%左右；人均GDP为2 000美元时，一产占GDP的比重为5%左右，劳均GDP按3万元测算，就业率为55%；人均GDP为4 000美元，即初步实现现代化目标时，一产占GDP的比重为3%左右，劳均GDP按6万元测算，就业率为50%左右；当人均GDP超过10 000美元时一产占GDP的比重将小于2%，劳均GDP将在18万元以上，就业率为48%～50%。如果各发展阶段就业率有变化，则需要按比例调整劳均GDP指标。

就业岗位的测算，反映了不同经济发展阶段的劳动力需求量。已知就业岗位，根据不同的就业率可测算出城市人口合理规模。但是，在现行户口制度没有改变的状况下，这个测算的规模还应该与人口自然增长与迁移增长所提出的常住人口规模相对照，如果前者大于后者，则将会有大量暂住人口作为补充。例如深圳，就业人口为常住人口的80%(这还不算大量的打工人口)，说明在就业岗位中不带家属的单身职工较多。反之，如果前者小于后者，则说明经济发展滞后，就业岗位不足，就会造成人口外流，如四川许多城市就出现过这种现象。鉴于各城市都实行计划生育，自然增长比较容易测算；而每年人口的迁移增长也有比较完善的统计，所以预测人口的自然增长与迁移增长并不困难。对于东部经济较发达的城市而言，今后10年人口的自然增长率大体上保持在7‰左右，加上迁移增长5‰左右，常住城市人口的增长率为12‰左右。但在西部经济欠发达地区，如四川，由于大量人口向经济发达的城市流动，人口增长率只有4‰～5‰。

4.3 产业结构和劳动结构的关系

不同的经济发展阶段，产业结构有所调整，劳动生产率随着经济发展与技术进步也有所提高，为了进一步分析各类产业与就业岗位的关系，需要对不同经济发展阶段三次产业构成及相应的劳动生产率进行比较。现选择北京、上海、台湾、香港、东京在不同经济发展阶段的状况作一粗略的比较，大体了解其发展趋势。

1）不同经济发展阶段企业结构和劳动结构状况

(1) 当人均GDP为471美元时，北京的产业结构与劳动结构的关系见表4.6；

(2) 当人均GDP为972美元时，北京的产业结构与劳动结构的关系见表4.7；

(3) 当人均GDP为2 042美元时，北京的产业结构与劳动结构的关系见表4.8；

(4) 当人均GDP为3 443美元时，上海的产业结构与劳动结构的关系见表4.9；

(5) 当人均GDP为4 131美元时，上海的产业结构与劳动结构的关系见表4.10；

(6) 当人均GDP为5 525美元时，北京的产业结构与劳动结构的关系见表4.11；

(7) 当人均GDP为6 463美元时，香港的产业结构与劳动结构的关系见表4.12；

(8) 当人均GDP为6 965美元时，上海的产业结构与劳动结构的关系见表4.13；

(9) 当人均GDP为8 591美元时，北京的产业结构与劳动结构的关系见表4.14；

表4.6 1988年北京产业结构与劳动结构状况

产业类别	产业结构		劳动结构		劳均GDP/元
	GDP/亿元	构成/%	就业岗位/万人	构成/%	
总计	410.2	100	603.1	100.0	6 802
一产	37.0	9.1	88.4	14.5	4 186
二产	221.3	53.9	266.8	44.9	8 295
三产	151.9	37.0	247.9	40.6	6 127

表4.7 1993年北京产业结构与劳动结构状况

产业类别	产业结构		劳动结构		劳均GDP/元
	GDP/亿元	构成/%	就业岗位/万人	构成/%	
总计	886.2	100	627.8	100	14 116
一产	53.7	6.1	65.1	10.4	8 249
二产	419.6	47.3	279.4	44.5	15 018
三产	412.9	46.6	283.3	45.1	14 575

表 4.8 1997 年北京产业结构与劳动结构状况

产业类别	产业结构		劳动结构		劳均 GDP/元
	GDP/亿元	构成/%	就业岗位/万人	构成/%	
总计	2 077.1	100	655.8	100	31 673
一产	77.2	3.7	71.0	10.8	10 873
二产	781.8	37.6	257.6	39.2	30 349
三产	1 218.1	58.7	327.2	50.0	37 228

表 4.9 1998 年上海产业结构与劳动结构状况

产业类别	产业结构		劳动结构		劳均 GDP/元
	GDP/亿元	构成/%	就业岗位/万人	构成/%	
总计	3 688.2	100	836.21	100	44 106
一产	78.5	2.1	104.05	12.5	7 544
二产	1 847.2	50.1	384.88	46.0	47 994
三产	1 762.5	47.8	347.28	41.5	50 751

表 4.10 2000 年上海产业结构与劳动结构状况

产业类别	产业结构		劳动结构		劳均 GDP/元
	GDP/亿元	构成/%	就业岗位/万人	构成/%	
总计	4 551.00	100	828.35	100	54 941
一产	83.20	1.83	89.23	10.8	9 324
二产	2 163.68	47.54	367.04	44.3	58 949
三产	2 304.27	50.63	372.08	44.9	61 929

表 4.11 2005 年北京产业结构与劳动结构状况

产业类别	产业结构		劳动结构		劳均 GDP/元
	GDP/亿元	构成/%	就业岗位/万人	构成/%	
总计	6 969.5	100	878.0	100	79 379
一产	88.7	1.3	62.2	7.1	14 260
二产	2 026.5	29.1	231.1	26.3	87 689
三产	4 854.3	69.6	584.7	66.6	83 022

表 4.12 1985 年香港产业结构与劳动结构状况

产业类别	产业结构		劳动结构		劳均 GDP/元
	GDP/亿元	构成/%	就业岗位/万人	构成/%	
总计	2 814.7	100	254.5	100	110 597
一产	9.4	0.33	4.2	1.65	22 381
二产	739.1	26.26	112.9	44.36	65 465
三产	2 066.2	73.41	137.4	53.99	150 378

表 4.13　2006 年上海产业结构与劳动结构状况

产业类别	产业结构		劳动结构		劳均 GDP/元
	GDP/亿元	构成/%	就业岗位/万人	构成/%	
总计	10 366.37	100	885.51	100	117 067
一产	93.80	0.90	55.33	6.25	16 953
二产	5 028.37	48.51	327.63	37.00	153 477
三产	5 244.20	50.59	502.55	56.75	104 352

表 4.14　2009 年北京产业结构与劳动结构状况

产业类别	产业结构		劳动结构		劳均 GDP/元
	GDP/亿元	构成/%	就业岗位/万人	构成/%	
总计	12 153.0	100.00	998.3	100.00	121 737
一产	118.3	0.97	62.2	6.23	19 019
二产	2 855.5	23.50	199.6	19.99	143 061
三产	9 179.2	75.53	736.5	73.78	124 633

（10）当人均 GDP 为 12 936 美元时，台湾的产业结构与劳动结构的关系见表 4.15；

（11）当人均 GDP 为 14 905 美元时，台湾的产业结构与劳动结构的关系见表 4.16；

（12）当人均 GDP 为近 2 万美元(1.98 万美元)时，东京的产业结构与劳动结构的关系见表 4.17；

（13）当人均 GDP 为 23 819 美元时，香港的产业结构与劳动结构的关系见表 4.18；

（14）当人均 GDP 为 27 298 美元时，香港的产业结构与劳动结构的关系见表 4.19；

（15）当人均 GDP 突破 4 万美元(4.15 万美元)时，东京的产业结构与劳动结构的关系见表 4.20；

（16）当人均 GDP 为 61 539 美元时，东京的产业结构与劳动结构的关系见表 4.21。

表 4.15　2001 年台湾产业结构与劳动结构状况

产业类别	产业结构		劳动结构		劳均 GDP/元
	GDP/亿元	构成/%	就业岗位/万人	构成/%	
总计	23 766.55	100	983.20	100	241 727
一产	465.83	1.96	73.74	7.5	63 172
二产	7 408.02	31.17	353.95	36.0	209 295
三产	15 892.70	66.87	555.51	56.5	286 092

表 4.16　2005 年台湾产业结构与劳动结构状况

产业类别	产业结构		劳动结构		劳均 GDP/元
	GDP/亿元	构成/%	就业岗位/万人	构成/%	
总计	27 828.95	100	1 037.10	100	268 334
一产	500.92	1.80	61.19	5.9	81 863
二产	6 857.05	24.64	371.28	35.8	184 687
三产	20 470.98	73.56	604.63	58.3	338 570

表 4.17 1976 年东京产业结构与劳动结构的状况

产业类别	产业结构		劳动结构		劳均 GDP/元
	GDP/亿元	构成/%	就业岗位/万人	构成/%	
总计	19 015.0	100.0	540.8	100.0	351 611
一产	74.4	0.4	2.6	0.5	286 154
二产	6 111.6	32.1	194.7	36.0	313 898
三产	12 829.1	67.5	343.5	63.5	373 482

表 4.18 1997 年香港产业结构与劳动结构状况

产业类别	产业结构		劳动结构		劳均 GDP/元
	GDP/亿元	构成/%	就业岗位/万人	构成/%	
总计	12 674.89	100.00	318.66	100.00	397 756
一产	14.64	0.12	2.30	0.72	63 652
二产	1 870.81	14.76	74.61	23.41	250 745
三产	10 789.43	85.12	241.75	75.87	446 305

表 4.19 2005 年香港产业结构与劳动结构状况

产业类别	产业结构		劳动结构		劳均 GDP/元
	GDP/亿元	构成/%	就业岗位/万人	构成/%	
总计	15 525.82	100.00	339.33	100.00	457 543
一产	9.42	0.06	0.76	0.22	123 947
二产	1 415.37	9.12	49.78	14.67	284 325
三产	14 101.03	90.82	288.79	85.11	488 280

表 4.20 1985 年东京产业结构与劳动结构状况

产业类别	产业结构		劳动结构		劳均 GDP/元
	GDP/亿元	构成/%	就业岗位/万人	构成/%	
总计	40 276.3	100.0	600.5	100.0	670 713
一产	70.0	0.2	3.7	0.6	189 189
二产	13 055.5	32.4	181.1	30.2	720 900
三产	27 150.8	67.4	415.7	69.2	653 134

表 4.21 2000 年东京产业结构与劳动结构的状况

产业类别	产业结构		劳动结构		劳均 GDP/元
	GDP/亿元	构成/%	就业岗位/万人	构成/%	
总计	66 895.30	100.00	615.84	100.00	1 086 245
一产	33.07	0.05	2.71	0.44	122 029
二产	12 046.65	18.01	140.76	22.86	855 829
三产	54 815.58	81.94	472.37	76.70	1 160 437

2）不同经济发展阶段劳动生产率增长趋势分析

鉴于资料较少，且北京、上海、香港、台湾、东京的城市性质差别较大，很难得出比较准确的结论。但是从大趋势看，随着经济发展水平的提高，生产效率是同步提高的，还是可以建立一些粗略的概念，据此提出以下参考意见：

（1）一产的生产水平

当国内生产总值从人均500美元、2 000美元、4 000美元、1万美元、2万美元上升到4万美元时，大体可分别按一产的劳均GDP 4 000元、1.2万元、1.5万元、4万元、9万元、18万元来估算一产的劳动力。

（2）二产的生产水平

当国内生产总值从人均500美元、2 000美元、4 000美元、1万美元、2万美元到4万美元时，大体可分别按二产劳均GDP 0.8万元、3万元、6万元、18万元、31万元、60万～72万元来估算二产劳动力。

（3）三产的生产水平

当国内生产总值从人均500美元、2 000美元、4 000美元、1万美元、2万美元到4万美元时，劳均GDP大体可分别按0.8万元、4万元、6～7万元、19万元、37万元、66万～76万元来估算。

综上所述，三次产业结构就业岗位估算的参考指标建议如表4.22。

表4.22　三次产业结构就业岗位估算参考指标

人均GDP/美元	劳均GDP/万元	一产劳均GDP/万元	二产劳均GDP/万元	三产劳均GDP/万元
500	0.7	0.4	0.8	0.8
1 000	1.3	0.8	1.5	1.8
2 000	2.8	1.2	3.0	4
4 000	5.5	1.5	6	6～7
10 000	18	4	18	19
20 000	35	9	32	37
40 000	67	18	60～72	66～76

3）不同经济发展阶段劳动结构的变化

从发展趋势看，随着农业现代化和工业化的进程，第一产业所需的劳动力会减少，第二产业所需的劳动力会增加。随着工业化日趋成熟，实现初步现代化时，一、二产业所需的劳动力会减少，第三产业的劳动力会增加。根据部分发达国家三次产业从业人员的比重看，一产的比重都小于10%，三产比重均大于二产（表4.23）。我国的城市发展前景也会遵循这个规律。

表4.23　部分发达国家三次产业从业人员比重(1990)

国　家	产业/%		
	一产	二产	三产
美　国	2.8	25.8	71.4
日　本	7.2	33.6	59.2
德　国	5.1	40.5	54.4
英　国	1.2	27.4	71.4
法　国	6.4	28.7	64.9

从中国大多数城市看,地区范围内农业人口众多,要消化转移出这些农村劳力绝非易事。因此,当前对多数城市而言,各不同经济发展阶段劳动结构的变化不可能像香港那样,一产劳动力只占劳动力的百分之一点几。目前中国统计年鉴中许多城市尚处于工业化的初期,城市化水平很低,但是一产的就业比重也只有百分之一多一点,这个数字是否准确,值得怀疑。相反,北京、上海等经济发展较快的城市,一产的就业比重还都在10%~12%,这个统计数据可能比较符合实际情况。

因此,参考上述各城市的统计数据,人均国内生产总值从500美元、1 000美元、2 000美元、4 000美元到1万美元逐步递增时,第一产业就业比重可能会从14%~15%、11%~12%、10%~11%、9%~10%到6%~7%,呈逐步递减的趋势,当人均国内生产总值突破2万美元时,第一产业就业比重将小于2.8%,有的城市可能不足1%。

关于二产与三产的关系,对于一般综合性的工业基础较好的城市,如上海,在实现初步现代化以前,二产的就业比重始终大于三产,就业比重为46%~50%,当实现人均GDP 4 000美元的目标时,二产、三产的就业比重趋于相等,分别是44.3%和44.9%。这个现状与上海现代化国际大都市的发展要求相比较,第三产业的行业发展还很不完善,结构不尽合理,与现代化国际经济中心城市发展目标密切相关的金融贸易、信息服务、咨询中介以及社区服务等行业还亟待发展。商业服务网络有待进一步改进,内外贸易专业中心和流通中心,包括物贸、期货交易、科技服务、工业博览、批发与零售、农产品交易等市场也将大量发展。在今后,第三产业就业比重必将更多地超过第二产业。

对于单纯的工业城市,在实现人均GDP 4 000美元的目标时,二产的就业比重可能还是比三产高,如克拉玛依,二产的就业比重高达84.6%,三产为15.3%,几乎没有第一产业。大庆人均GDP在1998年已突破3 000美元,一、二、三产的就业比重分别为4%、55%和41%。

但首都和省会城市,三产比重超过二产的时间可能提前,例如北京,当人均GDP达到1 000美元时,一、二、三产的就业比重分别为11%、42%和47%。广州1998年人均国内生产总值突破2 000美元时,一、二、三产的就业比重分别为1.1%、44%和54.9%,虽然其一产的比重可能偏低,但是三产比重高于二产的关系可能不会改变。

东京在进入经济发达城市阶段,一产职工的比例锐减,但是二产与三产职工的比例都分别维持在百分之三十几与百分之六十几。其变化有一个限度,不因国内生产总值猛增而出现大幅度变化。

因此,我国在初步实现现代化目标时对大多数城市来说,一产职工维持在10%左右、二产职工维持在40%~45%、三产职工维持在45%~50%应该说还是可行的。

在已知劳动生产率的状况下,劳动结构的变化取决于劳均GDP的水平,只要一、二、三产的产值比例已经确定,就可以分别根据各产业规划GDP的产值推算出就业岗位数量,劳动结构自然就确定下来了。

4.4 产业结构与劳动结构关系的细分

为了进一步研究产业结构与劳动结构的关系,分析就业岗位在各行业的比重,还应该对产业结构与劳动结构的内容在三次产业的基础上进一步细分。

现根据北京、上海的情况作一趋势分析,并与香港、台湾、东京做一些比较。鉴于资料有限,只能从研究方法上做一些探索。

人均GDP与产业结构和劳动结构的关系:

(1) 当人均GDP为500美元时,北京市产业结构与劳动结构关系细分详见表4.24。

表 4.24　1988 年北京市产业结构与劳动结构关系细分

项　目	产业结构		劳动结构		劳均 GDP/元
	GDP/亿元	构成/%	就业岗位/万人	构成/%	
国内生产总值	410.2	100.0	603.1	100.0	6 802
第一产业	37.0	9.1	88.4	14.5	4 186
第二产业	221.3	53.9	266.8	44.9	8 295
工　业	189.4	77.7	204.2	76.5	9 275
建筑业	31.9	22.3	62.6	23.5	5 096
第三产业	151.9	37.0	247.9	40.6	6 127
运输邮电业	19.0	12.5	24.7	10.0	7 692
城市公用事业、服务业	17.1	11.3	28.6	11.5	5 979
商业饮食业	39.1	25.7	56.6	22.8	6 908
金融业	42.2	27.8	3.6	1.5	117 222
科研文教卫生事业	22.5	14.8	75.4	30.4	2 984
国家机关团体	8.8	5.8	32.1	12.9	2 741
其　他	3.2	2.1	26.9	10.9	1 190

(2) 当人均 GDP 为 972 美元时，北京市产业结构与劳动结构关系细分详见表 4.25。

表 4.25　1993 年北京市产业结构与劳动结构关系细分

项　目	产业结构		劳动结构		劳均 GDP/元
	GDP/亿元	构成/%	就业岗位/万人	构成/%	
国内生产总值	886.2	100.0	627.8	100.0	14 116
第一产业	53.7	6.2	66.0	10.5	8 136
第二产业	419.6	48.2	283.5	45.2	14 801
工　业	336.9	80.3	203.1	71.6	16 588
建筑业	82.7	19.7	80.4	28.4	10 286
第三产业	412.9	45.6	278.3	44.3	14 837
交通运输、仓储、邮电通信业	39.2	9.5	24.2	8.7	16 198
批发和零售贸易、餐饮业	119.3	28.9	65.8	23.6	18 131
金融保险业	87.1	21.1	5.3	1.9	164 340
房地产业	7.0	1.7	5.3	1.9	13 208
社会服务业	36.8	8.9	43.7	15.7	8 421
卫生、体育、社会福利事业	12.8	3.1	13.2	4.8	9 697
教育、文艺、广播电影电视事业	40.5	9.8	42.4	15.2	9 552
科学研究和综合技术服务业	35.5	8.6	33.6	12.1	10 565
国家党政机关、社会团体	30.1	7.3	33.2	11.9	9 066
其　他	4.6	1.1	11.6	4.2	3 966

(3) 当人均GDP为2 042美元时,北京市产业结构与劳动结构关系细分详见表4.26。

表4.26 1997年北京市产业结构与劳动结构关系细分

项 目	产业结构		劳动结构		劳均GDP/元
	GDP/亿元	构成/%	就业岗位/万人	构成/%	
国内生产总值	2 077.1	100.00	655.8	100.0	31 673
第一产业	77.2	3.72	71.0	10.8	10 873
第二产业	781.8	37.64	259.2	39.2	30 349
工 业	620.0	79.30	183.7	70.9	33 954
建筑业	161.8	20.70	75.5	29.1	21 573
第三产业	1 218.1	58.64	325.6	50.0	37 228
交通运输、仓储及邮电业	168.2	13.81	32.9	10.1	50 969
批发和零售贸易、餐饮业	250.8	20.59	92.9	28.5	26 881
金融保险业	305.9	25.11	7.8	2.4	387 215
房地产业	51.0	4.19	7.5	2.3	68 000
社会服务业	151.8	12.46	56.4	17.3	26 820
卫生、体育、社会福利事业	36.1	2.96	13.8	4.2	26 350
教育、文艺、广播电影电视事业	96.0	7.88	43.2	13.3	22 069
科学研究和综合技术服务业	82.6	6.78	30.3	9.3	27 171
国家党政机关、社会团体	60.6	4.98	33.1	10.2	18 144
其 他	15.1	1.24	7.7	2.4	19 114

(4) 当人均GDP为2 420美元时,北京市产业结构与劳动结构关系细分详见表4.27。

表4.27 1999年北京市产业结构与劳动结构关系细分

项 目	产业结构		劳动结构		劳均GDP/元
	GDP/亿元	构成/%	就业岗位/万人	构成/%	
国内生产总值	2 074.5	100.00	615.6	100.0	33 699
第一产业	87.5	4.22	74.5	12.1	11 745
第二产业	844.8	40.72	216.2	35.1	39 075
工业	649.3	76.86	151.2	69.9	42 943
建筑业	195.9	23.14	65.0	30.1	30 077
第三产业	1 142.2	55.06	324.9	52.8	38 233
交通运输、仓储及邮电业	167.5	14.66	33.4	10.1	50 150
批发和零售贸易、餐饮业	210.4	18.42	90.7	27.6	23 197
金融保险业	216.4	18.95	7.4	2.3	427 568
房地产业	69.5	6.08	10.6	3.2	65 566
社会服务业	147.7	12.93	63.2	19.2	23 370
卫生、体育、社会福利事业	33.6	2.94	13.6	4.1	24 706
教育、文艺、广播电影电视事业	120.0	10.51	42.6	12.9	28 169

续表 4.27

项　目	产业结构		劳动结构		劳均 GDP/元
	GDP/亿元	构成/%	就业岗位/万人	构成/%	
科学研究和综合技术服务业	101.2	8.86	28.8	8.7	35 139
国家党政机关、社会团体	57.9	5.07	30.1	9.1	19 236
其　他	18.0	1.58	7.5	2.3	24 000

(5) 当人均 GDP 为 4 131 美元时，上海的产业结构与劳动结构关系细分详见表 4.28。

表 4.28　2000 年上海市产业结构与劳动结构关系细分

项　目	产业结构		劳动结构		劳均 GDP/元
	GDP/亿元	构成/%	就业岗位/万人	构成/%	
国内生产总值	4 551.00	100	828.35	100	54 941
第一产业	83.20	1.83	89.23	10.8	9 324
第二产业	2 163.68	47.54	367.04	44.3	58 949
工　业	1 956.66	90.4	329.03	89.6	59 467
建筑业	207.02	9.6	38.01	10.4	54 465
第三产业	2 304.27	50.63	372.08	44.9	61 929
交通运输、仓储及邮电业	315.42	13.7	36.69	9.86	85 969
批发和零售贸易、餐饮业	485.30	21.1	105.85	28.45	45 848
金融保险业	685.03	29.7	10.05	2.70	681 621
房地产业	251.70	10.9	9.33	2.51	269 775
社会服务业	221.45	9.6	85.15	22.88	26 007
卫生、体育、社会福利事业	62.94	2.7	19.00	5.11	33 126
教育、文艺、广播电影电视事业	137.66	6.0	34.91	9.38	39 433
科学研究和综合技术服务业	71.98	3.1	10.94	2.94	65 795
国家党政机关、社会团体	64.71	2.8	16.18	4.35	39 994
其　他	8.08	0.4	43.98	11.82	1 837

(6) 当人均 GDP 为 5 525 美元时，北京的产业结构与劳动结构关系细分详见表 4.29。

表 4.29　2005 年北京市产业结构与劳动结构关系细分

项　目	产业结构		劳动结构		劳均 GDP/元
	GDP/亿元	构成/%	就业岗位/万人	构成/%	
生产总值	6 969.5	100	878.0	100	79 379
第一产业	88.7	1.30	62.2	7.10	14 260
第二产业	2 026.5	29.10	231.1	26.30	87 689
工　业	1 707.0	84.23	160.3	69.36	106 488
建筑业	319.5	15.77	70.8	30.64	45 127

续表 4.29

项 目	产业结构		劳动结构		劳均 GDP/元
	GDP/亿元	构成/%	就业岗位/万人	构成/%	
第三产业	4 854.3	69.60	584.7	66.60	83 022
交通运输、仓储和邮政业	412.6	8.50	64.4	11.01	64 068
信息传输、计算机服务和软件业	594.6	12.25	27.0	4.62	220 222
批发和零售业	667.0	13.74	144.2	24.67	46 255
住宿和餐饮业	186.4	3.84	54.1	9.26	34 455
金融业	852.9	17.57	17.2	2.94	495 872
房地产业	464.1	9.56	27.1	4.64	171 255
租赁和商务服务业	353.4	7.28	34.9	5.96	101 261
科学研究、技术服务和地质勘察业	348.5	7.18	23.2	3.97	150 215
水利、环境和公共设施管理业	40.8	0.84	11.4	1.95	35 789
居民服务和其他服务业	85.9	1.77	35.3	6.04	24 334
教育	321.4	6.62	43.5	7.44	73 885
卫生、社会保障和社会福利业	118.4	2.44	24.7	4.22	47 935
文化、体育和娱乐	174.8	3.60	25.5	4.36	68 549
公共管理和社会组织	233.5	4.81	52.2	8.92	44 732

(7) 当人均 GDP 为 6 463 美元时，香港的产业结构与劳动结构关系细分详见表 4.30。

表 4.30 1985 年香港产业结构与劳动结构关系细分

项 目	产业结构		劳动结构		劳均 GDP/元
	GDP/亿元	构成/%	就业岗位/万人	构成/%	
国内生产总值	2 814.7	100.00	254.5	100.00	110 597
第一产业	9.4	0.33	4.2	1.65	22 381
第二产业	739.1	26.26	112.9	44.36	65 465
工 业	609.5	82.50	93.7	82.99	65 048
建筑业	129.6	17.50	19.2	17.01	67 500
第三产业	2 066.2	73.41	137.4	53.99	150 378
交通运输、仓储及通信业	247.8	11.99	20.7	15.07	119 710
批发零售、餐饮业	641.6	31.05	57.4	41.77	111 777
金融、地产、商服业	517.3	25.03	14.7	10.70	533 809
房产业	267.4	12.94			
社会服务业	392.1	18.99	44.6	32.46	87 915

(8) 当人均 GDP 为 6 965 美元时，上海的产业结构与劳动结构关系细分详见表 4.31。

表 4.31　2006 年上海市产业结构与劳动结构关系细分

项　目	产业结构		劳动结构		劳均 GDP/元
	GDP/亿元	构成/%	就业岗位/万人	构成/%	
生产总值	10 366.37	100	885.51	100	117 067
第一产业	93.80	0.90	55.33	6.25	16 953
第二产业	5 028.37	48.51	327.63	37.00	153 477
工　业	4 670.11	92.88	284.53	86.84	164 134
建筑业	358.26	7.12	43.10	13.16	83 123
第三产业	5 244.20	50.59	502.55	56.75	104 352
交通运输、仓储和邮政业	669.01	12.76	49.23	9.80	141 989
信息传输、计算机服务和软件业	421.31	8.03	9.89	1.97	425 996
批发和零售业	929.16	17.72	134.66	26.80	89 000
住宿和餐饮业	194.08	3.70	25.90	5.15	74 934
金融业	825.20	15.74	19.57	3.89	421 666
房地产业	688.10	13.12	29.95	5.96	229 750
租赁和商务服务业	332.98	6.35	50.98	10.14	65 316
科学研究、技术服务和地质勘察业	234.12	4.46	16.15	3.21	144 966
水利、环境和公共设施管理业	56.45	1.08	7.00	1.39	80 643
居民服务和其他服务业	113.81	2.17	83.83	16.68	13 576
教育	312.62	5.96	27.77	5.53	112 575
卫生、社会保障和社会福利业	162.16	3.09	18.41	3.66	88 083
文化、体育和娱乐	88.31	1.68	10.16	2.02	86 919
公共管理和社会组织	216.89	4.14	19.05	3.80	113 853

(9) 当人均 GDP 为 8 591 美元时，北京的产业结构与劳动结构关系细分详见表 4.32。

表 4.32　2009 年北京市产业结构与劳动结构关系细分

项　目	产业结构		劳动结构		劳均 GDP/元
	GDP/亿元	构成/%	就业岗位/万人	构成/%	
生产总值	12 153.0	100.00	998.3	100.00	121 737
第一产业	118.3	0.97	62.2	6.23	19 019
第二产业	28 55.5	23.50	199.6	19.99	143 061
工　业	2 303.1	80.65	146.9	73.60	156 780
建筑业	552.4	19.35	52.7	26.40	104 820
第三产业	9 179.2	75.53	736.5	73.78	124 633
交通运输、仓储和邮政业	556.6	6.06	65.5	8.89	84 977
信息传输、计算机服务和软件业	1 066.5	11.62	59.4	8.06	179 545
批发和零售业	1 525.0	16.61	119.0	16.16	128 151

续表 4.32

项 目	产业结构		劳动结构		劳均 GDP/元
	GDP/亿元	构成/%	就业岗位/万人	构成/%	
住宿和餐饮业	262.5	2.86	51.4	6.98	51 070
金融业	1 603.6	17.47	30.3	4.11	529 241
房地产业	1 062.5	11.58	47.1	6.40	225 584
租赁和商务服务业	809.6	8.82	119.9	16.28	67 523
科学研究、技术服务和地质勘察业	816.9	8.90	68.2	9.26	119 780
水利、环境和公共设施管理业	67.2	0.73	11.4	1.55	58 947
居民服务和其他服务业	73.9	0.81	17.3	2.35	42 717
教育	444.1	4.84	52.3	7.10	84 914
卫生、社会保障和社会福利业	213.0	2.32	24.9	3.38	85 542
文化、体育和娱乐	259.0	2.82	22.8	3.10	113 596
公共管理和社会组织	418.8	4.56	47.0	6.38	89 106

(10) 当人均 GDP 为 12 936 美元时，台湾的产业结构与劳动结构关系细分详见表 4.33。

表 4.33 2001 年台湾产业结构与劳动结构关系细分

项 目	产业结构		劳动结构		劳均 GDP/元
	GDP/亿元	构成/%	就业岗位/万人	构成/%	
国内生产总值	23 766.55	100.00	983.20	100.00	241 727
第一产业	465.83	1.96	73.74	7.50	63 172
第二产业	7 408.02	31.17	353.95	36.00	209 295
工 业	6 699.78	90.44	276.28	78.06	242 499
建筑业	708.24	9.56	77.67	21.94	91 186
第三产业	15 892.70	66.87	555.51	56.50	286 092
批发零售、餐饮业	4 178.15	26.29	231.05	41.59	180 833
金融、保险业	2 493.10	15.69	39.33	7.08	633 893
房产业	2 452.70	15.43			
交通运输、仓储及通信业	6 768.75	42.59	51.13	9.20	323 412
教育服务业			50.14	9.03	
公共行政业			34.41	6.19	
其他			149.45	26.91	

(11) 当人均 GDP 为 14 905 美元时，台湾的产业结构与劳动结构关系细分详见表 4.34。

表 4.34 2005 年台湾产业结构与劳动结构关系细分

项 目	产业结构		劳动结构		劳均 GDP/元
	GDP/亿元	构成/%	就业岗位/万人	构成/%	
国内生产总值	27 828.95	100.00	1 037.10	100.00	268 334

续表 4.34

项　目	产业结构		劳动结构		劳均 GDP/元
	GDP/亿元	构成/%	就业岗位/万人	构成/%	
第一产业	500.92	1.80	61.19	5.90	81 863
第二产业	6 857.05	24.64	371.28	35.80	184 687
工　业	6 409.01	93.47	288.31	77.65	222 296
建筑业	448.04	6.53	82.97	22.35	54 800
第三产业	20 470.98	73.56	604.63	58.30	338 570
批发零售、餐饮业	5 062.09	24.73	245.79	40.65	205 952
金融、保险业	3 025.01	14.78	42.52	7.03	711 432
房产业	2 315.37	11.31			
交通运输、仓储及通信业	10 068.51	49.18	49.78	8.23	391 498
教育服务业			57.04	9.43	
公共行政业			36.30	6.00	
其他			173.20	28.66	

(12) 当人均 GDP 为 19 848 美元时，东京的产业结构与劳动结构关系细分详见表 4.35。

表 4.35　1976 年东京产业结构与劳动结构关系细分

项　目	产业结构		劳动结构		劳均 GDP/元
	GDP/亿元	构成/%	就业岗位/万人	构成/%	
国内生产总值	19 015.0	100	540.8	100	351 611
第一产业	74.4	0.4	2.6	0.5	286 154
第二产业	6 111.6	32.1	194.7	36.0	313 898
工业	4 784.5	78.3	151.4	77.8	316 017
建筑业	1 327.1	21.7	43.3	22.2	306 490
第三产业	12 829.1	67.5	343.5	63.5	373 482
交通运输、仓储及通信业	1 455.3	11.3	34.1	9.9	428 029
批发零售业	4 646.5	36.2	148.9	43.3	312 055
金融保险、不动产业	2 856.0	22.3	32.8	9.6	870 732
服务业	3 085.9	24.1	109.7	31.9	281 304
机关团体及其他	785.4	6.1	18.0	5.3	436 333

(13) 当人均 GDP 为 23 819 美元时，香港的产业结构与劳动结构关系细分详见表 4.36。

表 4.36 1997 年香港产业结构与劳动结构关系细分

项　目	产业结构		劳动结构		劳均 GDP/元
	GDP/亿元	构成/%	就业岗位/万人	构成/%	
国内生产总值	12 674.89	100.00	318.66	100.00	397 756
第一产业	14.64	0.12	2.30	0.72	63 652
第二产业	1 870.81	14.76	74.61	23.41	250 745
工业	1 143.22	61.11	44.30	59.38	258 063
建筑业	727.59	38.89	30.31	40.62	248 049
第三产业	10 789.43	85.12	241.75	75.87	446 305
交通运输、仓储及通信业	1 156.48	10.72	34.34	14.20	336 773
批发零售、餐饮业	3 255.14	30.17	96.08	39.74	338 795
金融、地产、商服业	3 359.27	31.13	43.51	18.00	958 736
房产业	812.19	7.53			
社会服务业	2 206.36	20.45	67.82	28.06	325 326

(14) 当人均 GDP 为 27 298 美元时，香港的产业结构与劳动结构关系细分详见表 4.37。

表 4.37 2005 年香港产业结构与劳动结构关系细分

项　目	产业结构		劳动结构		劳均 GDP/元
	GDP/亿元	构成/%	就业岗位/万人	构成/%	
国内生产总值	15 525.82	100.00	339.33	100.00	457 543
第一产业	9.42	0.06	0.76	0.22	123 947
第二产业	1 415.37	9.12	49.78	14.67	284 325
工业	936.10	66.14	22.77	45.74	411 111
建筑业	479.27	33.86	27.01	54.26	177 442
第三产业	14 101.03	90.82	288.79	85.11	488 280
交通运输、仓储及通信业	1 681.26	11.92	36.24	12.55	463 924
批发零售、餐饮业	4 510.43	31.99	111.06	38.46	406 126
金融、地产、商服业	3 607.71	25.58	53.14	18.40	982 130
房产业	1 611.33	11.43			
社会服务业	2 690.30	19.08	88.35	30.59	304 505

(15) 当人均 GDP 为 41 519 美元时，东京的产业结构与劳动结构关系细分详见表 4.38。

表 4.38　1985 年东京产业结构与劳动结构关系细分

项　目	产业结构		劳动结构		劳均 GDP/元
	GDP/亿元	构成/%	就业岗位/万人	构成/%	
国内生产总值	40 276.3	100.0	600.5	100.0	670 713
第一产业	70.0	0.2	3.7	0.6	189 189
第二产业	13 055.5	32.4	181.1	30.2	720 900
工业	10 112.2	77.5	134.5	74.3	751 836
建筑业	2 943.3	22.5	46.6	25.7	631 609
第三产业	27 150.8	67.4	415.7	69.2	653 134
交通运输、仓储及通信业	3 610.7	13.3	36.5	8.8	989 233
批发零售业	7 243.5	26.7	169.0	40.6	428 609
金融保险	3 486.0	12.9	25.2	6.1	1 383 333
不动产业	2 700.9	9.9	11.4	2.7	2 369 210
服务业	6 959.6	25.6	152.1	36.6	457 567
机关团体	2 361.6	8.7	17.8	4.3	1 326 742
其他	788.5	2.9	3.7	0.9	2 131 081

(16) 当人均 GDP 为 61 539 美元时，东京的产业结构与劳动结构关系细分详见表 4.39。

表 4.39　2000 年东京产业结构与劳动结构关系细分

项　目	产业结构		劳动结构		劳均 GDP/元
	GDP/亿元	构成/%	就业岗位/万人	构成/%	
国内生产总值	66 895.30	100.00	615.84	100.00	1 086 245
第一产业	33.07	0.05	2.71	0.44	122 029
第二产业	12 046.65	18.01	140.76	22.86	855 829
工业	8 248.86	68.47	93.54	66.45	881 854
建筑业	3 797.79	31.53	47.22	33.54	804 276
第三产业	54 815.58	81.94	472.37	76.70	1 160 437
交通运输、仓储及通信业	4 381.79	7.99	39.12	8.28	1 120 089
批发零售业	13 403.07	24.45	154.52	32.71	867 400
金融保险	8 155.50	14.88	23.90	5.06	3 412 343
不动产业	7 528.07	13.73	15.78	3.34	4 770 640
服务业	16 486.57	30.08	204.91	43.38	804 576
机关团体	3 703.29	6.76	16.56	3.51	2 236 286
其他	1 157.29	2.11	17.58	3.72	658 868

通过不同经济发展阶段产业结构与劳动结构细分，可为具体地分析城市规模提供资料。其中涉及城市规模关系较为密切的是二产和三产的结构，大体分析如下：

① 第二产业主要包括工业和建筑业（根据现有统计口径，工业主要包括制造业、采掘业和电力、煤气和水厂等水源、能源生产企业），两者在各经济发展阶段在第二产业中各占多大比重影响因素很复杂，难以找到规律，工业增加值所占比重高的可超过90%，低的不足70%；但是，多数情况下工业占70%～85%，建筑业占15%～30%，在预测产业发展时可参考此指标。

二产的劳均GDP根据多数城市的统计数据，不同经济发展阶段几乎呈直线上升的趋势。不同经济发展阶段估算指标可参考表4.40所示。

表4.40 不同经济发展阶段工业劳均GDP参考指标

经济发展阶段	劳均GDP/万元
人均500美元	1.0
人均1 000美元	1.6
人均2 000美元	3.2
人均4 000美元	6.0
人均10 000美元	21.0
人均20 000美元	30.0
人均40 000美元	72.0

建筑业的劳均GDP估算指标可参考表4.41所示。

表4.41 不同经济发展阶段建筑业劳均GDP参考指标

经济发展阶段	劳均GDP/万元
人均500美元	0.5
人均1 000美元	1.0
人均2 000美元	2.0
人均4 000美元	5.5
人均10 000美元	13.0
人均20 000美元	24.0
人均40 000美元	57.0

② 第三产业的统计口径各城市不尽一致，但其共同的内容包括：交通、运输、仓储、邮电、通信业、批发、零售、贸易、餐饮业、金融、保险、房地产业、社会服务业、国家机关社会团体和其他行业。但是，各类产业所包含的内容也不太一致，例如：社会服务业所含内容各城市差别很大，难以比较。此外，在香港、台湾与东京的统计资料中没有科技服务、卫生、体育、文化教育、广播电视等相关行业。因此，以下分析只能以北京、上海的分类为主，参考其他城市的相应数据，提供各行业在第三产业中的比重。

根据我国城市的统计分析，各行业占第三产业的比重，不论经济发展处于何种阶段，交通运输、仓储和邮电通信类，大多保持在12%～15%。随着信息业的发展，北京和上海在最新统计分类中，已把其从通信业中剥离出来，两者相加可能达到20%左右。但是，由于信息业包含多种服务内容，很难全都归入通信的范畴，所以对一般城市进行产业比重预估时，还是建议采用上述比率。

批发、零售、贸易与餐饮业在各个经济发展阶段变化不大，大体上保持在20%～25%。

金融业占三产的比重高的可达30%以上，低的小于20%，但是，从北京、上海与香港的资料看，大体保持在25%左右，比较符合现实状况，但对一般中小城市而言，比重不一定都这么高，所以控制在20%～25%的范围比较合适。

房地产业，在相当长时间内还将保持较高的比重，2005年北京为9.56%，今后新建筑纳入房地产市场的比重还将增加，选择10%～13%为宜。

社会服务业，随着经济发展水平的提高，产业比重应不断增大，北京和上海目前其占三产的比重大体上在9%左右，随着人民生活水平的提高，社会服务内容会有所增加，宜选择比现在略高的比率，按10%～12%作为估算指标。

国家机关团体占三产的比重，北京是逐年下降的，从6%～7%降至4.6%，上海只有2.8%，随着市场经济的发展，机关职能的转变，这部分就业的比重还可能减少，建议按3%～4%考虑。

科研、文教、卫生、广电事业在东京、香港均不统计在产业内，但在我国城市项目细分中均有统计，为了便于全面预测产值比重与就业岗位，还应该保留这个项目，随着科技贡献率的增大，文化产业的发展，这些行业对产值的贡献还将有一定的份额。根据现有状况估算，一般在15%～20%，首都、直辖市和省会城市产值比重可能大一些，一般城市将偏低一些。

综合以上分析，第三产业产值比重分割大体上可参照以下指标估算(表4.42)：

表4.42 第三产业各行业产值估算参考指标

序号	项目	比重/%
1	交通、运输、仓储、通信业	12～15
2	批发零售及餐饮业	20～25
3	金融保险业	20～25
4	房地产业	10～13
5	社会服务业	10～12
6	科研、文教、卫生、广电业	15～20
7	机关团体	3～4
8	其他	1～2

不同产业的劳均生产总值，在不同经济发展阶段几乎都呈“S”形曲线增长，在人均1 000美元至2 000美元之间增长速度较快，随后增长速度略有减缓。此外，交通、运输、仓储、通信、批发、零售、餐饮与房地产业增长速度更快一些。鉴于可分析的数据不多，只能根据北京各经济发展阶段的数据增长曲线，对照其他城市的状况，做一个粗略的估计。

第三产业中不同类型产业在不同经济发展阶段的劳均产值指标参考表4.43。

表4.43 第三产业不同类型的产业在不同经济阶段劳均GDP粗略估算指标

经济发展阶段	交通、运输、仓储、通信业/万元	批发、零售及餐饮业/万元	金融业/万元	房地产业/万元	社会服务业/万元	科研、教育、文教卫生、广电业/万元	国家机关及社会团体/万元	其他/万元
人均500美元	0.8	0.7	12	1.0	0.6	0.3	0.3	0.1
人均1 000美元	1.5	1.7	16	1.5	1.0	1.0	0.9	0.4
人均2 000美元	4.5	2.2	32	5.5	2.0	2.0	1.5	1.5
人均4 000美元	8.5	4.5	42	14.0	5.0	4.0	4.0	3.0
人均10 000美元	14.0	12.5	65	32.0	14.0	14.0	14.0	6.0
人均20 000美元	42.0	28.0	92	81.0	28.0	28.0	32.0	11.0
人均40 000美元	98.0	38.5	138	122.0	46.0	56.0	50.0	21.0

4.5 各类就业岗位所需建设用地数量的估算

在产业结构细分和劳动结构细分的基础上，大体可以估算出不同经济发展阶段各行业需提供的就业岗位的数量，如能提出各类就业岗位需要的城市用地指标，就可以对城市用地数量进行测算。

用地指标的确定是一个非常复杂的问题，大体来说和劳动生产率有关，并和每个职工所需的建筑量及可能达到的容积率有关。此外，劳均GDP系指其增加值而言，生产总值与增加值之间还有一定的比例关系。

鉴于很难取得更详尽的资料进行对比分析，在这里只能根据北京1984年和1995年对市区及中心地区的详查资料，对照其他相关资料做一些比较，对研究方法做一些探索，以供参考。

4.5.1 工业用地

对于一个城市来说，工业用地的大小与工业门类的组成有关，各工业门类由于技术含量、劳务密集程度以及工艺流程均不相同，需要占用的土地是很不一样的。根据1995年北京的工业普查资料表明，在京的12个重点行业所呈现的特征有很大差别(表4.44)。

表4.44 北京市各重点行业产值、用地与就业岗位关系分析

类　别	劳均年产值 /(万元·人$^{-1}$)	地均年产值 /(万元·m^{-2})	地均就业岗位 /(人·hm^{-2})	劳均占地 /(m^2·人$^{-1}$)
电子	14.3	3 493	243	41.2
汽车	12.3	1 277	103	97.1
机械	6.3	453	72	138.9
化工	11.3	889	79	126.6
冶金	4.6	848	184	54.3
建材	7.9	203	26	384.6
家电	4.8	845	175	57.1
食品	8.3	482	58	172.4
医药	6.7	855	128	78.1
印刷	3.6	623	172	58.1
服装	3.7	949	254	39.4
其他	5.0	292	58	172.4

从表4.44可知，以每平方米的年产值论，12个产业排位是：电子、汽车、服装、化工、医药、冶金、家电、印刷、食品、机械、其他、建材。产值最高的电子行业每平方米工业用地的年产值为3 493元，而建材只有203元。

以每公顷用地可容纳的就业岗位论，12个产业排位是：服装、电子、冶金、家电、印刷、医药、汽车、化工、机械、食品、其他、建材。容纳就业岗位最多的是服装、电子行业，分别为每公顷254人、243人，劳均占地仅40 m^{2}左右；而建材只有26人，劳均占地高达384.6 m^2。

以劳均生产率论，12个产业排位是：电子、汽车、化工、食品、建材、医药、机械、其他、家电、冶金、服装、印刷，高的可达14.3万元，低的只有3.6万元。

综合以上分析，以传统产业论，电子行业劳动生产率高，又是劳务密集型的行业，对城市来说当然是理想的产业选择；而服装行业虽然劳均产值不高，但因为其是劳务密集型行业，而且可在多层厂房内劳作，建筑容积率高，所以每平方米用地的年产值仅次于电子行业，对解决城市就业来说也不失为一种理想的选择。

当然，城市各行业的发展，一是取决于市场，二是取决于资源和交通条件，三是取决于机遇和经营策略，这不是城市规划工作者所能左右的。在编制总体规划时，如能大体确定工业门类，则可参照表4.41所示估算工业用地需求量。

对于一般综合性城市来说，工业门类远不止这些，有的城市多达40多项，产业结构千差万别，许多数字难以分析。因此，在难以明确工业发展性质的状况下，在总体规划阶段预测工业用地需求量，一般采取总体水平分析的方法。

以北京为例，根据1995年的普查资料，全市工业企业从业人员1 916 431人，工业占地26 454 hm^2，产值1 281.97亿元，劳均产值为6.7万元，地均产值为每平方米485元，每公顷可容纳就业岗位72.4人，即劳均占地为138 m^2。但是市区与广大郊区生产力水平有很大差异，据统计，市中心区新发展的工业区地均产值为每平方米1 241元，城市近郊1 300 km^{2}市区范围内地均产值为每平方米762元，而广大远郊地区地均产值只有每平方米270元。因而从市域范围分析，现代化水平较高的中心城市(市区)其所辖地区越大，反映出来的生产力水平越低。

根据1995年对市区用地与就业岗位的普查资料，市区中心地区每公顷可容纳的就业岗位为112人，高于全市水平。

根据东京1974、1980、1990年各不同年份每公顷工业用地可容纳的就业岗位分析，分别为185人、191人、160人。鉴于东京工业用地的建筑容积率为0.67，而北京工业用地的建筑容积率为0.4，如果按北京的容积率折算，则东京每公顷可容纳的就业岗位数为96～114人。

尽管东京1974、1980、1990年的劳均生产总值分别为44万元、69万元、99万元，比北京1995年的水平高出5.5～14倍，但是劳均占地的差别并不大。可大体按每公顷95～115人，即劳均占地为87～105 m^{2}估算。

为解决工业用地估算，还需把工业增加值(即GDP)换算为工业总产值。根据北京历年的统计，工业增加值约为工业总产值的35%～52%，平均为43.5%。一般高新技术产业工业增加值占工业总产值的比重偏低一点，传统产业偏高一点。参照东京历年工业增加值占工业总产值的比重，一般都在43%左右，与北京的状况相似。因此，在总体规划阶段，没有更多依据可循时，大体上可按这个比例估算。

综上所述，在已知计划第二产业增加值的状况下可以按以下公式测算工业生产总值、就业岗位数和所需工业用地数量：

公式一：工业生产总值为计划第二产业增加值乘以工业增加值占二产的比重(一般为0.7～0.85)除以0.43

公式二：就业岗位数为计划第二产业增加值乘以0.7～0.85除以劳均工业增加值

公式三：工业用地总量为就业岗位数乘以87～105 m^2

例如，某城市经济发展阶段达到人均4 000美元时，计划第二产业增加值为100亿元，劳均增加值为6万元，工业占第二产业的比例为75%，则该城市：

工业生产总值为100乘以0.75除以0.43得到174.4亿元；

就业岗位数为1 000 000乘以0.75除以6得到125 000人；

工业用地总量为125 000乘以87～105 m^{2}得到1 088万～1 313万m^2；

工业建筑总量为1 088万～1 313万m^{2}乘以0.4得到435万～525万m^2。

则当实现初步现代化时：

每公顷工业用地的年产值为174.4亿元除以1 088～1 313得到1 328～1 603元；

大体上当实现初步现代化时，每平方米的工业产值约为1 300～1 600元。

考虑到目前我国工业用地的容积率过低，如能从0.4提高到0.6，工业用地可以压缩到790～954 hm^2，则每平方米的工业产值可增加到1 800～2 200元，相当于广州1995年的水平。

但这是按全市域的生产力水平测算的，作为中心城区(市区)生产力水平远远超过这个数，这是因为高新技术产业可以达到每平方米工业产值10 000～12 000元，甚至更高，如果高新技术产业所占比重较大，传统产业技术更新较快，那么到实现初步现代化时，每平方米的工业产值要比平均数高。北京中心城区每平方米的工业产值约为全市域平均产值的2.5倍。如按此推算,中心城区在实现初步现代化时每平方米的工业用地产值完全可能达到3 000～4 000元;如果再适当提高容积率,则可能达到4 500～5 500元。而对广大郊区而言,届时每平方米的工业用地年产值可能还不到1 500元。

各不同经济发展阶段工业用地产值指标可参考表4.45推算。

表4.45 各不同经济发展阶段工业用地产值指标

人均GDP/美元	500	1 000	2 000	4 000	1万	2万	4万
劳均增加值/万元	1	1.5	3.2	6	21	30	72
地区地均生产总值/(元·m^{-2})	242	363	727	1 450	3 600	7 200	18 000
市区地均生产总值/(元·m^{-2})	605	908	1 818	3 500	9 000	18 000	36 000

表4.45所示的指标系按下列基数测算的,即假定建筑容积率为0.4,劳均占地为96 m^2,工业增加值占工业生产总值的比重为43%。

4.5.2 建筑业用地

(1) 建筑业用地主要是指各建筑公司需要独立占用的施工基地,在这方面没有更多的指标可参考,一般来说随着施工技术的发展,施工基地并不是随着工程量的增加而增加,从北京市区的状况看,近年来施工基地非但没有增加,反而有所缩减。从1984年的详查资料看,在旧城区地均就业岗位高达955人/hm^2(劳均10.5 m^2),在近郊区为306人/hm^2(劳均32.7 m^2),到边缘地区只有82人/hm^2(劳均122 m^2)。说明施工基地有很大的弹性,在人口密集地区,劳均用地很小。这次估算建筑业用地为了留有必要的余地,建议参考北京中心地区的平均用地指标(地均就业岗位363人/hm^2,劳均27.5 m^2左右),按劳均25～30 m^2进行估算。据此,就业岗位数和建筑业用地可按以下公式估算:

公式一:就业岗位数等于计划第二产业产值乘以建筑业占第二产业的比重(一般为15%～30%)除以劳均产值

公式二:建筑业用地等于就业岗位数乘以25～30 m^2

(2) 建筑业用地一般需要较大的场地,因而建筑容积率不可能太高,根据北京市的详查资料约为0.3～0.4,可以据此估算施工部门所需建筑量。

(3) 建筑业增加值与建筑业生产总值之间的比例关系,大体上增加值约为总值的28%～30%;如将生产总值与房屋竣工面积相比,大体上为3 000元/m^2,其中包含土建部分与市政基础设施费用。

这个数字与20世纪90年代初比较有很大变化,在90年代初增加值占总值的比例可以高达40%左右,生产总值与竣工面积相比大体上为2 000元/m^2,说明当时房屋的设备比较简陋,相应的市政基础设施配套标准也较低,再加上物价因素影响,在预测今后发展时不宜采用这个指标。

4.5.3 第三产业用地

第三产业的用地指标,根据北京市1984年、1995年两年对市区中心地区的详查资料,结合近几年对各行业就业岗位拥有的建筑标准和容积率研究,与第三产业统计分类口径对应,提出以下参考数据。鉴于资料来源的局限,这些数据还比较粗糙,缺少不同性质、不同规模的城市对比分析,但在总体规划阶段,测算用地和建筑量,大致可参考表4.46、表4.47。

表 4.46 第三产业各行业就业岗位需要的用地与建筑参考指标(简表)

序　号	项　　目	劳均建筑面积/(m^2·人$^{-1}$)
1	交通运输、仓储、通信业	70～74
2	商业服务业及餐饮业	16～21
3	金融保险业	8～12.5
4	房地产业	8～12.5
5	社会服务业	24～28
6	科研、文教、卫生、广电业	54～65
7	国家机关和社会团体	20～24
8	其　他	400

表 4.47 第三产业各行业需要的用地与建筑参考指标(详表)

序号	项　　目	就业岗位构成/%	劳均用地/(m^2·人$^{-1}$)	容积率	劳均建筑面积/(m^2·人$^{-1}$)	地均就业岗位/(人·hm^{-2})
1	**交通运输、仓储、通信业**	100	70～74	0.24	17.4	135～143
	交通运输	65	33～40	0.2	6.6	250～300
	仓　　储	17.5	250	0.25	62.5	40
	邮电通信	17.5	25	0.5	12.5	400
2	**商业服务和旅店业**	100	16～21	1.2～1.4	22～26	476～625
	商业服务业	85	15～20	1	15～20	500～667
	旅店业	15	23	2.7	62	435
3	**金融保险**	—	8～12.5	2～2.5	20～25	800～1 250
4	**房地产业**	—	8～12.5	2～2.5	20～25	800～1 250
5	**社会服务业**	100	24～28	0.7～0.75	17～21	357～417
	社区服务	80	20～25	0.75～0.8	15～20	400～500
	市政公用事业服务	20	40	0.6	24	250
6	**卫生、社会福利与体育**	100	55～65	0.55	30～36	154～181
	医疗卫生	62	40～50	0.75～0.8	30～40	200～250
	社会福利	35	70	0.43	30	143
	体　　育	3	200～300	0.3	60～90	34～50
7	**教育与文化事业**	100	64～76	0.74～0.87	56	133～156
	大专院校	45.4	60～80	0.4～0.5	65	125～167
	中小学	27.3	92	0.54	50	109
	托幼机构	13.2	35	0.86	30	286
	文化产业	14.1	50～67	0.9～1.2	60	150～200
8	**科研和综合技术服务**	—	40～50	0.8	32～40	200～250
9	**国家机关和社会团体**	—	20～24	1.5	30～35	417～500
10	**其　他**	—	400	0.24	96	25

4.5.4 居住用地

居住用地主要包括住宅用地和配套的生活服务设施。居住用地的大小与居住水平、住宅层数和配套的生活服务设施水平有关。如果在实现初步现代化时，居住水平达到 12～15 m^2/人，住宅建筑面积为24～30 m^2/人。如以建筑面积 24 m^2/人计算，那么，低层住宅需用地 40 m^2/人(容积率为 0.6)，多层住宅区为 16 m^2/人(容积率为 1.5)，高层区为 11 m^2/人(容积率为 2.2)。

如加上配套设施、绿地与道路，低层住宅区用地为 51 m^2/人，多层为 27 m^2/人，高层为 22 m^2/人。鉴于配套设施已计入第三产业用地内，居住用地可分别按低层 46 m^2/人、多层 23 m^2/人、高层 17 m^2/人的标准估算。

4.5.5 公园绿地

公园绿地同样与城市要求的标准有关，在实现初步现代化时，一般要求达到 12～15 m^2/人。

4.5.6 道路、铁路等用地测算

在各类用地计算中，均不包括道路、铁路用地。一般道路用地可按城市总用地的 15%估算，再加上其他用地，可以按 20%～25%估算，即：

城乡建设总用地为上述五项用地之和除以[1－(20%～25%)]

4.6 城市规模测算举例

4.6.1 城市规模测算举例一

若某城市计划国内生产总值为 100 亿元，达到人均 GDP 4 000 美元的初步现代化目标，请估算城市规模。

测算步骤如下：

1) 就业岗位初估

如果一、二、三产的结构为 3%、47%、50%，则：

一产所需的就业岗位为 1 000 000×0.03÷2＝15 000 人

二产所需的就业岗位为 1 000 000×0.47÷6＝78 333 人

三产所需的就业岗位为 1 000 000 乘以 0.50 除以 6～8 得到 83 333～62 500 人

就业岗位总数为 155 833～176 666 人

2) 总人口初估

1 000 000÷8.2÷4 000＝30.5 万人

就业率为 51%～58%

3) 第二产业用地规模测算

如果工业与建筑业的 GDP 比例为 8∶2

(1) 工业用地及建筑量

代入公式一，工业总产值为 100×0.47×0.8÷0.43＝87.44 亿元

代入公式二，就业岗位人数为 100×0.47×0.8÷6＝6.27 万人

代入公式三，工业用地总量为 87～105 乘以 6.26 为 545～657 hm²

工业建筑总量为 218 万～263 万m²

(2) 建筑业用地及建筑量

代入公式一，就业岗位数为 100×0.47×0.2÷6=1.57 万人

代入公式二，建筑施工基地总量为 25～30 乘以 1.57 得到 39～47 hm²

需建筑量为 15.6 万～18.8 万m²

4) 第三产业用地与建筑规模测算表

已知第三产业 GDP 值为 50 亿元，参考表 4.39、表 4.40、表 4.43 的指标，如按劳均产值的低限估算，即可估算出相应的建设用地及建筑量，详见表 4.48。

表 4.48 第三产业用地与建筑规模估算表(简表)

序号	项 目	GDP 构成 /%	GDP /亿元	就业岗位人数 /万人	用地面积 /hm²	建筑面积 /万 m²
1	交通运输、仓储、通信业	12	6	0.92	64.4～68.1	16
2	商业服务业、旅店业	23	11.5	2.1	33.6～44.1	46.2～52.5
3	金融保险业	23	11.5	0.24	1.9～3	4.8～6
4	房地产业	9	4.5	0.45	3.6～5.6	9～11.3
5	社会服务业	12	6	1.2	28.8～33.6	20.4～25.2
6	科教、文化、卫生业	15	7.5	1.88	101.5～122.2	80.8～88.4
7	国家机关和社会团体	4	2	1.11	22.2～26.6	33.3～38.9
8	其 他	2	1	0.33	132	31.7
	总 计	100	50	8.23	388～435.2	242.2～270

5) 居住用地的测算

居住用地测算与规划的居住水平有关，和住宅层数有关，南方、北方由于日照间距不同，其容积率也有变化。如果该城市的住宅建筑有 30%低层、70%多层，则根据北京的用地指标测算，人均需用地 30.6 m²，共需住宅用地 934 hm²(不含配套设施，配套设施已包括在第三产业内)。住宅建筑量为 24×30.5=732 万m²(人口总数，单位万人)。

6) 绿化用地的测算

按照实现初步现代化的标准，以人均公共绿地达 12 m² 计，共需绿化用地 366 hm²。

除以上各项用地外，还有道路、铁路、河湖等用地，需要因地制宜地测算。城市道路用地一般占总用地的 15%左右，在初步估算时，总用地可按 20%的比例测算。

当实现国内生产总值 100 亿元，人均 GDP 达到 4 000 美元时，该城市总规模为 30.5 万人，可提供就业岗位 17.7 万人左右。除了农业用地外，城乡总需建设用地为：

工业用地 545～657 hm²

建筑业用地 39～47 hm²

第三产业用地 388～435 hm²

住宅用地 934 hm²

公共绿地 366 hm²

总 计 2 272～2 439 hm²

再加上道路等其他用地约占总用地的20%，则城乡建设总用地为(2 272～2 439 hm^2)除以0.8得到2 840～3 049 hm^2。

人均建设用地为93.2～100 m^2，各行业建筑量分别为：

工业：218万～263万m^2，建筑业：16万～19万m^2；第三产业：242万～270万m^2；住宅：732万m^2，城乡总建筑量为1 208万～1 284万m^2。届时，住宅约占总建筑量的57%～60%。

根据以上测算，即可编制城镇体系规划，进行城市布局。

应该说，上述城市规模测算还是一个战略数字，不可能十分精确。在同一个经济发展水平下，经济发展模式不同、经济结构的成熟度不同、就业率不同，都会造成劳动生产率的差别。根据上海、北京和香港比较，在同是人均GDP400美元的状况下，香港的劳动GDP为7万多元，而上海、北京只有5万多元，大体上香港的劳动生产率为上海、北京的1.4倍左右。说明上海、北京的经济发展水平的提高在相当程度上还是依靠增人、增地、外延式发展模式取得的。在估算人口规模时应把这个因素考虑进去，作必要的修正。

按这种方法估算的城市规模，还需与传统的测算方法作比较，以求更符合实际。

4.6.2 城市规模测算举例二

例一所提供的方法，对于规模较小、组成因素较简单的城市来说，可能相对准确一些；但是，对于一个组成因素比较复杂的超大城市来说，简单的方法就难以适应了，需要进行更多的分析、论证、方案比较，以便做出相对合理的选择。

下面以北京对2020年人口规模的预测为例，进行解析。鉴于经济社会学界、当地政府、规划部门看问题的角度不同，因此，对人口规模的预测，争论颇多，很难有一个权威的结论。《北京城市总体规划(2004—2020)》所确定1 800万人的规模，是听取了各方不同意见的折中的选择。在这里我不想简单地评论这个选择是否合理，只想提供一下我对北京城市规模研究的一些思路、方法与结论，作为一家之言，供读者参考。

1) 经济发展速度

2003年北京地区生产总值为5 023.8亿元，总人口为1 481.2万人(含户籍人口1 148.8万人，暂住人口332.4万人)，人均GDP为3 391美元，已开始进入初步现代化的经济发展阶段；对于今后5年的经济增长速度，北京市发展改革委员会提出按年增长率9%估算，我觉得比较切合实际，在今后15年内如能始终保持这个发展速度，已经是很了不起了，需要经过相当艰苦的努力，才能实现。因此，这个增长速度已留出相当大的余地。由此可以推算出2020年北京市的地区生产值可达25 000亿元。

2) 人口增长状况

如前所述，1991～2005年，北京市的总人口年增长率为20‰，至2005年总人口为1 535.8万人，2005年人均GDP已突破5 000美元，根据一般规律，今后15年增长率将有所下降，如果按10‰～12‰估算，2020年的总人口应为1 783万～1836万人，平均为1 800万人左右。

如果用传统的户籍人口增长法测算，2005年户籍人口为1 180.7万人，年增长率仍按1991～2005年的平均增长率8‰估算，2020年户籍人口为1 331万人，届时暂住人口为469万人，占城市总人口的26%。

3) 经济发展水平预测

综合以上两项预测结果，2020年的人均GDP可达16 900美元。

需要说明的是，地区生产总值在2005年普查后，产值比传统统计增加了37%左右，本市采用的是修正后的数字，所以比在编制北京城市总体规划时预测的数字都高。如果按2003年未修正的数字预测，2020 年人均 GDP 为 10 740 美元，这里只是介绍一下预测的方法，基础数据只能按统一的口径估算，数据准确与否对预测数据将会有很大影响。

4）就业岗位预测

为了更接近实际，采用了两种方法互相校核。

方法一：

从我国内地与香港、东京等亚洲城市和地区经济发展的规律看，经济发展水平的提升主要是劳动生产率不断提高的结果。不同经济发展阶段，劳动生产率的水平大体如表 4.20 所示。

根据北京市发改委的预测，2020 年第一产业的比重为 1%，第二产业的比重为 29%，第三产业的比重为 70%，则可以估算出 2020 年第一、二、三产业的产值分别为 250 亿元、7 250 亿元、17 500 亿元。届时需要的就业岗位为 805 万～959 万人(含：第一产业 22 万～34 万人、第二产业 243 万～302 万人、第三产业 540 万～623 万人)。

与总人口比较，就业率为 44.7%～53.3%，如采用平均值，就业人口为 882 万人，就业率为 49%。

方法二：

自从确立社会主义市场经济体制以后，经济落后地区的富余劳动力大量涌入经济较发达、能提供较多就业机会的城市，暂住人口已成为城市劳动力的不可缺少的重要补充。因而，在快速城市化时期，这些城市暂住人口陡然增加。到底在各经济发展的不同阶段，暂住人口中的从业人员与户籍人口中的从业人员之间呈何种比例关系，有何规律可循，为此，在北京特选择了经济发展不同水平的几个年份(1990 年、1994 年、1997 年、2001 年)作了比较(详见表 4.49)，大体结论如下：

表 4.49　不同时期从业人员统计分析

年份与产业分类	GDP/亿元	户籍人口中从业人员		GDP(常住人口从业人数)/元	暂住人口中的从业人员		总从业人数/万人	暂住人员比重/%	GDP(总从业人数)/元
		人数/万人	%		人数/万元	%			
1990 年	500.7	627.1	100	7 984	94	100	721.0	13	6 945
工业	219.3	214.1	34.1	10 243	10	10.6	224.1	4.5	9 786
建筑业	43.1	67.5	10.8	6 385	33	35.1	100.5	32.8	4 289
三产	194.5	254.8	40.6	7 633	51	54.3	305.8	16.7	6 360
一产	43.9	90.7	14.5	4 840	—	0	90.7	0	4 840
1994 年	1 084.0	664.3	100	16 318	170.4	100	834.7	20.4	12 987
工业	405.1	204.8	30.8	19 780	25.6	15.0	230.4	11.1	17 582
建筑业	95.8	69.8	10.5	13 725	50.6	29.7	120.4	42.0	7 957
三产	508.4	315.8	47.5	16 099	86.8	50.9	402.6	21.6	12 628
一产	74.7	73.9	11.2	10 108	7.4	4.4	81.3	9.1	9 188
1997 年	1 810.3	655.8	100	27 604	181.0	100	836.8	21.6	21 634
工业	588.4	183.7	28.0	32 030	20.0	11.1	203.7	9.8	28 886
建筑业	153.6	75.5	11.5	20 344	58.5	32.3	134.0	43.6	11 463
三产	983.4	325.6	49.7	30 203	95.1	52.5	420.7	22.6	23 375
一产	84.9	71.0	10.8	11 958	7.4	4.1	78.4	9.4	10 829
2001 年	2 845.7	628.9	100	45 249	256.2	100	885.1	28.9	32 151

续表 4.49

年份与产业分类	GDP/亿元	户籍人口中从业人员		GDP(常住人口从业人数)/元	暂住人口中的从业人员		总从业人数/万人	暂住人员比重/%	GDP(总从业人数)/元
		人数/万人	%		人数/万元	%			
工业	816.2	141.7	22.5	57 600	37.2	14.5	178.9	20.8	45 623
建筑业	219.7	75.6	12.0	29 061	53.3	20.8	128.9	41.3	17 044
三产	1 716.7	340.5	54.2	50 417	159.0	62.1	499.5	31.8	34 368
一产	93.1	71.1	11.3	13 097	6.7	2.6	77.8	8.6	11 967

(1) 在户籍人口中从业人员的结构,工业职工比例呈下降趋势,从 1990 年至 2001 年,分别是 34.1%、30.8%、28%、22.5%;建筑业职工始终保持在 11%左右的水平;第一产业职工从 14.5%降至 11.3%;第三产业职工呈持续上升趋势,从 1990 年至 2001 年分别是 40.6%、47.5%、49.7%、54.2%。这个变化趋势,和北京市经济发展状况是吻合的,随着现代化进程的发展,第三产业在三次产业中比重逐年攀升,成为主体产业。

(2) 在暂住人口中从业人员的结构,工业职工大体保持在 10%~15%,第三产业职工保持在50%~60%,建筑业职工大体维持在 30%左右,第一产业职工在 2.6%~4.1%。

(3) 把上述两种从业人员合起来研究,工业和第三产业从业人员中暂住人口占的比重是逐年增加的,从 1990 年至 2001 年,工业与三产占同类从业人员的比重分别为 4.5%、11.1%、9.8%、20.8%和 16.7%、21.6%、22.6%、31.8%。一产的比重始终维持在 9%左右。

建筑业的从业人员,暂住人口所占比重是最高的,大体上始终维持在 40%以上,这和首都建设规模不断扩大有关。

从总的发展趋势看,1990 年至 2001 年,暂住人口占从业人员的比重是逐年攀升的,分别是 13%、20.4%、21.6%、28.9%。

(4) 今后暂住人口占从业人员的比重会发生什么样变化,由于影响因素十分复杂,是很难预测的。但是,作为趋势分析还是可以做一些方向性探索。

一是,随着生产效率的提高,工业中高新技术产业比重增大,用高新技术改造传统产业的举措广泛落实,工业职工需求的增长将趋缓。暂住人口占工业从业人员的比重也不可能像 20 世纪 90 年代那样大幅度增长,但是,为了留有余地,建议把暂住人口中的从业人员占总从业人员的比重定为 25%左右测算,比 2001 年略有增高。

二是,第三产业职工在今后增幅仍会较大。但是,随着第三产业质量和效率的提高,金融、保险等行业的产值在第三产业中的比重将更大,但由于需要的从业人员质量要求比较高,数量却不会大,因此,暂住人口占三产从业人员的比重的增幅也会减缓。为留有余地,建议把比重定为 35%左右测算。

三是,第一产业总的趋势从业人员是逐步递减的,在从业人员中的比重会略有下降,暂住人口来京从事农业的人数不多,仍可按 9%测算。

四是,建筑业职工变化可能会较大。自 1998 年以来,北京市年竣工建筑面积从 2 300 万~2 500 万m^2进而增加到 3 000 万~4 600 万m^2 多,年基础设施投资从近 300 亿元进而增加到 400 多亿元,因而吸收了大量外地企业和民工加入施工行列。但是,由于大量城市基础设施集中在 2008 年以前提前实施了,2008 年以后北京的城市建设将逐步转入正常状态,如果恢复到年竣工建筑面积 2 000 万m^2 左右,基础设施投资维持在 200 亿元左右,城市建设的任务将减半,而施工技术、生产效率却不断提高,目前的

130 万人左右的施工队伍肯定是太大了。因此，常住人口中的从业人员很难仍维持在 75 万人左右的水平上，暂住人口中从事建筑业的职工也不会仍保持在 50 多万人的规模。何况，在京的建筑企业届时可能要到外地去承包工程，以图生存。因而建议 2020 年暂住人口占建筑从业人员的比重按下降至 30%测算。

(5) 人口增长状况与经济发展水平仍采用方法一的数据，即 2020 年户籍人口为 1 331 万人，地区总产值为 25 000 亿元，其中第一产业为 250 亿元，第二产业为 7 250 亿元，第三产业为 17 500 亿元。

(6) 就业岗位预测。为了与方法一计算思路相区别，即仍按传统的人均 GDP 水平的测算方法(即用户籍人口除以地区总产值)估算，然后再按上述确定的比例加入暂住人口，这样比较容易与统计年鉴传统的口径对照。按这个口径计算出 2020 年人均 GDP 为 23 000 美元。

与经济发展水平相应的劳动生产率水平如下：第一产业的劳均 GDP 为(10～14.5)万元/年；第二产业的劳均 GDP 为(35～40)万元/年；第三产业的劳均 GDP 为(39～42.5)万元/年。

据此推算，2020 年户籍人口中的从业人员应为 611 万～681 万人，其中：第一产业 17 万～25 万人，第二产业 182 万～207 万人(其中第二产业中工业为 121 万～138 万人，建筑业为 61 万～69 万人)，第三产业 412 万～449 万人。

如果第一产业、工业、建筑、第三产业需补充的暂住人口从业人员分别按户籍人口从业人员的 9%、25%、30%、35%测算，则第一产业需从暂住人口中补充从业人员 1.6 万～2.3 万人；工业需从暂住人口中补充从业人员 30.4 万～35.5 万人；建筑需从暂住人口中补充从业人员 18 万～21 万人；第三产业需从暂住人口中补充从业人员 144 万～157.2 万人；总共需从暂住人口中补充从业人员 194 万～216 万人。

两项从业人员相加，2020 年总计可提供的就业岗位为 805 万～897 万人。其中：第一产业为 18.6 万～27.3 万人；工业为 151.4 万～173.5 万人，建筑业为 79 万～90 万人；第三产业为 556 万～606.2 万人。

如果，暂住人口中的从业人员占暂住人口总数的比重从目前的 80%降至 70%估算，以便更多地留有余地，则 2020 年暂住总人口为 277 万～309 万人，那 2020 年的总人口为 1 331＋(277～309)＝1 608 万～1 640万人，暂住人口为常住人口的 20.8%～23.2%，城市总就业率为 50%～54.69%。

通过两种测算方法比较，2020 年北京市的总人口可能达到的规模大体有 1 608 万人、1 640 万人、1 800 万人三种可能。届时可提供就业为 805 万人、897 万人、957 万人三种可能。就业率大体在45%～55%，如果取三种可能的平均值，则总人口为 1 700 万人，就业岗位为 886 万人，就业率为 52%，可能较为理想。

从北京市可能提供的用地和水资源测算，北京市的平原约为 6 000 km^2，按 1/3 用地用于建设，也只有 2 000 km^2余，可容纳的总人口规模也只有 1 800 万人左右。根据南水北调后水资源可提供的容量分析，北京市的人口规模定为 1 650 万人比较符合生态环境要求。从经济发展水平看，2020 年还不是人口增长的终点，到 2025～2030 年北京才能进入经济发达城市的行列，届时人口规模可望相对稳定下来，或略有疏散的可能。因此，从可持续发展的观点分析，2020 年的人口规模力争控制在 1 700 万左右，可能比较主动，如果突破 1 800 万，加上 2020 年以后的人口增长，将大大超过北京市的生态容量，造成环境质量下降，不利于落实可持续发展的要求。

从区域经济发展的条件看，1991～2000 年，华北地区只有北京和天津两个城市处于人均 GDP 从 1 000美元增至 3 000～4 000 美元的经济发展阶段，即工业化的高潮时期，人口大量向城市集聚的阶段。因此，北京与天津两大城市吸收了 400 余万暂住人口，其中有 1/3 来自于京、津两市最近的河北、河南两省。现在,河北、河南两省的各大城市如石家庄、郑州、唐山、保定、洛阳等人均 GDP 均已达到1 000美元以上,今后 15 年正是从 1 000 美元增至 4 000 美元的工业化高潮时期,将有大量就业岗位可以提供,自然可以缓解京、津两市的压力。因此,在城市人口规模预测时,不能只局限在本市域范围考虑,应该把眼光扩大到区域经济发展的范围。何况,目前已出现北京市的产业向河北扩散的行动,今后15 年,区域分工、优势互补、互利双赢的前景将越来越广阔。

5) 城市建设用地量与建筑量估算

已知人口规模和三次产业的就业岗位,就可以按不同的标准估算城市建设用地与建筑量。现分类介绍如下:

(1) 居住用地和公共绿地的标准取决于经济发展水平、人民的富裕程度、实际使用需要和当地生态环境容量。对于超大城市来说更应本着节约的原则,并不是标准越高越好。

从北京市的实际情况出发,到 2020 年基本达到小康水平,可按住宅建筑面积为 30 m^2/人、公共绿地面积为 15 m^2/人的标准估算。

其中:住宅如果按高层占 30%、多层(4~6 层)占 60%、低层(1~3 层)占 10%的比例建设,则人均住宅用地为 25 m^2/人(不含各类服务设施用地,各类服务设施包括在第三产业用地内),即建筑容积率为 1.2。

(2) 工作用地主要包括第二产业和第三产业用地。其中第二产业中工业与建筑业的用地标准不同,需要分开计算。经过北京市与经济较发达的日本东京市比较,发现每个就业岗位所需的工作用地是基本稳定的,并非因为产值提高,用地就会增加。产值的提高主要是劳动生产率提高后,土地利用价值随之增加的结果。

因此,对于一般综合性城市进行宏观战略估算时大体可按工业用地劳均 95 m^2,建筑容积率 0.4;建筑业用地劳均 30 m^2,建筑容积率 0.3;第三产业用地劳均 50 m^2,建筑容积率 0.65 的指标估算用地与建筑量。

(3) 河湖、道路、铁路和市政基础建设用地,城市间差别很大,就北京市而言,可按以上各项占地总和的 25%计算。

(4) 如果总人口为 1 700 万~1 800 万人,就业岗位取一个中间值为 886 万人(就业率为 49%~52%,多在合理的范围内),由此,可以计算出 2020 年不同城市规模所需的用地和建筑量(表 4.50)。

表 4.50 2020 年建设用地与建筑量估算

	总人口为 1 700 万人		总人口为 1 800 万人	
	用地/km^2	建筑量/万 m^2	用地/km^2	建筑量/万 m^2
住宅	425	51 000	450	54 000
工业	158	6 330	158	6 330
建筑业	26	782	26	782
第三产业	306	19 890	306	19 890
公共绿地	255	—	270	—
道路、铁路、河湖	362	—	374	—
总计	1 532	78 002	1 584	81 002

总量估算的作用,可以大体预测今后建设任务还有多少,由此确定五年计划和年度计划的大体规模,用以对房地产开发规模进行宏观调控,避免出现因开发过热引起泡沫经济,浪费可贵的土地资源和

有限的资金。

就拿北京市来说，自 2002 年以来，每年竣工的建筑量都突破 3 000 万 m^2，2004 年、2005 年竣工的建筑量分别为 4 203 万 m^2、4 679 万 m^2，截至 2005 年，全市拥有总建筑量已达 5.13 亿 m^2，其中住宅为 2.83 亿 m^2。

对照预测的 2020 年总需求量，就是按照 1 800 万人口规模估算，今后 15 年还有 3 亿 m^2 的建筑需求量，每年竣工的建筑量只要维持在 2 000 万 m^2 左右即可；其中每年住宅竣工量约占 3/4，即维持在 1 500 万 m^2 左右。不可能长期保持年竣工 3 000 万～4 000 万 m^2 多的高增长。今后如不加节制，任房地产开发规模盲目求大，长期依靠房地产开发拉动 GDP 增长将是一件十分危险的事。

实践证明，这个规划预测只是理想。根据全国第六次人口普查资料，2010 年北京市常住人口已达 1 961万（含户籍人口 1 257 万、暂住人口 704 万），提前 10 年突破 2020 年规划预测的人口，如何解释这种超常发展的现象，经过反复思考，我想主要原因有以下几个方面：

一是，特殊政策刺激了人口的增长，例如北京在筹办奥运会期间，一方面城市基础设施建设资金大量投入，使建设规模大大增加；另一方面也刺激了房地产开发，除奥运场馆建设外，商业地产和商品住宅开发的规模大大增加，连续多年全市建筑开、复工面积过亿 m^2，竣工面积突破 4 000 万 m^2，固定资产投资与当年 GDP 相比，连续多年徘徊在 50%左右。2000 年以后，人口的年均增长率从 20‰增至 30‰多，2008 年外来的暂住人口突破 400 万，并在奥运后的两年，在惯性作用下，继续攀升至 704 万。虽然，户籍人口完全符合规划的预期，但是暂住人口则大大突破了规划的预期。

二是，经济增长模式还是靠外延增长为主，技术创新、经济结构调整和劳动生产率的提高还跟不上城市发展的形势。据统计在 2005 年至 2010 年间，北京的就业率均在 56%左右，比规划预期的 49%高出 7 个左右百分点，说明在人均 GDP 达到 10 000 万美元时，其劳均 GDP 只相当于发达国家城市在人均 GDP 4 000～6 000 美元时的劳动生产率水平，经济增长有相当部分还是靠大量增人、增地来实现的。

三是，北京和河北以及周围更大范围地区经济发展严重不平衡，且周围地区的城镇密度过稀，缺少城市来分担移民的压力，也是刺激人口向北京集聚的原因之一。从进入北京的移民来自的区域分布看，越靠近北京的地区，进入北京的移民比重越大。根据 2004 年的统计，在北京市的外来常住人口中，35.5%来自河北、河南两省，26.6%来自江苏、安徽、湖北、四川四省，14.7%来自山西、内蒙和东北诸省。其他地区来京的人数就比较分散了。

四是，体制的缺陷，对人口的增长缺乏主动有力的控制引导措施，放任其发展也应该说是造成人口过快增长的原因之一。

当然，统计口径不一致，基础数据不准确也影响预测的结果。

通过对以上主客观原因分析，一方面固然说明城市发展的复杂性，在预测城市发展规模时，对于各种影响城市发展因素的分析和指标选择尽可能考虑得更周全些，政策的应对更主动些；另一方面我仍然认为城市发展还是有规律可循的。正如前述，通过对珠江三角洲、长江三角洲和环渤海地区 100 多个城市发展状况分析，当人均 GDP 达到 4 000 美元左右时，人口的增速均开始下降，唯有北京、上海、天津在特殊政策驱动下仍保持超常发展的势头，我认为这种发展势头也不可能长久。因此，对城市发展规模的确定应该尊重规律，决策要更理性一些。同时，在编制总体规划时，既要制定规划的发展目标，更要制定实施规划的措施。在实施过程中，即或出现一些不可预计的因素，及时调整也不可怕。这样做总比盲目把城市做大，浪费大量不可再生的资源，造成对生态环境不可挽回的破坏要好得多。必须认识到北京市出现的这种超常发展状况，不是我们希望看到的。城市已经膨胀起来，再要瘦身，谈何容易。一旦失控，必然会贻害子孙，造成无可挽回的损失。

5 城镇体系布局

城镇体系布局的主要任务是在现有经济社会发展的基础上，根据今后10～20年甚至更长时间的发展需要，在辖区地域范围内对城镇进行调整与组合，协调地域范围内的交通、市政基础设施的关系，维护生态平衡的要求，以及其和全省以至更大范围地域间的联系。

根据以往的情况，多数城市比较注重辖区范围内中心城市规划的编制，城镇体系规划的编制相对薄弱，缺少生产力布局的内容，也很少根据经济发展的不同阶段，因地制宜地制定各级城镇不同的发展对策。城镇体系规划只是一张不同规模城镇位置的示意图，难以具体指导城镇建设。

近年来，各省市的城镇体系规划均已陆续出台，对城镇体系发展的规律、规划的内容与方法做了有益的探索。本章试图结合规划的实践，探讨城镇体系布局规划的有关问题。

5.1 城市的分级以及城镇发展的展望

各省市尽管提法各有不同，但城市的分级大体上有两种划分方法。

一是按行政等级划分。对于一个省来说，有副省级城市（省政府所在地，省会城市）、地级市、县级市（含县城）、建制镇四级。

北京、上海等直辖市则分为市区（中心城区）、卫星城或新城（含县城）、建制镇。根据北京的规划，区位适中、规模较大的建制镇称为中心镇。

二是按城镇人口的规模划分。可分为特大城市（100万人以上）、大城市（50万～100万人以下）、中等城市（20万～50万人以下）及小城市、镇等四级。

这种城镇体系的分级，反映了目前中国城市发展的特点。在实施工业化与现代化的过程中，随着经济结构的不断调整升级，在一定的区域范围内产业与人口的不断调整与重组，各类城市的比重也在不断地增减与变化。

2014年10月，国务院公布了划定城市规模的新标准，城市规模划分以城区常住人口为统计口径，将成市划分为五类七档：城区常住人口50万以下的城市为小城市，其中20万以上50万以下的城市为Ⅰ型小城市，20万以下的城市为Ⅱ型小城市；城区常住人口50万以上100万以下的城市为中等城市；城区常住人口100万以上500万以下的城市为大城市，其中300万以上500万以下的城市为Ⅰ型大城市，100万以上300万以下的城市为Ⅱ型大城市；城区常住人口500万以上1 000万以下的城市为特大城市；城区常住人口1 000万以上的城市为超大城市。为了便于与历史比较，本书仍按原来的分级。

沿海的山东、江苏、浙江、福建、广东五省，根据1985～2012年27年的城镇体系变化分析，前14年（1985～1999年）在实施工业化的过程中城镇有很大的发展，城市人口分别增长了1.2～2倍，五省的设市城市从70个增至194个，城市数量平均增加近2倍，各省市分别增加了1.3～2.4倍。尤其是中小城市，发展速度大大超过大城市和特大城市，大城市和特大城市占各省城市人口的比重（除福建省外）普遍下降了5%～10%，中小城市的人口比重均超过了大城市和特大城市。这些都说明经过工业化的初期发展，产业集中在大城市的状况有所改变，中小城市的就业岗位普遍增加，相当多的农村人口就近向中小城市转移。但是，在后来的16年（1999—2015年），随着各省人均GDP进入从1 000美元向7 000～

10 000美元过渡的阶段，城市人口增加了0.8～2倍，城市结构发生了很大变化，人口向大城市、特大城市集中的趋势明显，各省特大城市和大城市的人口数少的增加了0.8～2.6倍（福建、山东、江苏），多的增加了5～6.8倍（浙江、广东）；其比例普遍增长了27%～36%，广东省则高达56%，广东、江苏两省百万人口以上的城市比例占70%以上，福建、山东占50%以上，而20万人口以下的小城市比例从17%～38%锐减至1.1%～3.5%（表5.1、表5.2）。

表5.1　五省城市规模结构(人口)比较表

年份	省份	特大城市		大城市		中等城市		小城市		
		非农人口/万人	所占比例/%	非农人口/万人	所占比例/%	非农人口/万人	所占比例/%	非农人口/万人	所占比例/%	城市人口/万人
1985	浙江	101.8	33.2	55.2	18.0	79.0	25.8	70.3	23.0	306.3
	江苏	191.9	29.2	208.6	31.7	243.2	37.0	14.3	2.1	658.0
	山东	232.2	39.2	80.1	13.5	137.1	23.2	142.8	24.1	592.2
	福建	0	0	78.4	37.1	34.3	16.3	98.4	46.6	211.2
	广东	257	42.9	0	0	234.6	39.2	106.9	17.9	598.5
1999	浙江	139.3	19.5	126.5	17.7	173.8	24.3	274.6	38.5	714.2
	江苏	352.7	22.72	314.2	20.24	580.9	37.42	304.7	19.62	1 552.5
	山东	492.3	28.62	328.4	19.09	605.9	35.22	293.6	17.07	1 720.2
	福建	108.5	23.88	62.8	13.82	121.0	26.64	162.0	35.66	454.3
	广东	336.5	18.66	242.8	13.46	911.6	50.54	312.7	17.34	1 803.6
2006	浙江	796.9	41.6	473.69	24.8	587.4	30.7	57.7	2.9	1 912.5
	江苏	1 773.5	63.6	364.3	13.1	504.4	18.1	145.0	5.2	2 787.3
	山东	1 200.9	43.4	672.5	24.3	769.7	27.9	121.9	4.4	2 765.1
	福建	612.2	57.1	55.8	5.2	288.0	26.9	115.3	10.8	1 071.4
	广东	3 307.5	73.7	347.4	7.8	713.8	15.9	118.3	2.6	4 487.2
2012	浙江	796.9	41.6	473.6	24.8	587.4	30.7	54.7	2.9	1 912.5
	江苏	1 773.5	63.6	364.3	13.1	504.4	18.1	145.0	5.2	2 787.3
	山东	1 200.9	43.4	672.5	24.3	769.7	27.9	121.9	4.4	2 765.1
	福建	612.2	57.1	55.8	5.2	288.0	26.9	115.3	10.8	1 071.4
	广东	3 307.5	73.7	347.4	7.8	713.8	15.9	118.3	2.6	4 487.2
2015	浙江	1 156.6	53.3	475	21.9	499.6	23.1	37.1	1.7	2 167.7
	江苏	2 189.8	71.2	209	6.8	641.4	20.9	33.3	1.1	3 073.5
	山东	1 465.0	46.8	893	28.5	664.8	21.2	108.0	3.5	3 130.8
	福建	679.2	57.3	113	9.5	275.2	23.2	119.0	10.0	1 186.4
	广东	3 863.9	75.4	653	12.7	527.2	10.3	82.5	1.6	5 126.6

表 5.2 五省城镇规模等级结构(个数)比较表

年 份	省 份	特大城市数/个	大城市数/个	中等城市数/个	小城市数/个	设市城市数/个
1985	浙江	1	1	3	6	11
	江苏	1	3	8	1	13
	山东	2	1	5	11	19
	福建	0	1	1	8	10
	广东	1	0	8	8	17
1999	浙江	1	2	6	26	35
	江苏	2	4	20	18	44
	山东	3	5	20	20	48
	福建	1	1	5	16	23
	广东	1	3	20	20	44
2006	浙江	4	3	17	8	32
	江苏	5	7	15	13	40
	山东	5	9	22	12	48
	福建	2	1	6	13	22
	广东	7	3	17	16	43
2012	浙江	4	7	18	4	33
	江苏	8	5	16	8	37
	山东	7	10	23	7	47
	福建	3	1	10	9	23
	广东	7	5	24	8	44
2015	浙江	5	7	16	3	31
	江苏	10	3	19	2	34
	山东	7	12	20	6	45
	福建	3	2	9	8	22
	广东	8	9	18	6	41

从 1999 年的统计看(不含 10%～15%县城人口),城镇非农业人口有 70%～80%集中在大、中、小各设市城市,20%～30%的人口分布在县辖建制镇(表 5.3)。至 2015 年,江苏、山东建制镇的数量分别增加了 1 倍左右,其他三省分别增加了 0.3～0.45 倍,集中在各设市城市的人口降至 60%～70%左右(表 5.3)。

表 5.3 城镇非农业人口分布状况(1999～2015)

	省份	城镇总人口/万人	设市城市			县辖建制镇		
			城市数/个	人口数/万人	百分比/%	镇/个	人口数/万人	百分比/%
1999	浙江	936.43	35	714.26	76	418	222.17	24
	江苏	1 894.83	44	1 552.43	82	333	342.40	18
	山东	2 099.51	48	1 720.20	82	544	379.31	18
	福建	649.20	23	454.28	70	364	194.92	30
	广东	2 265.78	44	1 803.53	80	787	462.25	20
2015	浙江	3 349.3	31	2 167.7	64.7	604	1 181.6	35.3
	江苏	4 661.1	34	3 073.5	65.9	737	1 587.6	34.1
	山东	4 990.5	45	3 130.8	62.7	1 096	1 859.7	37.3
	福建	1 914.8	22	1 186.4	62.0	532	728.4	38.0
	广东	6 564.8	41	5 126.6	76.5	1 036	1 538.2	23.5

从沿海五省的经济发展阶段看，1995～1999 年的 5 年间，人均国内生产总值普遍突破了 1 000 美元的小康标准，至 2009 年已达到 4 000～5 000 美元，达到初步现代化的水平（表 5.4），到 2015 年已达到人均 7 000～10 000 美元，为实现在 2050 年以前进入经济发达省的目标（人均 2 万美元）打好基础。

表 5.4 1995、1999 年与 2006、2009、2012、2015 年五省人均国内生产总值比较表 （单位:美元/人）

省份	年份					
	1995	1999	2006	2009	2012	2015
浙江	995	1 685	4 140	5 412	8 792	8 847
江苏	890	1 329	3 596	5 439	9 002	10 482
山东	700	1 135	2 972	4 365	6 477	7 637
福建	810	1 515	2 702	4 114	6 736	6 757
广东	956	1 588	4 115	4 996	8 545	8 268

至 2020 年将是城镇体系逐步发展成熟的重要阶段，五省的城镇化的水平如果从目前的 50%左右提高到 60%左右，也就是说五省还将有 3 500 万左右农业人口转入城镇。特大城市、中等城市和小城市的规模结构，均将不同程度有所增减变化。

5.2 城镇体系发展存在的问题

根据沿海一些省市在编制城镇体系规划时的现状分析，大体上存在着以下两个问题：

5.2.1 地区间经济发展普遍不平衡

在省域或市域范围内，由于不同的地理环境、历史条件、自然资源、人才禀赋、基础设施、市场观念、技术素质、政策取向等因素的综合作用，地区间存在着经济发展不平衡的状况。

现仅以江苏、广东、北京和上海为例加以说明。

(1) 江苏省城市化水平呈自南向北递减态势。苏南城镇发展快，城镇空间分布密；苏北则相对较慢，城镇密度稀(表 5.5、表 5.6)。

表 5.5 江苏省区域差异(1997)

地区	面积比重/%	人口比重/%	人均 GDP/元	职工平均工资/元	GDP 结构/一：二：三	农民人均纯收入/元
沿江	47.7	55.7	11 070	7 838	1：5.3：3.6	3 909
淮海	52.3	44.3	4 927	5 609	1：1.3：0.9	2 677

注：沿江地区包括南京、无锡、常州、苏州、南通、扬州、镇江、泰州 8 市，淮海地区包括徐州、连云港、淮阴、盐城、宿迁 5 市。

表 5.6 江苏省城市化的地域差异(1997)

地区	面积比重/%	人口比重/%	城市数量/个	建制镇数/个	城镇密度/(个/10 km^2)	城镇非农业人口/万人	城市化水平/%
沿江	47.7	55.7	34	620	1.35	1 172.44	33.19
淮海	52.3	44.3	10	269	0.53	478.39	17.98

注：① 沿江地区特大城市、大城市、中等城市、小城市(按市区非农业人口划分)的个数分别为 1、3、7、22；淮海地区特大城市、大城市、中等城市、小城市的个数分别为 1、0、3、6。
② 本表中的人口数和城镇非农业人口数均采用公安年报数。
③ 区域城市化水平=(区域城镇非农业人口/区域总人口)×100%。
④ 沿江地区包括南京、无锡、常州、苏州、南通、扬州、镇江、泰州 8 市，淮海地区包括徐州、连云港、淮阴、盐城、宿迁 5 市。

(2) 广东省的珠江三角洲，集中了全省 50%的城镇人口，全省 13 个 20 万人口以上的城市有一半在珠江三角洲。大城市、特大城市也主要集中在珠江三角洲(表 5.7)。

表 5.7 珠江三角洲城市群在广东省的地位(1993)

城市规模/万人	广东省		珠江三角洲		珠江三角洲占全省/%
	个数	人口	个数	人口	
>100	1	303.7	1	303.7	100
50～100	2	131.5	1	64.1	48.7
20～50	10	284.8	5	133.6	46.9

注：资料来源于建设部规划司和广东省建委。人口指非农业人口，县级市指中心地区人口。

在珠江三角洲，规模大、实力强的城镇又密集于环珠江口一带。环珠江口地区，包括广州、佛山、南海、顺德、番禺、中山、珠海、东莞、深圳、江门及新会东部，是珠江三角洲人口和产业密集带，其面积不足珠江三角洲的 1/3，却集中了七成左右的国内生产总值、八成左右的第三产业产值(表 5.8)。

表 5.8 环珠江口地区在珠江三角洲经济区的地位(1993)

项目	面积/km²	人口/万人	国内生产总值/亿元	第三产业产值/亿元
环珠江口地区	11 740	1 105	2 598.5	720.3
珠江三角洲经济区	41 288	2 056	3 447.7	899.2
环珠江口地区比例/%	28.4	53.7	75.4	80.1

注:资料来源于广东统计年鉴,1994。未包括新会、增城两市数据。

(3) 北京市是直辖市,又是首都,中心城区与郊区的差距更为明显。据2000年的统计,79.6%的国内生产总值和60%的人口集中在占市域面积7.2%的土地上。占市域面积91.8%的土地上,国内生产总值只占20.4%,人口只占40%(表5.9)。

表 5.9 北京市国内生产总值、人口与土地状况(2000)

项目	国内生产总值		人口状况		土地状况	
	国内生产总值/亿元	百分比/%	常住人口/万人	百分比/%	土地面积/km²	百分比/%
市域	2 478.76	100	1 107	100	16 807.8	100
市区	1 973.89	79.6	665.7	60	1 369.9	8.2
郊区	504.87	20.4	441.3	40	15 437.9	91.8

在广大郊区经济发展也是不平衡的,环绕市区的五区一县,即昌平区、顺义区、通州区、房山区、门头沟区和大兴县,土地面积占郊区面积的48.5%,国内生产总值占郊区总产值的75%,人口占70%。而北京4个山区县,即延庆、怀柔、密云、平谷,土地面积占郊区面积的51.5%,国内生产总值只占郊区总产值的25%,人口占30%(表5.10)。

表 5.10 北京市郊区县国内生产总值、人口与土地状况(2000)

项目	国内生产总值		人口状况		土地状况	
	国内生产总值/亿元	百分比/%	常住人口/万人	百分比/%	土地面积/km²	百分比/%
郊区总计	504.87	100	441.3	100	15 437.9	100
环绕市区的五区一县	376.15	75	307.9	70	7 490.0	48.5
北部四县	128.72	25	133.4	30	7 947.9	51.5

(4) 上海市地区差异也极大,全市非农业人口93.7%集中在仅占全市土地8.2%的市区。郊区发展也不平衡,户籍人口188万,约有一半集中在区(县)所在地的10个城镇,且规模偏小,缺少中等城市,其他一半以上集镇人口在5 000人以下。所有这些都影响了中心城的产业和人口向郊区的有序疏解。

因此,除了全国存在着东西部差异外,各省市也普遍存在着地区发展不平衡的问题。近十几年来,随着经济发展,这种不平衡的内容和程度有所改变,但是大的趋势仍然如此。

5.2.2 城镇体系的结构尚需进一步完善，二元结构体制亟待改革

1）城镇体系的结构尚须进一步完善，区域合作势在必行

党的十八届三中全会的决定明确提出，完善城镇化健康发展体制机制。坚持走中国特色新型城镇化道路，推进以人为核心的城镇化，推动大中小城市和小城镇协调发展、产业和城镇融合发展，促进城镇化和新农村建设协调推进。优化城市空间结构和管理格局，增强城市综合承载能力。2014 年中央城市工作会议指出，我国已形成京津冀、长三角、珠三角三大城市群，同时要在中西部和东北有条件地区，依靠市场力量和国家规划引导，逐步发展形成若干城市群，成为带动中西部和东北地区发展的重要增长极，推动国土空间均衡开发。科学设置开发强度，尽快把每个城市特别是特大城市的开发边界划定。

中央的这些指示是针对我国城市发展的现状提出的。目前，省市之间、市与市之间、市与区之间不同程度存在行政壁垒，区域协调难以形成，单打独斗、以邻为壑、同质竞争、恶性博弈造成区域内资源、资金、人才的巨大浪费，环境持续恶化，已经不能再继续下去了。某河湾沿河毗邻的五个城市都要开发深水港，都要搞大炼油厂，都要建设 100 万甚至 200 万人口规模的特大城市。某河湾处于三省市交界处，两岸都在搞大炼油厂，不仅国家在这里建厂，省、市也要建，区里还要建，沿河生活岸线几乎被蚕食殆尽，造成的污染已危及近海渔场，可是在近海岛屿的新区规划中还要发展大化工。某特大城市已经人满为患、严重缺水，可是还把产值高但劳务密集、高耗水的液晶显示板厂引进，却把工艺落后、污染严重的铸造、炼焦、化工等工厂转移到邻近省份，可是大气污染是没有行政界线的，周围省份产生的废气还是毫无阻拦地回馈回来，造成雾霾天气日增。经济发展到这个阶段，单打独斗式的、粗放式发展模式已经难以为继。

从发达国家城市群形成发展的过程分析，随着社会化大生产的分工越来越细，各城市应根据市场的需求和自身的条件在专业化的分工与协作中合理定位，承担自己最擅长的角色，在区域范围内形成以一个或几个大城市为中心，和若干规模不等、各具特色又相互联系、相互依存的中小城市共同组成的区域城镇体系。这种以城市群作为主体的形态，不仅推动了经济更快的发展，而且，使区域的资源得到充分的利用，环境得到有效的保护。只有使市场在资源配置中起决定性作用的前提下，改革政府体制，打破行政壁垒，打破各自为政、单打独斗的局面，才能推动区域城市群健康成长、逐步完善，实现人尽其才、物尽其用、共同繁荣的格局。

据此，对处于不同经济发展阶段的城市，其城市结构调整的任务是不同的。

(1) 从沿海经济较发达的地区看，长三角、珠三角和京津冀北地区 2009 年人均 GDP 均已突破5 000 美元，总体看，人口增长的速度已经减缓。但是，发展还很不平衡，北京、天津和上海地区人口仍然保持高速增长的态势，目前已经人满为患，人口与资源环境的矛盾越来越尖锐。京津冀地区极需加强京津与河北省的合作，只有逐步改变京津与河北省经济发展严重不平衡的状态，在加快自身经济结构调整、升级的同时，加大产业向河北省扩散的力度，建立分工有序的产业链，切实形成优势互补、协调发展的城镇体系格局，才能缓解人口大量集聚京津的压力。长三角地区是我国经济最发达的地区，上海与苏南、浙北已形成我国规模最大的城市连绵带，也亟须与相邻各省加强合作，扩散产业，以缓解人口过快增长的压力。不打破区域间的行政壁垒，建立完善的城镇体系结构只是一句空话。2012 年 2 月 26 日，习近平在推动京津冀协同发展工作座谈会上指出，要着力加强顶层设计，自觉打破"一亩三分地"的思维定式，抓紧编制首都经济圈一体化发展规划，加快推进区域产业对接，明确产业分工，理顺三地产业发展链，形成区域内产业空间合理布局。加强环境保护合作，着力构建一体化现代交通网络系统，调整

优化城镇布局和空间结构，促进城市分工协作，提高城市群一体化水平。推动资本、技术、产权、人才、劳动力等生产要素按照市场规律在区域内自由流动和优化配置。习主席的指示为区域协同发展指明了方向。

(2) 2012年，省会城市人均GDP均已突破4 000美元，其中心城区应加快经济结构调整的步伐，避免盲目扩张，实施从外延发展向内涵发展转移的战略，大力推动与周围中小城市的分工合作，逐步改变发展不平衡的状态。

(3) 一些原来规模较小的城市，由于大型工矿企业在那里开发建设，使GDP快速增长，很快突破4 000美元，甚至突破10 000美元，但是其社会结构很难与经济发展相适应，一般需要经过二、三十年才能形成社会结构比较成熟的城市。对于这些城市来说，在二产大发展的同时更应注重第三产业的发展，努力改善服务，推动城市现代化的进程。

(4) 从沿海5省24年城市化的进程看，在特大城市和大城市的作用日益显著的同时，县辖建制镇的数量从1999年的2 446个增加到2009年的4 116个，就近吸收了大量农村人口，减少了对设市城市的压力，使2009年设市城市的人口占城市总人口的比重比1999年下降了10%左右。因此，在关注设市城市建设发展的同时，应进一步加强对建制镇建设的引导，使其成为城镇体系的重要基础。

2) 城乡分离的二元结构体制必须改革，重城轻乡的倾向必须扭转

(1) 由于城乡分治，不少地方出现县包市的状况，例如：无锡市与锡县，绍兴市与绍兴县，淮阴市与淮阴县。随着城市化、工业化的发展，城市扩展就要侵占邻县土地，而邻县却又要借助边界效应，在紧靠市区边缘发展产业，造成土地纠纷，城市难以统一规划，县、市互相牵掣，寸土必争，不少地方形成犬牙交错的混乱状况，虽然有的县已撤销，实现了市县一体，但这种状况在全国来说还需要进一步解决。

(2) 城乡结合部和城中村成为城市建设最混乱、环境最差的地区。就北京中心城区而言，其周围城乡结合部的农村人口只有60万，可是却有280万暂住人口在此居住与工作，由于失于管理，违法建设盛行，成为城市环境和治安最差的地区，与中心城区形成强烈反差。同时，在城市大发展的初期，为了减少开发难度，常常躲开村庄，占用其周围农田进行建设，久而久之，城市包围了村庄，形成了不少规模不等的城中村，在二元结构下，城市无法对其像城市一样进行严格管理，可是其区位却日见重要，在级差地租的作用下促使大量建设无序进行，成为城市中的建筑密度最高，基础设施最差，环境和治安最恶劣的地区。应该说这是城市建设欠下的账，只有改变二元结构体制，把上述地区纳入城市管理，并随着经济发展，不断加大政府的资金投入，逐步还清欠账，才能落实城乡一体化的要求，改变这种混乱局面。

(3) 长期以来，城市建设和农业现代化发展不匹配，重城市轻农村的现象普遍存在。城市发展很快，但是农业现代化还停留在传统生产方式的水平上。我曾去某经济较发达的特大城市的郊区考察了几个村子，农业水平都较差。有的虽然村容比较整齐，但农地都承包出去作其他用途了，农民都外出打工了。有的村自然环境条件很好，可是年轻人都走了，只留下老年人，形成了空心村，农民说种地没有经济效益。显然这些地方农业资源没有得到有效的开发。就城乡建设的状况而言，一方面城市开发大量低价征用农村土地，高价批租出去，利用政府的权力"以土生金"。另一方面对农村产业发展缺乏正确引导，对农村的建设管理比较粗放。不少村庄把大量工艺落后被城市淘汰下来的传统工业放到村镇来，占了大量农田，效益很差，对生态环境的破坏却很严重。有的地方村村搞房地产开发，占了大量农田，有一个村把4 000多亩土地都开发成城市建设用地，大部分建了住宅，只剩下73亩农用

地，还有什么农业可言？据某郊区县2012年的统计，违法建设占地74.27%在农村。应该说，农村出现的这种状况，在某种意义上讲，是在二元结构下对城市剥夺农村的一种反抗，是城乡矛盾的一种反映。

党的十八届三中全会的决定指出，建立城乡统一的建设用地市场。要加快构建新型农业经营体系，赋予农民更多财产权利，推进城乡要素平等交换和公共资源均衡配置，完善城镇化健康发展体制机制。2014年召开的中央农村工作会议强调，小康不小康，关键看老乡；农业还是“四化同步”的短腿，农村还是全面建成小康社会的短板。中国要强，农村必须强；中国要美，农村必须美；中国要富，农民必须富。农村基础稳固，农村和谐稳定，农民安居乐业，整个大局就有保障，各项工作都会比较主动。我们必须坚持把解决好“三农”问题作为全党工作重中之重，坚持工业反哺农业、城市支持农村和多予少取放活方针，不断加大强农惠农富农政策力度，始终把“三农”工作牢牢抓住、抓好。

因此，在城镇化过程中，为保护农民利益要解决两个主要问题：一是，土地的征收和拆迁补偿问题。这是过去十多年来中国城市大发展中最引起社会关注、最容易激起社会矛盾的问题。在新一轮城镇化进程中首先要制定合理科学的土地征收补偿政策，尽量使农民的利益不受损害。二是，解决好城镇化后的“新农民”就业、户口、医疗等问题。不解决农村发展的出路问题，城市总体规划就无法顺利实施。没有农业的现代化，谈不上城市现代化，发达城市落后农村并存的局面再也不能继续下去了。

各省市在经济发展过程中，不同程度地出现了城镇体系整体发展目标不明确，土地开发过热，建设用地失控，生态环境恶化，基础设施落后，交通网络不完善等问题；再加上行政分割互相制约，难以进行省(市)域合理规划建设。生产效率上不去，生活质量提不高。这些问题已直接影响到可持续发展的进程，妨碍经济向更高层次的高速发展。

5.2.3 如何从经济发展规律的角度来认识城镇体系结构变化的内因

如前所述，我国沿海五省从1985年至2012年的27年，经历了小城市大量兴起，特大城市、大城市人口比重下降，到特大城市、大城市快速发展，小城市人口比重反趋下降的转变。如何解释这种现象，只能从经济体制改革的进程中找原因。我国从计划经济向市场经济转变是从农村开始的，在二元结构的制约下，农村的改革开始了，而城市，尤其是特大城市、大城市尚未从计划经济体制下解脱出来，因而农村的改革推动了小城市的快速发展。但是，随着改革开放的深入，市场经济体制全面推进，特大城市与大城市的生产力得到极大解放，而小城市的局限性却越发凸显，因而，在市场经济体制下的经济发展规律的作用下，自然在二十几年的改革中，出现了上述转变。

在市场经济的条件下，经济的发展又怎样影响城镇体系的发展呢？我认为，不同的经济发展水平、不同的经济发展阶段所形成的城市形态是不同的，好像有一双无形的手，始终在左右着城市的发展。我们对其认识得透彻，所采取的对策符合规律，城市发展可能更顺利一些，如果认识发生了偏差，只是跟着感觉走，那么将出现盲目性、短期行为，影响城市的健康持续发展。因为城市是经济发展的空间载体，只有了解了经济发展的需要，才能提供合理的空间规模与布局，促进经济的持续健康发展。当然，有了合理的空间，不见得必定出现合理的结果，就像有了好的舞台，不见得就会演出好的话剧来，许多问题不是简单地由硬件决定的，而是受到大量复杂因素的影响，由诸多软件的条件决定的，这就需要通过一系列的改革，讲究科学，健全法制，依靠全社会的努力，才能把城市建设的事办好。了解规划师的责任与作用，就能更好地履行自己的职责，为决策者、投资者当好参谋，更好地为市民谋利益。用这个观点来研究城市空间发展战略，我有以下两点认识：

1）怎样看待城市"摊大饼"

从某种意义上说，多数城市现代化的过程，往往是从"摊大饼"开始的。对于历史城市来说尤其如此。道理很简单，历史形成的城市大多处于交通方便、水源充沛、土地平坦之处，经过数百年的沉积已形成比较完善的社会结构，有比较完备的生活条件。而工业化初期，大量人口向城市集聚，不可能在短期内就为其提供完善的生活服务设施，自然依托旧城发展新区成为城市发展的最佳选择。由工业化带来的城市规模的迅速扩大就是城市"摊大饼"的开始。不论是伦敦、巴黎，还是东京、纽约，无不是从几平方公里扩大至几百平方公里，以至千余平方公里。

但是，物极必反，"大饼"摊得太大，造成诸多"大城市病"，引起各方面专家的关注，纷纷提出控制城市"摊大饼"的动议，出现诸多理想城市的理论，这就是现代城市规划科学的发展过程。

怎样掌握城市"摊大饼"的规律，使城市规划更好地指导建设呢？这不是取决于城市规划师的主观意愿，而是要从经济发展中去找根据。众所周知，城市的发展是经济大量集聚的结果。因此，在工业化的初期必然促使城市迅速发展，大量占用土地。但是，经济发展到一定程度时，一方面用地十分紧张，在级差地租的作用下中心城市的土地批租价格越来越贵，劳动力价格也会越来越高，两种因素引起产品的成本不断提高；另一方面市场竞争却日趋激烈，产品价格不但难以提高，反而要适度下降以取得竞争优势。这时就迫使投资者把产业向土地与劳动力价格便宜，潜在市场相对巨大的地方转移，引起经济的扩散，经济从集聚到扩散的转变一旦形成，城市的"大饼"就不再向外扩张，而转向不断调整产业结构，提高城市质量，走内涵发展的道路。这个转变，从诸多城市发展的状况看，往往是在工业化发展比较成熟，向后工业化社会过渡时才会出现。

从北京市区的发展状况看，早在50年代就提出了压缩市区规模的动议，提出"分散集团式"规划模式，并提出在远郊建设卫星城的设想。在1993年国务院批准的总体规划中提出了实现两个战略转移的方针，即把城市建设的重点向远郊区转移，市区从外延扩展向内涵发展转移。几十年来一直把"面向16 800 km^2，城乡一起抓""跳出市区框框，大力发展卫星城镇"作为城市合理布局的努力目标，这些设想都符合理想城市的理论，但是几十年来卫星城发展十分缓慢，市区的"大饼"却越摊越大，中心城区从50年代的100多km^2，发展到80年代的280 km^2，90年代的300多km^2，到2000年达到326 km^2，加上边缘集团用地超过500 km^2，到2012年，中心城区已成为拥有1 000多万人口，建成区达1 000 km^2 的一张大饼了。

虽然2001年以后开始出现转机，一是在级差地租的作用下，通过土地有偿使用政策的实施，在产业结构调整的过程中，不少企业通过"优二兴三"的举措，开始把市中心地区的工厂用地腾出来发展第三产业，而自己到远郊区建新厂，以图更大的发展。二是基本建设的内容已发生变化，在市区工业建筑比重大大减少，写字楼、商厦等公共建筑大量增加，说明市区城市结构的调整已经向第三产业发展倾斜。三是在市区的新建建筑竣工量从80%多下降为60%左右，远郊区的建设比重相应上升，但是，这种转变距离规划的要求还有很大的距离。

目前，北京中心城区的人均GDP已突破15 000美元，已进入以高新技术为先导，第三产业较快发展的阶段，在动态比较利益的驱动下，工业已开始进一步向郊区扩散。展望今后10年的发展，市区人均GDP必将突破20 000美元达到经济发达城市的标准。也就是说，今后20年市区将进入后工业社会，根据国外一些城市的经验，"摊大饼"的速度将逐步减缓，以至停止，而调整城市结构、提高环境质量、走内涵发展道路的力度必将大大加强。

历史经验证明，从经济发展规律看，当产业向中心城市集聚时，谁也难以阻挡城市这张“大饼”的迅速扩大，规划应该适应发展需要，为城市提供新的发展空间。而不是“怨天尤人”，一味地埋怨城市规模控制不住。当经济从集聚转向扩散后，摊大饼的速度将逐步减缓，以至不再扩张，甚至略有减少。城市建设的重点就应该放在不断创新，提高劳动生产率，完善经济结构，合理调整土地结构上，促进城市整体素质提高。在这个时候如果还盲目地扩展用地，一味地把城市做大，必然会造成土地资源的浪费和环境恶化，也难以达到推动经济持续增长的目的。

2）关于“灯下黑”的问题

从上海、北京的现状看，都存在着中心城市高度发达，而郊区城镇经济发展比较落后的状况，有人把这种现象称为“灯下黑”。北京 1991～2001 年郊区常住人口的年增长率只有 2‰～4‰，有的区还出现零增长、甚至负增长的状况，而市区年增长率却高达 12‰，暂住人口 70%～80%也集中在市区。用经济发展的阶段分析，北京市区从 1991～2001 年人均 GDP 从 1 107 美元增至 4 080 美元，说明这个阶段仍处于工业化的发展时期，也就是人口大量集聚的阶段，而郊区在 1991 年尚处于工业化的前期阶段（人均 GDP 只有 436 美元），经济发展水平还达不到开始工业化的条件，自然人口大量向中心城市集中，所谓“灯下黑”从经济发展的规律看是可以理解的，不是人为因素可以左右的。当然郊区的发展也不平衡，交通条件较好的顺义发展就更快一点。展望今后 20 年，市区已完成了初步现代化的任务，工业企业已开始从大量集聚转向扩散转移，而离市区距离较近的广大郊区已进入工业化的高潮时期，必然会“近水楼台”优先接受市区扩散出来的企业，求得经济的快速发展，“灯下黑”的现象会逐渐淡化。

城镇体系的发展就是从中心城市沿着城市轴由近及远，逐步梯度推进的。中心城市经济发展水平越高，其向外辐射范围就越大，城镇沿城市轴推进的距离也就越远。

自然处于两个中心城市之间的城镇，由于有条件接受两个城市辐射的机会，一方面有条件与中心城市形成互补关系，另一方面利用自身土地与劳力便宜的优势吸引投资者，发展也会相对较快。例如：处于北京与天津之间的廊坊，处于广州与深圳之间的东莞，处于苏、锡、常与上海之间的昆山都是如此。这有人称之为“边界效应”。因此，区域城镇之间在市场经济条件下，只能靠优势互补形成合理分工协作，取得双赢的结果。处于大城市边缘的城市只有靠自己审时度势，选择合理定位，以自力更生为主，求得生存与发展。不可能要求大城市舍弃一块利益，让给其他城镇发展，这在计划经济时代都难以做到，何况已进入市场经济时代。在经济发展条件不成熟的状况下，强行转移产业以求合理布局是不可能的。只有“瓜熟蒂落”才有好结果，强扭的瓜不甜，也是经济发展规律决定的，几十年来，我们已经有很多这方面的教训。我们只能根据各城市现状经济发展水平来预测今后的发展目标，决定提供多大的发展空间，是工业化推动城市化，那种不切实际、一味把城市做大的想法，未见得会有好结果。

5.3 城镇体系规划的主要内容

5.3.1 城市发展的战略方针

针对上述城镇体系建设中存在的问题，对今后城市发展的战略方针应该是“充分发挥特大城市与大城市的中心作用，大力推进中等城市的发展，积极合理发展小城市，择优培育重点中心镇”。我国

“十二五规划纲要”指出，要“按照统筹规划、合理布局、以大带小的原则，遵循城市发展客观规律，以大城市为依托，以中小城市为重点，逐步形成辐射作用大的城市群，促进大中小城市和小城镇协调发展。”全面放开建制镇和小城市的落户限制，有序放开中等城市落户限制，合理确定大城市落户条件，严格控制特大城市人口规模。《十三五规划纲要》对此做出了更加具体的部署。

1）充分发挥特大城市与大城市的中心作用

特大城市和大城市，基础设施完备，城市功能完善，人流、物流、信息流巨大，集聚效应明显。根据江苏省的测算，大城市的投入产出是中小城市的 3～4 倍，人均利用外资是中小城市的 2.8 倍，人均 GDP 比中小城市高 60%～70%，地均 GDP 是中小城市的 5～7 倍。因此，只要用地、用水等资源条件允许，环境容量足够，就应努力提高特大城市与大城市的经济发展水平，把特大城市与大城市的经济潜力充分发挥出来，对区域发展提供强大而持久的动力，促进周围城镇的发展，形成合理的城市结构。同时也要看到我国沿海的一些超大城市，如北京、天津、上海和各省会城市，人口高度密集，已大大超出环境容量，出现严重的大城市病，影响中心城市功能的正常发挥，必须加大经济结构调整的力度，疏散产业和人口，扼制人口过度增长，保持城市健康发展的态势。

2）大力推进中等城市的发展

许多省市，大城市与小城市之间缺少中等城市衔接，反差较大。随着经济发展，一些新形成的交通枢纽地带或经济发展已初步形成规模效应的小城市，必然会吸引更多的就业岗位，从而演变成中等城市。据广东、福建、浙江、江苏、山东五省的统计，1985 年中等城市只有 25 个，1999 年增至 71 个，2012 年高达 91 个。中等城市可避免特大城市和大城市因人口过度密集可能带来的种种弊端，而且比起小城市来更能形成各类产业的集聚效应，也利于建设具有比较完备设施的社区，不论在降低管理成本、发挥投资效益方面，还是在创造具有较高品质的生活环境方面都具有较强的优势。

因此，中等城市是连接大城市与小城市的纽带，其地位十分重要。实践证明当全省人均国内生产总值突破 4 000 美元阶段，在小城市大量涌现的基础上，中等城市的发展的速度将加快。

3）积极合理发展小城市

对于经济发展和城市化水平较低的省市，不可避免地还有相当长发展小城市的时期。小城市容易吸引农民就近进城，有利于乡镇企业升级，可以避免在农村出现“村村点火、户户冒烟”严重污染环境的状况，也可更直接地推动农村经济的发展。因此，小城市在实现工业化与城市化的初期，必然会有较大的发展，它是中等城市发展的基础，在广大西部地区，积极发展小城市还将是一个必经的阶段。

4）择优培育重点建制镇(或称中心镇)

在城市化与工业化阶段，农村人口的减少，农业现代化的发展，必然会引起乡镇的撤并与重组。对于区位条件优越、产业特色突出、资源条件丰富的建制镇应重点加以培育，强化其与中心城市的联系；同时，撤除一些用地条件差，资源条件差，产业没有特色，规模较小，没有发展前途的乡镇。这样可提高产业的集约程度，有利于引导村镇布局的合理调整，也有利于改善生活质量，保护生态环境。

2016 年城乡住房建设部、国家发改委、财政部联合发出《关于开展特色小城镇培育工作的通知》，提出在全国范围内开展特色小镇的培育工作。要求小镇建设充分发挥市场主体作用，创新建设理念，转变发展方式，促进经济转型升级，因地制宜、突出特色，探索小城镇建设健康发展之路，推动新型城镇化和新农村建设，补齐小城镇这块建成小康社会的短板。计划到 2020 年争取培育 1 000 个左右各具特色、富有活力的小镇。

在这方面浙江、江苏、四川、福建等省提供了不少好的经验。概括说，特色小镇不是行政区的概念，而是产业集聚平台。其特点是“精而美”、“特而强”，不求大而全、面面俱到。它可根据自身特点，在信息经济、环保、健康、旅游、时尚、金融、高端装备等七大战略产业中选择一个产业或一个产业中的一个行业，甚至一个行业中的某一产品，如茶叶、丝绸、黄酒、中药、青瓷、木雕、文房等，凸显特色，放大特色，形成品牌，发展成特色小镇。也可借助自然环境、传统文化、人文风情，如一座山、一条溪、一条街、一杯茶、甚至一个名人等特色定位，与产业创新结合，提升城镇服务功能，形成特色小镇。江南水乡乌镇建成一个别样的“互联网小镇”是很好的实例。

但必须强调小镇建设的核心是“特”，要精心策划，做好顶层设计，避免同质竞争，两败俱伤。也要避免，为了完成指标，粗制滥造，一哄而上，造成浪费。

5.3.2 区域协调发展战略

经过改革开放30多年的发展，我国工业化已逐步趋向成熟，城市化的进程逐步加快，城镇人口已超过农村人口，资源环境容量和城市发展空间需求的矛盾日见突出，为了求得新的发展，必须打破行政壁垒，从区域的广度对产业结构和布局作进一步优化调整，为经济社会发展提供更广阔的空间。高铁、高速公路等交通基础设施的建设，互联网的发展，大大改变了时空的概念，为推动区域合作，建设分工有序、优势互补、各有特色的城市群发展提供了基础。《十三五规划纲要》对推动区域协调发展做出了部署，要求以区域发展总体战略为基础，以“一带一路”建设、京津冀协同发展、长江经济带为引领，形成沿海沿江沿线经济带为主的纵向横向经济轴带，塑造要素有序自由流动、主体功能约束有效、基本公共服务均等、资源环境可承载的区域协调发展的新格局。

一是，深入实施区域发展总体战略。

(1) 把西部大开发放在优先位置。更好发挥“一带一路”建设的带动作用，明显改善内外交通，发展绿色产业(农业和旅游业)，加强水资源的科学开发和高效利用，设立一批国家级产业转移示范区，发展产业集群，加大门户城市的开放力度，提升开放型经济水平。

(2) 大力推动东北地区老工业基地振兴。积极推动结构调整，改善营商环境，大力开展积极鼓励创业创新，建设技术和产业创新中心，加快发展现代大农业，推进先进装备制造业基地和重大技术装备战略基地建设，实施老旧城区改造、沉陷区治理等重大民生工程，加快建设快速铁路网和电力外送通道，支持资源型城市转型发展，建设面向与俄日韩国家合作平台，提升东北地区老工业基地的发展活力、内生动力和整体竞争力。

(3) 促进中部地区崛起。加快建设贯通南北、连接东西的现代立体交通体系和现代物流体系，有序承接产业转移，加快发展现代农业和先进制造业，支持能源产业转型发展，建设一批战略性新兴产业和高技术产业基地，培育一批产业集群。加强水环境保护和治理，推进鄱阳湖、洞庭湖生态经济区和汉江、淮河生态经济带建设。加快郑州航空港经济综合实验区建设。支持发展内陆开放型经济。

(4) 支持东部地区率先发展。更好发挥其对全国的支撑引领作用，增强辐射带动能力。加快实现创新驱动发展转型，打造具有国际影响力的创新基地。加快产业升级，引领新兴产业和现代服务业发展，打造全球先进制造业基地。加快建立全方位开放型经济体系，更高层次参与国际合作与竞争。在公共服务均等化、社会文明程度提高和生态环境质量改善等方面走在前列。

为此，需创新合作机制，完善对口支援制度，共建园区等合作平台，建立互利共赢、共同发展的互助机制。建立健全生态保护补偿、资源开发补偿等区际利益平衡机制。鼓励国家级新区、综合配套改革试验区、重点开发开放试验区平台体制机制和运营模式创新。

二是，推动京津冀协同发展。

坚持优势互补、互利共赢、区域一体，调整优化经济结构和空间结构，探索人口经济密集地区优化开发新模式，建设以首都为核心的世界级城市群，辐射带动环渤海地区和北方腹地发展。

(1) 需有序疏解非首都功能，降低主城区人口密度。重点疏解高耗能高耗水企业、区域性物流基地和专业市场、部分教育医疗和培训机构、部分行政事业性服务机构和企业总部等。高水平建设北京市行政副中心，规划多个微中心。

(2) 优化空间格局和功能定位。构建“一核双城三轴四区”多节点的空间格局(一核—北京是京津冀协同法展的核心。双城—北京、天津是京津冀协同发展的主要引擎。三轴—沿京津、京保石、京唐秦等主要通道为产业发展带和城市聚集轴。四区为四个功能区，即中部核心功能区、东部滨海发展区、南部功能拓展区、西北部生态含养区。)，构建京津冀协同创新共同体。北京重点发展知识经济、服务经济、绿色经济，加快建设高精尖产业结构。天津优化发展先进制造业、战略性新兴产业和现代服务业，建设全国先进制造研发基地和金融创新运营示范区。河北积极承接北京非首都功能转移和京津科技成果转化，重点建设全国现代商贸物流基地、新型工业化基地和产业转型升级试验区。

(3) 构建一体化现代交通网络。建设高效密集轨道交通网，强化干线铁路建设，加快建设城际铁路、市域(郊)铁路逐步成网，充分利用现有能力开行城际、市域(郊)列车客运专线覆盖所有地级以上城市。完善高速公路网络，提升国省干线技术等级。构建分工协作港口群，完善港口集疏运体系，建立海事统筹监管模式。打造国际一流航空枢纽，构建航空运输协作机制。

(4) 扩大环境容量和生态空间。构建区域生态环境监测网络、预警体系和协调机制，削减区域污染物排放总量。加强大气污染联防联控，实施大气污染防治重点地区气化工程，细颗粒物浓度下降2%以上。加强饮用水源地保护，联合开展河流、湖泊、海域污染治理。划定生态保护红线，实施分区管理，建设永定河等生态廊道。加大京津保地区营造林和白洋淀、衡水湖等湖泊湿地恢复力度，共建坝上高原生态防护区、燕山-太行山生态含养区。

(5) 推动公共服务共建共享。建设人力资源信息共享与服务平台，衔接区域间劳动用工和人才政策。优化教育资源布局，鼓励高等学校学科共建、资源共享，推动职业教育统筹发展。建立健全区域双向转诊和互认制度，支持开展合作办医试点。实现养老保险关系在三省市间的顺利衔接，推动社会保险协同发展。

三是，推动长江经济带发展。

坚持生态优先、绿色发展的战略定位，把修复长江生态环境放在首要位置，推动长江上中下游协同发展、东中西部互动合作，建设成为我国生态文明建设的先行示范带、创新驱动带、协调发展带。

(1) 建设沿江绿色生态廊道。实施长江防护林体系建设等重大生态修复工程，增强水源含养、水土保持功能，加强地质灾害预防治理，加强流域重点生态保护区保护和修复，建设三峡生态经济合作区。推进全流域水资源保护和水污染治理，基本实现干支流沿线城镇污水垃圾全收集全处理，长江干流水质达到好于Ⅲ类水平。统筹规划沿江工业与港口岸线、过江通道岸线、取排水口岸线。妥善处理江河湖泊关系，推进上中下游水库联合调度，提升调蓄能力，加强生态保护。

(2) 构建高质量综合立体交通走廊。依托长江黄金水道，统筹发展各种交通方式。建设南京以下12.5米深水航道，开展宜昌至安庆航道整治，推进三峡枢纽水运新通道建设。完善三峡综合交通运输体系。优化港口布局，加快建设武汉重庆长江中上游航运中心和南京区域性航运物流中心，加强集疏运体系建设，大力发展江海联运、水铁联运，建设舟山江海联运服务中心。推进长江船型标准化，健全智能安全保障系统。加快高速铁路和高等级公路建设。强化航空枢纽功能，完善支线机场布局。建设沿江油气主干管道，推动管道互联互通。

3）优化沿江城镇和产业布局。提升长三角、长江中游、成渝三大城市群功能，发挥上海“四个中心”引领作用，发挥重庆战略支点和联接点的重要作用，构建中心城市带动，中小城市支撑的网络化、组团式格局。根据资源环境承载能力，引导产业合理布局和有序转移，打造特色优势产业群，培育壮大战略性新兴产业，建设集聚度高、竞争力强、绿色低碳的现代产业走廊，加快建设国际黄金旅游带。培育特色农业区。

同时，《纲要》还要求支持珠三角地区建设开放创新转型升级新高地加快深圳科技、产业创新中心建设。深化泛珠三角区域合作，促进珠江-西江经济带加快发展。

5.3.3 城镇体系布局的主要思路

一般城市都有市域和市区之分，市区是中心城市所在地，市辖的县、镇和中心城市组成市域城镇体系。从一个省的范围看，则是由若干市县组成更大范围的城镇体系。根据城镇发展的特点、不同经济发展的要求和我国城镇空间的发展，参考上海、北京、江苏、浙江、山东和珠江三角洲等省市、地区对城镇体系空间布局的研究结果，其共同思路是以中心城市为节点、快速交通体系为依托，全省（或地区）构建若干个都市圈和城镇发展轴（或称聚合轴），形成以中心城市为核心、城镇发展轴为骨架、都市圈为网络的空间结构。通过这个结构体系来引导经济发展与城镇建设，从地区发展的整体效益出发，优化交通、通信和基础设施网络，改变城镇、经济分散无序发展的状态，形成相对集聚、层次合理的城镇体系布局，并以此为基础进行全省土地规划，推动农业产业化的进程，确保生态环境健康，走可持续发展的道路。我国《十三五规划纲要》提出：“加快构建以大陆桥通道、沿长江通道为横轴，以沿海、京哈京广、包昆通道为纵轴，大中小城市和小城镇合理分布、协调发展的‘两横三纵’城市化战略格局。”要求优化城镇布局和形态，加快城市群建设发展。优化提升东部地区城市群，建设京津冀、长三角、珠三角世界级城市群，提升山东半岛、海峡西岸城市群开放竞争水平。培育中西部地区城市群，发展壮大东北地区、中原地区、长江中游、成渝地区、关中平原城市群，规划引导北部湾、山西中部、呼包鄂榆、黔中、滇中、兰州—西宁、宁夏沿黄、天山北部城市群发展，形成更多支撑区域发展的增长极。促进以拉萨为中心、以喀什为中心的城市圈发展。建立健全城市群发展协调机制，推动跨区域城市间产业分工、基础设施、生态保护、环境治理等协调联动，实现城市群一体化高效发展。城镇体系的形成和发展脱离不开原有的历史基础、自然状况、交通条件和各自的经济发展水平，城市发展轴只能是因地制宜形成，不可能是规划师臆想出来的。把城镇体系生硬地划出几个轴，把城镇硬塞到轴里去，未免牵强附会，是难以操作的。从各省市规划的成果看，没有一个城镇发展轴的形态是一样的。

下面简略介绍一些省、市、地区的实例。

1）上海市

上海以浦东、浦西中心城区为核心，提出了3个城市发展轴（图5.1）：

（1）沪宁发展轴：以沪嘉、沪宁高速公路和沪宁铁路为主要联系，以嘉定新城、南翔、安亭的建设为重点，与中心城联系起来。

（2）沪杭发展轴：以沪杭高速公路和沪杭铁路为主要联系，以松江新城、佘山国家级旅游度假区为建设重点，把莘庄、松江、枫泾等与中心城联系起来。

（3）滨江沿海城镇发展轴：以长江、东海为依托，以郊区环线、轨道交通为主要联系，形成宝山新城、外高桥港区(保税区)、空港新城、海港新城、上海化学工业区、金山新城等组成的滨水城镇和产业发展轴线。

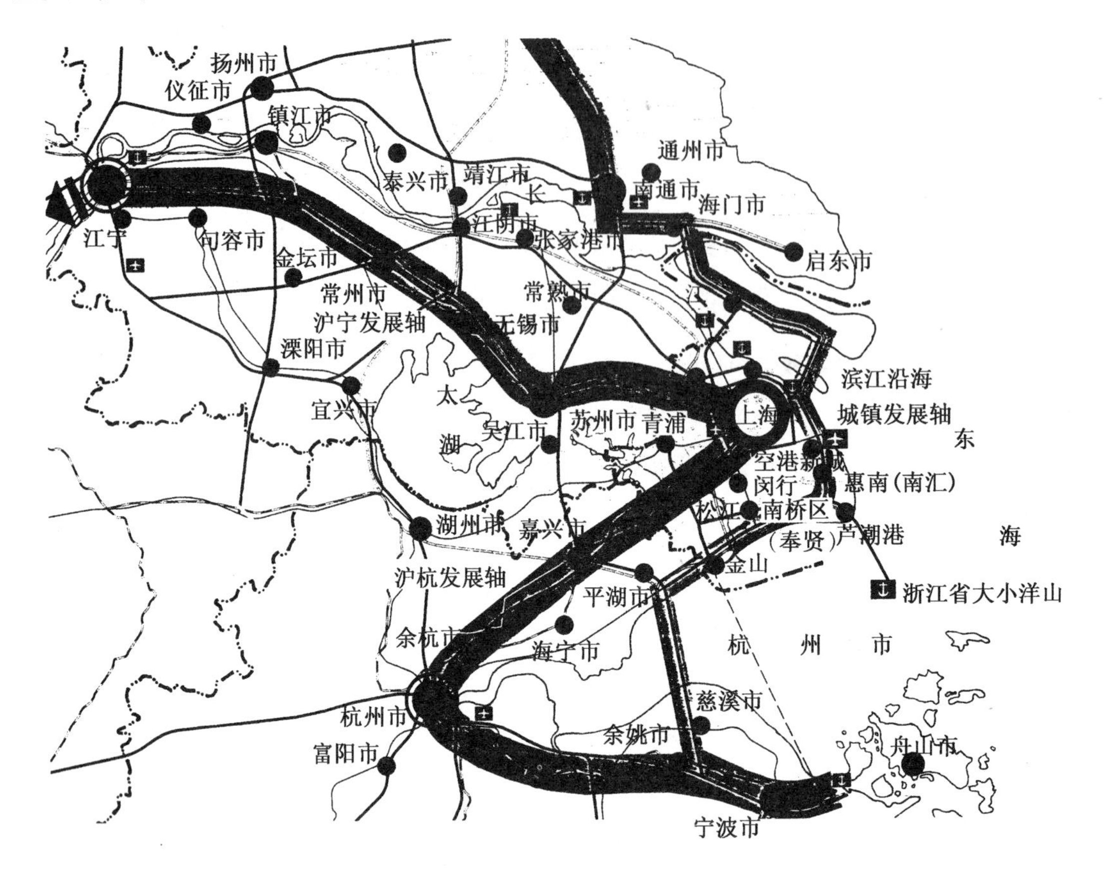

图 **5.1** 上海市城市发展轴示意图

2) 北京市

北京以中心城市为核心,沿京顺、京沈、京津塘、京开、京石5条高速公路形成5条城市重点发展轴(图5.2),沿市域东南分别建立顺义、空港新城、通州、亦庄、黄村、良乡6个中等规模的新城,并分别与河北省的三河、廊坊、固安、涿县等城镇衔接,其中京津塘高速公路,连接京、津、冀三省市,串联了亦庄、廊坊、杨村、天津市以及塘沽港等城市,既是北京市主要的城市发展轴,也是华北地区最发达的产业发展带。

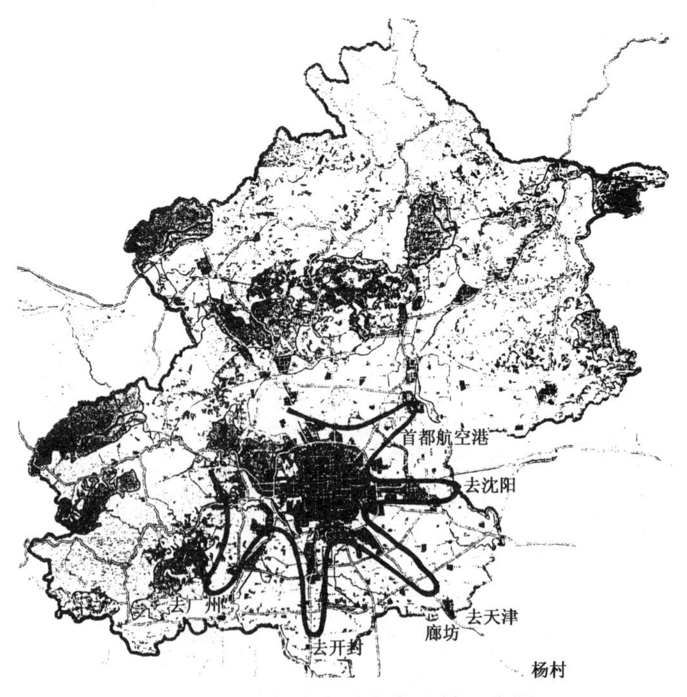

图 **5.2** 北京市城市重点发展轴示意图

3) 江苏省

江苏省提出了3个都市圈5条城镇聚合轴的城镇发展布局构想(图5.3)。

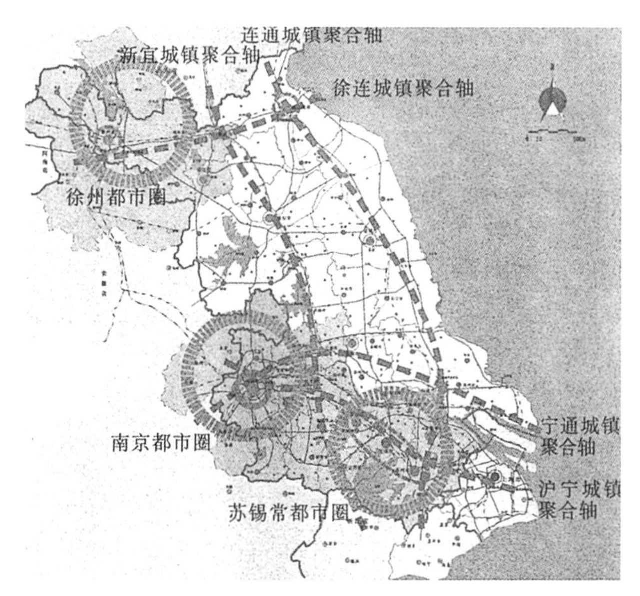

图 **5.3** 江苏省都市圈和城镇聚合轴布局示意图

都市圈是以一个特大城市和若干50万人以上大城市组成的核心，具备跨省功能的城镇群组成的区域。

(1) 3个都市圈

① 苏锡常地区，直接接受上海的强烈辐射，成为上海大都市圈的重要组成部分。

② 南京市作为长江流域的中心城市之一，对苏、皖、赣三省沿江部分地区城市的发展起到龙头作用。它不仅与本省的扬州、镇江联系密切，而且还对安徽、江西的芜湖、马鞍山、铜陵、安庆、滁州、九江、景德镇等地、市产生强烈的辐射作用。

③ 徐州作为江苏省北部规模最大的城市，以其得天独厚的交通优势，成为淮海经济区的中心城市，带动苏北、鲁南、豫东、皖北四省十几个城市的发展。

(2) 5条城市聚合轴

① 沪宁城镇聚合轴。依托沪宁高速公路、沪宁高速铁路、沪宁铁路等构成的交通走廊，以南京、镇江、常州、无锡、苏州等中心城市为节点与上海衔接，包括沿线11个市县。该轴是长江三角洲经济、技术最发达的产业带，城镇密集，已呈现城市连绵带的特征。

② 宁通城镇聚合轴。依托宁通高速公路、宁启铁路与长江等构成交通走廊，以南京、扬州、泰州、南通等中心城市为节点，包括沿线17个市县。该轴处于江苏省发达与不发达地区的过渡地段，需要依托长江黄金水道，在发展工业的同时，进一步开发港口岸线、旅游资源等潜力。

③ 徐连城镇聚合轴。依托东陇海铁路及徐连高速公路等构成的交通走廊，以徐州、连云港中心城市为主要节点，沿线包括6个市县。该轴集黄金海岸与新亚欧大陆桥于一身，是全国海陆运输衔接转运枢纽之一，是通往西北部地区的门户。

④ 新宜城镇聚合轴。依托京沪高速公路、新长铁路、淮扬铁路及京杭大运河等构成的交通走廊，以宿迁、淮安、扬州、镇江、新沂、宜兴为节点，沿线包括15个市县。该轴目前缺少大城市，南北差异较大，在南北交通改善的条件下，是扩散南部产业、推动北部城市发展的重要通道。

⑤ 连通城镇聚合轴。依托同三高速公路、通榆运河及沿海港口群构成的交通走廊，以连云港、盐城、南通等中心城市为节点，沿线包括21个市县。该轴实施沿海开发战略，保护生态，增强实力，逐步缩小南北经济的差异。

通过"三横二竖"的聚合轴与江苏省原有的"井"字形生产力总体布局框架衔接。

4) 浙江省

浙江省提出了"三圈、三级、二面、二环"的城镇发展布局构想。

(1) 杭、甬、温三大城市圈(图5.4)

① 杭州大城市圈。要强化和完善省会城市的综合功能，进一步发挥全省的政治、经济、科技文化中心作用。近期以杭州为中心建立半径为25～30 km，包括萧山、富阳和临安3个城市的大城市

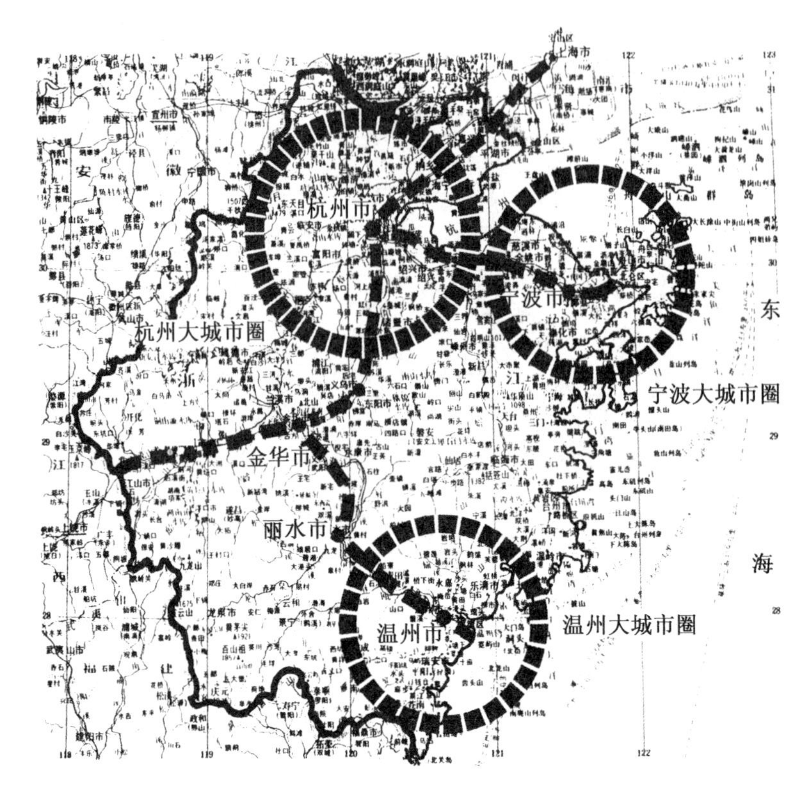

图 **5.4** 浙江省杭、甬、温三大城市圈布局示意图

内圈，远期建成半径为 50～60 km，包括绍兴市、诸暨、临安、德清、桐乡、海宁在内的杭州大城市外圈，进而与宁波大城市圈构成一体化地区，与上海发展轴衔接成为沪杭宁特大城市带南翼的中心。

② 宁波大城市圈。是以上海为中心的国际海运中心的重要组成部分，要逐步建成现代化、综合性的国际港口城市；逐步建成华东地区能源、原材料工业生产基地。

以河港、河口港、海港三大港区开发为先导，以港兴市推进地域产业开发为向导，形成由宁波及镇海、北仑城镇构成的宁波大城市圈的核心区，通过放射和环形高速交通系统，串联舟山市、余姚、慈溪、鄞县、奉化等城市，构成宁波大城市圈的框架。

③ 温州大城市圈。温州与宁波同为沿海经济开放开发带上的大城市，是浙江南部的经济中心，也是待开发的港口城市。

温州市将在老城区向瓯江下游 30～40 km 的南北两岸发展，形成以瓯江动态公共空间轴开发为基础的沿江组团型城市带。随着甬台温高速公路、甬台温福沿海大通道的开发，形成与沿江城市带互相垂直交叉的城市空间框架。

(2) 浙江省三级城镇布局结构的目的是为了减少中间层次，提高资源配置和运转效率，切实保障国土环境的永续利用

三级布局的等级与规模状况详见表 5.11。

表 5.11 浙江省城镇发展布局等级与规模

等 级	城市(镇)	主要功能	人口规模/万人
Ⅰ 省域 中心	杭 州	·省域政治、经济、文化、科技中心 ·沪宁杭特大城市带的南翼中心 ·现代化国际风景旅游城市	260～280
	宁 波	·长江三角洲国际枢纽港组成部分 ·华东地区和浙江省能源、重化工基地 ·现代化的国际性港口城市	120～150
	温 州	·东南沿海重要的工业基地 ·浙江南部的经济中心 ·现代化的国际性港口城市	100～120
Ⅱ 地方 核心 城市	·地方级城市 ·沿海平原和金衢盆地县市级城镇 ·重镇	·地方产业发展据点 ·科技、教育、文化信息中枢	20～40 (地市级和县市级城镇) 5～20(重镇)
Ⅲ 地域 中心地	·山区和海岛县市级城镇 ·一般镇	·大农业为主的开发据点 ·环境景观资源开发的基础 ·国土管理机能	1～10

(3) 两个发展面和两个开发环

这是由浙江省的地理特点决定的。浙江省的地域大体上由沿海平原和内陆丘陵山区两部分组成,沿海平原地域面积约占全省的30%,地处长江三角洲的南翼,铁路、公路、水路、航空交通网络发达,是经济发达地区,杭、甬、温三大城市均分布在这里,其国内生产总值约占全省的60%以上。而内陆丘陵山区地域面积占全省的70%,由于地形阻隔,交通不便,经济发展比较落后,但森林资源丰富,自然环境好,景观优美。

两个不同的地域,应因地制宜采取不同的发展战略。

沿海平原地区要进一步充实城市经济机能,巩固已建立的丝绸、皮革、服装、纺织印染、酿酒等传统工业基础,培育高新技术产业,加快第三产业发展,巩固发展现代化农业,建设并协调区域基础设施,努力改善环境,提高城市的生活质量,完成传统农业经济向现代经济的转化。

内陆丘陵地区则要建立沿海平原地区的快速通道,形成与沿海地区互补性经济结构,努力保护自然生态环境和森林资源,适度开发,充实城市服务功能,在国家级与省级森林公园的基础上,建设大规模旅游区,发展旅游业。因地制宜地建设规模不大、布局合理的城镇带和城镇群或城镇点。

为了沟通山区与平原的联系,要以沿海产业开发带为轴心形成两个产业——环境开发交通环,串联山区与平原的城镇与森林公园。

5) 山东省

山东省开展了跨世纪城市“两带五群”发展布局的研究。

自改革开放以来,山东省的经济得到了长足的发展,城镇建设也出现了空前繁荣的局面,特别是沿海、沿铁路干线以及部分发展条件较好的内陆地区,出现了以大中城市为中心的群体化发展趋势。胶济铁路沿线集中了全省规模最大、经济最发达的城市,已形成全省经济、技术、文化的高速发展地带；京沪铁路沿线已形成以能源、旅游、纺织为主的资源密集型产业集聚带。烟台、威海、青岛是最早的开放城市，已成为对外开放的前沿阵地，日照、临沂等港口城市具有极大的发展潜力。此外，莱芜、新泰是山东省较大的钢铁、煤炭基地，东营、滨州油气资源丰富，所有这些都预示着黄河三角洲开发前景广阔，将成为黄河流域经济发展的龙头。

据此，山东省政府开展了“两带五群”城市发展布局的研究(图 5.5)。

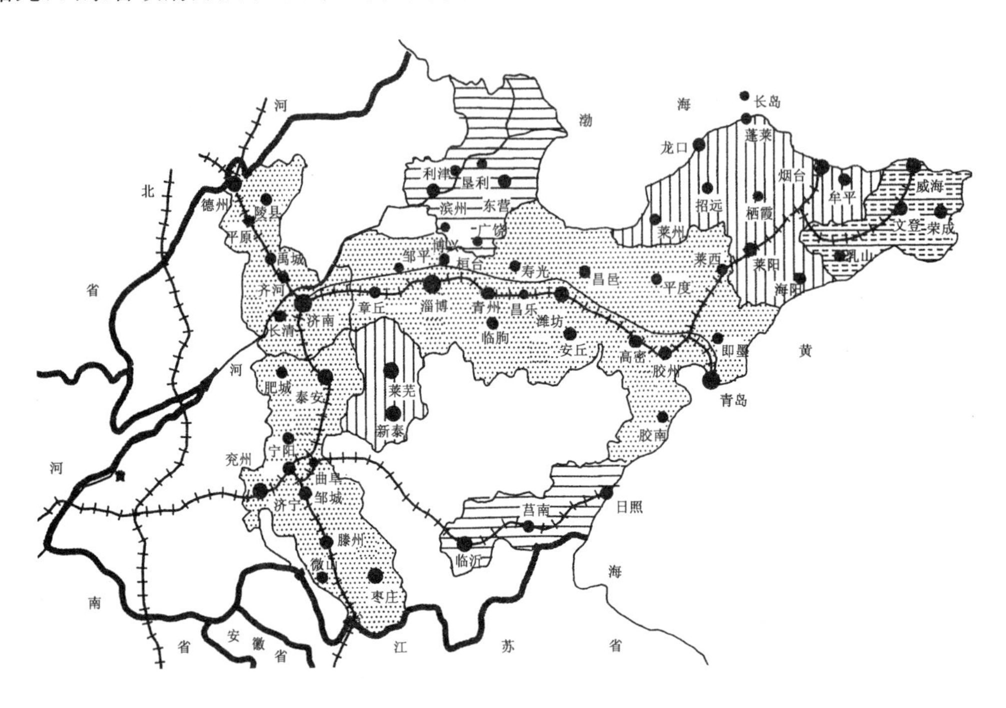

图 5.5　山东省“两带五群”发展布局示意图

“两带五群”范围的选择确定了以下 5 条原则：① 铁路及高等级公路沿线的城市；② 距铁路三级以上车站和高等级公路出入口 30 km 范围内(半小时行车距离)的城市；③ 与“两带五群”中心城市联系密切，经济实力较强，城镇密度较大的市、县；④ 考虑城市间专业化分工协作需要及区域经济存在一体化发展趋势的地区；⑤ 与县(区)级行政统计范围相一致。

按上述原则规划的“两带五群”研究范围，据 1992 年的统计，土地总面积为 9.2 万 km^2，占全省的 58.7%；总人口 5 040 万，占全省的 59%，其中非农业人口 1 247.8 万人，占全省的 70.9%；国内生产总值 1 616 亿元，占全省的 81%。由此可见，“两带五群”的发展对辐射和带动全省的发展有着举足轻重的影响。“两带五群”辖区状况详见表 5.12。

该研究通过对“两带五群”的基础设施、城市建设、经济发展与社会事业、自然条件与区位条件等状况进行详尽的定量分析，根据投资环境的优劣，进行评价、分类(表 5.13，表 5.14)，作为城镇体系发展的规划依据。

据此，编制了产业布局、城镇职能结构、基础设施建设等规划，并提出城镇发展总体格局有以下 6 项原则：

(1) 以“两带五群”为总体空间布局框架，以济南、青岛中心城市为龙头，通过济南、潍坊、青岛组成的胶济带东西连接沿海发展轴和内陆沿京沪铁路发展轴，形成“H”形两翼齐飞、相互辐射的格局，带动全省的发展。

表 5.12 “两带五群”辖区一览表(1993)

带、群名称	城市个数/个	城市名称	县城个数/个	县城名称	建制镇个数/个
胶济带	14	济南、青岛、潍坊、淄博、章丘、寿光、青州、高密、安丘、平度、胶州、莱西、即墨、胶南	5	邹平、桓台、临朐、昌乐、昌邑	268
京沪带	11	济南、德州、泰安、济宁、枣庄、肥城、曲阜、兖州、邹城、禹城、滕州	6	陵县、平原、齐河、长清、宁阳、微山	101
烟台群	6	烟台、龙口、莱阳、蓬莱、莱州、招远	4	栖霞、海阳、长岛、牟平	116
威海群	4	威海、荣成、文登、乳山			
日照—临沂群	2	日照、临沂	1	莒南	
东营—滨州群	2	东营、滨州	4	广饶、利津、垦利、博兴	25
莱芜—新泰群	2	莱芜、新泰			28

表 5.13 “两带五群”投资区划分

分类	含义	地区
一类投资区	投资环境最佳	胶济带、烟台群、威海群、日照—临沂群
二类投资区	投资环境较好	京沪地南部、莱芜—新泰群
三类投资区	投资环境一般	京沪地北部、东营—滨州群

表 5.14 “两带五群”城镇投资环境分类

分类	含义	地区
一类	投资环境最佳	青岛、济南、烟台、威海、淄博、潍坊
二类	投资环境优秀	泰安、济宁、东营、枣庄、日照、临沂、滨州、青州、德州、莱芜、荣成、龙口、兖州、桓台
三类	投资环境良好	长岛、邹城、曲阜、栖霞、章丘、新泰、邹平、滕州、牟平、平度、胶州、招远、蓬莱、莱州、莱阳、莱西、文登、乳山、即墨
四类	投资环境较好	安丘、高密、寿光、长清、海阳、胶南、禹城、广饶、昌邑、昌乐、肥城
五类	投资环境一般	博兴、微山、齐河、陵县、宁阳、临朐、垦利、莒南、利津、平原

(2) 建立两个具有一定区域性国际职能的城市(青岛、济南),5 个具有一定国际影响的专业化港口、贸易或旅游城市(烟台、威海、日照、泰安、曲阜)。

(3) 通过对经济有一定实力或已形成发达交通枢纽的城市升级,使其设市城市在 2010 年从 41 个增至 62 个。

(4) 建立青岛、济南、淄博和由济宁、兖州、邹城、曲阜组合的四片都市圈。根据各自优势分别建立两处海洋高科技园区和钢铁、煤炭基地。

(5) 依托“东营—滨州”城市群,建立全国主要农牧渔业基地和石油化工基地。

(6) 开发 3 条旅游线,发展城市经济,展现齐鲁文化。

西线沿京沪铁路，自北向南包括德州、济南、淄博、泰安、济宁、曲阜、邹城、滕州、枣庄等，形成全国一流的历史文化风景名胜区。

中线以潍坊为中心包括青州、临朐、安丘、高密等市县，形成具有浓厚山东风土民情特色的旅游区。

东线组织滨海风景旅游线，包括日照、青岛、威海、东营等地区。

此外还要因地制宜地利用海湾、岛屿建立海洋产业开发基地、自由港、自由贸易区及沿海出口加工区。

6）珠江三角洲

珠江三角洲将建立起以三大都市区为龙头、点轴发展、内外圈分工的城市群发展的空间格局。

（1）内外圈层的分工（图 5.6）

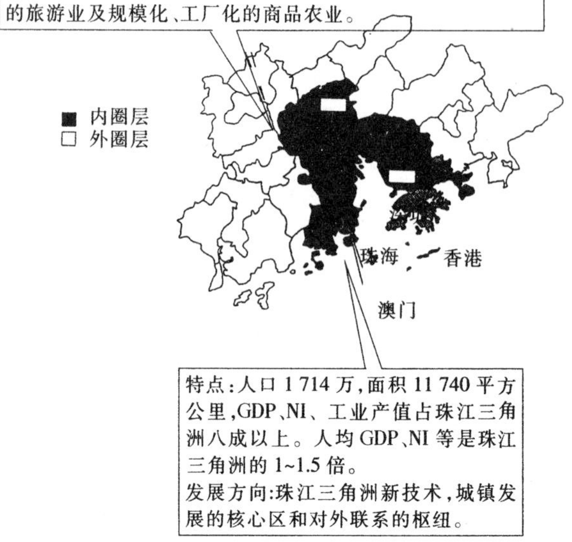

图 **5.6**　珠江三角洲内外圈层示意图

内圈，即环珠江地区，是社会经济活动和城镇高度集中的地区；外圈，即环珠江地区以外的地区。内外圈客观上存在着很大的差异。

内圈层工业企业集中，科研开发力量强，金融、贸易、房地产等第三产业发达，且港口、机场均集中于此，高速公路、铁路网络完善，是珠江三角洲产业城镇发展的核心区和对外联系的枢纽。其主要矛盾是人多地少、环境污染严重。今后只有严格控制人口规模，走内涵发展的道路。通过高新技术改造传统产业，通过产业升级发展优质高效的工业与农业，推动国际化的进程，加快与国际惯例的接轨，大力发展第三产业。

外圈层，经济发展水平低，城市数量少，交通设施落后，但土地资源丰富，自然环境优美，并且具有珠江三角洲向内地扩散的功能。今后要以现有经济发展水平较高的城镇为依托，依靠内圈层的资金与技术支持及外迁的工业企业，发展技术密集的现代化大工业和工厂化农业，形成有专业分工特色的城镇，并大力开发旅游资源，发展旅游业。

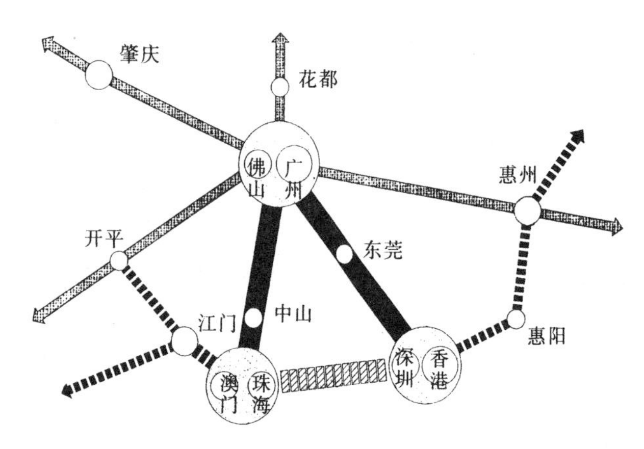

图 **5.7**　珠江三角洲城市节点与轴线发展示意图

（2）节点与轴线的发展（图 5.7）

以广州、深圳、珠海三大城市为节点，形成广深发展轴与香港联系，广珠发展轴与澳门联系，分别成为珠江三角洲沿珠江口东西两岸的重要发展轴。

同时，以三大城市为中心通过 7 条拓展轴沟通内外圈层，形成三角洲整体发展格局。

（3）以三大都市区为龙头的建设模式

从地域空间组织出发，把三角洲分成各有侧重又互为补充的 3 个经济区：

① 中部以广州为龙头，形成包括番禺、佛山、南海、顺德、花都、从化、四会、肇庆、高要、三水、高明等城镇的都市区。

② 东部以深圳为龙头，形成包括东莞、惠州、博罗、惠阳、惠东等城镇的都市区。

③ 西部以珠海为龙头，形成包括中山、江门、新会、台山、开平、恩平、鹤山等城镇的都市区。

5.4 大城市面临的问题

经济的发展推动了城市的发展，城市的发展反过来又把经济推向新的高峰。随着现代经济的演进，"面多了加水，水多了加面"，城市规模越来越大。世界大城市几乎无一例外地出现了城市用地不断向外蔓延扩张，周围绿色空间不断被蚕食、鲸吞的局面；大量移民集中到城市，居住在简陋的贫民窟内；每天有 10 万数人甚至 100 多万人到中心区上班，产生大容量的交通潮；中心区超强度开发，密集的高楼遮阴蔽日，人们缺少阳光与活动空间；众多的人口也带来了老龄化、就业难及犯罪等诸多社会问题，所有这些都造成了难以克服的"大城市病"。

当前大城市面临的主要问题，概括起来有以下几个方面：

5.4.1 密集的中心区严重恶化城市环境

不论是新发展起来的城市，还是依托旧城逐步实现现代化改造的城市，几乎无一例外地在中心区集中了大量产业与人口，成为城市人口密度最高的地区。例如，香港九龙人口密度高达 7.87 万人/km^2（香港岛包括庞大的山体，人口密度也在 1.6 万人/km^2 以上），东京市中心区人口密度为 2.72 万人/km^2，纽约曼哈顿岛为 2.58 万人/km^2，巴黎老城区为 2.19 万人/km^2。由于市中心区集中了半数以上的金融贸易等办公楼及大部分文化娱乐和百货商店等设施，再加上为数众多的制造业、储运业和大学，使中心区的地价十分昂贵。为了取得房屋开发的效益，许多城市向高空发展，在中心区形成密集高耸的大楼群。例如，纽约在 1916 年以前，土地所有者对于其所属的空间拥有任意向高空发展的权利。高层建筑的发展，造成了对邻近建筑的遮挡，严重恶化了城市环境。为了改进城市的环境状况，避免对周围建筑阳光的遮挡，1916 年纽约提出了区划法，首次提出对建筑高度的限制，如要建高层建筑，突破高度限制的部分必须向里缩进。1961 年新区规划法出台，确定稠密商业区容积率（建筑总面积/用地面积）不得超过 15，并提出如在建筑用地范围内开辟广场，可获得增加 20%容积率的优惠。但是，这些措施难以阻挡大量高层建筑的出现，原意为限制高层，而实际起了鼓励高层发展的作用，开发商利用容积率的优惠政策建起了更高的"超高层"楼房，形成了曼哈顿南部和中部密集的高层区。纽约的帝国大厦、芝加哥的西埃斯大楼都是这种政策的产物。即使一些古老的城市也纷纷放弃对城区高度的控制，使原有的环境风貌受到破坏，如伦敦于 1950 年，规划人员放松了过去几百年对伦敦建筑物高度加以限制的、旧的、刻板的规章制度，从而使伦敦地面建筑物的传统标志正在新办事机构的高楼之中趋于消失。东京于 1966 年取消了为防止地震灾害城市建筑高度不得超过 31 m 的限制，使城市进入"超高层"发展的阶段，致使东京丸之内皇居（皇宫）周围被百米以上的高楼包围，破坏了原有的历史环境风貌。

市中心区密集的建设使就业岗位高度集中，在巴黎、伦敦、纽约都有百万人集中在 25 km^2 左右的中心区就业，每天都有近百万人口进入市中心区上班。密集的房屋，高密度的居住和就业人口，拥塞的交通，使城市中心区的环境严重恶化，城市运行效率不断下降。

5.4.2 城市用地无节制地蔓延，大量蚕食周围的绿色空间，造成城市生态失衡

随着经济发展，城市功能日益复杂。一方面，密集的市中心区无法容纳诸多事业的发展，引起市区沿着建成区的边缘不断向外膨胀，不断地把原来的农村小镇包围进城市地区；另一方面，市中心区越来越恶劣的环境不适合富裕阶层居住，因而在欧美各发达国家的城市出现了在郊区建豪宅的潮流。汽车进入家庭，更加速了城市郊区化的倾向。不论是何种原因，城市中心区这块“大饼”越摊越大，不断蚕食周围绿色空间。如伦敦最早的市中心区，只有泰晤士河以北的 26.9 km^2，1880～1910 年，城市得到巨大发展，形成了内伦敦，建成区的面积扩大到 303 km^2；在两次世界大战期间(1918～1939 年)，伦敦市区又从内伦敦蔓延到外伦敦，形成 1 580 km^2 的城市地区，虽然规划部门于 1939 年在外伦敦外围划定了绿带圈，以限制城市蔓延，并在 20 年内始终坚持这个原则，但绿带仍然遭到不断蚕食。巴黎也在 19 世纪末至 20 世纪 60 年代，城市从只有 2.7 km^2 的古城，逐步发展到 105 km^2 的巴黎市区，进而发展成方圆11 914 km^2的巴黎城市集聚区域。纽约是在 60 km^2 的曼哈顿岛的基础上发展起来的，到 19 世纪 60 年代建设区已蔓延到 6 086 km^2 的广大区域，20 世纪末城市建设区域扩大到 14 504 km^2，城市建设用地将占到纽约大城市区域(33 483 km^2)的 44%。东京的城市地区是在古城和其外围 23 个区的基础上发展起来的，市区用地为 602 km^2，1923 年地震和火灾使市区遭到惨重破坏。此后，工业向南部横滨、川崎、川口一带发展，形成 959 km^2 的内城区。为了防止城市无节制蔓延到内城区以外，1956 年《国家首都区域发展法》在其外围划定了绿化隔离带，禁止城市向外延伸，建议新的建设放到卫星城去，但这个规定被巨大的人口增长冲破。即使原来是多中心的城市区域，如荷兰的兰斯塔德、德国的莱茵—鲁尔地区，也存在着城市之间绿化隔离地带、河谷绿地和保留乡村自然状态的“绿心”不断被城市建设蚕食的问题。

5.4.3 污染造成城市生态环境的严重破坏

一些大城市规划在实践中提出了在市区外围设置两倍于城市用地的绿化圈的设想，例如伦敦与莫斯科都在其 1 000～1 500 km^2 的市区外围规划了 2 000～2 500 km^2 的绿色空间地带，应该说这个措施是可取的，但坚持下去也极为困难，大多数城市难以做到。一方面绿色空间不断减少，而另一方面工业的发展，汽车的普及，建筑容积率的提高，城市中的二氧化硫、氮氧化物、一氧化碳、二氧化碳等城市废气不断增加，大量悬浮尘埃在空气中弥漫(内陆城市更甚)，密集的建设发展在大城市上空形成了逆温层，犹如一条“大棉被”覆盖在城市上空，严重阻碍废气排除；大量污水未经处理就向河流排放，严重污染水体，特别在重化工业发展阶段，矛盾尤为突出；此外，城市的工业生产噪声、建筑施工噪声和交通噪声严重干扰人们的工作和生活环境，城市垃圾和固体废弃物也越来越多，占用城市空间，污染土地、河流，破坏城市环境。目前，电磁波的污染也越来越引起各方面的关注。

据有关资料记载，世界著名的环境污染事件列举如下：

1) 伦敦烟雾事件

1952 年 12 月 4 日，泰晤士河流域被 60～150 m 厚的凝滞的冷空气所盘踞，上面又笼罩着一层暖空气，加之燃煤废气排放增多，雾尘加速积累，难以向高空四周扩散。5 日开始，大气中每立方米的二氧化碳含量高达 1 300 mg，高出平时的 6 倍，城市昏暗，烟雾弥漫，于 5 日至 8 日全市死亡人数较往年同期多出 4 000 人，冠心病和呼吸道疾病的死亡率大大增高，例如支气管炎的死亡率高出平时的 8.3 倍。此外二氧化硫过高形成酸雨，严重腐蚀城市建筑和铁、石雕塑制品。

2) 比利时“马斯河谷烟雾事件”

1930 年 12 月 1 日开始，整个比利时大雾笼罩，气候反常。马斯河谷工业区内 13 个工厂排放的大量烟雾弥漫在河谷上空无法扩散，有害气体越积越后，这些工厂包括炼焦、炼钢、炼锌、电力、玻璃、硫酸、化肥等工厂，还有石灰窑炉。第三天，河谷工业区有上千人患呼吸道疾病，出现流泪、喉痛、声嘶、咳嗽、胸口窒闷、恶心、呕吐等症状，一星期内 60 多人死亡，且都在发病数小时便毙命。是同期正常死亡人数的十多倍。死者大多是年老和有慢性心脏病与肺病的患者。许多家畜也纷纷死去。尸体解剖证实，致死原因是刺激性化学物质损害呼吸道内壁所至。造成马斯河谷烟雾事件的原凶是来自工厂和家庭燃烧木炭等排放到空气中高浓度的二氧化硫、颗粒物以及金属。

3）东京光化学烟雾事件

1970 年 7 月，东京市内氮氧化物高度积聚，在日光紫外线的作用下形成光化学烟雾，引起 2 万人患眼痛病，交通警察被迫戴防毒面具上岗，下岗后立即吸氧以恢复元气。

4）日本水俣病事件

水俣是濒临九州水俣湾的海滨城市，自 1925 年开始先后建立化学工厂，1949 年在生产乙醛和氯乙烯的过程中，由于采用水银电解食盐的工艺，大量含甲基汞的废水排入水俣湾，严重污染水体，致使附近各村流行中枢神经性疾病。发病之初口齿不清、步态不稳、面部痴呆，进而耳聋眼瞎、四肢麻木、精神失常以至死亡，后经检测系甲基汞中毒所致。由于此病首发于水俣，故称“水俣病”。据日本官方确认患病者达 2 000 多人，有 200 多人死亡。

环境污染已成为威胁人类生存的世界性问题，大多数大城市不同程度地处于被污染的环境中，在 20 世纪 50 年代以后一些发达国家虽然付出很大代价，力图使环境污染问题有所缓解，但至今仍没有根本解决。

5.4.4 城市交通问题直接影响社会经济的发展和居民的正常生活

虽然就近工作与居住是城市理想的布局模式，但各大城市几乎无一例外地在城市中心区集中了过量的金融、商业、仓储、运输以及科技、教育、文化等第三产业和制造业，70%～80%的产业集中在仅占城市辖区百分之几的地段内，就业岗位集中，必然引起上、下班通勤交通集中。像东京、纽约、伦敦、巴黎每天都有上百万通勤人口，其中数十万人甚至远距离上下班，在路上要花费几个小时，如此集中的交通高峰，城市道路自然难以承受，城市越大，矛盾越突出。

汽车的发展更加剧了大城市交通的矛盾。目前，发达国家各大城市拥有的汽车少则 200 万～300 万辆，多的已高达 400 万～800 万辆，道路建设的速度无论如何也赶不上流水线上生产汽车的速度，“路上车挤车，车上人挤人”几乎是所有大城市交通的真实写照。在交通堵塞的路段，汽车的速度赶不上马车、人力车以至步行速度的现象也是屡见不鲜。

城市交通另一个大问题是交通事故频发。据不完全统计，10 年前世界上平均每年死于交通事故的人数逾 50 万人，伤残者千余万人，即每天有 1 300 多人死于交通事故，几乎每分钟死亡 1 人。

5.4.5 豪宅与贫民窟并存，居住紧张，住宅质量低下，居住环境恶劣，几乎是所有大城市遇到的难题

居住是城市的主要功能之一，城市建筑量的一半以上是住宅。如何改善城市的居住条件，实现“居者有其屋”，是世界上所有城市面临的严峻问题。对大城市来说这个矛盾尤为突出，住宅问题是在城市发展的历史进程中逐步积累起来的问题，因此解决起来非常困难。

在工业化初期，大量农村人口涌入城市，引起移民潮，由于经济力量所限，移民只能在工厂附近搭

建简易棚屋栖身，以求生存，这就是城市贫民窟的由来。这些住房几乎没有现代化设备，人口密度大，生活服务设施简陋，居民的文化层次低。例如，内伦敦的东区，在 1880～1910 年间，许多东欧犹太侨民迁居于此，是伦敦穷苦人民的居住场所。巴黎市东部第 11、12、19、20 区是传统的贫民区，密集拥挤的小工业、商业企业和职工住房紧紧地挤在一起，彼此严重干扰。直到 20 世纪 60 年代初，巴黎尚有近半数左右住宅没有室内厕所或浴室，近 1/5 的住宅没有自来水。19 世纪末大量东欧、南欧移民进入纽约，在曼哈顿、布鲁克林、布朗克斯建起粗劣的高密度住房，随后几经变化成为黑人和来自加勒比海的波多黎各人的聚居区，大多数人居住在极为拥挤的旧房子里，当铺与贴着消灭老鼠和害虫等恐怖广告的药店充斥街头。东京在二战以后，有半数居民无家可归，在废船、旧火车和废弃的工厂中栖身，1955～1967 年虽建了大量住宅，但仍供不应求，直到 1968 年仍有近半数家庭住在合用厕所和厨房、每户仅有 10 m^2 居室、木结构的经济公寓中，并面临供水不足，夏季高峰用水期只能每天保证两小时供水；半数住宅没有下水道，依靠淘粪工人收集粪便……

随着经济的发展，富裕阶层不堪忍受恶劣的居住环境，纷纷到郊区建设花园住宅，这一方面促使城市向郊区蔓延，另一方面使市中心区出现“空心化”现象，大量废弃的住宅被穷人占领，环境恶化，市面萧条，犯罪增多，引起一系列社会问题。

因而，如何满足日益增长的住宅需求，改善贫民窟的居住状况，避免市中心区衰落，不仅是住宅建设问题，也是关系到城市经济、社会健康发展的紧迫问题。

此外，随着城市不断扩大，城市灾害对城市的威胁越来越大，综合抗灾能力逐渐减弱，不论是自然灾害、人为事故还是战争，都对大城市构成更大的破坏，成为大城市病的重要来源之一。

建立城市综合防灾体系，已成为各大城市必须关注又十分困难的任务。

5.5 解决大城市问题的对策

5.5.1 规划学科发展的回顾与展望

几乎在现代大城市发生、发展的同时，“大城市病”也随之产生与发展，鉴于城市是一个国家政治、经济、社会、文化的综合体现，因而城市问题也引起了政治、经济、社会、地理、建筑以及生态等各专业学科专家的关注，大家不断地探索解决“大城市病”的途径，推动了城市规划学科的发展。从“理想城市”、“田园城市”的理念和“有机疏散”理论的出台，《雅典宪章》、《马丘比丘宪章》的相继推出，直至《里约环境与发展宣言》、《21 世纪行动议程》的发表，百余年来国际上产生过无数个宣言和宪章，无不涉及如何克服大城市病，探索城市合理发展的途径。

目前，已跨入新的世纪，随着科学技术的发展，大城市的功能越来越复杂，人们对经济、社会、文化、环境的需求不断提高，认识不断深化，总结过去，展望未来，城市发展应该更增加一些理性色彩，减少一些盲目性与自发性。规划工作者应该以什么样的思想观念来规划城市的未来，概括起来大体需要加强以下 3 个观念：

1）加强以人为本的人文主义色彩

现代技术造就了现代城市，但也带来了对传统城市的冲击。人们经过多年的建设，不知不觉地被装进一架复杂运转的机器中，林立的高楼、高架快速路切割着城市，使人眼花缭乱，精神紧张，冷漠的城市环境缺乏宁静的、具有人情味的生活气息。社会分配不公、贫富差距也反映在城市建设中，成为社会的不稳定因素。人们更加向往原有的社区结构，怀念传统的邻里关系、民风民俗、田园生活。如何为各阶层人民提供合理、保持一定质量的生存空间，缩小贫富差距；如何延续历史文脉，提高城市的文化品位，继承和发扬城市的传统风格，做到民族风格、地方特色和时代精神的统一，反对"推土机"式地改造旧城，已成为城市建设必须加以重视的问题。

2）保护生态环境，坚持可持续发展的认识

经济的过热增长，城市的快速发展，对城市土地的超强度开发，过多地索取了自然资源，已造成对环境生态的严重破坏。如何把发展与环境结合起来，充分合理地使用有限的空间，使经济发展不仅满足当代人的需要，也为后辈子孙留下足够的生存发展余地，已成为世界关注的热点。

3）积极创新，保持城市持久繁荣的紧迫感

随着世界经济全球化的发展，信息技术的发达，知识经济比重的增高，国际间经济发展的竞争更加激烈。科学技术的进步、经营管理体制的创新已成为城市繁荣发展的重要条件。如何因地制宜地发挥城市的优势，为科技发展、文化建设创造条件，制定正确的经济发展战略，努力创新，逐步使科学技术和经济在某些领域里取得世界领先地位，已成为政府要花大力气研究的课题。

5.5.2 大城市规划实践

城市发展大体有两种模式，一种是单中心发展模式，即围绕一个城市中心不断向外扩展，例如，伦敦、巴黎、纽约、东京、北京、上海；另一种是多中心发展模式，即由多个规模较小的城市同时发展形成一个城市集聚区，例如，荷兰的兰斯塔德，德国的莱茵—鲁尔，我国山东的淄博。多中心发展模式，城市空间与绿色空间交错分布，"大城市病"的影响较小，矛盾较易解决；而单中心发展的城市则不然。但是，随着人口增长，这两种模式都存在着城市和绿化争夺空间的问题，单中心的城市难以制止城市的蔓延，多中心的城市难以控制城市之间连成一片。因而各发达国家城市发展战略的重点是研究如何在更大区域的范围内使产业和人口合理分布，既保持城市的持久繁荣，又能最大限度地保持良好环境，缓解"大城市病"。

1）大伦敦规划和英格兰东南部战略规划

伦敦是公元 200 年罗马人在建设伦敦城的基础上发展起来的。在工业革命前，伦敦既是英国的首都和政治文化中心，又是进出口货物的主要口岸及国际转运贸易中心，并出现了股票交易、航运保险和金融业务。工业革命后，伦敦城市规模迅速扩大，从 19 世纪末至 20 世纪初围绕伦敦城中心 8 km 的范围内，形成了用地面积为 303 km^2 的城市建成区，人口 200 多万，称为"内伦敦"。1914 年以后，随着电气铁路向外蔓延，至 1939 年伦敦的城市建设区扩大到距市中心 20～24 km 的范围，形成了用地面积为 1 580 km^2的"大伦敦"，人口达 850 万。为防止周围乡村进一步被侵蚀，英国议会制定了"绿带法"，有效地制止了城市用地的继续蔓延。1944 年，由阿伯克龙比主持编制《大伦敦规划》（图 5.8），目的是为伦敦市在二战以后的复兴做准备，其编制规划的前提是预测伦敦的人口基本稳定，就业岗位不会增加。《大伦敦规划》把城市规划的范围扩大到伦敦区域，方圆 11 427 km^2，人口 1 000 多万。规划把伦敦区域分成内圈（内伦敦）、近郊圈（外伦敦）、绿化圈、外圈 4 个层次。内圈要控制工业，改造旧街坊，降低人口密度，恢复地区功能；近郊圈创造良好居住环境，健全社区建设；绿化圈宽度约16 km，以农田与绿地为主，严格控制建设；外圈计划建若干个具有工作场所和居住区的新城，规模为6 万～10 万人，计划从内圈和近郊圈疏散一百余万人到外圈规划的新城和原有城镇，规划外圈最终人口达 422 万。这个规划的布局思想吸取了霍华德田园城市和格迪斯把城市周围地域作为城市规划考虑范围的思想，首批建成了 8 个新城镇。这个规划有效地控制了绿化圈以内市区的发展，绿化圈的严格控制对维持城市生态、改善城市环境起到了积极作用。但是，新城的建设对疏散市区人口的作用没有预想的大，却吸引了大量外地人口来到伦敦区域，使外圈的人口大大突破原有的规模，到 1975 年已达 528 万人。

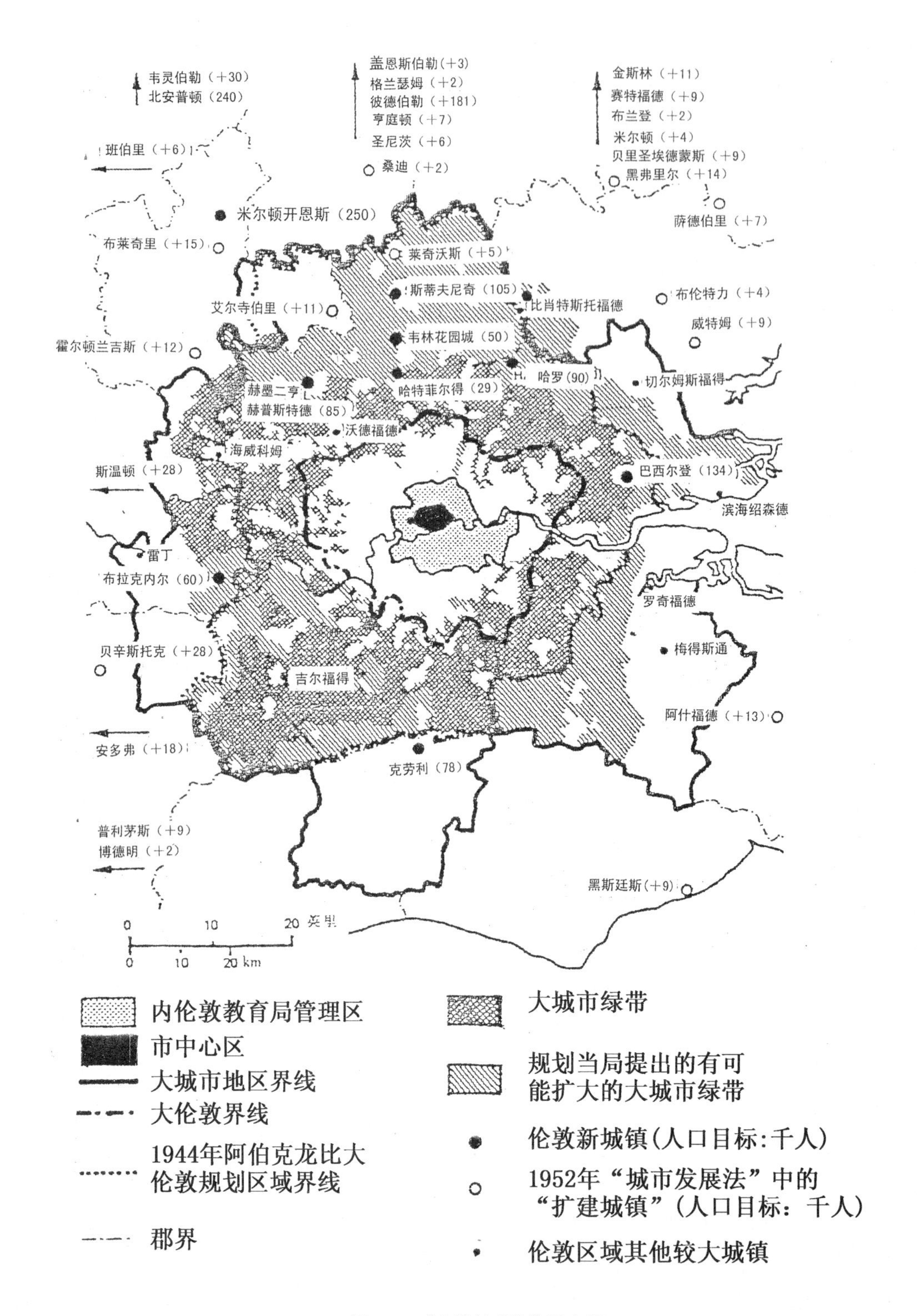

图 **5.8** 《大伦敦规划》示意图

20 世纪 60 年代以后，伦敦市区人口和就业岗位外流的趋势日益明显，随着英格兰东南部产业发展，人口将持续增加。因而城市战略规划的范围从伦敦区域又扩大到 27 000 km²、1 700 万人口的英格兰东南部区域。据经政府批准的 1970 年英格兰《东南部战略规划》设想（图 5.9），今后伦敦市区人口将继续下降，保持在 700 万人左右，在距伦敦市中心 64～128 km 的地方建设 5 个 50 万～150 万人口规模的城市发展中心，形成强大的磁力,使其与伦敦外圈的城镇合在一起,吸纳20世纪末可能增长的450万人。

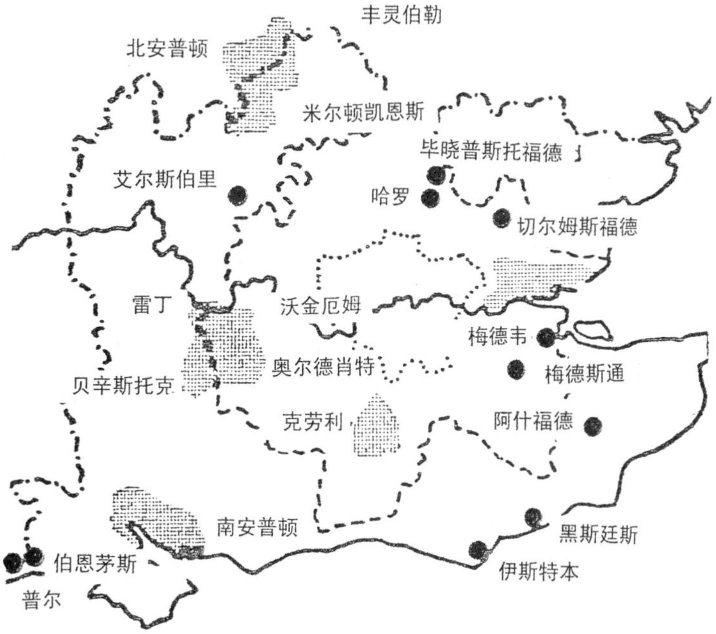

图5.9　英格兰《东南部战略规划》示意图

2) 大巴黎规划

巴黎市的面积为105 km²,人口约250万。巴黎区域的面积为11 914 km²,20世纪70年代人口近1 000万。大巴黎规划是指对巴黎区域的规划,自1960年至今大约有3次变动,反映了城市规划工作者对大城市发展问题认识的变化。

大巴黎规划编制的背景,主要表现在两个方面:

(1) 二次大战以后,从20世纪50年代中期至70年代中期,由于自然增长率高和首都的吸引力使大量移民迁入,20年内人口持续以每年9万~13.5万人的速度增长,使巴黎的人口占全国人口近1/5,如何改变人口发展不平衡的状况,减轻巴黎人口增长的压力,成为巴黎规划的一个重要问题。

(2) 在巨大的人口压力下,巴黎区域原有的城市设施已越来越不适应需要,19世纪中叶修建的林阴道和圆形交叉口广场不能适应现代交通的需要;住房紧缺,设备简陋,普遍缺少绿地、文化和卫生设施;市政设施欠账过多,自来水压不够;半数污水排入塞纳河中。

为了缓解巴黎城市过分扩大的矛盾,1955年开始,政府采取限制在巴黎新建工厂的政策,并设想在全国选定马赛、里昂等8个城市加快它们的发展,形成反磁力,以平衡巴黎的过快发展。但是这些措施仍然未能有效制止巴黎人口的增长。

1960年编制的《巴黎区域的布局与总体规划结构》(简称PADOG),就是在这个背景下编制的,其前提是有效地控制进入巴黎的移民,加上人口自然增长,每年巴黎的人口增长不超过10万人,到20世纪末人口为1 200万左右。该规划吸取了《大伦敦规划》在市区外围建设小城镇,不仅未能控制人口增长,反而吸引外来人口的教训,而采取抵制发展新镇的政策,主张在距巴黎百公里外的四周城市(如里昂、兰斯、特鲁瓦、奥尔良内等)大量吸纳增长的人口,而巴黎本身只在巴黎区域中心城区和外围的6个中心点的范围内发展。

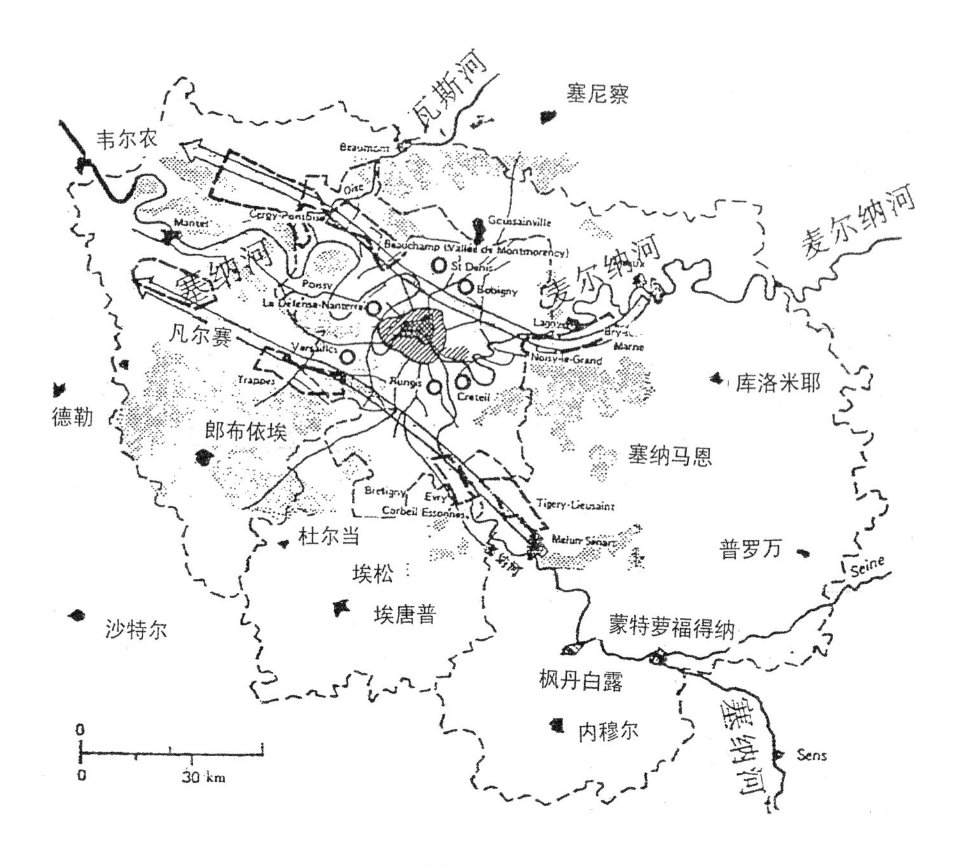

图 **5.10** 巴黎区域:1965 年指导方案示意图

但这个规划随后就受到批评,认为这样做会削弱巴黎经济发展,否定法国成为欧洲首府的可能性。认为巴黎存在的主要矛盾不是人口的增长过快,而是未能建设好。为此 1965 年又编制了《巴黎区域布局与城市化的指导方针》(图 5.10),认为应该承认巴黎的城市规模必将扩大这个现实,把 20 世纪末的人口规模预测为 1 400 万人,据此估算就业人口、住房与交通量的增长,提出了城市建设区的用地拟从 1 200 km^2扩大到2 300 km^2。在城市布局上主张首先充分开发与完善市中心地区以外的郊区,保持 PADOG 规划拟发展的环绕市中心地区的拉—德方斯等 6 个中心点,使其成为服务 30 万～100 万人的新的经济增长点和综合服务点。方案否定了同心圆式发展城市的模式,也否定了再建一个"第二巴黎"的主张,提出了在市区和塞纳河南北两侧规划两条城市发展轴的方案,沿城市发展轴优先建设快速路和轨道交通,建立与巴黎建成区的方便联系,沿轴发展 8 个规模在 50 万人左右的新城,以解决巴黎发展用地不足的矛盾。这样做,既保持了塞纳河两侧绿地的完整性,又可就近为两侧新城镇服务。避免了同心圆式发展而使城市用地和绿化用地互相切割的弊病。进入 20 世纪 90 年代巴黎区域的人口增长已减缓,至 20 世纪末人口未达到1 400万人的水平,位于巴黎市西部与东部只有两个新镇塞吉蓬图瓦斯和瓦利德拉麦尔纳进行建设,初具规模。

1994 年,又推出大巴黎区规划(SDRIF),作为城市发展指南。该规划首先分析了巴黎在欧洲的地位,认为欧洲最富裕地带是伦敦穿越德国到米兰的经济增长轴(图 5.11),巴黎要在欧洲经济发展中保持其国际会议、贸易、文化、旅游中心的地位,并与伦敦、法兰克福等组成最具竞争力的金融中心,就必须强化与增长轴的交通、通信联系,成为欧洲经济发展的重要组成部分。该方案还吸取了前两轮规划的精华,除了继续执行 1965 年规划确定的方针,还重新肯定了 1960 年规划提出的大巴黎地区与另外7个地区组成的巴黎盆地共同发展的重要性，在规划上进一步加强了与周边城市的联系。

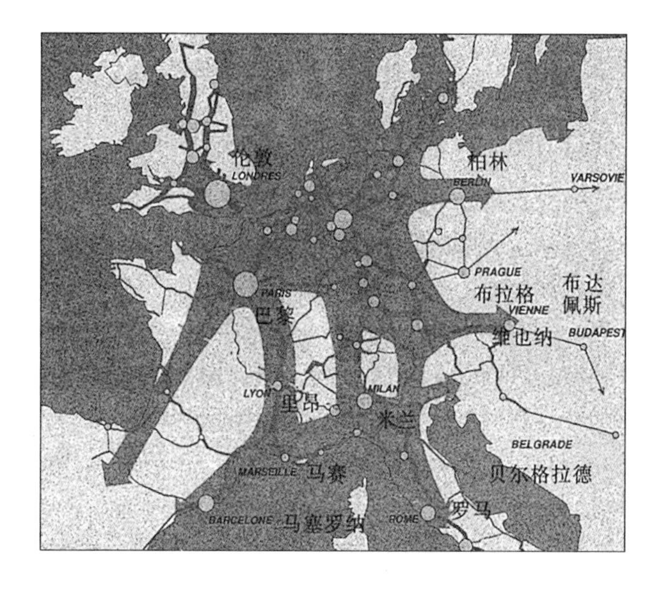

图**5.11** 欧洲经济增长轴示意图

3）东京都规划

1868年明治维新后，日本正式迁都东京。1889年开始了现代化的城市建设，拓宽道路，疏通河川，建设上下水道，设置公园，规划颇具成效。20世纪初，近代产业发展，东京已是360多万人口的大城市。1923年关东大地震，1945年东京大空袭，东京两次受到天灾人祸的破坏，损失惨重，但也给城市的改造提供了机会。战后40多年，东京经济经过10年恢复和发展，从1965年开始进入高速发展时期，东京的产业大体上经过重化工业发展阶段，逐步过渡到技术密集型以工业为主的第三产业发达的阶段。东京从政治、经济、文化中心发展成为具有国际金融管理中心职能的国际经济中心城市。

随着经济的发展，东京人口不断增加，1953年东京都政府辖区的人口已达745万。面对日益增长的城市规模，于1958年编制了《国家首都区域城市发展法》(图5.12)，把市区从602 km^2(23区范围)扩展到959 km^2，在市区外围划定11 km宽的绿带区，拟在距市中心区27～72 km的边缘地带建卫星城以容纳增长的人口。当时预计包括都政府辖区和边缘地区组成的东京区域的人口规模1955～1975年将从1 980万增加到2 660万，之后又修改为2 820万(市区容纳1 225万人，边缘地区1 595万人)，据此规划了15个卫星城，并预计卫星城最终将达30个。但是，由于没有足够的力量实现绿化带计划，这个规划未能实施。到1965年绿化带已被市区扩大而蚕食，政府被迫放弃绿带规划，对《国家首都区域城市发展法》加以修改，建设一个边缘距市中心50 km的新郊区，把城市分为市区(959 km^2)、郊外发展区(即近郊整备地带6 618 km^2)，并在此范围以外还划定了开发卫星城的地段，即都市开发区(5 379 km^2)(图5.13)。根据这些规划，东京一方面于1958年作出了开发新宿、池袋、涩谷3个“副都心”的决策；另一方面先后建设了多摩、筑波、八王子、鹿岛等十几个新城，分别具有居住、科研、大学、工业等功能，以分散市中心区功能过分集中的状况。

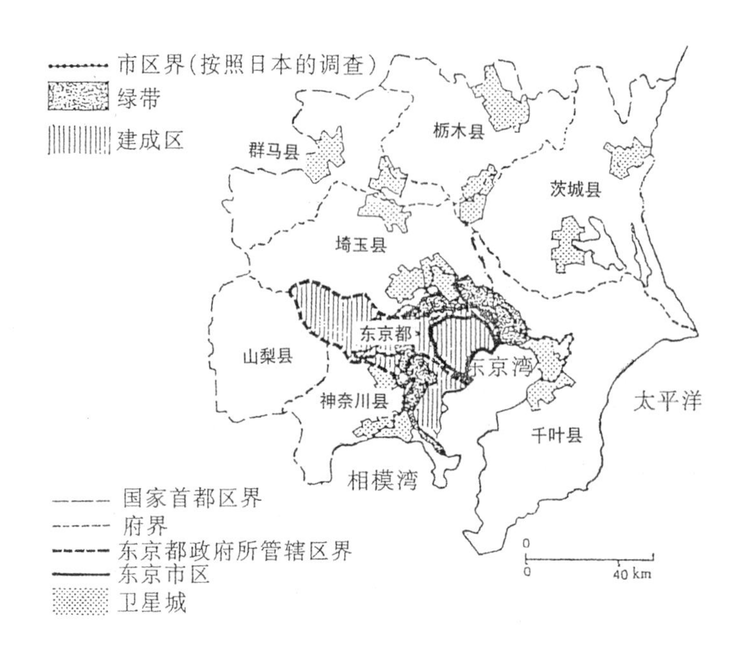

图 **5.12** 东京区域:1958 年方案示意图

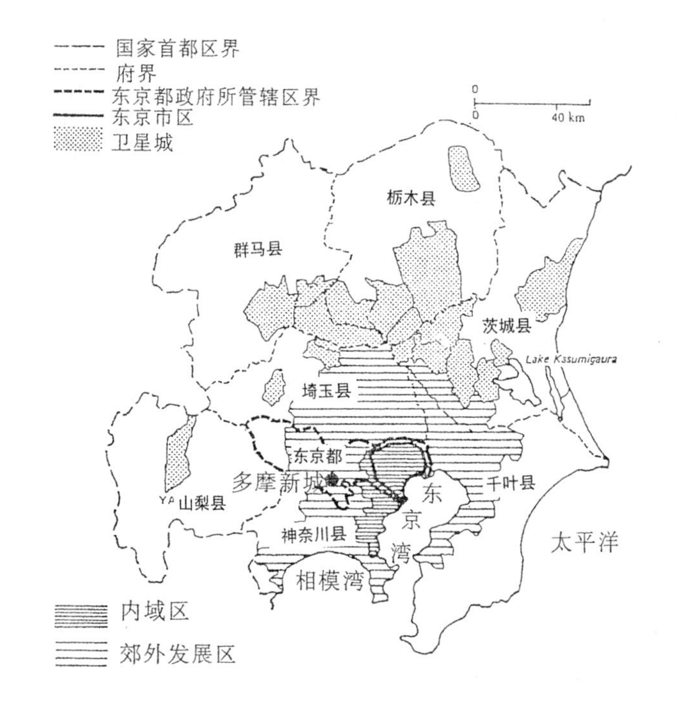

图 **5.13** 东京区域:1965 年方案示意图

1986 年在编制《东京都第二次长期规划》(图 5.14)中,提出了发展充满个性色彩的副都心的宏伟计划,进一步规划了东京各地区的功能,以适应城市持续发展和建设国际中心城市的需要。这个规划提出 8 个不同地区的建设方向如下:

(1) 都心、副都心地区(包括 3 个都心区和文京、丰岛、新宿、涩谷区)。都心地区要进行职能更新,使金融、信息等功能向高层次发展,建立与世界大城市有密切联系、能开展国际规模的各种活动的场所,进一步繁荣银座等商业中心,外迁工厂,建造民宅,修建具有历史、文化气息的步行街,建立良好的

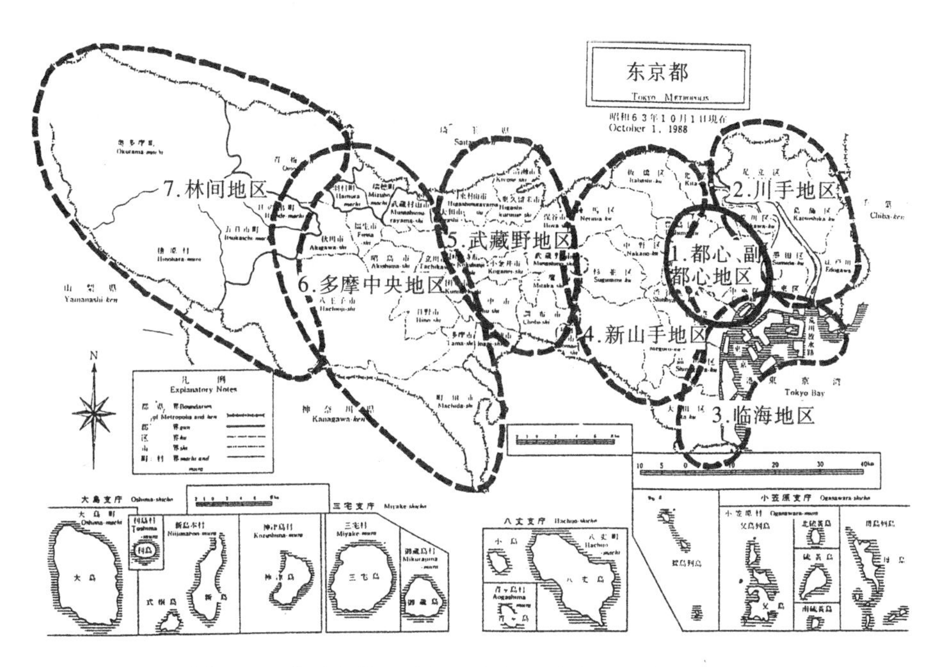

图 **5.14**　东京都第二次长期规划建设方案示意图(1986)

地区社会生活圈,使都心地区继续保持高品位和繁荣的景象。副都心则要因地制宜接受都心地区分散出来的部分功能。

(2) 川手地区(东京东北部地区)。充分利用河川地形与历史特点,建设独具风采的“水都”和以江户、东京博物馆为中心的具有个性的文化地带。

(3) 临海地区(东京湾沿岸地区)。充分利用接近都心和港口的特点,建设具有高度信息装备的“临海副都心”。

(4) 新山手地区(东京市区西半部和武藏野台地的一部分)。利用其靠近都心和副都心的条件建设复合型副都心,既要发展业务职能,又要发展购物、文化、娱乐功能完善具有强大吸引力的居住区。

(5) 武藏野地区(东京市西部山手地区的一部分)。该地区拥有大片森林与水域,拟建设具有田园风光和现代生活兼备的生活区。

(6) 多摩中央地区(包括多摩新城、立川、町田、青梅、八王子等城市)。继续保持商业、生产、科研、教育等各种职能特点,建立各具特色、互补并存的综合型地域。

(7) 林间地区。位于东京都西端山林,是游览、休养和娱乐区。

还有海洋地区。包括伊豆群岛、小笠原群岛在内的广大海域,将大力开发海洋资源与旅游资源。

这个规划虽因近年来经济萧条而难以实施,但其因地制宜、合理布局的建设具有吸引力的现代化城市的设想还是很有创新意义的。

4) 北京市规划

自 1949 年中华人民共和国成立,定都北京以后,即着手研究北京城市发展方向,编制总体规划。1950～1954 年,经过中外专家多方案研究与综合,市委、市政府推出了北京市城市总体规划第一稿即《改建与扩建北京市规划草案要点》(图 5.15,图 5.16),1957 年又在 1954 年规划的基础上,对总体规划方案进一步完善(图 5.17,图 5.18),这个方案基本上是参考大伦敦和莫斯科规划的思路编制的,主要特点是:以旧城为中心向四郊发展,中心城市是 600 km^2、容纳 600 万人的一张“大饼”,郊区建设若干卫星城镇,市域总人口约 1 000 万。1958 年,全国进入“大跃进”和人民公社化运动高潮时期,在特殊的政治背景下，要求弱化大城市的作用，城乡结合，缩小城乡之间的差距，并提出大地园林化的要求。据此，对北京城市总体规划做了重大修改，1958 年方案压缩了中心城市的规模，从 600 万人减少到 350 万人，把中心城市一张“大饼”的模式改变为“分散集团式”，中心城市变成几十个不同规模的集团，提出旧城区保持 40%绿地，近郊区保持 60%绿地的要求；在扩大市域范围的基础上增加了卫星城的数量(图5.19，图 5.20)。虽然在当时还没有像现在这样重视生态环境，贯彻可持续发展方针这些明确的概念，但是在“大跃进”这种形势下，压缩中心城市的规模，强调“大地园林化”，客观上为北京后来的发展提供了较好的条件，没有把中心城市这张“大饼”摊得过大，以致不好收拾。

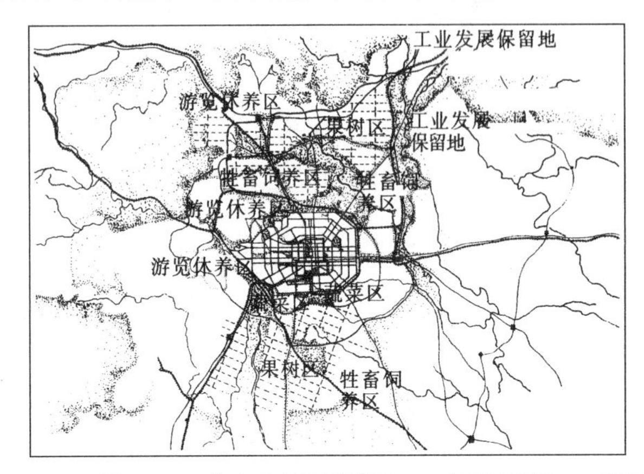

图 **5.15** 北京市郊区规划(1954 年修正稿)

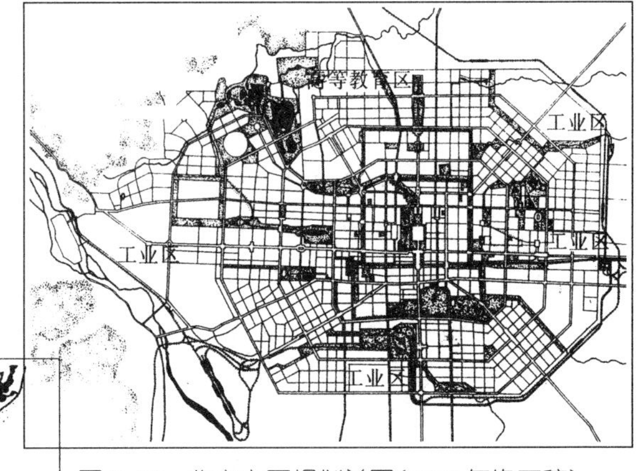

图 **5.16** 北京市区规划总图(1954 年修正稿)

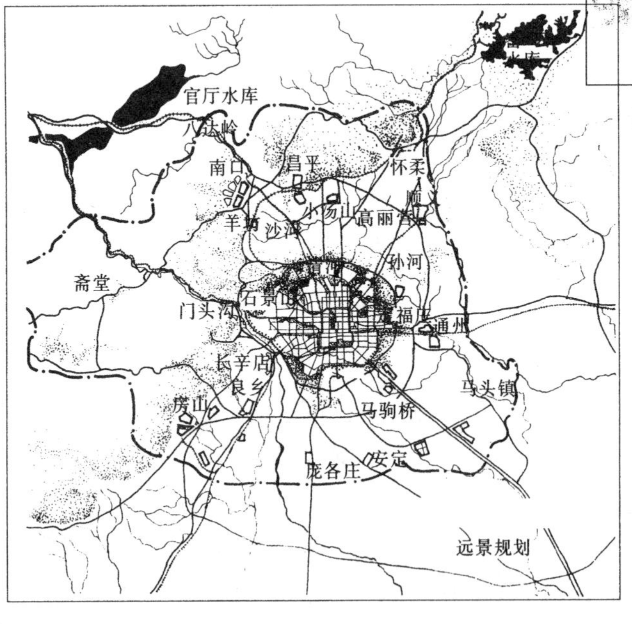

图 **5.17** 北京地区规划示意图(1957)

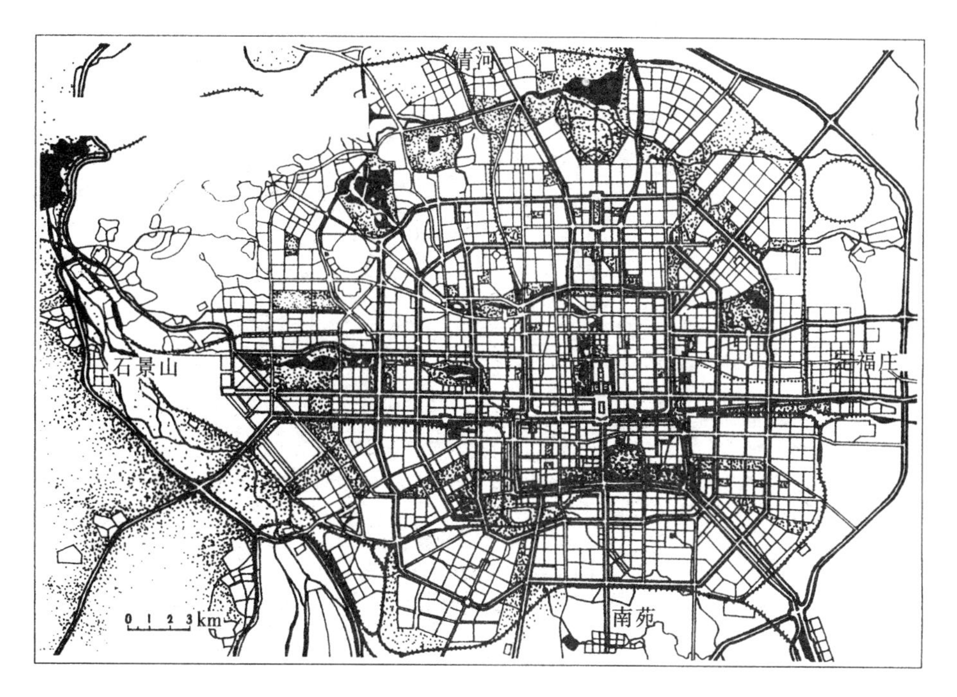

图 **5.18** 北京市总体规划初步方案(1957)

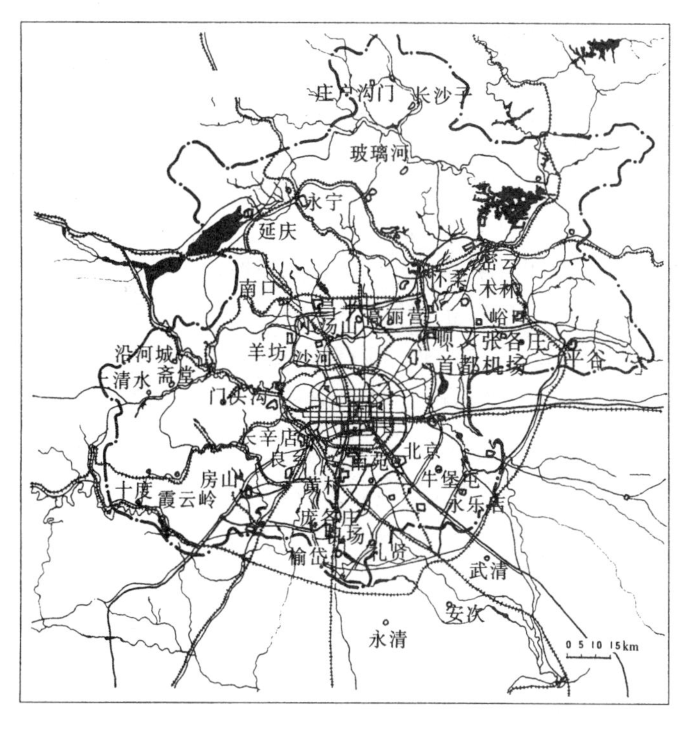

图 **5.19** 北京地区规划示意图(1958)

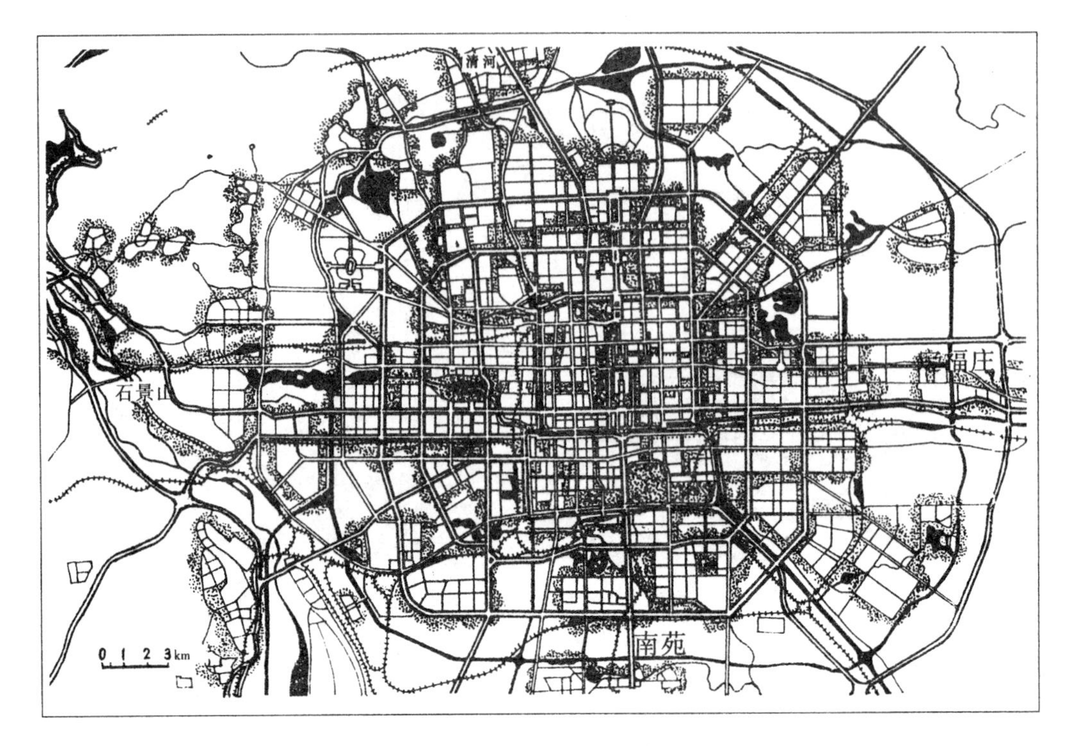

图 5.20 北京市总体规划方案(1958)

随后的若干年,经历了三年困难时期和十年动乱,规划一度被迫暂停执行。到 1973 年,客观上北京市中心地区已连成一片,因此 1983 年党中央、国务院原则上批准了北京城市总体规划(图 5.21,图 5.22),市区“分散集团”式的模式演变成中心地区 280 平方公里多的一个大集团和外围 10 个边缘集团组成的市区,与伦敦(1944)、巴黎(1960)编制的规划方案在中心地区外围建 6~8 个卫星镇和中心点的思路极为相似。这种分散集团式的模式,一直保持到 20 世纪 90 年代编制的最新的市区总体规划中(图 5.23,图 5.24),只是中心大团从 280 km^2 扩大到 326 km^2。20 世纪 90 年代初,国务院批准的总体规划中,根据对 21 世纪中叶人口与产业发展预测,除了市区坚持分散集团式布局外,主要的变化是提出了两个战略转移的方针,强调市区不再扩大规模,而是逐步从外延扩展向内涵发展转移。城市建设的重点从市区转移到广大郊区,大大强化了在市区外围建设卫星城的部署,扩大了卫星城的规模,近期达到 10 万~20 万人,远期发展到 40 万~50 万人以至更大,并给卫星城赋予相对独立新城的概念,以形成强大的反磁力,疏散中心城市过密的人口与产业。所有这些思路和伦敦 20 世纪 70 年代英格兰《东南部战略规划》和巴黎区域 1965 年方案的思路不谋而合,可能这是缓解大城市矛盾的一条可行的出路。

5) 上海市规划

上海市规划大体上经历了与北京市类似的过程。自 1949 年上海市解放到 1953 年,在调查研究的基础上编制了《上海市总体规划示意图》,提出中心城市占地 600 km^2、容纳 600 万人的城市规模。1959 年在原有规划的基础上编制了《上海总体规划草图》,在市区外围陆续开辟了闵行、吴泾、嘉定、安亭、松江等 5 个卫星城镇。十年动乱,总体规划工作严重受挫,盲目建设分散工业点和在市区“见缝建楼”等做法搞乱了城市布局。党的十一届三中全会后,1979 年着手制定《上海市总体规划纲要》,1980~1982 年,上海市委和市人民政府先后审定了《上海市总体规划纲要》,1984 年完成《上海市城市总体规划方案》的编制、审议与上报工作,1985 年又向党中央、国务院作了若干补充说明,1986 年 10 月国务院原则批准《上海市城市总体规划方案》(图 5.25,图 5.26)。该方案提出上海市总体布局是以中心城为主体,通过高速公路、一级公路及快速有轨交通等把吴淞、嘉定、安亭、松江、吴泾、闵行、金山 7 个卫星城市、主要小城镇及邻省主要城市联系起来，呈指状发展。1987 年开始研究跨江发展浦东的问题。1990 年 4 月，党中央、国务院宣布了“加快上海浦东地区开发的决定”，“在浦东实行经济技术开发区和某些经济特区的政策。”

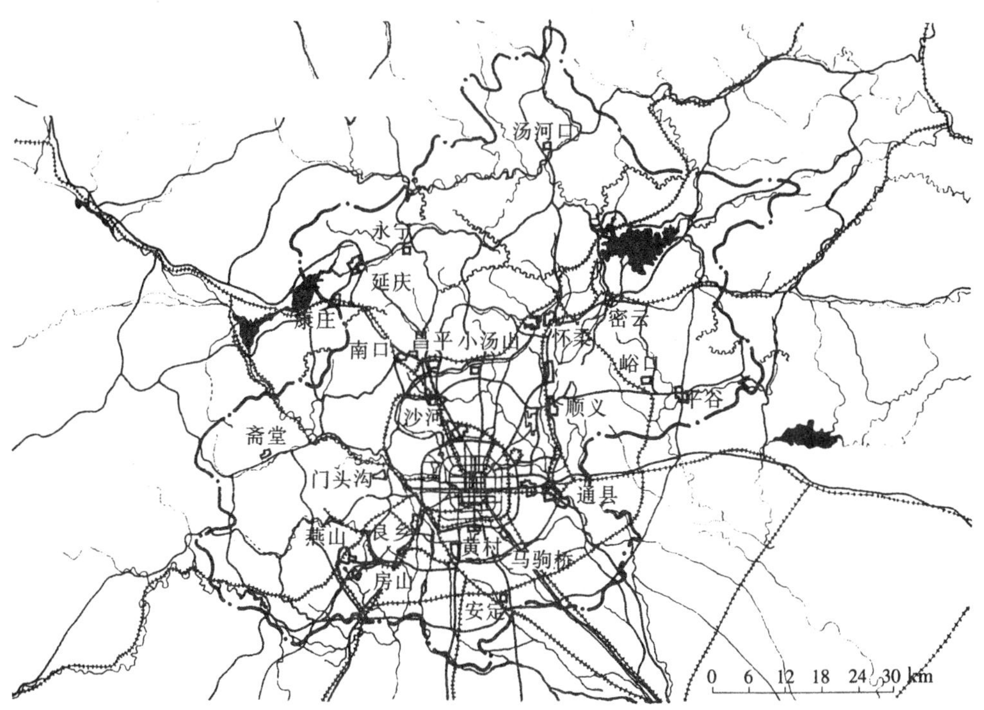

图 5.21 北京地区总体规划方案(1983)

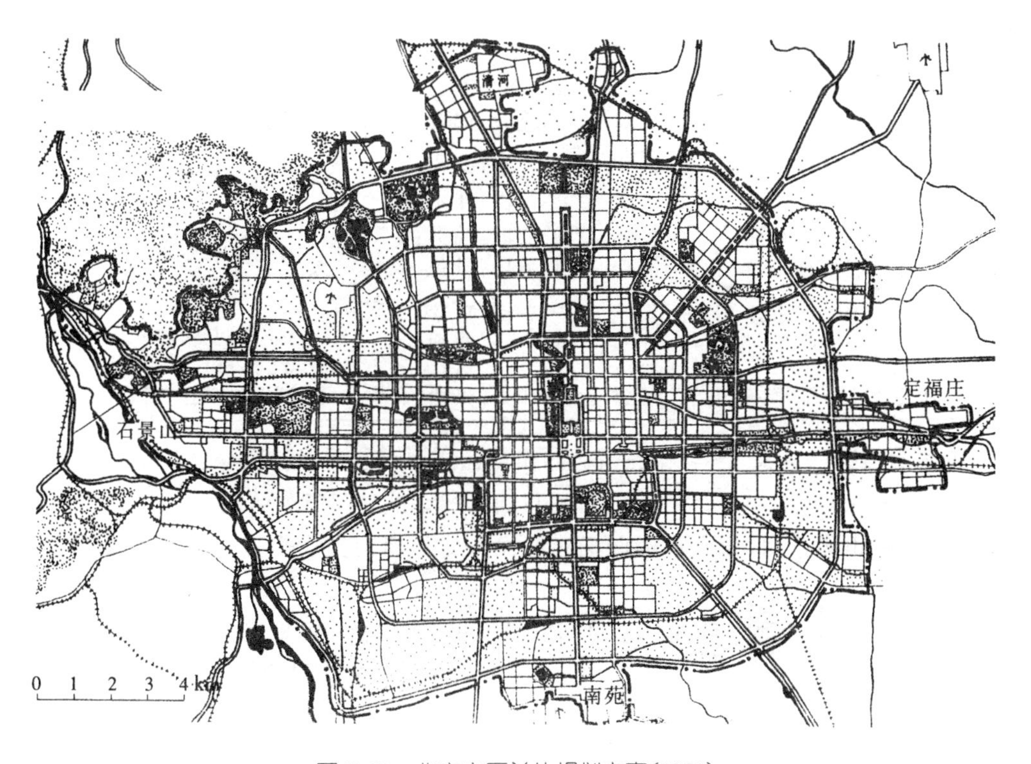

图 5.22 北京市区总体规划方案(1983)

图 5.23　北京地区总体规划方案(1993)

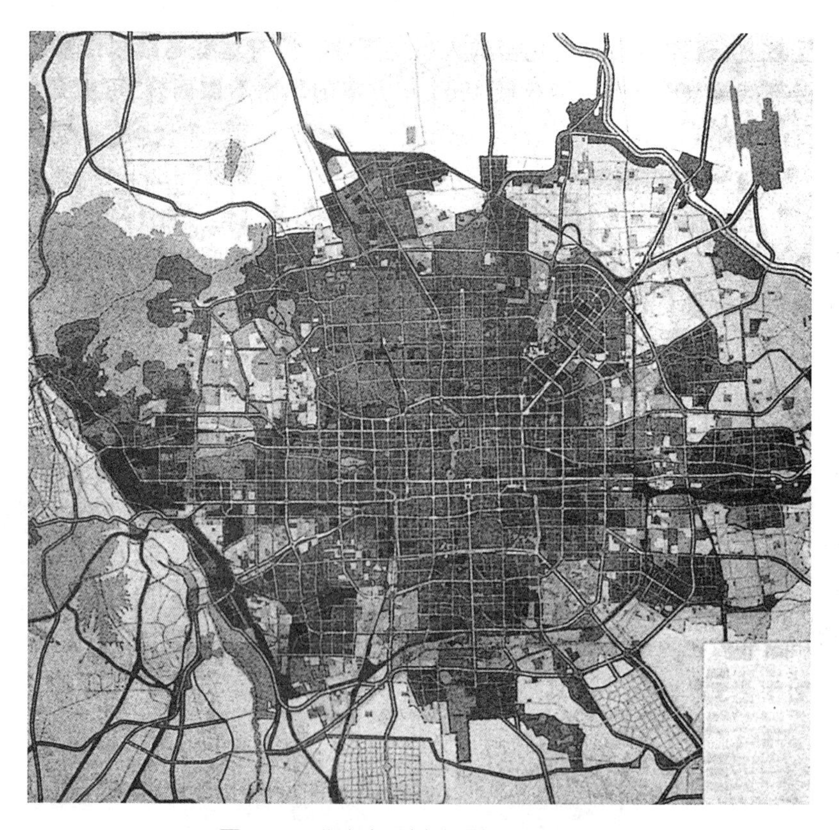

图 5.24　北京市区总体规划方案(1993)

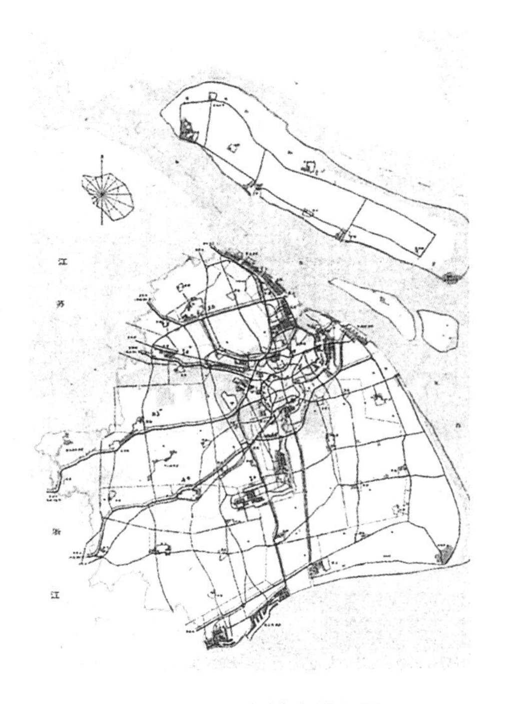

图 **5.25** 上海市城市总体规划图(1986)

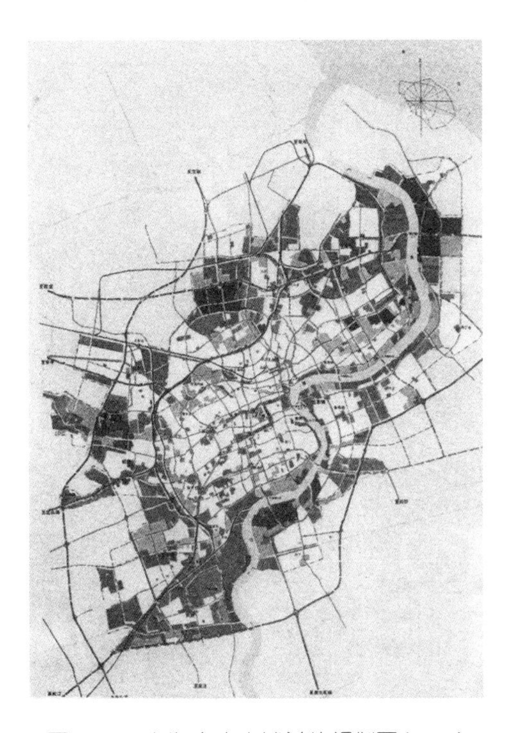

图 **5.26** 上海市中心城总体规划图(1986)

随后,上海市又先后编制了浦东新区总体规划和新一轮上海市总体规划,2000 年国务院正式批准了上海市城市总体规划(1999～2000 年)(图 5.27～图 5.29)。该总体规划提出了将原有总体规划的县城和部分卫星城调整为新城,市域城镇体系的发展完善是以郊区中等规模城市为标志的思路,在中心城外围拓展沿江、沿海发展空间,在原有城镇体系规划的基础上,形成宝山新城、外高桥港区(保税区)、空港新城、海港新城、上海化学工业区、金山新城等组成的滨水城和产业发展带。

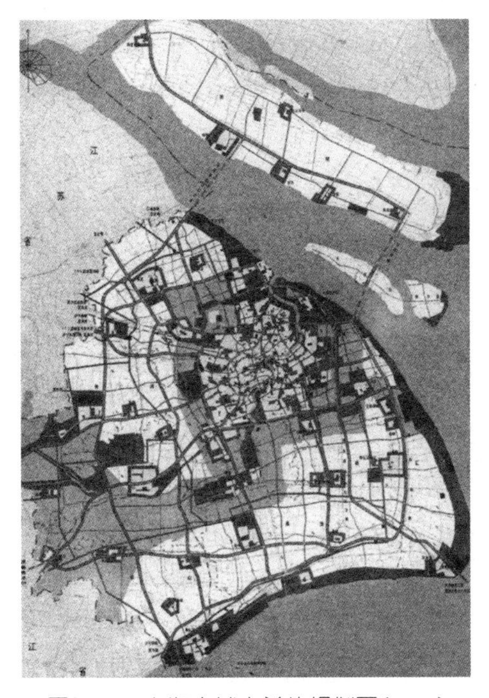

图 **5.27** 上海市城市总体规划图(2000)

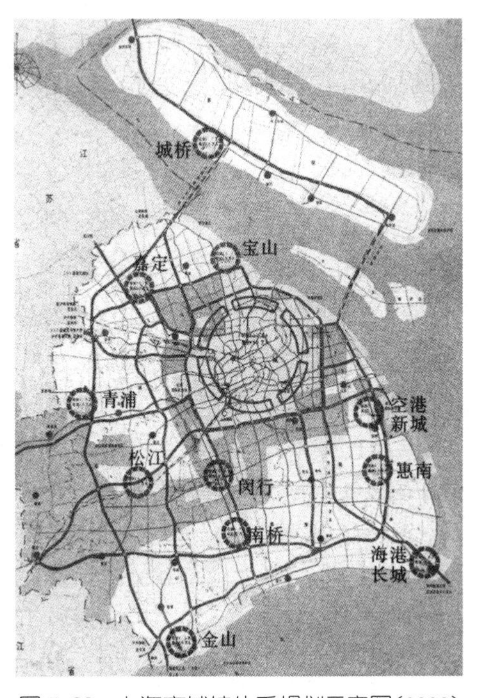

图 **5.28** 上海市城镇体系规划示意图(2000)

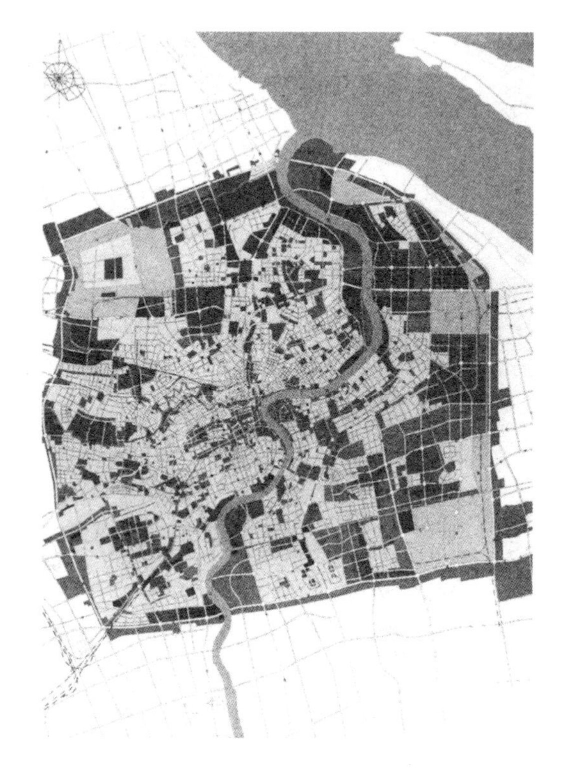

图 **5.29**　上海市中心城总体规划图(2000)

图 **5.30**　荷兰兰斯塔德地区城市群

6) 兰斯塔德地区的规划(图 5.30)

荷兰兰斯塔德地区,地处马斯河和莱茵河的汇流出海口,随着 19 世纪造船业的发展和铁路的修建,该处成为西欧商业大动脉,荷兰成为商业大国,鹿特丹首先成为世界第一大港。工业革命后,产业的发展使兰斯塔德地区的人口剧增,形成了以鹿特丹、海牙、阿姆斯特丹为主体的城市群,在荷兰 5%的土地上集中了全国 1/3 的人口。独特的地理环境形成了该地区的多中心带状城市结构,四百多万人口分散在大小不等的城镇中,中心城市人口在 50 万～100 万,其他城市仅有 10 万～25 万,港口、商业、金融、政府机构都集中在中心城市,而工业分散在与中心城市接近的小城市中,因而布局比单中心发展的城市优越。整个城市带呈马蹄形,全长176 km,各城市间都有绿带隔离,中间围合了一大块空旷乡村地区,称为“绿心”。

二战以后,20 世纪五六十年代出现了人口增长高峰,随着经济发展,农业、重工业、港口、住宅以及游憩都需要扩展用地,矛盾日益尖锐,存在着城市间绿带消失,绿心被大量侵占的危险,如果这样发展下去,兰斯塔德的多中心布局就会变成美国洛杉矶那样庞大的城市蔓延区。荷兰政府对此进行了研究,从 1956 年至 1976 年,对荷兰西部地区提出了 5 个报告,系统研究城市发展对策,提出了以下措施:

(1) 保持城市分散集团式格局,绿心发展高品位的园艺,严禁建设侵占,城市间要保持 4 km 的缓冲带(即绿化间隔带)。

(2) 城市主要向马蹄形外侧发展,不得向内侧,也不得向相邻城市边缘发展。

(3) 适应荷兰人喜欢分散居住的生活方式,逐步建立 5 000 人、1.5 万～6 万人、25 万人以上的三级城镇体系,以便合理分布产业,就近工作、居住。

(4) 既要保持城市的繁荣,对老城市加以更新改造,又要通过总体规划,在城市的南北两翼发展若干城市中心,继续保持分散的多中心布局。

7）纽约的区域统筹规划

纽约湾区是美国经济核心地带，是美国最大商业贸易中心和国际金融中心。纽约湾区自19世纪中期开始逐步发展，如今以其发达的金融和制造业、便利的交通、高水平的教育和优良的环境吸引了超过4 300多万人口的大区域，被视为国际湾区之首。其具有开放的经济结构、高效的资源配置能力、强大的集聚外溢功能和发达的国际交往网络，发挥着引领创新、聚集、辐射的核心功能，成为带动全球经济发展的重要增长极和引领技术变革的领头羊。回顾纽约湾区形成、发展的历史，除了优越的自然地理位置之外，跨行政区域的统筹协调规划也起了重要作用。1921年，罗素·塞奇基金会资助建立了纽约区域规划委员会，后发展成纽约区域规划协会（RPA）。这个致力于区域规划探索的非政府机构成为纽约湾区近百年发展的最重要因素之一。协会分别于1929、1968、1996、2013年发表的纽约大都市区的规划研究报告，指导了纽约区域不同时期的发展。

1914年巴拿马运河开通，纽约港的需求增加，推动了纽约海洋贸易和制造业的发展，成为国内制造业中心，形成以制糖业、轻工业和服装业为主要支柱的产业格局。针对纽约工业化、城市化发展带来的问题，1929年RPA发表的《纽约及其周边地区的区域规划》提出建议：构建公路、铁路和公园网络，以及居住、商业和工业中心，作为该区域物质和社会发展的基础。制定了建立开放空间、缓解交通拥堵、集中与疏散、放弃高层建筑、预留机场用地、细化设计、减少财产税、建设卫星城等十项政策。虽由于私有制的制约，未能完全实施，但其指引的方向被后来的实践证明是完全正确的。

第二次世界大战后，纽约制造业进入衰退期，大量工厂关闭或外迁，随着郊区化的发展，各大公司总部也向外迁移，制造业就业人数减少，越来越多的劳动力进入服务行业。据统计，从1960至1991年，纽约从事商业服务业的人数从12万增至20万，银行业增加雇员6.5万，而从事证券及商业经济的人员从不足5万增至12.9万，就业结构的改变折射出经济结构的转型，产业结构由制造业经济转型为服务业经济。

为适应经济结构转型，1968年RPA完成的第二次纽约大地区的区域规划，提出了建立新的城市中心、塑造多样化住宅、改善老城区服务设施、保护城市未开发地区生态景观和实施公共交通运输规划等五项原则。将就业集中于卫星城，强化了区域公共交通体系，以避免郊区发展引起老城区衰落。这个规划推动了牙买加、布鲁克林、纽瓦克等城市的经济发展。

随着经济结构大调整，信息技术革命和跨国公司的增长，国际资本进一步向纽约等国际城市集聚，生产性服务业在中心区大部分集中在曼哈顿等少数中心城市，形成以华尔街为中心的金融贸易集群和以五大道为中心的商业服务业集群。纽约作为大都市区域的核心城市，对周边地区的辐射超出了纽约州政府的管辖范围，以其为中心形成了高水平的城市集群。纽约与周边城市之间便利的交通，使区域经济效应更加明显。资料显示，由于公共卫生和环境改善，预期生活在这里的人寿命增长，同时该区域犯罪率也下降，纽约湾区成为美国最安全的区域，越来越多的居民愿意在这里生活。在过去的20年里，纽约州、康捏狄格州、新泽西州三个地区增加了230万居民和150万就业岗位。

但是，随着气候变化，基础设施落后与恶化，公共机构管理差等问题仍然威胁着居民生活，失业、住房成本、物业税和自然灾害等问题受到居民的普遍关注。1996年，RPA发布第三次区域规划——危机挑战区域发展，提出凭借投资与政策，通过植被、中心、机动性、劳动力和管理五大战役来整合经济和环境，提高居民生活质量。但由于投资不足，维护和现代化改造推进拖延，规划未能如期实施。2013年4月19日，RPA宣布启动第四次区域规划，2014年又发表了《脆弱的成功》的评估报告，规划的重点是“区域转型”，确定了“经济机会、宜居性、可持续性、治理和财政”四方面的议题，旨在创造就业、改善商业环境，促进经济增长，减少家庭的住房开支，解决贫困，为居民提供更加富裕的生活和在交通和教育等方面更便利的社会服务设施。从区域视野解决气候、基础设施等问题，在区域层面进行改革，提供更好的决策和更有效的治理。

5.6 对城市用地功能布局若干热点问题的探讨

在编制城市总体规划过程中，如何进行城市用地功能布局，其一般原则在规划原理等教科书里已经有充分的阐述，这里仅就自改革开放以来，在城市现代化建设中出现的若干热点问题进行探讨。

5.6.1 关于行政中心的位置问题

自改革开放以来，随着城市规模的扩大，城市现代化进程的加速，许多城市出现政府用房不足、设施简陋等问题，因此迁址新建成为许多城市的热点问题。青岛市政府通过土地置换，把旧城黄金地段的原址转让开发获得资金，在已有一定开发基础的规划新发展区建设新的行政中心，其位置在新区与旧区适中地段，符合城市东扩的发展方向，这样做既改善了办公条件，又促进了新区开发，使土地使用功能更加合理，因而取得了良好的经济效益和社会效益。但是，随后不少城市也提出了行政中心迁址的建议，有的城市不顾现实条件，新址选在中心城市边缘尚未充分开发的地方，孤零零地建起市政府大楼，门前开辟了一个几公顷至十几公顷甚至更大的市政大广场，企图通过行政中心搬迁带动新区开发。但往往事与愿违，这种远离市中心区建设的新址，既起不到推动新区开发的作用，又给广大群众办事、职工上班带来不便，实在不可取。行政中心的位置应该选择地理位置适中，交通方便，避开适合发展商业、商务中心的黄金地段。建筑设计应该简单朴素、经济实用，能提高办事效率，体现人民政府处处为人民的公仆形象。不一定非得放在城市主要轴线的中心位置，像北京故宫；没有必要一味追求气魄壮观，造成令人望而生畏的“大衙门”形象。周总理 20 世纪 50 年代审议北京旧城区规划时，曾表示他当一天总理就一天不建国务院办公楼，至今国务院也没有建新的办公大楼。

5.6.2 关于文化中心位置的选择

随着经济的发展，人民生活的富裕，社会对文化的追求会越来越高，因此，城市文化设施建设的水平常常成为城市现代文明和现代化发展水平的标志。城市规划应选择环境优美、地位适中的地段建设图书馆、博物馆、展览馆、剧院等市级文化中心。不少城市文化中心设置在城市生活性干道旁，与城市公园毗邻，并开辟环境优美、有较高园林绿化质量的文化广场，供人们游憩、休闲，取得了良好的效果。当然，如有条件行政中心可与文化中心结合，广场可同时具备文化广场与市政广场的性质，但必须因地制宜，不必强扭在一起，尤其不宜为了强化行政中心而影响文化中心的使用功能。

体育中心，一般包括一个标准体育场(附带看台)、一个游泳馆、一个体育馆和若干练习场馆，不少城市建成体育公园，有 20～30 hm^2 用地规模，有较好的绿化环境，平时向广大群众开放，这是值得提倡的。鉴于体育中心有大量人流、车流集散，因此其位置一般不与文化中心结合，且不宜放在用地十分金贵的繁华区，必须选择交通集散方便、用地比较宽松、环境质量较好的地段。

5.6.3 商务中心与商业中心位置选择及商业服务业的布局

随着市场经济体制的确立，城市与国内外经济联系的增加，计划经济时代的商业概念发生了变化，商务活动的功能在第三产业中占了重要地位，大量跨国公司、银行财团、证券交易、期货市场以及与之配套的公寓、通信、交通等设施集中在城市中心地区，该地区的主要功能是开展内外贸易，促进资金、技术、物资流动，提供产品供求信息，指导管理跨国公司所属企业的生产经营活动等，其与人们日常所需的零售购物的商业功能是完全不同的性质。商务与商业功能的分离是市场经济发展的必然结果，从某种意义上说，只要是城市，在其辐射范围内都有商务功能。对于国际大都市来说，应该有独立的商务中心区，有的甚至形成了以 1 个为主、1～2 个为辅的格局，其地点一般选择在与机场、港口等对外交通联系方便，市内交通易于到达的城市中心地区。鉴于其一般建设标准较高，容积率较高，设施水平较高，而且有大量的机动车流量，宜靠近环境较好的地段并有完善的商业服务及通信设施，因此，商务中心区位置的选择，对城市布局与城市形象的塑造有至关重要的影响。上海浦东新区与北京朝阳门外商务中心区的选择，都是遵循以上原则确定的。

国内的省会城市、港口城市或处于交通枢纽地带的大城市，一般也要设置独立的商务中心区。但对于一般中小城市来说，商务活动规模不大，可以与商业中心结合。

商业中心各城市都有一定的基础，由于人们对不同商品需求的数量、质量、贵重程度的区别，在市场经济条件下，商业中心仍然是分级均匀布局的。市级商业中心，往往是城市的窗口，对于大城市来说可能不止一个，但是，一个城市总有一个代表着城市的商业形象的著名商业街，例如，上海的南京路，北京的王府井，沈阳的太原街……

在市级商业中心以外，根据不同的城市规模，还将有地区级、居住区级(3 万～5 万人)、小区级以至街坊组团级的不同规模的商业服务设施，不同业态的商业分别分布在不同级别的区域内。

商业中心的选址，既是均匀布局的，又要考虑设置在人流集中、交通方便之处。地区的几何中心，不一定是安排商业的最佳区位，如果其与人流的方向相背，则不适合安排商业中心。不考虑人流方向，机械地选择几何中心的商业布点，在各个城市中失败的例子是非常多的。商业中心，一般也不适合跨城市主要交通干道两侧设置，从已实施了跨城市主干道两侧布置的商业中心的城市来看，成功的例子不多。

5.6.4 经济技术开发区与高新技术园区

经济技术开发区与高新技术园区都是自改革开放以来，各城市在发展经济过程中产生出来的城市建设发展模式。

经济技术开发区的主要作用是为城市经济发展培育新的经济增长点，它有利于创造良好的投资环境，招商引资，在引进资金的同时引进先进的技术工艺和经营管理模式；有利于腾出中心区的工业用地发展第三产业，并促进传统工业的更新换代。

高新技术园区是更高层次的经济技术开发区，它对环境有更高的要求，一般是依托原有的大学和科研机构发展起来的，其目的是发展高新技术产业。首先引进高科技产业，然后通过研发进一步开拓高新技术新的产业领域，成为城市经济实现跨越式发展的支柱，也成为改革传统产业的技术支撑。对于一个城市来说，高新技术产业的增加值在国内生产总值中的比重越大，科技对产业的贡献率越高，该城市的经济发展速度将越快。例如，北京市的朝阳区与海淀区都是 150 万左右的人口规模，朝阳区是传统工业集中的地区，通惠河两岸工业区的工业总产值在 20 世纪六七十年代约占全市工业总产值的1/4，而海淀区是科研大学集中的地方，技术密集型产业较多。根据 1986 年的统计，朝阳区的工业总产值为 5.6 亿元，海淀区比朝阳区略低，当年首次突破 5 亿元大关，两区的工业产值不相上下。但是随着改革开放，传统产业萎缩，高新技术崛起，两个区的差距就拉开了。1994 年海淀区的工业总产值为80.79亿元，朝阳区为 45.37 亿元，海淀区的工业总产值为朝阳区的 1.78 倍；至 2000 年海淀区的工业总产值为 395.84 亿元，比 1994 年增长了 4.9 倍，而朝阳区的工业总产值为 73.17 亿元，比 1994 年仅增长了1.6

倍，海淀区的工业总产值为朝阳区的5.4倍，两者差距明显拉大。

虽然，朝阳区近几年正处于工业调整外迁阶段，而海淀区却处于高新技术产业大发展阶段，工业总产值的差距拉大有客观原因，不好简单比较。但就国内生产总值比较，差距拉大也是十分明显的。1994年朝阳区国内生产总值为32.72亿元，海淀区为60.73亿元，海淀区为朝阳区的1.86倍；但到2000年朝阳区与海淀区的国内生产总值分别为88.8亿元、281.1亿，海淀区为朝阳区的3.17倍。这说明近几年来高新技术的发展，给海淀区的经济带来了跨越式的发展，其发展速度大大超过了朝阳区。

对传统工业区、经济技术开发区与高新技术园区三者生产率的比较，大体上可以形成以下概念，即传统综合工业区每公顷工业用地的年产值为1 000万元左右（如北京三环路至四环路之间的工业区）；经济技术开发区可达3 000万～4 000万元（如北京亦庄开发区、湖州织里工业区）；而高新技术园区可达1亿～1.2亿元（如北京上地信息产业基地、无锡新加坡高科技园区）。因此，发展经济技术开发区和高新技术园区，成为城市经济发展战略中的一个重要环节。

从当前城市发展状况看，以下问题值得我们注意：

1）开发区的定位

对于处于工业化初期的城市，其主要任务是要尽快吸收经济发达地区疏散出来的工业，招商引资，引进技术，迅速壮大经济实力，提高职工的技术素质。在这个阶段的城市总体规划中要安排相当数量的工业用地，筹建经济技术开发区，进行基础设施开发，以便创造良好的投资环境。经济技术开发区与传统工业区的区别，主要是要选择具有较先进的工艺、技术含量较高、对环境污染较小的工业，切忌饥不择食，把别的城市包袱如占地大、产值低、污染重的工业原封不动地迁入园区，不允许别的城市以邻为壑，污染搬家，危害一方净土。

高新技术园区往往是经济技术开发区发展到一定程度，经济实力与技术素质到了相当提高的阶段，才可能进行开发建设。园区对环境质量要求高，必须有强大的科研实力作为技术支撑。技术园区的定性也要因地制宜，量力而行，这在第2章已做了比较详细的阐述。现在的问题是，不少城市还处于工业化初级阶段，却也打出高新技术园区的牌子，结果招来的产业还是以传统产业居多，甚至招来一些工艺落后、效益差、污染重的工业，浪费了土地资源，给城市带来的危害大于收益，得不偿失。

2）开发区的布局

开发区一般都选在城市对外交通的出入口，靠近高速公路进入城市的入口处，铁路货场附近，以及航空港、海港附近。有的选在现有城市边缘地带，有的选在与中心城区有一定距离的独立地段，这些地段一般地价较为便宜，以便降低初期投入。新加坡的裕廊工业区就是选在中心城区以东的沼泽地带，天津大港开发区也是选在沿海的盐碱地进行初期开发。

3）开发区的规模

根据各城市开发区的经验，一个开发区从筹建到比较成熟，大体需要10年的时间，开发区的操作模式一般是组建开发办公室，进行基础设施建设，把生地变成可以直接建设的熟地，然后招商引资，出租或出让土地使用权。开发办公室一般不直接从事工业生产，而是服务与管理。鉴于土地开发的前期投资较贵，每平方米土地实现“九通一平”的土地处理和交通、市政基础设施建设约需3亿元投资，一些大城市土地处理费较贵，先期投放将达4亿～5亿元，因此，早期开发规模不宜过大，需要滚动开发。北京亦庄经济技术开发区早期开发仅3 km^2，北京上地信息产业基地仅1.5 km^2，经历了近10年的运作，现在都取得了较好的收益。不少城市一上来就划出10～20 km^2 的开发区，基础设施难以做到“九通一平”，只是“三通一平”，有的“三通一平”都达不到就迫不及待地批租土地，由于投资环境不理想，土地价值不能充分发挥，反而使大量开发土地闲置，先期投入难以收回。例如，北京郊区1992～1994年规划了30个工业开发区，面积高达 100 km^2，第一期开发达 25 km^2，在短短两年时间，就廉价批租出十几平方公里的土地。而北京 1949～1992 年 40 多年市区工业区只有 40 多平方公里，很显然上述开发区的规模过大，很难在短期内消化，至今各区尚有不少开发区难以启动。因此，长远规划做大一点，留有余地是无可非议的，但近期起步规模一定不能做得太大，批租土地不能过多，应与城市经济发展阶段的市场需求相适应。

4）开发区的功能

无论经济技术开发区还是高新技术园区，初期主要是以发展第二产业为主，但必须同时考虑为之服务的第三产业的配置，并建设相应的居住区，发展到一定规模时，就成为中心城区的一个相对独立的分区，或中心城区外围的新城。因此，尽管开发区可以有特殊的政策优惠，但规划与管理必须服从统一的城市总体规划，切不可成为游离于城市规划管理以外的"独立王国"。

近年来国家发改委陆续推出建设示范开发区和国家级新区的部署。2015 年 6 月 30 日，国家发改委发布《关于建设长江经济带国家级转型升级示范区的意见》，将依托长江经济带现有和规划设立的国家级、省级开发区，规划建设示范开发区。其主要任务是：承接国际产业转移，促进开放型经济发展；承接国内沿海产业转移，带动区域协调发展，产城互动，引导产业和城市同步融合发展；低碳减排，建设绿色发展示范开发区；创新驱动，建设科技引领示范开发区；制度创新，建设投资环境示范开发区。计划经过 3～5 年的努力，示范开发区的发展规模、建设水平、园区特色、主体地位显著提升，示范引领和辐射带动效应日益加强，参与国际分工地位和国际影响力明显提升，转型升级走在全国开发区的前列。

国家级新区是由国务院批准设立的以相关行政区、特殊功能区为基础，承担着国家重大发展和改革开放战略任务的综合功能区。自 20 世纪 90 年代初国务院批准成立上海浦东新区以来，经过 20 多年的建设发展，新区数量逐步增加，布局不断优化，功能日臻完善，在引领区域经济发展、全方位扩大对外开放、创新体制机制、促进产城融合发展等方面发挥着重要作用，辐射带动和试验示范效应明显。

在国家发展改革委发布的《国家新区发展报告 2015》显示，截止 2014 年底国家已设立上海浦东、天津滨海、重庆两江、浙江舟山群岛、甘肃兰州、广州南沙、陕西西咸、贵州贵安、青岛西海岸、大连金普和四川天府 11 个新区，涉及陆域面积达 16 273 km^2、人口达 1 846 万、地区生产总值达 2.73 万亿元，分别占全国的 0.17%、1.35%和 4.29%。2015 年 8 月，国务院又相继批复设立了湖南湘江新区、南京江北新区和福州新区。国家级新区达 14 个。

2017 年 4 月，中共中央、国务院印发通知，决定设立河北雄安新区，规划范围涉及河北省雄县、容城、安新 3 县及周边部分区域，地处北京、天津、保定腹地，区位优势明显、交通便捷通畅、生态环境优良、资源环境承载力较强，发展空间充裕，具备高起点高标准开发建设的基本条件，对于集中疏解北京非首都功能，调整京津冀城市空间布局结构，推动河北省经济发展，培育创新驱动发展新引擎，具有重大现实意义。起步区面积约 100 km^2。中央对这项重大历史性战略选择寄予厚望，指出其是继深圳经济特区和上海浦东新区之后又一个具有全国意义的新区。

国家级新区以及示范开发区，比一般经济技术开发区与高新技术园区，其开发规模更大、要求更高、综合性更强，因而更应做好顶层设计，以创新为先导，按供给侧改革的要求，制定发展规划，合理确定建设规模。

5.6.5 居住社区建设问题

随着城市现代化进程的加速，住宅商品化改革的实施，住宅与社区建设已成为房地产业的一项重要内容。住宅建筑量迅速攀升，人均居住水平不断提高，自 20 世纪 50 年代至 80 年代初的 30 多年间，住宅建筑量占总建筑量不足一半的比重已被突破。如北京市，1949 年新中国成立之初是典型的消费城市，由于产业少，住宅占总建筑量的比重为 65.9%。到第一个五年计划完成时，产业大发展，住宅建设相对滞后，1957 年底当年竣工的住宅建筑量仅占竣工总建筑量的 38.48%，累计住宅建筑量占总建筑量的比重下降到 53.91%。随后的年代，在"先生产、后生活"思想支配下，住宅建设量虽有回升，但起色不大，经过"大跃进"、三年困难时期和三年调整时期，到 1965 年住宅建筑量占总建筑量的比重仍然继续下滑，十年动乱之后，到 1978 年底住宅比重下落到 45.44%，是历史的最低点。

党的十一届三中全会和改革开放以来，政府下大力气解决"骨头"与"肉"的配套问题，住宅投资比重加大，1983 年北京住宅占总建筑量的比重突破 50%，进入 20 世纪 90 年代，尤其是 1992 年邓小平同志南巡讲话和党的十四大提出建立社会主义市场经济体制以后，房地产业兴起，住宅建设量大幅度增加，到 2000 年以后，住宅占总建筑量的比重已提升到 54%(表 5.15)。

表 5.15　北京市不同年代住宅占总建筑量的比重

年代	总建筑量 /万 m²	住宅建筑量 /万 m²	住宅占总建筑量的比重 /%
1949	2 054.9	1 354.3	65.91
1952	2 437.2	1 354.3	55.57
1957	4 113.6	2 217.8	53.91
1962	5 765.3	2 798.9	48.55
1965	6 391.0	3 051.7	47.75
1978	8 879.5	4 035.1	45.44
1983	12 191.0	6 108.8	50.11
1992	20 636.6	10 826.4	52.46
1998	28 835.6	15 504.4	53.77
2000	33 255.6	17 958.0	54.00
2005	51 304.8	28 310.6	55.18
2009	67 455.5	37 047.3	54.92
2012	71 179.0	39 039.8	54.84
2015	84 306.4	45 642.9	54.14

预计今后若干年内，随着常住人口的增长，住宅水平的提高，住宅占总建筑量的比重将维持在 60%左右。因此，居住区的开发建设和旧居住区的更新改造始终是城市建设的重点，是房地产开发中一项长盛不衰的产业。城市总体规划必须高度重视居住区建设的安排，贯彻以人为本的原则。党的十八届三中全会的决定指出，完善城镇化健康发展体制机制，坚持走中国特色新型城镇化道路，推进以人为核心的城镇化。2014 年中央城镇化工作会议要求，提高城镇人口素质和居民生活质量，把促进城镇稳定就业和生活的常住人口有序实现市民化作为首要任务。并指出，城市建设水平是城市生命力所在，只有把发展质量摆在突出位置，把握好以人为本、优化布局、生态文明、传承文化等基本原则，全面推进社会文明进步。

应该看到，城市建设中见物不见人的现象还普遍存在，城镇不宜居，千篇一律，交通拥挤，环境恶化，生态失调，生活单调不方便等等，几乎是我国城镇化过程中出现的通病。一些地方推进城镇化的冲动来自对土地财政的依赖，千方百计把农民土地变成建设用地，"以土生金"，一些农民"被迫上楼"，一些村庄建成城镇，许多农民很难融入城市转化为市民。不少地方的郊区县利用毗邻特大城市的地理条件，大面积开发住宅，形成“卧城”，由于缺少就业岗位，居民都要进中心城市上班，造成“潮汐交通”紧张。据统计，某郊区城市，常住人口166万，就业人口100万，但只能提供54万个就业岗位，有46万人每天进中心城市上班。某郊区城市本地居民只有40万，却建成可容纳80万人的居住区，也是有城无业，大量职工进中心城市上班。这些地区在建设住宅的同时，为居民服务的城市公共服务设施建设滞后，严重不足，孩子入托难、上学难，居民看病难、购物难的问题长期存在，更谈不上文化需求的满足。再加上失于管理，社会秩序混乱，影响城市安定。

城镇是居民生活的共同体。城市建设不能只是为了GDP增长，不能只是建筑材料粗糙无序的堆砌。2014年城镇化工作会议指出，城市建设要体现尊重自然、顺应自然、天人合一的理念，依托现有山水脉络等独特风光，让城市融入大自然，让居民望得见山、看得见水、记得住乡愁；要融入现代元素，更要保护和弘扬传统优秀文化，延续城市历史文脉；要融入让群众生活更舒适的理念，体现在每一个细节中。这是对城市建设提出的更高的要求，融物质生活和精神生活的要求为一体。城镇化的真正活力来自于人，城镇建设要在发展产业、实现公共服务设施均等化的前提下，通过一系列的建设活动来修复工业化和城市化加速带来的传统人类生活共同体的瓦解，营造良好的生态环境，优越的生产、生活质量，使城镇成为充满活力的人类居住点和社会共同体。

为此，需研究处理好以下问题：

1）住宅布局

在城市总体规划中，对于住宅区位置的选择主要应遵循两个原则：一是选择在工业区的上风上游地带，环境比较优美的地方；二是住宅要尽量接近工作地点，以节省居民上下班的时间，也可减少城市交通量。数十年来，各个城市一方面充分利用旧城区原有住宅，积极维修和翻建，增添市政设施，改善居民的生活环境；另一方面在近郊新发展起来的工业区、科学研究机构、大学和国家机关集中的地区大力建设住宅区。

对于大城市来说，就近居住的原则很难贯彻，随着家庭就业人员的变动（父母退休了，孩子不一定还在父母的工作单位上班），城市产业结构的调整，就业岗位发生变化，带来就业地点的变化，都很难以固定的家庭住址来适应这种多变的状况，特别是社会结构相对完善的旧区，有质量较好的学校和服务设施，有的家长为了使孩子得到良好教育，宁可远道上、下班，也不愿搬至离工作地点近的地方居住。随着小汽车进入家庭，就近居住不一定成为居民购房的首选标准。总之，取消福利分房以后，家庭购置住宅地点的选择将更多地取决于其经济能力的变化和综合环境的要求，应该说居民选择居住地点的自由度将越来越大。

住宅区总体布局，特别是在大城市，必须遵循总量平衡、分区均匀布局的原则，应该避免出现缺乏就业岗位的卧区、卧城，人们对居住地点的选择与调整应当通过住宅市场流通去解决。

2）生活组织

如何组织居民生活，是城市规划和建设中的一个重要问题。中国传统的住宅基本上是封闭的四合院，但南方、北方由于自然环境不同，地形特点各异，生活习俗多样，出现了丰富多彩的住宅街巷组合形式，应该在城市规划中加以挖掘、提炼、继承和发扬。例如旧北京的住宅街坊，是由一排排整齐并联的四合院组成的，在两排四合院之间是胡同，在胡同口布置日常生活不可缺少的副食店、小百货店和早点铺，服务半径约500 m；在服务半径1 km左右的地段设置比较齐全的、满足基本生活需要的商业服务业；在服务半径2 km左右的地段设置较大型的商业服务中心，如东单、西四、鼓楼。胡同大多为东西向，而商业街道则垂直于胡同为南北向，这种布置方式，即使居民能有方便的交通和购物条件，又使住宅躲开嘈杂的交通干道，保持宁静的环境。这种好的布局形式，应在新的居住区建设特别是旧区改建中加以继承和发扬。

新中国成立以后，大规模城市建设开始，在20世纪50年代初期，曾经受英国邻里单位的影响，建设了一批以大街坊为单位的住宅区。这些住宅区一般规模较小，占地9～15 hm^2，在住宅区里，除了商业服务业外，还配置小学、托儿所、文化设施等，并安排绿地和儿童游戏场，保证住宅区有充足的阳光和新鲜空气。

20世纪50年代中期，受苏联住宅区建设模式的影响，规划提出了城市居民区以"小区"为基本单位的思想，即由几条城市道路包围的地区形成小区，每个小区面积一般在30～60 hm^2，人口约1万～2万人，小区内不允许城市公共交通车辆穿行，并在小区内设置中小学、儿童机构、商店等公共服务设施。当时认为，住宅区规模的扩大可以节省市政投资，减少道路交叉口，提高城市交通速度，创造安静的居住环境，建筑布置也更加灵活。但是经过多年的实践，感到按"小区"为单位进行建设，还难以配置齐全生活服务设施，不能形成比较独立、完善、具有一定水平的生活区。常常因为不能同时在一个地区建成几个小区，而把小区范围内包括的商业、文化设施（如菜市场、饭馆、邮局、书店、电影院、医院）漏掉，给居民生活带来了诸多不便。

20世纪70年代中期，组织居民生活的基本单位扩大到居住区，其规模大体上为60～100 hm^2，居住3万～5万人，并实行统一建设，在这个居住区内设有基层行政管理机构，同时配置比较齐全的商业服务设施，包括菜市场、饭馆、百货商店、浴室、邮局、储蓄所、书店等；文化设施，包括电影院、文化站、青少年之家、老年活动站等；医疗设施，包括医院或门诊部等，以及相应的市政公用设施和停车场。同时，规定了每个居住区都必须设置公园绿地和体育场，居住区级公园一般在2 hm^2 以上，还要在小区和住宅街坊内设置分散绿地。在住宅楼之间的庭院要求当地居民精心绿化，栽树、种花、铺草、设椅，搞好建筑小品，美化环境。居住区具有能行使各项城市管理的职能，把街道办事处、派出所、物业管理部门的建制都统一在居住区的范围内，使其成为能满足居民日常生活要求的、设施比较齐全、有一定相对独立性的社会细胞。20世纪80年代北京建设的团结湖、双榆树、劲松等一批居住区就是按这个模式建成的。

进入20世纪90年代以后，随着住宅商品化的进程，居住区主要由开发商开发。实践证明，由一个大开发商统一开发一个居住区的难度较大，周期过长，因而常常是由几个开发公司分片包干，完成一个居住区的建设。例如，北京方庄居住区（100 hm^2），由城建集团开发公司开发，在10多年中，尚未完全建成。回龙观居住区在统一规划指导下，由几个开发公司同时介入，大大加快了建设速度。因此，在新居住区开发和旧区改建的过程中，由于开发体制的变化，更需要加强规划对开发的统一管理与调控，通过控制性详细规划或法定图则来落实居住区规划的要求，指导开发建设。最理想的是由政府组织土地开发公司进行土地一级开发，然后批租给开发公司进行房屋开发。

随着小汽车逐步进入家庭，机动车数量迅速增加，为了满足交通需求，道路网密度加大，要求每隔400 m左右设一条城市次干道，250 m左右设一条城市支路。道路网加密也可增加沿街店面，有利于发展商业服务业。30～60 hm^2 规模的小区很难适应这种变化，9～15 hm^2 的大街坊比起小区来反倒具有更大的灵活性。因此，怎样进行居住区规划建设，更好地满足日益增长的居民的物质与文化生活的需求，成为需要进一步探索的课题。我们认为，由若干大街坊组成的居住区，可能更适应建设开发需要，小区的概念将被淡化。

3）层数与密度

30多年来，随着城市可用土地的减少和建筑材料、施工技术的进步，城市住宅的层数和密度在不断提高。

20世纪50年代初，靠近旧城的地区和近郊工业区附近建了不少平房住宅区，住宅建筑毛密度为每公顷3 000 m^{2}左右。同时也建了一些二三层住宅，住宅建筑毛密度为每公顷 6 000 m^2 左右。随着经济发展，城市现代化建设的实施，这个时代建的低层房屋多数环境质量较差，成为改造的对象。在城市中心，区位较好地段更是如此。

20 世纪 50 年代中后期，城市住宅一般以多层为主，4～6 层占多数。由于市政设施条件、建筑设备和技术条件的限制，在 60 年代和 70 年代初，高层住宅建得还比较少，一般居住区的住宅建筑毛密度为每公顷 8 000～9 000 m^2。

20 世纪 70 年代中期，随着施工技术和设备条件的改进，城市煤气供应和集中供热的发展，为高层建筑的发展提供了条件，城市出现了不少 10～12 层、16 层、18 层的高层住宅。

进入 20 世纪 90 年代，住宅建设已成为支柱产业并加速发展，开发规模越来越大。随着城市用地日益紧张，土地综合开发费用不断增高，开发商为了增加开发效益，追求更高的回报，在新建和改建的住宅区中，高层建筑层数越来越高，24～30 层的住宅大量出现，建筑密度越来越大，不少地方住宅建筑毛密度为每公顷 18 000～20 000 m^2，甚至更多。

1978 年以前，北京仅有少量高层住宅；1978～1982 年，高层住宅占新建住宅比重为 10%左右；1983～1985 年上升到 26%左右；1986～1988 年达到 40%左右；1989 年突破 50%；1990 年接近 60%。这是高层建筑发展的第一个高潮。随后几年，由于市政府采取了控制高层住宅建设的措施，自 1991 年至 1994 年，高层住宅建设比重从 42.5%回落到 21%。可是 1992 年土地批租、房地产开发出现新的高潮，高层住宅建设量不再控制，以致出现了高层住宅大发展的第二个高潮。1995 年高层住宅在新建住宅中的比重上升到 30%左右，1996 年接近 40%，1997 年接近 50%。1998 年，累计已建成的 1.5 亿 m^2 住宅中有将近 25%是高层。近郊新开发区几乎都成为高层住宅区。

鉴于建筑规范规定塔式住宅日照间距可以大大缩小，因而塔式住宅几乎成为高层住宅类型选择的唯一模式，不仅楼越建越高，而且体型越建越胖。每层楼梯所联系的户数，从 1 梯 4 户、6 户、8 户，一直发展到 1 梯 10～12 户。更有甚者，为了争取多盖房，出现了双塔联体以至多塔联体。塔群林立的居住区大大损害了居住环境和城市风貌，每公顷的人口密度大大突破了总体规划规定的 600 人左右的指标，出现了每公顷 1 000 人以至 1 400 人的高密度，人口密度超过了香港旧区。这种高层、高密度的住宅区与建设一流城市环境的要求相去甚远，必须引起高度重视。

高层住宅造价几乎高出多层(四五层)住宅 1 倍(1999 年北京多层住宅每平方米建安费小于 1 000 元，高层为 1 800 元)，且由于有电梯等花费，物业管理费用也大大高于多层。大多数塔式住宅日照条件都很差，只有 1/3 住户有较好的日照条件，其他只能达到规范规定的最低标准。老人与小孩难以在家中享受充足的阳光，到庭院活动接触自然的机会减少了，这样对健康大为不利。住宅区庞大的塔群在冬天还受到难以克服的高层风的侵扰，使住宅区小气候恶化。从防灾角度看，高层住宅消防是我国至今仍没有妥善解决的难题。

随着住宅商品化的实施，居住水平的提高，人们在选购住宅时会更加重视住宅区的环境和生活质量，价廉物美的多层住宅将越来越受欢迎，低标准的高层住宅将越来越不受欢迎。例如 20 世纪 70 年代建的前三门大街高层住宅现在已成为住之不适、拆之困难的包袱。到 21 世纪中叶，当住宅问题得到初步解决时，大量低标准高层住宅必将是城市的沉重包袱，最后不是闲置不用，就是成为贫困市民或无业者的栖身所。因此，不论是从可持续发展，还是从城市建设长远效益的角度来看，高层住宅都不能成为城市住宅建设的主体，尤其是低标准的高层住宅很难适应 21 世纪人居环境的需要。

为此，必须压缩高层住宅在新建住宅中的比重。中、小城市除少数公寓外，一般不提倡多建高层住宅。小城市还应该适当增加低层住宅的比重。

必须限制塔式住宅每层容纳的住户，禁止一梯10户、12户的类型，一般不能超过8户，可发展一梯6户。并禁止双塔联体以至多塔联体，这种类型如要采用，在规划审查时应视同板式住宅要求。目前出现的一梯两户的板式小高层，可能更适合居住。

要提高高层住宅的标准，每户增加居室和储藏室，扩大厕所、浴室和阳台的空间，高层住宅底层与顶层应作为公共活动空间，不安排住户，以利于居民间的交往和接触自然。

通过这些措施引导住宅建设适应市场需要，使住宅市场持久健康地发展。

4）住宅类型

中国传统的住宅形式，对外封闭，内部有比较安静的院落，独门独户居住，适合大家庭的需要。随着社会发展和生活方式的改变，家庭小型化的趋势不可逆转，三四口之家成为主体，原来是独门独户的院落常常要住上好几家，变成了大杂院，大多数居民不欢迎这种住宅形式。因此，在旧城内的传统住宅只能保留较好的一部分，大部分将要进行改造。对于新建住宅的设计，30多年来作过多方面的探索，在20世纪50年代曾经设计过外廊式、内廊式、公寓式等等，但是比较受欢迎的还是单元式住宅，即每户有二三间卧室，有较大的起居室和餐室，有独立的厨房、厕所。这种住宅由于私密性较好，比较适合三四口之家居住。随着人民生活水平的提高，这种类型的住宅也在不断改进，20世纪90年代的住宅设计与60年代相比，阳台扩大了，壁橱增多了，卧室缩小了，起居室扩大了，即增加了人的活动空间，使居住环境更加舒适。随着经济的发展，人们生活富裕，居住水平将不断提高，在今后一二十年内将达到人均12～15 m^2 以至更高的水平。住宅类型也将多样化，以满足不同人群的需要。

6 城市设计与历史城市的保护

中国是有几千年文明的古国，对于城市建设，早在周代已形成规制，和西方国家相比，城市的布局更加理性，更加严谨。我国现有城市绝大部分是在旧城基础上发展起来的，新区与旧城有着千丝万缕的联系，人们既要依靠旧城相对完善的城市结构，满足工作与生活需求；又要改造旧城某些不适合现代生活需要的部分，逐步实现现代化。因此，在城市发展的过程中，始终存在着如何正确处理保护与改造的关系问题。

城市设计这个名词源自西方，主要是研究城市各项因素三维布局的设计，包括城市与山、水、地形等自然环境之间的联系和城市内封闭空间与开放空间（建筑之间、建筑与道路、广场绿化等）的关系。城市设计的目的是求得人工环境与自然环境的有机结合，解决现代城市建设中出现的诸多矛盾，使城市有序发展，以改善城市环境质量，提高生活品质。特别是在城市化迅速发展的时期，城市建设中的许多矛盾激化，给城市景观环境带来严重破坏，更加推动了城市设计学科的发展，更希望通过城市设计研究，提出若干政策，形成准则，来规范城市建设。从这个意义上说城市设计成为一门科学是现代城市发展的产物。

但是，城市设计涉及的诸多内容和思想理念，并不是只有现代城市才有，中外许多历史城市都创造出很多各具特色的不朽的城市形象，成为世界文化遗产。因此，把城市设计和历史城市的保护结合起来研究，就能贯通古今，既能科学地继承和发扬古代城市建设的好传统，又能吸取现代城市设计的好经验，努力创造富有中国特色的现代城市形象。

6.1 城市设计的基本指导思想

鉴于城市设计是城市建设发展的产物，它不单纯是建筑师或城市规划师个人意图的体现，而是城市发展各项因素综合作用的结果，因此，城市设计研究不能脱离历史发展的大背景，那种关起门来、经院式研究城市设计原理的做法，常常只能是纸上谈兵，不能变成千百万人共同奋斗的纲领。因此，为了搞好城市设计，必须掌握以下 5 个基本观点：

6.1.1 综合的观点

城市是社会生产发展的产物，是人对自然改造的结果，是政治、经济、文化的集中表现。城市面貌是上述诸因素综合作用的形象表达。不同的时代，不同的地理条件，不同的经济水平，不同的政治制度，不同的文化传统，不同的生活习俗，造就了五彩缤纷的世界，形成了形态各异的城市。

因此，研究城市形象，了解各项城市建设政策对城市形象产生正面影响还是负面影响，只能放在社会发展的大环境中来考察，才可能使我们总结出来的经验与教训对今后建设更有指导意义。城市的形成和发展是政治、经济、文化综合作用的结果，它的形象必然受到上述诸因素的制约。政治，最根本的是政治制度，当然也包括当时国内外政治形势、军事形势、领导人的决策等。经济主要反映生产力的水平、国家财力、由政治制度带来的经济制度的变化、分配方式等。文化是指在政治、经济形势下形成的主要社会思潮，人们对城市需求和现代文明的认识，全社会的文化水平，对精神文明的追求，科学技术发展对人们的影响等。这些因素是互相渗透的，其对城市的影响与制约是不平衡的，最根本的制约还是经济基础。但是在同样的经济条件下，政治因素往往起决定作用，尤其是领导人的决策会产生直接的影响。城市设计所制定的政策反映了人们对客观世界认识的结果，政策的制定只能通过对诸多矛盾的分析与权衡，选择理想的"门槛"，有所不为才能有所为。经济效益、社会效益、环境效益三者在理论上应该统一，但实践证明这种统一只能是相对的，不同的时间、地点和条件，其侧重点是不同的，不可能绝对平衡。因此，政策只具有相对合理性，随着城市发展变化需要不断调整。城市规划工作者在任何时候都不可能成为主宰城市的"救世主"，面对不同的政治、经济形势只能是城市建设决策的"参谋"、正确舆论的宣传员。其责任是要审时度势，权衡利弊，作出最佳选择，以此来影响决策者，并向社会做宣传、呼吁，争取社会的认同，引导城市健康发展，把对城市形象塑造的有利因素大加发扬，将损害城市形象的因素减小到最低限度。总结历史经验，不能脱离当时的大背景，不能简单地用现在的观点去批判过去。从这个意义上说，城市规划工作者不仅要具有精湛的城市设计专业素养，而且应该是一个社会活动家。

1）长安街与天安门广场的变迁

长安街是北京最重要的一条街道，是政治、文化中心集中体现的地方，但是为什么不像南北中轴线一样是笔直的呢？要解答这个问题就必须追溯到元大都的建设，忽必烈于至元元年（1264年）即位后迁都原金中都旧址"燕京"，称中都。3年后，决定放弃旧城址，在其东北另建新城，至元八年（1271年）正式改国号为"元"，命名新城为大都。1276年，大都城墙建成，元统治者将在金中都旧址的衙署和店铺迁入大都，1283年城内建设已初具规模。大都城是按《周礼·考工记》规制建设的最完备的封建都城，它的建设奠定了北京旧城的基础。北京是大平原，因而完全有条件建成一个矩形城垣。东、西、北三面城墙按规划顺利修成，但是在南城墙修建时却遇到了障碍，在城墙西南处（现六部口西电报大楼南）有一庆寿寺挡住去路，该寺有先祖留下的海云、可庵两座国师塔，在当时的政治体制下，是谁也不敢动的，为此城墙到此处不得不向南退30步绕过双塔修建，形成一个折点，所以南城墙不是一条直线。至明永乐年间（1403～1424年），为了扩大皇城，把南城墙向南推了二里，原南城墙位置便是现在的东西长安街，也由于避让双塔庆寿寺（当时改名为大慈恩寺），不仅长安街没有改直，而且皇城西南还缺一角，形成明皇城独特的轮廓。后经过清、民国到中华人民共和国成立，数百年的变迁使长安街逐步演变成首都最重要的街道。原双塔庆寿寺虽已失去原有的作用，但是作为有历史价值的古迹，仍然保留在长安街上，成为城市重要的对景。1950年抗美援朝战争开始，北京为了首都保卫战的需要，长安街要创造飞机起降的条件，几经斟酌，不得不把双塔忍痛拆除。随后长安街向东西延伸到了复兴门、建国门，但是为避让双塔寺留下的折点却永久保持下来了。从上述数百年的沿革，说明了不同时期和不同的政治、宗教、军事因素都对城市环境带来影响，这个影响虽属偶然，但一旦形成，不论其优劣，都是难以改变的，只能在承认这个历史事实的基础上加以补救和完善。

天安门广场的变迁，也是由政治因素决定的。永乐十八年（1420年）建成的皇城，天安门广场是封建帝王皇宫大门前院，狭长的"丁"字形走廊（千步廊），四周用红墙密密封闭，戒备森严，百姓不得随便进入（图6.1）。这种建筑思想，体现了封建王朝唯我独尊的要求，朝觐者要朝见皇帝，首先必须走过守卫森严的千步长廊才能进入皇宫大门，然后通过一连串的门楼与广场不断的空间变化，到达正殿，给人心理上造成神圣、威严、高不可攀的崇敬感。辛亥革命推翻了封建王朝，"丁"字形广场两侧的东西长安门开启，东西长安街才算沟通，天安门广场才得以开放。1949年中华人民共和国定都北京以后，从毛主席在天安门城楼上宣布中华人民共和国成立的那一刻起，天安门成为新中国的象征，天安门广场成为群众游行、集会、领导人检阅的重要场所和城市的中心广场。政治体制的改变，带来广场形象的改变，虽然天安门广场改建的方案做了无数次，全国知名的建筑师多次参与方案的编制，从全国筛选出来的几十个不同方案，用城市设计的标准来衡量，不乏优秀之作。但是，广场的设计指导思想始终没有脱离政治中心、群众集会、游行需要这个政治主题。广场改造扩建实施的每一步，从开国大典前在广场上立旗杆、选择人民英雄纪念碑的位置，到十年大庆时修建人民大会堂、革命历史博物馆，直至毛主席纪念堂的选址与修建，旗杆的改造，无一不是毛主席、周总理和中央政治局最后拍板定案的，规划师、建筑师只能在既定的方针下发挥才华，把广场形象做得更好(图 6.2～图 6.4)。当然在政治因素的制约下，不可避免地会给城市形象的某些部分带来若干遗憾，但也是无可奈何的事。这些历史的积淀，又何尝不是其独特的历史特色呢！

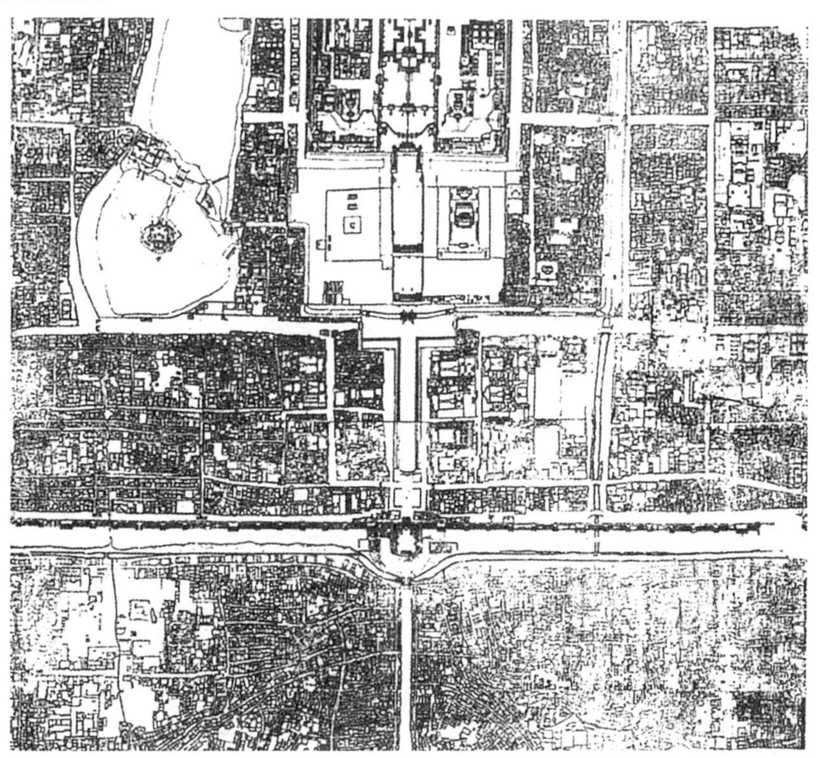

图**6.1** 清乾隆图上的天安门“丁”字形广场

图**6.2** 天安门广场旧貌(1950)

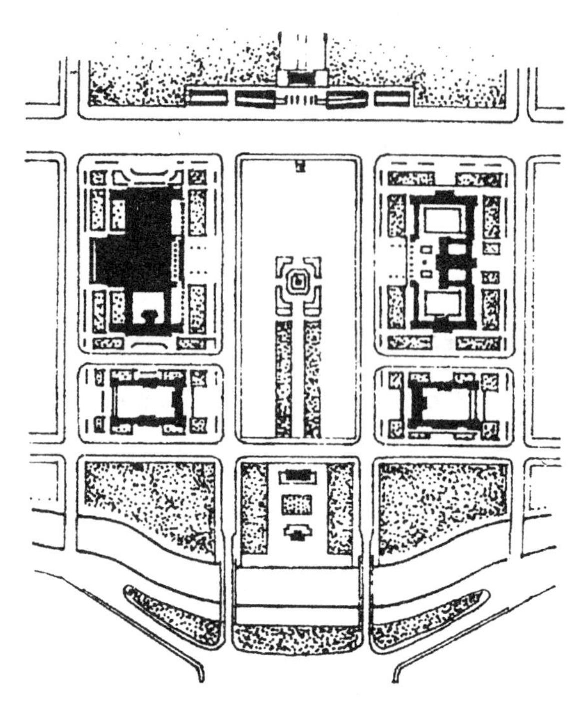

图 **6.3** 天安门广场扩建方案(1958)

图 **6.4** 天安门广场全景

2) 北京行政中心位置的争论

这是新中国成立以来，北京总体规划编制过程中争论较大的一个问题。虽然在 20 世纪 50 年代初，已由党中央决定选择行政主要中心放在旧城的方案，历次城市总体规划都遵循这个原则。但是，直到现在还有不少业内外人士，对 50 年代中央的决策表示遗憾，认为现在北京城市建乱了，主要是因为当时没有采纳梁思成、陈占祥提出的新北京方案。到底应该怎样认识这个问题呢？这也只能从当时的历史大背景中寻找答案。

首先，这是由当时经济条件决定的，当时的旧北京城是一个具有人口100多万、房屋面积2 000万平方米左右的大城市，虽然设施破旧落后，但毕竟相对来说比较齐全，有一定的基础，可以马上利用。再从西郊的条件看，根据北平工务局的材料，当时日本人留下的西郊新市区只有房屋581栋，建筑面积67 000多平方米，占地不足1 km^2，如要把行政中心放到西郊只能从头做起，大量占用农田，大兴土木。两相比较在当时经济条件下只能选择前者，这是谁也左右不了的制约因素。

其次，从政治条件看，行政中心的争论发生在1949年9月至1950年2月，这个时候人民英雄纪念碑已在天安门广场奠基，10月1日毛主席在天安门城楼上宣告中华人民共和国成立，在天安门广场上升起了第一面五星红旗，天安门城楼已反映在第一届政治协商会议通过的国徽的图案中，客观上天安门广场已成为新中国的象征，怎么可以设想再去另建一个轴线、另设一个政治中心呢？何况当时党中央和中央各部都已进驻旧城的王府、衙署，开始了领导全国的工作，这一方面固然是经济条件决定的，另一方面未尝不是由人民政权的性质决定的。人民政府不可能像明成祖朱棣那样花十几年时间营建皇宫，然后再迁都北京；也不可能像日本侵略中国时期那样在西郊规划一个日本人聚居的新中心，“把北平市之繁荣中心完全转移于日人掌握之中，使北平旧城沦为死市”。和平解放北平以后，人民政府下大力气恢复发展生产，努力改善环境，改善市政基础设施，实行民主改革，清毒、禁娼，镇压反革命，进行土地改革，无一不为巩固新生政权、为人民利益服务。新中国成立以来中央三令五申禁止楼、馆、堂、所建设，以便集中有限的投资用于生产建设，所有这些都表明了人民政权的政治性质，反映了与人民群众同甘共苦的精神。任何一个城市规划的格局，尤其是首都，不可能不反映社会制度、政权性质和统治者的意志，古今中外概莫能外。在20世纪50年代，北京市委确定的“为生产服务、为中央服务、归根到底是为劳动人民服务”的城市建设总方针，反映了人民政权的性质。

但是，按照首都的要求来改造古都，会带来什么后果，当时大家都没有经验，梁先生的顾虑是有一定道理的。应该说前苏联专家的意见对中央、市委和市政府的决策起了重要作用，因为苏联也把古城作为首都，而且行政中心也在旧城，借鉴前苏联经验在当时是合情合理的。因此，前苏联专家的现身说法极容易被接受。因此，“梁陈方案”尽管在古城保护方面有很多可贵的见解，在城市规划思想上有不少合理的成分，现在还可以借鉴，但在当时这样的政治、经济背景下确实很难被中央和市委、市政府采纳。

现在回过头来检讨行政中心放在旧城的得和失：

(1) 两点成功之处

① 在20世纪50年代确定的总体规划上保留和发展了城市中轴线，保持了棋盘式的道路系统，维护了布局严谨、整齐对称、平缓开阔的城市空间格局和活泼的园林水系，保护了诸多文物古迹，划定了四合院保护区。以上措施起到了从总体上保持和发展北京城的艺术风格的作用，至今旧城的大格局没有搞乱，说明了当时总体规划的设想基本上是正确的。

② 行政中心放在城里，促进了对旧城的现代化改造。东西长安街以及其他干道的拓宽打通，天安门广场的改建，对外城东南部和西南部的大面积开发，煤气、热力、自来水、电力、电信管道引进旧城，大力迁出有碍卫生、易燃、易爆的工厂，消灭龙须沟，疏通排水道，改善旧城环境卫生，极大地改变了旧城落后破败的面貌，适应了党中央、国务院领导全国进行国际交往的需要，也极大地改善了人民的生活条件。当然，行政中心不放在旧城，旧城也会得到一定的改造。但是，国家投入的资金不可能有那么多，像人民大会堂、革命历史博物馆、民族文化宫那样的国庆工程就不一定会放到旧城来，许多积存下来的

问题不可能解决得那么快。

应该说50年代北京市委、市政府在对待旧城保护和改造方面的态度是认真的，在对总体规划的指导上贯彻了“古为今用、洋为中用”的方针，贯彻了“对民族传统文化要取其精华、去其糟粕，并结合时代的特点加以发展，推陈出新，使它不断发扬光大”的思想，初步建立了具有中国特色的首都中心区的形象。

(2) 两点不足之处

① 总体规划只注意了平面二维空间的布局，没有同时用城市设计的方法研究旧城三维空间的布局；在总体规划确定后由于种种原因没有及时转入分区、详细规划，没有形成比较具体的城市建设法规，详细规定旧城每块用地的性质、建筑高度、建筑容积率、建筑覆盖率、体形和色彩要求、交通出入的限制、绿化与广场设置，以及风貌保护和景观的要求等。因此，总体规划的方针没有落到实处，在大规模建设的冲击下，总体规划的许多思想未能得到切实的贯彻，规划指导跟不上，再加上管理体制上的问题，造成旧城改建中的混乱。

② 在文物古建筑保护政策上，较多地是注意了其本身的保护，当时还没有明确地提出不仅要保护文物古建本身，还要保护其周围环境，要从总体上保护旧城的思想。这个思想直到1982年修订总体规划时，在总结“文化大革命”对文物古建造成大破坏的教训时才被大家确认，在国务院公布北京为历史文化名城以后，才由市政府分批公布古建筑保护范围和建设控制地带的规定，还颁布了旧城建筑高度控制的规定。这也反映了当时认识的局限。

从这两点来看，在20世纪50年代至80年代的实践中确有不少败笔，梁思成先生的新旧难以两全的顾虑在不少地方被不幸言中。但是，我认为这个问题不是行政中心放到旧城的罪过，而是由于缺乏实践经验，规划工作没有跟上，各项政策没有配套造成的。现在看，在旧城以外另择新区建设的历史城市洛阳和银川，在城市化加速发展的状况下，旧城面貌也没有完整保留，出现了诸多败笔，与北京旧城类似。“梁陈方案”在行政中心放到西郊的长篇说明中对旧城的保护与改造提出了许多应该注意的问题，提出了许多好的见解，我们在否定了行政中心放到西郊的建议的同时未能很认真地对这一部分精华加以考虑和汲取，这是应该引以为戒的。因此，现在来回顾这段历史，既要肯定行政中心放在旧城决策的历史必然性；又要认真研究梁思成、陈占祥在论述行政中心位置的意见中，对旧城保护提出的合理见解，使旧城的保护工作更加全面，全盘否定的态度也是不对的。

通过这段历史的分析，更加说明城市设计对一个发展中的城市来说是多么重要，但离开了政治、经济、文化的大背景来谈城市设计，往往是难以实施的。

3) 白塔寺山门的拆除与重建(图6.5)

应该说，“十年动乱”是对历史城市的最大冲击，在特定的政治形势下所形成的社会思潮是难以阻挡的。白塔寺是元代的建筑，国家级文物保护单位，但在“文化大革命”“破四旧”的特定历史条件下，山门被拆除，建了一个结构简陋的副食店，严重破坏了文物的环境。这个现象并非领导人的直接决策，而是反映了特定历史背景下，人们对历史文物价值的认识，认为一个“破”山门还不如一个副食店有价值。但进入20世纪90年代后，经过拨乱反正，改革开放，人们经过反思，重新认识了历史建筑的文化价值，终于下决心拆除副食店，重建已被拆除了30年之久的山门，恢复其本来面貌。从一幢古建筑的拆与建中，可见在一定政治气候下社会思潮的力量，一种思潮一旦形成，城市规划设计者虽并不认同，但也难以阻挡。这说明，除了政治原因外，经济发展的阶段、文化水平的高低对城市设计、历史城市保护的实施都有影响。这类例子不论古今中外都屡见不鲜。相信随着历史进化，破坏历史文化的行为将越来越少。

“文革”期间白塔寺山门被拆，建了副食商店

白塔寺山门原貌

复建后的白塔寺山门

图 **6.5** 白塔寺山门的重建

6.1.2 新陈代谢的观点

历史城市虽然可贵，但是，城市毕竟是人们工作与生活的场所，随着社会发展和科学进步，后一代人总是要在继承前人留下的历史遗产的基础上，根据自身的需要进行取舍，加以改造与创新，形成适合时代特点的新面貌。城市就是在这种新陈代谢过程中不断发展的。但是这种新陈代谢应该是不断地保留和发展城市的好的"基因"，不断剔除影响和破坏城市健康发展的种种因素，使城市的品质越来越高，形象越来越好。城市设计的任务，就是要在城市建设与改造的过程中，充分认识历史城市的价值所在，取其精华，去其糟粕，把城市建设得更有吸引力。一个城市形象的形成、成熟往往要经过百年以至数百年的锤炼过程。在这方面，中外有不少成功的例子可以借鉴。

1) 紫禁城的建设与改造

北京紫禁城是明朝大内的宫城，位于北京城之中心，其规制仿明朝南京皇宫布局，始建于明永乐四年(1406 年)，永乐十八年(1420 年)十一月竣工，用地面积 72 hm^2，建筑面积近 17 万 m^2，是世界现有最大、历史最久的宫殿建筑。紫禁城设四门(午门、玄武门、东华门、西华门)，城四隅设角楼，城内分外朝与内庭两部分，外朝三大殿居中，即现太和、中和、保和殿，左右为文华、武英两殿及内阁、库厩、值房。内庭乾清宫、坤宁宫、交泰殿居中，左右为皇帝、后妃、妃嫔、太后等居住的地方及宗庙等建筑，全城布局井然、规整有序、轴线明确，是集历代宫殿建筑精华于一身的杰作。但遗憾的是这样一座艺术性极高的古代建筑群，历遭天灾人祸之破坏，多次遭遇雷击与火灾，并于明崇祯十七年(1644 年)起经历了李自成攻入北京、明亡，李自成称帝和败落的过程；在李自成撤出北京前，焚烧了宫殿，除角楼、太和门和西北、西南少数宫殿幸存外，其他宫阙十不存一，尽成瓦砾。1644 年顺治皇帝车驾入京，开国大典、颁诏大赦，只能在太和门前广场举行，并作为临时常朝之所。

顺治朝开始，在原宫殿建筑基地上逐步复建宫阙。于顺治元年至十四年(1644～1657 年)复建或修整了大内前部之午门、天安门，外朝的太和门及前三殿，以及内庭的乾清宫、交泰殿、坤宁宫、东六宫等后、妃住所，建筑大部按明宫旧制建造，没有重要更新，此为第一阶段。康熙二十二年至三十四年(1683～1695 年)，历经平叛等战乱，国家大定，又开始大规模营建宫殿，基本恢复了明朝规制。进入乾隆时代，经济状况逐渐丰裕，开始在恢复明代旧貌的基础上，加以诸多改造，走出明代建筑的窠臼，追求华丽装修，添建戏台、花园，改动宫殿格局，使紫禁城轴线艺术的空间效果更为加强，风格更为丰富。

自 1420 年紫禁城始建至 1796 年乾隆朝结束，历时 376 年，才形成故宫现在的面貌。仔细分析，紫禁城的格局始终没有大的变化，但改进之处颇多，都是越改越好。现举以下 3 例说明。

(1) 明在建城之初，挖筒子河土在紫禁城北玄武位堆景山，作为大内镇山。乾隆年间，在景山加建五亭，顶端中轴线上建万春亭，并在山前建绮望楼，把寿皇殿移至山后中轴线上，使故宫轴线更加严整、壮观。

(2) 外朝三大殿是在明朝遗留的台基上复建的，除太和殿位置未动外，中和、保和两殿均稍北移(图 6.6)，没有放在相应台基的横轴线上，使三殿前广场空间增加，使朝典仪仗活动空间更宽敞。

(3) 基于明、清宫殿多次失火的教训，于康熙三十四年(1695 年)三大殿遭火灾后重建时，把太和殿、保和殿两侧斜廊改为阶梯状封火墙，并在保和殿前东西联庑增设封火墙 7 道，把联庑分成 6 段，并独立建造左右门、阁，与联庑之间用厚墙连接，以避免火烧连营。

以上 3 例，仅为数百年历史变迁的几个个案，却说明了紫禁城三百余年来，通过不断地推陈出新，使建筑日臻完善，面貌更加瑰丽，成为留传后世的不朽之作。

2）北海大桥的改建(图 6.7,图 6.8)

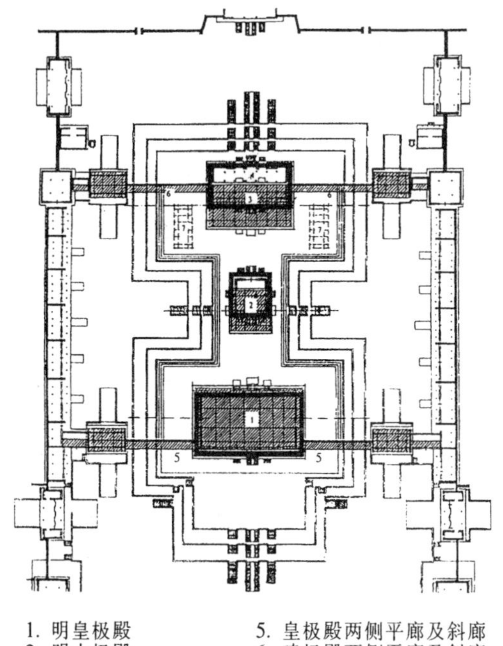

图 **6.6** 明、清外朝三大殿位置变化图

图 **6.7** 改建前的北海大桥

北海大桥原称金鳌玉蝀桥，是皇城内部的桥，桥上走的只限于帝王的銮舆和王公大臣的轿子，不但黎民百姓，连一般官吏也不能通过。民国后，才打破皇室的阻隔，成为东西向的主要交通干道之一。但桥身窄、坡度陡，两头还有金鳌、玉蝀两个牌楼阻隔，形成“瓶颈”，行人车辆十分拥挤，经常堵塞发生交通事故，为了适应交通需要和保证交通安全，必须对旧桥加以改造。

如何改造，当时有两种意见：一种意见主张“秋风扫落叶”，不仅拆旧桥，而且拆团城，把马路取直，重修新桥；另一种意见是主张旧桥原封不动，在南边另建新桥通过。

市政府在广泛征求意见后，采取了原桥改建的方案，把桥面从 8.5 m 拓宽到 34 m，坡度从 8%放缓到 2%，拆除了牌楼，保留了桥东北角的团城，大桥两侧仍然沿用汉白玉栏杆，使北海大桥与北海、中南海的景色融为一体，既改善了交通，又保持了原有风貌。从北海大桥西侧东进，白塔、团城首先映入眼帘，随后故宫、角楼呈现在面前，景山万春亭居高临下，与紫禁城交相辉映，蔚为壮观，这条街成为北京景观最丰富的街道。

这是继承和发展的成功之作，是古都风貌保护与现代化建设相结合的典型，前两种极端的做法都难以达到融为一体的效果。遗憾的是在十年动乱中，汉白玉栏杆改为栅栏，破坏了原有景观。

新陈代谢，是城市发展的必然过程，但也是承认历史、发展历史的渐变过程。只有通过城市设计，独具匠心，精雕细刻，才能达到城市景观艺术升华的境界。那种否认历史，急于求成，推土机式的改造城市，十有八九会失败，这种例子不胜枚举，必须引以为戒。

图6.8 改建后的北海大桥

6.1.3 可持续发展的观点

城市的形成和发展是一个很长的历史时期，具有悠久历史的中国城市更是如此，在历史发展的长河中，常常可以看到不同时代在城市留下的痕迹，历史越悠久，文物古迹积累越多，对城市面貌的影响就越大。物质文明和精神文明的发展程度越高，对文化遗产越珍惜，对历史风貌的保护就越重视。世界城市的发展和国内各城市建设的实践都说明了这一点。许多发达国家在经济发展初期，不重视历史风貌的保护，过多地毁坏历史遗存，后来经济发达了，人们富裕了，对历史文化的追求提高了，都为经济发展初期造成的破坏惋惜不已。

日本在20世纪60年代提出了经济发展的倍增计划，在1962年编制的第一次全国综合开发计划(1960～1970年)的基本目标中只强调地域间的均衡发展、自然资源的有效利用和资本、劳动与技术等资源的适度平衡，没有提到人居环境、历史风貌的问题。正是这个时期出现了水俣病等严重污染环境的事件。此时，东京进入了超高层建筑发展的时代，在丸之内皇居(皇宫)周围建起了百米以上的楼群，历史环境遭到了严重破坏。

在1969年提出的第二次全国综合开发计划(1965～1985年)中，上述问题引起了人们的注意，在其提出的基本目标中首先提出了人与自然的调和，强调对自然恒久的保护与保存，强调为人们提供安全、舒适、文化的环境。

在1977年编制的第三次全国综合开发计划(1975～1985年，展望2000年)中，强调了人居环境的整治目标，在其基本目标中强调了对国土资源开发的限制，提出了对地域特点、历史传统文化的尊重，更加注重人和自然的调和。

欧洲二次大战后，欧洲各国都有一个医治战争创伤的经济恢复时期，在这个时期建了大量的高层房屋，破坏了原有的城市传统风貌。法兰克福在二次大战中多数建筑被毁，战后的首要任务是发展经济，但是经济发展对城市面貌带来了不良影响，在城市中心区建起了 20 多栋 20 层左右的建筑，破坏了传统风貌，人们感到法兰克福越来越像美国，城市成为一部由高楼大厦与快速公路组成的紧张运行的机器，缺乏宁静的家庭生活气息。于是当经济恢复、住宅已有富余时，人口大量向郊区疏散，造成了中心区的衰落。1975 年开始，政府下大力气整建并修复仅存的传统建筑，力求保留更多的传统风貌，政府每年拿出数千万马克作为对历史建筑与重要历史地段整修之经费，提倡以住传统建筑为荣。市政府希望通过一系列的整建使中心区恢复活力。

至 20 世纪 70 年代，欧洲各国对历史城市保护的重要性达成共识，大家痛悔在经济恢复时期对城市历史传统造成了过多破坏，于是提出了历史城市保护年的倡议。

1972 年通过的《关于历史地区的保护及其当代作用的建议》(即内罗毕建议)，就是在这样的背景下产生的，文件正式提出了保护城市历史地区的问题，强调“历史地区及其环境应被视为不可替代的世界遗产的组成部分，其所在国政府和公民应把保护该遗产并使之与我们时代的社会生活融为一体作为自己的义务”，文件还提出了对历史城镇的维护、保存、修复和发展的措施。

目前我国大部分城市正处于工业化时期、经济大发展的时代，相当于欧洲与日本 20 世纪五六十年代的状况，是历史风貌保护最脆弱的阶段。从全国各城市反映出来的问题看，已有大量历史遗存遭到破坏，造成永久的遗憾。近年来，一些经济较发达的城市已经开始重视对历史环境的整建与修复。我们必须吸取发达国家的历史经验，慎重对待历史遗存，坚持可持续发展的方针，尽量避免建设性的破坏。

6.1.4 因地制宜的观点

每个城市的形成和发展，都有其特殊的自然环境和政治、经济、社会、文化背景，形成了其鲜明的地方特色和强烈的个性。例如，封建时代发展起来的都城北京，具有中轴明显、格局严整对称、以青灰色的民居烘托金黄色皇宫等鲜明特色。白墙黑瓦、小桥流水、咫尺园林等，会使人想到苏州。山、水、城交融，水中映照青山，青山绿水点缀城市，这是桂林的特色。西子湖畔的杭州，高原古城拉萨，大漠中的敦煌，天山脚下、戈壁滩旁的乌鲁木齐……无不反映了其不同于其他城市的个性特色。每个城市的风貌不同，风土人情、生活习俗以至土特产品各异，形成了对外界特殊的吸引力。例如，哈尔滨的冰雕、吉林市的雾凇、丽江的纳西古乐……在城市发展中如何保持、继承和发扬这些传统特色，是城市设计者应该重视、研究的问题。历史城市是几百年以至数千年形成与发展起来的，虽然设施比较落后，需要加以改造，城市功能也将进行调整，但是历史形成的社会结构比较完善，这是应当充分利用的。当然，在城市现代化的过程中，不能闭关自守，一定要吸取国内外的先进技术把城市建设得更加适合现代生活的需要。一个有生命力的城市总是能够兼容并蓄，创造出灿烂的文化。但是，吸收外来的东西，必须经过消化吸收，融入本地的城市中去，切不可生吞活剥，只讲究表面形式的模仿，把城市搞得不伦不类。当前刮起的欧陆风、大广场风、大草地风……都是不顾本地的条件，盲目抄袭中外城市的做法。城市设计的任务就是要研究城市的特殊性，吸收世界一切好的经验，古今中外皆为我用，从而创造出历史与现代融合的各具特色的城市形象。

6.1.5 长期的观点

城市是由低级到高级一步一步发展起来的，城市的形成与发展也总是受到经济与技术条件的制约。因此，城市形象的塑造与成熟是一个缓慢的过程，旧城的改造尤其如此，我们不可能去做力所不能及的事，更不能拔苗助长，只追求眼前局部利益，降低标准以勉强加快城市的改造与发展速度，求得一时政绩。

这种急于求成的改造常常给城市的进一步发展造成更多的障碍。例如，北京在文革期间，学习“干打垒”精神，在旧城各区拆除部分旧平房，建成标准极低（没有厕所、没有厨房、空斗砖墙）的简易楼房，使当地人口密度增加了一倍。原认为这种房屋只用七八年，拆除也不可惜；可是，没有考虑要搬迁这么多居民需要花多大的代价。虽然这种简易楼房只有几十万平方米，且大多已成为危险建筑，但至今仍没有改造完毕，成为居民生活条件极差、城市环境极乱的地区，令各级政府十分头痛。遗憾的是，在新的历史条件下，许多城市还在犯类似的错误。因此，城市设计工作者，对于城市形象的塑造必须具备长期的观点，在城市规划与实施过程中不能勉强去做当前政治、经济、文化条件下所不能做到的事，不要把文章做死，应该为后代子孙留下更多发展的余地。

6.2 城市设计与城市发展的关系

城市设计的目的，不单纯是追求城市的景观，主要是要为人们创造更加宜人、有吸引力的城市环境。因此，城市设计质量的提高，城市设计方案的可操作性，不能不涉及对城市建设发展过程中出现的诸多矛盾的正确处理。具体说必须处理好以下5个关系：

6.2.1 历史城市与城市新功能的关系

许多城市是在历史城市的基础上发展起来的，并赋予了其新的功能。例如，洛阳是九朝古都，在新中国成立以后成为工业城市。类似这种功能的变化在我国城市具有普遍性。作为历史城市就要保护其原有的历史传统风貌；作为现代城市就必须进行适合城市新功能的必要的改造和建设，两者都不能偏废。当前的问题是，随着经济发展的加速，城市功能的多元化，对旧城改造的步伐大大加快，许多新建筑插入旧城，如不加规范，势必将影响古都风貌的保护。因此，必须对在旧城建设的房屋有所选择，对其性质、规模、体量以及建设地点加以规范及限制，避免在城市的主要景观线上插建不适当的建筑。

6.2.2 保护传统风貌与城市现代化的关系

传统风貌的保护，首先是整体风貌的保护。对旧城而言，主要应对现有的城市格局、中轴线、城市空间、建筑风格、园林水系、古建筑、传统民居、商业街和文化街等构成历史城市整体风貌的精髓部分，加以保护、继承和发展。一个城市的现代化，主要表现为用现代技术对城市进行改造，包括对城市基础设施、交通方式、城市环境、建筑设备、建筑材料等的改造和更新。城市的现代化会引起城市外貌上的变化，例如出现高架快速路、过街天桥、公园绿地、游乐设施、架空线路、各类标志，以及各种体形、高度和外饰面的新型建筑。妥善处理好保护城市传统风貌与城市现代化的关系，就要通过城市设计和建筑创作，寓现代化于传统风貌之中，使新建部分与原有风貌融合成和谐统一的整体。

6.2.3 保护历史城市与改善人民居住条件的关系

经过数百年的积累与提炼，我国各地城镇因地制宜创造出丰富多彩的符合当地环境的民居，是古城风貌的重要组成部分。把旧城改造理解成全部拆旧建新，显然会破坏传统风貌。但是，不少传统民居现已变成大杂院，居住十分拥挤；且由于年久失修，房屋质量较差，依靠公共水龙头供水，雨季积水，脏水随地泼，生活不便，环境恶劣。还有大量的破旧危险房，已经朝不保夕，亟待改建。保护古城风貌，绝不意味着原封不动地保持这种居住现状，而应该有区别地积极加以改造。对于确无保留价值，也不代表古城风貌的破旧危险房，应在近期内有计划地加以改造，尽快改善当地居民的居住条件，这样也有利于旧城风貌的保护。对于文化价值较高，由于失修失养，缺乏现代设施的传统民居，则要加强维修，安装现代市政设施，改善居住环境，使其焕发青春。对于人口过多，居住拥挤的大杂院，则要采取必要的政策措施，疏散人口，拆除棚屋，整治环境，恢复其原有的面貌。

6.2.4 新建筑与传统建筑的关系

对历史城市的改造必然会出现新建筑与传统建筑的关系问题。一个建筑的环境艺术效果，不但取决于建筑本身，而且取决于与周围环境的关系。在旧城这个特定的环境里，为了保护原有的整体风貌，不能不对新建筑的造型有所制约。不顾建筑技术的发展，一味复古，固然不足取；不顾环境风貌，不分具体地点，照搬西方摩登建筑，显然也是不合适的。从古城风貌整体环境出发，对新建筑在不同地区应该提出不同的要求。在旧城核心地区、古建筑比较集中的地区和重要景观线上，要求应该严一些，不但高度要控制，而且在体量、体形、色调上也要与周围环境相协调。在旧城边缘地区，要求则可以放宽一些。强调新旧建筑之间的协调，不仅没有否定建筑师的创造性，而且从更高的水平上对建筑创作提出了要求。

6.2.5 实际经济能力与不断增长的物质文化生活需求的关系

人们对物质文化生活的追求是无止境的。一般来说，经济发展水平越高，城市环境越有条件搞得更好一点。但是，并不是说只能把历史城市保护的希望寄托于将来。城市政府在力所能及的条件下，总是要千方百计地为老百姓解危解困，改善生活环境。新中国成立初期，许多城市在经济十分困难的条件下，首先做的是修桥铺路，清除垃圾，浚湖通污，让老百姓喝到清洁的自来水……这些措施不仅老百姓受惠，而且也使满目疮痍的城市恢复了青春。但是，也有不少城市不顾经济条件，企图在短期内彻底改变面貌。结果，不是降低标准，拆毁有价值的历史遗存，建了价值不大、质量不高的房屋，造成破坏性建设；就是半途而废，造成许多“烂尾房”，使城市面貌支离破碎。因此，一个成功的城市设计，必须量力而行，因地制宜地研究实施的可能性。大量历史街道暂时无条件改造时，可以以解危解困、整治环境、加强管理为主，对于少数极有历史价值而且有条件对周围环境加以改造的地区，就要精心策划，高起点地加以维修与改造，集中力量打歼灭战，形成城市的亮点；对于人口密集的某些历史地段，则可以采取鼓励外迁的政策，逐步减少整治的矛盾。总之，城市设计的实施必须考虑现实的经济条件，量入为出，使其发挥更大的作用，尽可能使城市景观环境得到更大的改善。

6.3 历史城市保护已成为当前城市设计的一个紧迫问题

经过半个世纪的建设，许多历史城市已经发生了根本性的变化，在改革开放大潮的推动下，旧城改造的速度加快，但如果规划引导不当，将会对历史城市带来毁灭性的打击，必须引起各方面的高度关注。当前主要面临以下一些问题：

6.3.1 旧城的空地潜力已经挖尽，再要改造势必伤筋动骨

回顾北京旧城 60 多年的建设，在 20 世纪五六十年代，一方面，其经济力量还难以大量拆旧房、建新房；另一方面，在旧城内空地较多，因此，为满足城市发展需要主要是利用空地进行建设。20 世纪 70 年

代，旧城一般已没有大块空地可找，为了解决人口增多、事业发展的需要，不少单位只能在自己的大院里就地膨胀，见缝插楼。鉴于空院大、建筑密度小的旧房大多是明、清时代留下的王府、达官显贵的园林宅邸和年代更早的庙宇、祠堂，因此，见缝插楼造成了对历史风貌的极大破坏，搞乱了城市布局，恶化了环境。至20世纪90年代，见缝插楼的空地也已不多，再要在旧城内增加容量，势必要伤筋动骨大量拆房，这样对历史风貌的保护威胁就更大了。

6.3.2 旧城内新建房屋超过旧房，数量的变化已引起旧城风貌质的变化

新中国成立初期，许多城市是在旧城的基础上发展起来的，在经济发展初期，面对历史遗留下来的现状，不加以改造，就无法更好地利用。因此，在当时的经济条件下，随着城市各项事业的发展，只能更多地强调改造以适应需要。经过半个多世纪的发展，在旧城内新房越来越多，新中国成立以后，许多城市在旧城内新建的房屋已超过旧房。例如北京在旧城区内4 000多万平方米的房屋中，3/4以上是新建房屋，旧房只剩下不足1/4，且有相当数量是国家和市级文物保护单位和四合院。因此，如果说在新中国成立初期更多地强调改造是正确的，那么时至今日，更多地强调保护也应该是历史的必然选择。

6.3.3 高层建筑的发展给历史风貌造成严重威胁

随着建筑技术的发展，不少城市已具备了大规模建设高层建筑的条件。城市用地日趋紧张，处理用地费用越来越高，为追求土地开发的效益，开发部门千方百计提高容积率，刺激了高层建筑的发展。北京从1984年开始，高层建筑的发展速度骤然提高，数百栋高层楼房破坏了旧城平缓开阔、错落有致的城市轮廓，成片绿树掩映下的传统民居被“混凝土森林”所取代和蚕食。不少房屋已深入旧城中心地区和重要景区，破坏了旧城传统的城市空间格局，阻断了重要的景观走廊，造成难以弥补的败笔，一个高楼包围四合院的态势已经形成，古都风貌面临严重威胁。

6.3.4 改革开放的新形势为历史城市保护与改造提出了新的问题

随着社会主义市场经济体制的确立，实行土地有偿使用、进行房地产开发，为城市的改造提供了集聚资金和加速改造的手段。第三产业的发展，推动了旧城各商业中心的改建、扩建。由于旧城区的区位优势，人气旺，旧城区常常成为境内外投资商首选的目标。目前，不少城市旧城区的房地产开发规模是空前的，大量外资被吸引过来，不仅投入城市主要商业街区的改造，而且也开始投入到旧民居的改造中。改革开放为城市加速现代化改造注入了生机与活力，但开发商往往要追求建筑的高密度以取得更大的利益，这种局部利益与城市建设的整体利益之间是存在矛盾的，在历史城市，这种矛盾反映得更加尖锐。机遇与挑战并存。城市规划必须对旧城区规定详尽的建设法规，在城市格局、城市设计和宏观环境上加以控制与管理，才能在加速城市现代化改造的同时，切实起到对历史城市的保护和提高环境质量的作用，把房地产开发纳入到实施城市总体规划的轨道，这个要求在当前形势下已显得十分迫切。

6.4 城市设计和历史城市保护的主要内容

6.4.1 我国城市规划工作者对城市设计和历史城市保护的探索

城市规划工作者，如何用城市设计的观点来指导城市的改造与发展，有一个由浅入深、不断摸索与

提高的过程。

20 世纪 50 年代，各个城市在编制城市总体规划时，不论是以旧城为中心向四郊扩展，还是在旧城外另建新城的布局，对历史城市的轴线、建筑空间格局、道路系统、园林水系以及诸多文物古迹都持保护态度，在总体规划中都有所反映。但是，当时仅局限在平面布局的研究，没有用城市设计的方法来研究历史城市三维空间的布局，没有提出在实施规划过程中体现城市设计要求的一系列详细法规，因而在大规模建设的冲击下，许多总体规划的要求难以落实。对于文物古建的保护较多地只注意保护其本身，没有明确提出对其周围环境的保护要求。

进入 20 世纪 80 年代，党的十一届三中全会以后，大家经历了十年动乱给历史文化遗产带来的空前浩劫，有切肤之痛，对历史城市保护与发展持不同观点的各方人士统一了认识，社会舆论也十分关注对历史城市的保护。1983 年国务院首批公布了全国 24 个历史文化名城，随后又提出了历史文化保护区的概念，并要求把历史文化名城的保护规划纳入到城市总体规划中去。在这个阶段，通过拨乱反正，各城市都加强了文物保护工作，并提出了历史城市保护不仅要保护古建筑本身，而且要保护其周围环境，要从整体上研究历史城市保护的观点。比起 20 世纪 50 年代，认识上有所提高。在这种形势下，文物保护的项目有所增加，保护范围有所扩大，不少城市开始研究对历史城市建筑高度的控制，城市设计的某些内容在城市规划管理中得到体现。

进入 20 世纪 90 年代以后，随着改革开放的深入，经济的发展，旅游事业的兴起，历史城市不仅体现了文化价值，而且成为城市发展的重要资源。营造城市环境景观，提高历史城市的知名度，一方面可以改善投资环境，有利于招商引资；另一方面，也可以积极开发旅游产品，吸引更多的游客，推动旅游事业的发展。因此，通过城市设计，营造城市环境，提高生活品质，已成为各级政府的普遍要求。虽然对如何营造城市环境、正确对待历史遗存等方面认识不尽相同，实施过程中偏差不少，出现了诸多败笔，但是，要把城市景观搞得更好，这个愿望是普遍的，在这种状况下，普及城市设计的知识，提高全社会对历史文化的认同和城市美学的感悟，已成为一个重要的任务。

6.4.2 城市设计对三个不同层次的要求

(1) 要进一步挖掘历史文化遗存，分批公布国家级和市级、区级文物保护单位，用法律的形式强化对文物保护单位的保护。对于重要的文物保护单位，在保护文物本身的基础上，应进一步划定建设控制地带，以保护周围环境。新中国成立以来，由我国知名建筑师设计的一批有较高文化、艺术价值的近现代建筑，也应列入保护之列。

(2) 积极创造条件，分批公布历史文化保护区，把一些文物古迹比较集中，或能较完整地体现出某一历史时期的传统风貌和民族地方特色的街区、建筑群、小镇、村寨等列入历史城市保护范围，实施整体风貌特色的保护。同时在总体规划中把风景名胜区、森林公园、自然保护区、地质保护区等纳入总体规划，划定范围，实施有效的保护。

(3) 对于历史城市要从城市设计、宏观环境角度实施整体保护，规范新的建设，继承与发扬历史传统，创建城市独特风貌。

6.4.3 城市设计的十项主要内容

城市设计的内容，既要体现对历史城市的保护，又要对新的建设提出规范性的要求，内容是十分复杂多变的，很难全面概括，主要可以概括为以下 10 项内容：

1) 保护历史形成的天人合一，人与自然结合，山、水、城融为一体的格局中国是世界四大文明古国之一，中国古代城市是中国古代文明的重要组成部分。早在 3 000 多年前，中国已逐步形成城市选址、规划的理论，这是认识自然、适应自然、创造良好生存条件的经验积累，对中国城市的形成与发展有着深刻的影响。

《周易》是古代的一部卜筮之书，其中不乏迷信色彩，但也反映了人对自然、社会认识的朴素的辩证唯物主义思想，对我国古代城市规划理论的形成有较大的影响。它为我们提供了一整套思维方法，归纳起来可以称为“观物取象”、“象天法地”。

所谓“观物取象”，即对天、地、山、川、风、雨各种事物，以及春、夏、秋、冬四季变化，进行广泛地观察与归纳，研究其相互关系，从物质到抽象，找出其基本规律。所谓“象天法地”，即用模拟自然的方法来营造城市，模仿上天，效法大地，模拟自然，创造现实。这种思想方法用于古代城市规划的例子是很多的。例如春秋时期，吴国建都于阖闾，伍子胥奉命筑城时就提出“象天法地，建成大城，有陆门八，象天之八风，水门八，以法地之八卦”。唐长安城把主要宫殿建于城北称太极宫，比喻北极，其大门称承天门，也是观测天象，对应北斗，承天接地的结果。明北京城把天、地、日、月四坛建于京城四周，天坛筑成圆形、地坛筑成方形，体现天圆地方的思想，日坛、月坛分列东西，以示日月对称，可以说也是“象天法地”理念的一种体现。

在周易思想的演化下，从周代到春秋已出现了比较系统的城市规划理论，非常讲究筑城功能合理和布局完整统一。《周礼·考工记》记载了一种世界上最严整地体现“礼制”的城市规划制度：“匠人营国，方九里，旁三门，国中九经九纬，经涂九轨，左祖右社，面朝后市，市朝一夫。”言简意赅地提出了都城建设的规模和布局要求。《管子·度地篇》提出了顺应天时地利的“城郭”制度：“天子中而处，此谓因天之固，归地之利。内为之城，城外为之郭，郭外为之土阆。地高则沟之，下则堤之。”《管子·乘马篇》又指出：“凡立国都，非于大山之下，必于广川之上。高勿近旱，而水用而足，下勿近水，而沟防省。因天材，就地利。故城郭不必中规矩，道路不必中准绳。”比较科学地阐述了因地制宜建设城市的观点。中国的城市就是在上述思想指导下建设起来的，遍布大江南北，放射出绮丽的光彩。在研究历史城市的保护和发展中，城市设计应该仔细研究形成历史城市结构的理论基础，及其与周围环境结合的手法，继承和发扬传统特色。

2）保护和发展城市中轴线，体现城郭形象

从考古挖掘和我国现有历史城市的格局看，接近矩形的城郭居多，但是受到地理条件限制，以及政治、经济等多种背景影响，演变成多种多样的形状，成为城市的特殊标记（图 6.9，图 6.10）。

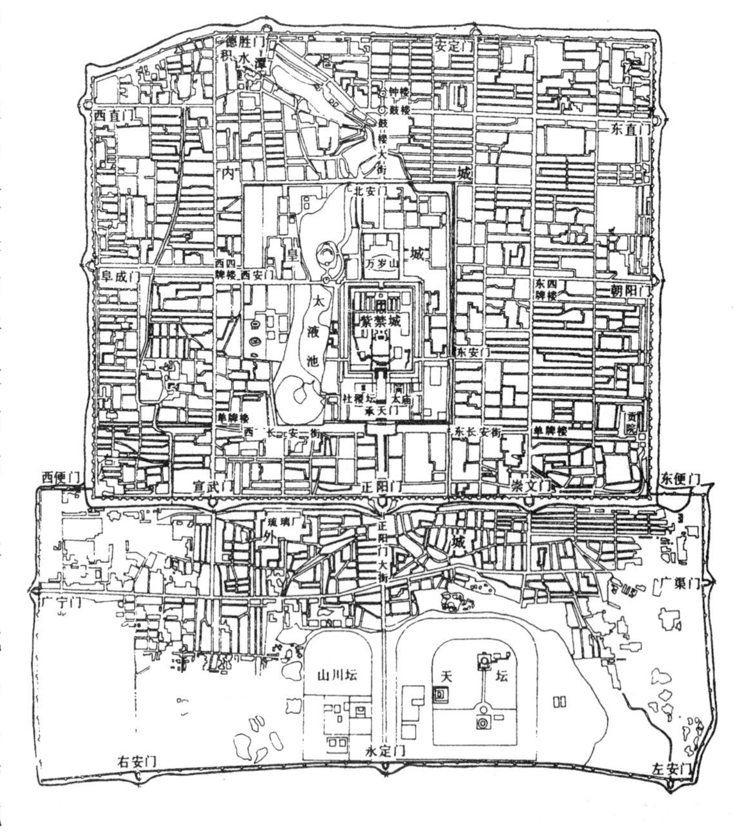

图 **6.9** 明、清北京城

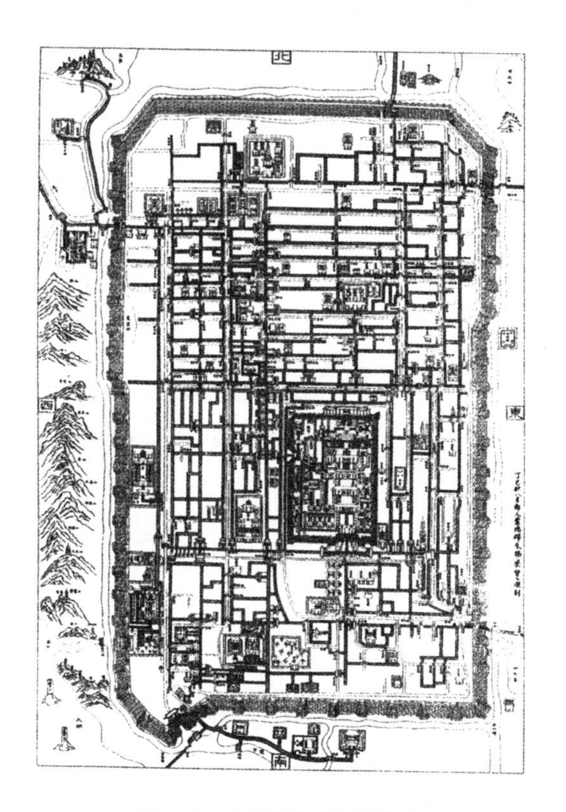

图6.10 苏州旧城(平江图)

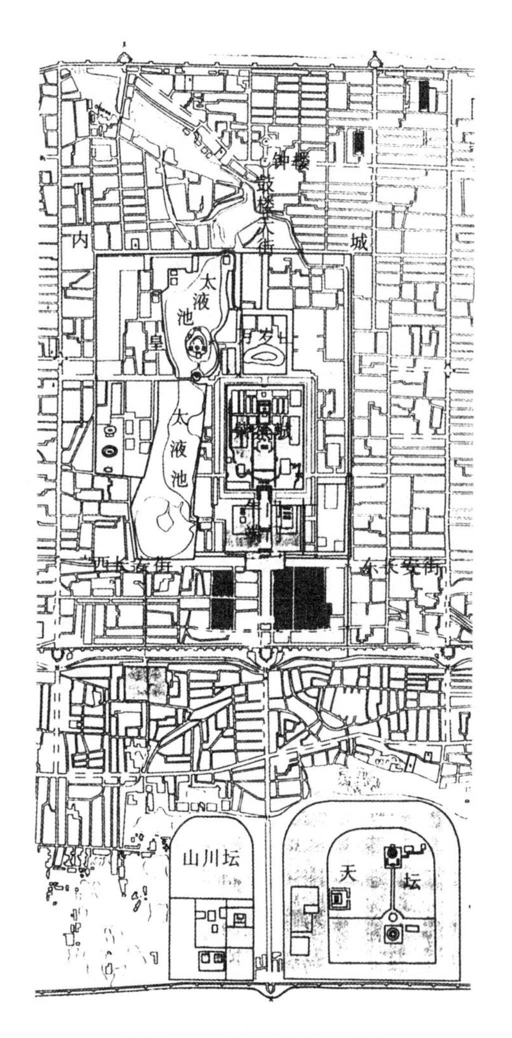

图6.11 北京旧城中轴线

多数城市居中有一条轴线，南北向居多，背山面水，中间穿过城池，是城市的主要脊梁，成为政治、文化、商业中心所在地，建筑高度与体量都是全城最突出的，城市的钟鼓楼大多在这条轴线上，成为城市的标志(图6.11，图6.12)。城市轴线布局手法，在国外也有不少较成功的例子，如巴黎、堪培拉和华盛顿(图6.13～图6.15)。

因此，体现历史城郭形象，保护和发展城市中轴线成为城市设计的主要内容。

例如明清北京城"凸"字形的城郭，在国内外是绝无仅有的。其始建至形成，经历了漫长的历史时期。在永乐四年(1406年)首先建了内城，系"口"形城郭。嘉靖年间为防瓦剌族南下侵扰开始兴建外城，原计划利用元大都北墙，东西南皆向外扩展，把内城包起来，但因工程浩大，财力不足，筑成了南半部城墙后匆匆与内城相接，形成"凸"形城郭。从永乐四年(1406年)算起至嘉靖四十三年(1564年)，经历了158年，才完成了城墙建设，其历史价值自不必说，遗憾的是在特殊的政治背景下，城墙已被拆除，只留下少数门楼和残墙。为了弥补拆除城墙和填埋护城河带来的旧城轮廓不清的缺陷，总体规划要求沿旧城墙原址保留相当宽度的绿化环，并在原城门口安排适当的标志性建筑，使后人能认识旧城的坐标。最近市政府在修复现有城楼的基础上正准备修复部分残墙，开辟环城绿带，这是一件极有意义的大事。

图 **6.12** 北京旧城中心鸟瞰图

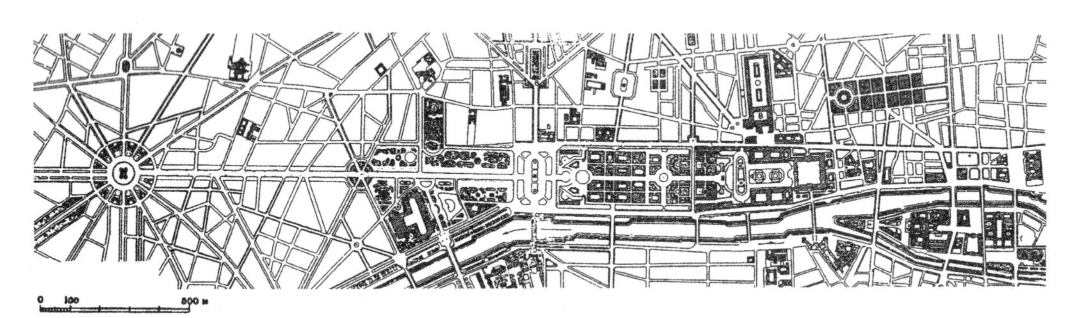

图 **6.13** 巴黎市中心轴线示意图

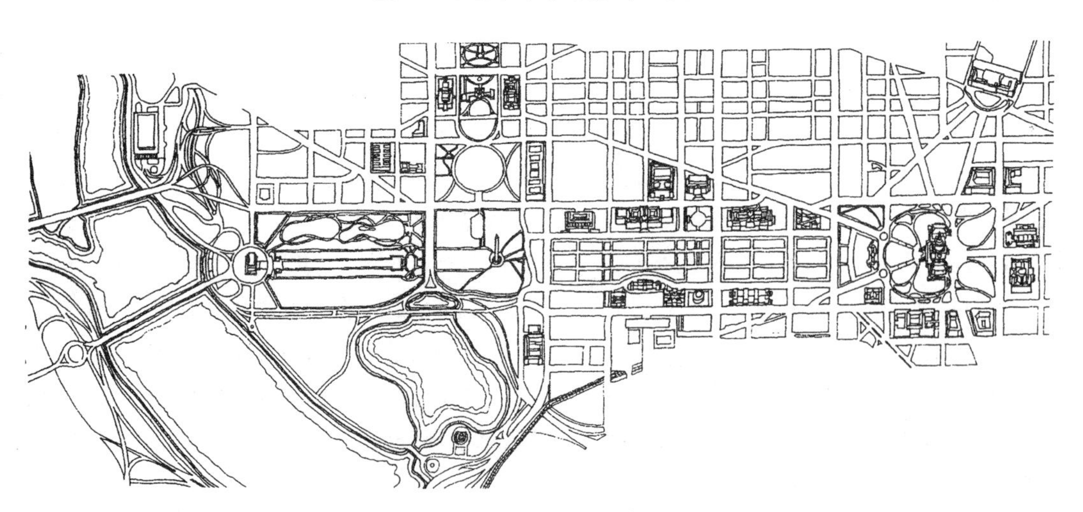

图 **6.14** 堪培拉市中心鸟瞰图

图 6.15 华盛顿市中心轴线示意图

北京旧城长近 8 km 的中轴线，在古今中外的城市规划中是一条极为罕见的建筑艺术轴线，这条轴线始建于元大都，在明代延长到外城永定门，在轴线上经过元、明、清三个朝代历时五百余年不断地建设发展，形成了丰富的历史景观。1958 年对天安门广场的改建，又在这条城市轴线上增添了新的内容，赋予时代特征，成为全轴线的中心部分。北京历次城市总体规划都贯彻了对南北中轴线的保护和发展的思想。除继续保持天安门广场在轴线的中心地位、保持不同地段（如景山、故宫、鼓楼、前门大街等）的传统特色外，还在现有基础上向南北两端延伸，突出文化功能。在中轴南延长线两侧通过土地调整将建设几组体现“南大门”形象的大型公共建筑。中轴北延长线及其北端，作为这条城市轴线的又一个高潮，要建设重要的综合性大型公共设施，轴线全长 26 km，成为一条连接历史与现代、体现 21 世纪首都文化风貌的时空走廊。

巴黎结合城市发展，也把以罗浮宫为起点的中轴线经凯旋门一直向西延伸到拉德方斯，与北京的做法极为相似，现已在策划拉德方斯后的建设规划。北京这条轴线向北是否是终点，还很难说，为了给后辈子孙留下发展余地的可能，现在轴线向北一直至小汤山，拟保留足够宽度（2 km 左右），暂不进行建设，应该说这是明智之举。

3）保护与城市沿革密切相关的河湖水系

中国的历史城市选址，不论规模大小，大多与水有关系。没有充足的水源，城市难以生存；没有发达的水运，城市难以发展。不少城市沿江发展；不少城市处于两江或三江汇流之处；也有不少城市滨湖、滨海发展；还有的城市内部有发达的水系，小桥流水形成城市独特的环境；处于浅丘陵地区的城市，往往处于山水之间，显山露水，形成特色；缺少自然水资源的城市，为了满足城市用水，千方百计开凿运河，引水入城，疏河、浚湖，创造人工环境。城市的水系不仅是改善城市生态的重要因素，也是形成独特环境风貌的重要场所，滨河、滨湖、滨海的城市设计做好了，城市的形象就突出了。

因此，保护与城市沿革密切相关的河湖水系，大力整治滨水环境，是城市设计的一项重要内容，在当前房地产开发形成热潮，城市用地日趋紧张的状况下，不少城市出现了填湖、填江之举，不断地把穿越城市的河沟盖板变成暗沟，以争取少量用地建房，实为饮鸩止渴之举，必然会对城市造成损害，应该坚决制止。在条件允许的情况下，应该逐步恢复被填盖的历史河系，使历史环境重放光彩，为城市增色。

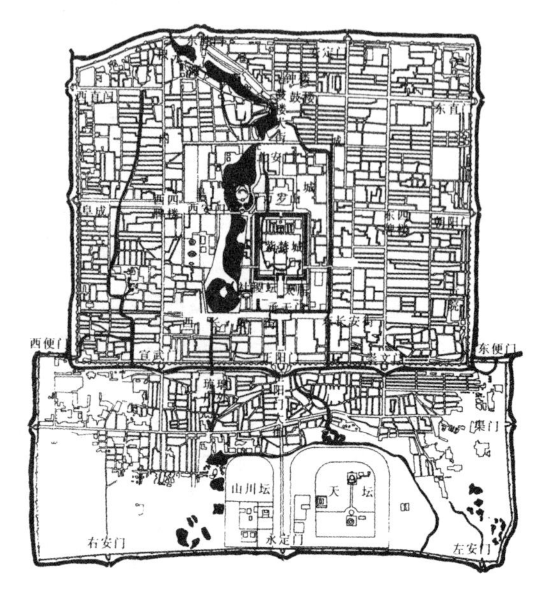

图 **6.16** 明北京城水系图

历史上北京城址都选在水源丰富之地，元大都城的城址选在以海子（今太平湖、积水潭、什刹海）为中心的地段，东南开凿运河与海子相连，西北从昌平白浮泉引水入城补充水源。到明清逐步形成城周有护城河环绕，城内有六海（西海、后海、前海、北海、中海、南海）穿插，并有筒子河、织女河、金水河、菖蒲河、御河经前三门护城河进入通惠河的水系。庄严整齐的宫殿与迂迴曲折的河系形成北京旧城的独特风貌（图6.16）。但是，由于水资源枯竭和种种历史原因，水系不断萎缩，东、西护城河与前三门护城河以及菖蒲河等河段先后变成暗沟，使本来就缺水的旧城环境大为减色。但幸存的南北护城河依然遥相呼应，六海穿插于景山、故宫西侧，仍为北京旧城提神之笔。如果南水北调工程实施，为北京提供较充足的水源，可考虑把菖蒲河、御河等历史河道挖开，为城市增加水景。

4）保持原有道路网骨架和街巷格局

历史城市的道路网骨架和街巷体系，是数百年流传下来的，它集中反映了城市的肌理。许多城市的道路格局，主次分明，繁华的商业区与宁静的居住区既有联系，又互不干扰，是一种非常合理的城市布局结构。保护原有道路格局，就可以把旧城的传统特点保留下来，延续历史文脉，加以发展，形成独特风貌。当前，在旧城实施危旧房改造规划中，切忌打乱原有街巷系统，把已在城外习惯的小区规划模式生硬地搬进城来。采取这种改造方式的地区，抹掉了旧城的传统特色，割断了历史，降低了城市的历史价值，实为得不偿失之举。

5）注意吸取传统城市色彩的特点

建筑色彩是体现城市风貌的一个重要因素，白墙黑瓦的江南水乡，红顶黄墙的滨海城市，青灰色民居衬托金黄琉璃瓦的皇城，无不造就了城市的独特风貌。

目前，许多城市，不论是高寒的北方，还是炎热的南方，无视传统色彩的存在，金黄琉璃瓦，白色瓷砖贴面墙，玻璃幕墙……不分场合到处滥用，大大损害了历史城市的景观，呈现出杂乱无章的局面，这种现象必须扭转。城市设计必须研究城市的传统色调，规范新的建设，以保持历史城市的特色。

例如，北京城市中心区，历史形成的皇城不足 5 km^2，其核心紫禁城，景山与三海（北海、中海、南海）也仅有 2 km^2，故宫的建筑只有近 17 万 m^2，目前北京中心区已发展到 300 多平方公里，建了 2 亿多平方米的房屋，但是在航空遥感图上所见到的最光辉灿烂的形象，还是紫禁城及其周围地段，充分显示了城市色彩的效果。如果在北京市区金黄琉璃瓦到处滥用，谁都想以金顶作为高贵身份的象征，那么历史城市的特色还能保持吗？当然，随着建筑材料的发展，建筑结构的改进，现代建筑与历史建筑是有区别的，新旧建筑对比，处理好了未尝不是城市设计的一种手法。但是这并不妨碍对城市色彩的研究，通过对城市色彩的合理调配与规范，使历史城市更显光彩。

6）通过建筑高度的控制，实施对历史城市的保护

一般历史城市，旧城区的建筑高度较低，广场、街道的尺度也较小，比较亲切宜人，这种平缓开阔的城市空间，富有浓厚的生活气息，创造了宁静的生活环境。历史城市远可见山，近可亲水，或靠近湖边，领略湖光山色，或邻近海边，可远望大海。

城市设计提出的建筑高度的控制主要有以下 5 个作用：

（1）保护历史城市平缓开阔的城市空间格局，保护重要文物古建筑群周围环境（图 6.17，图 6.18）。

（2）协调城市与周围山水的关系，高层建筑不能切断或遮挡山的轮廓；沿海、沿湖、沿江边不宜建大量高层建筑，以免过分遮挡观水视线（图 6.19～图 6.21）。

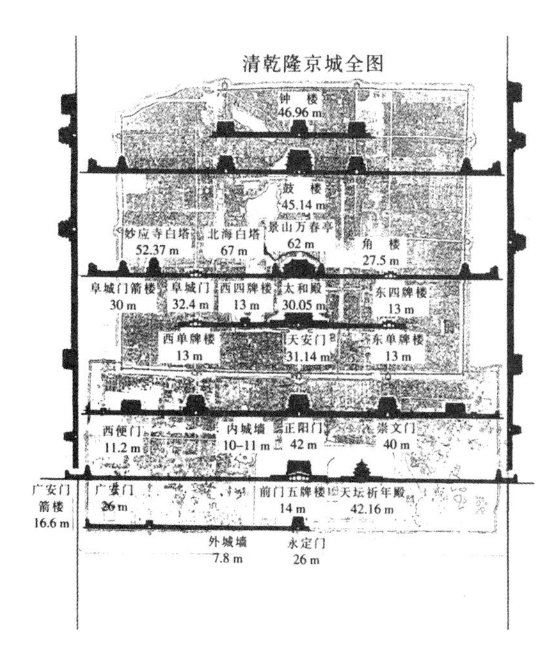

图 6.17　北京旧城建筑高度示意图

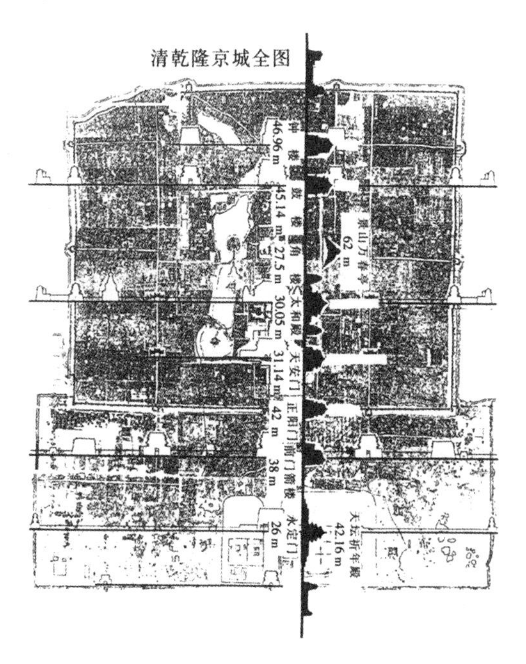

图 6.18　北京旧城中轴线城市轮廓示意图

图 6.19　北京银锭桥观西山视线被高楼遮挡

图 6.20　济南大明湖观千佛山视线被高楼切割

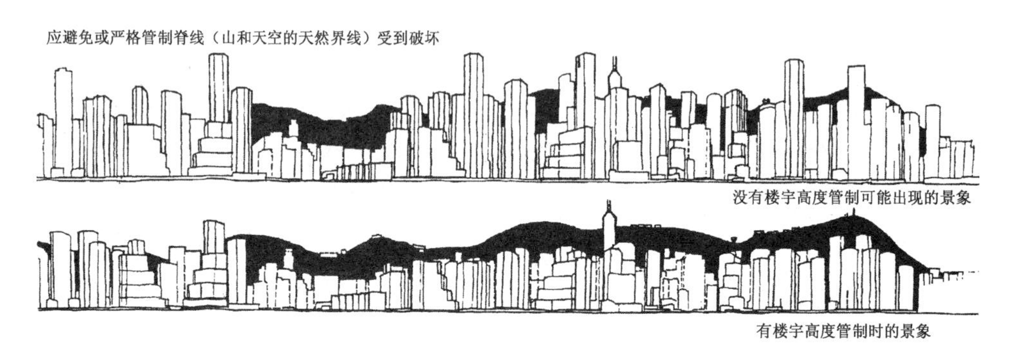

图 6.21　香港对高层建筑与山形关系的研究

(3) 通过建筑高度控制可以突出城市传统轮廓，使城市的一些标志性建筑形成的错落有致的天际线不受到破坏。

(4) 对一般建筑的高度加以控制，可以突出一些处于节点地位的大型公共建筑群，创造城市新景观。

(5) 维持城市合理的环境容量，避免城市处于高楼峡谷之中，使人们享受阳光，见到广阔的天空。

巴黎、伦敦、东京这些历史城市无一不在出现了高层建筑破坏城市传统景观的教训后，反过来提出建筑高度控制的要求。北京也是如此。

像芝加哥、香港这些新兴城市，出于对城市环境和周围环境考虑的要求，也提出了建筑高度控制方案。

7) 保护城市景观线

许多城市，或背山或面水，山水是城市的主要背景，因此，在规划城市道路系统时，应尽可能地开辟观山通海(河、湖)的景观视廊，使山、水、城互相呼应，融为一体。

对传统城市景观线要加以保护。如北京的景山北望鼓楼南望故宫，天坛祈年殿至正阳门城楼和箭楼，银锭桥观西山等，都是城市的重要景观视廊。这些景观视廊能使人领略到传统城市之美，了解传统城市的结构。必须对景观视廊通过地区的建筑环境加以控制，不得在景观视廊保护范围内插建高层建筑，以免切断城市景观线。

8) 保护街道对景

一般"丁"字路口，或曲折道路的转角处，会形成城市建筑的对景，是城市景观设计的重要组成部分。如北京的前门大街北望箭楼，地安门北望鼓楼，北海大桥东望故宫角楼，陟山门街东望万春亭、西望白塔(图 6.22～图 6.25)，以及体育馆路西望天坛等等。对已有的街道对景建筑，必须注意对其前景和背景建筑的控制，保持对景建筑周围环境的完整性。对规划中具备街道对景的地段，在规划设计时，应明确提出景观要求。

图 **6. 22** 北京陟山门街东望万春亭

图 **6. 23** 北京陟山门街西望白塔

图 **6. 24** 不协调的建筑对景破坏了北京国子监街景观

图 6.25　高层建筑破坏了北京北海公园小西天与五龙亭的景观

9）增辟城市广场

所谓城市广场，并不是指交通广场，而是在人流集散较多、重要文化活动中心或其他公共建筑附近，开辟一定的广场，有较好的绿化环境，精心的地面铺装，优美的建筑围合空间，配以坐椅和各种建筑小品，供人们休闲游憩，成为城市景观的亮点(图 6.26～图 6.28)。

图 6.26　东堂广场近景

这些广场的设置与开辟有的是保留传统的广场，加以整治，令其更具吸引力；有的可以根据城市功能变化、发展的需要，选择合适的地点开辟新点。但是，这些广场一般不宜过大，应因地制宜设置，并与周围建筑体量协调，小的只有几百平方米，大的可以上千平方米。1 hm^2 的广场已可称为大广场了，二三公顷的广场就可以作为城市最重要的中心广场了。现在许多城市，只有十几万或几十万人口，为了追求气魄，开辟了十几公顷甚至更大的广场，而且硬质铺装过多，缺少绿化用地，缺少可供人们停留休

图 6.27 北京王府井北部东堂广场

图 6.28 淄博周村城市中心绿化广场

息的地方。在绿地内又强调种草，反对种树，这实在是违背生态环境要求，不“以人为本”的劳民伤财之举，应该尽量避免。

10) 保护古树名木

许多历史城市有千百年的建城史，百年以上树龄的古树和特定意义的名木也是历史城市的宝贵资源，这是比建筑更珍贵的历史遗产，是城市风貌的重要组成部分，应该格外珍惜，并加以保护，在实施城市改造与新建时，应把其融入新的城市环境中去，为传统风貌增色。

当然，城市设计的内容还不止这些。在总体规划阶段如能把握住这 10 项内容，为详细规划指明方向，历史城市的风貌在现代化改造与发展中就不致受到大的破坏。

6.5 对实施历史城市保护的几点感悟

经过几十年的探索和实践，一些城市对历史城市保护的规划已日臻完善；社会各界对历史城市保护的呼声也越来越强烈；地方政府对历史城市的保护工作也越来越重视。但是有了好的规划，有了良好的保护历史城市的愿望，不见得就能把保护工作做好。必须充分认识到实施规划是一个非常复杂的过程，既要有经济实力，又要有政策、法律的保证，更要有广大群众的参与、支持。实施规划比我们做一个规划要艰难得多。

目前，在快速城市化的进程中，地方特色仍在不断丧失。不少地方在旧城改造过程中成片拆除历史街区，传统面貌荡然无存。不少地方拆了真古董，搞"仿古街"。有的地方不认识到一条街、一个地区不同年代历史的遗存越多，表明其文化价值越高，却在整治过程中只强调某个年代的风格，结果大大损害了其固有的文化价值。

必须充分认识城市地域文化特色是城市竞争力的根本所在。这种文化特色最主要的部分是保护既有的文化特色，即传统特色，它是数百年以至上千年的几十代甚至几百代人积累的结果，而创造新文化虽是我们这一代人的责任，应该有所发展，但从整个历史发展进程看，它仅仅是体现文化特色的一小部分，其分量和成熟度远比传统特色轻得多。况且我们也要为后辈子孙的发展留有余地，应该相信后来者一定比我们这一代更有智慧。因此，对于历史文化我们必须有敬畏之心，要求我们既要对地域文化的精粹有深刻的了解，还要有极高的文化素养，才能正确处理继承和发展的关系，把历史城市的保护工作做好。

作为多年从事这项工作的规划师，我有以下几点感悟。

1）搞历史文化保护首先要了解历史

我们搞规划的都是工程技术人员出身，我们很擅长画漂亮规划图，可是这个漂亮图如果缺少对地区历史内涵的深刻了解，方案实施后可能成为败笔。这方面的教训是不少的，例如对北京隆福寺传统商业街的改造，拆了一片传统商业房，建成一栋现代商业大楼，虽然大楼的立面设计也用了不少传统的建筑符号，但其形象仍显陈旧不说，建成后人气明显不足，可未改造的地段仍然人丁兴旺。为什么会出现这种现象呢？我想主要是切断了几百年形成的老百姓已经喜闻乐见、习以为常的历史环境，现代商业哪儿都有，为何非到你这里来，何况改造后，一些传统的饮食店铺等都被迫外迁，未能回归，业态不适当的改变使其失去了原有的市场份额。由此可见，由于我们在改造时，缺少对历史文化内涵的深刻认识，见物不见人，只是把建筑的躯壳放大了，但灵魂却没有了，怎能不失败。

2）搞历史文化保护要向人民群众学习

为什么有时我们规划的东西老百姓不买账，而一些自发形成的东西，不仅本地的老百姓很欢迎，而且成为外国来京旅游的热点。比如什刹海的酒吧一条街、潘家园的古董市场、簋街的饮食一条街、宋庄的画家村、798 现代文化区等。这些都不是我们事先规划的，可是却有强大的生命力，说明人民的创造是我们规划思想的源泉。搞规划工作的人、搞文物保护的人都要向群众学习，把群众的创造加以总结提高，变成规划的指导思想，这样才能使我们的思想丰富起来，才能把历史文化保护工作做得更好，成为全民的共同事业。

3）搞历史文化保护要强调高品位

强调高品位并不意味要在建筑上贴金砖，要多花钱。在历史文化街区的整治过程中常常出现一些画蛇添足的败笔，比如前门大街是北京旧城中轴线的重要组成部分，是进入皇城的重要通道，是一条庄严肃穆的历史街道，政府花了很大代价进行整治，企图恢复历史原貌，可是实施过程中：一是过分强调民国风格，弱化了不同年代历史遗存的价值，弄得真假古董不分，面貌陈旧单调；二是把商业定位成高档，引进不少国际品牌商店，弱化了传统商业的历史地位，结果，这些国际品牌商店很少有人问津，不久就关门歇业，而都一处烧麦馆、全聚德烤鸭店门前却排起了长队；三是在传统的历史街道上搞了一些不伦不类的小品，如把路灯做成鸟笼子、糖葫芦、拨浪鼓形状，既不是传统，又不美观，画蛇添足，把文化价值极高的历史街区低俗化了。又如琉璃厂本是文人墨客喜欢活动的场所，改造后显得过于贵族化，原有的书画展示、古籍书店被减弱了，却强化了淘古董、售旅游产品等功能。琉璃厂的牌楼搞得过于花哨，失去原来清新素雅的风格，一个老建筑师说，这个地方本来是青衣，现在变成花旦了，不符合这个地方的身份。所以，每个地方都有它特定的文化内涵，讲究高品位就是要求保护规划、设计方案要符合本地区的身份，不能跌份。你对这个地区没有深刻的理解，你就做不好历史文化的保护工作。

4）搞历史文化保护要强调形成系列

一个地区，历史遗存很多，如单打独斗地保护，其文化价值的体现往往有限，如果把地区的历史遗存加以组合，形成系列，则将更有感染力。例如，北京市东城区首先把东皇城遗址开辟成公园，进而恢复了南皇城根的菖蒲河，也建成公园，使其与故宫联系起来，形成体现皇城历史文脉的系列，其感染力大大加强。又如，北京外城宣武门外地区，在清代是文人墨客和进京商贾集聚之地，古籍画店多、会馆戏楼多，传统商业多，名人故居多，著名的斜街多，形成了独特的宣南文化，如把其串联起来，加以组合，形成比较完整的步行系统，其历史价值必将更加发扬光大。

5）搞历史文化保护要综合考虑，精心策划，不放过任何细节

近年来，北京市对现存的胡同进行整治，不同程度地恢复历史面貌，极大地改善了居住环境。但是，在整治过程中还缺少综合考虑，结果，一方面历史面貌得到恢复，另一方面又出现了对历史面貌新的损害。例如，对胡同实施煤改电工程，极大地改善了居住环境，但是对入户的变压器、电闸箱在胡同两侧各四合院的大门口不经设计随意摆放，使胡同面貌又显杂乱，使多年整治的成果大打折扣。此外，为了电线入地，变电箱在胡同和人行道上到处乱放，在文物保护建筑的屋顶上随意架卫星天线，装太阳能热水器更是屡见不鲜。这些问题如果事先进行精心策划，综合安排，事后严格管理，完全可以避免出现乱象，把胡同的保护工作做得更好。只有精雕细刻，不忽视任何细节，才能提高历史城市保护的水平，把历史城市保护的要求落到实处。

7 城市生态环境保护与基础设施建设

城市生态环境保护与基础设施建设两者关系十分密切,基础设施建设是改善人工环境、实施环境保护的主要手段。当前,衡量一个城市是否现代化,关键是看该城市基础设施是否现代化。因此,许多城市把生态与环境保护和基础设施建设放到城市建设的首位来抓,不断提高基础设施建设投资的比重,这实为明智之举,是体现可持续发展方向的根本措施。

7.1 生态环境保护的紧迫性

城市环境保护不能脱离区域性的大环境。当前,生态环境保护已成为世界性的课题。由于人口增多、经济发展对自然资源过度开发,已造成自然生态平衡的破坏,沙尘肆虐、水源枯竭、灾害频发、环境污染、气候反常已威胁到人类的生存。

7.1.1 全球环境面临五大挑战

(1) 近海水域污染加重。全球 50%的海洋珊瑚礁死亡;海洋污染和过量捕捞,使世界上 17 个主要渔场的渔获量全面下降。

(2) 淡水资源匮乏。淡水资源仅占世界水体总量的 1%,且绝大部分被冰封在南极等地的永久冰盖中,人类真正可利用的淡水资源尚不足 0.03%。因而水资源已成为一项重要战略物资,世界 250 条河流已不断出现资源争端和水质污染问题。

(3) 湿地急剧减少。人们对湿地的作用缺乏认识,大规模围湖造地,使湿地面积减少近半。实际上湿地是地球生物物种宝库,世界上近 70%的生物在湿地环境中孕育、生存;湿地也对抗旱、防涝起到重要作用。

(4) 生物种类迅速衰减。由于生存环境的改变与人类的滥捕滥杀,许多珍稀物种濒临灭绝。

(5) 化石能源面临枯竭。化石能源大量开发使用,不仅造成地球升温等全球性生态灾难,而且依赖化石能源已难以为继。据科学家预测,到 2030 年左右全世界化石燃料将消耗殆尽。

7.1.2 我国生态环境面临的形势

国务院于 2000 年底颁布实施《全国生态环境保护纲要》,对全国生态环境状况面临的严峻形势作了如下描述:“目前一些地区生态环境恶化的趋势还没有得到有效遏制,生态环境破坏的范围在扩大、程度在加剧、危害在加重。”突出表现在以下 5 个方面:

(1) 长江、黄河等大江大河源头的生态环境加速恶化,沿江沿河的重要湖泊、湿地日益萎缩,特别是北方地区,江河断流、湖泊干涸、地下水位下降,洪涝灾害频发,植被退化,土地沙化。

(2) 草原地区超载放牧、过度开垦和采樵,林地、多林区乱砍滥伐,使林草植被破坏,生态功能衰退,水土流失加剧。

(3) 矿产资源乱采滥挖,尤其是沿江、沿岸、沿坡的开发不当,导致崩塌、滑坡、泥石流、地面塌陷、沉降、海水倒灌等地质灾害频繁发生。

(4) 全国野生动植物物种丰富区的面积不断减少，珍稀野生动植物栖息地环境恶化，珍贵药用野生植物数量锐减，生物资源总量下降。

(5) 近海域污染严重，海洋渔业资源衰退，珊瑚礁、红树林遭到破坏，海岸侵蚀问题突出。

生态环境继续恶化，将严重影响我国经济社会的可持续发展和国家生态环境安全。

7.1.3 环境与发展已成为当今世界面临的两大主题

自20世纪60年代以来，随着经济发展和城市化进程的加速，城市能源和生态环境的危机正被越来越多的人士关注。1972年6月联合国人类环境会议发表的《人类环境宣言》中强调："保护和改善人类环境已成为人类的迫切任务。"

1987年联合国世界环境与发展委员会在《我们共同的未来》中提出："21世纪全球将有一半以上的人口居住在城市地区，这象征未来全球环境的变动，城市将扮演着更重要的角色。""我们今天的发展既要满足当代人的需要，又不对后代人满足其需要的能力构成危害的发展，即可持续发展。"

1992年6月，巴西里约热内卢召开世界环境与发展大会，通过了《里约环境与发展宣言》、《21世纪行动议程》，使可持续发展成为世界各国普遍接受的指导思想。

1994年3月，国务院通过《中国21世纪议程——中国21世纪人口、环境与发展白皮书》，明确提出中国可持续发展的战略与对策，分别就人口、住区、工农业与交通、通信发展、自然资源保护、荒漠化防治、防灾等方面提出了奋斗目标及行动纲领，成为制定我国经济和社会发展中长期计划的指导性文件。环境与发展已成为各级政府领导经济与社会发展的重要指导思想，也是城市规划工作的重要理念。

7.1.4 低碳经济革命

低碳经济革命是哥本哈根会议的关键议题。2007年国际气候变化政府间组织(IPCC)的第四份研究报告提出了三个科学结论：一是，气候变化确实在发生，按现在的趋势发展，到21世纪末地球温度可能上升1度到6度；二是，地球变热的主要原因与以二氧化碳为主的六种温室气体(GHG)持续排放有关；三是，温室气体持续排放来源于100多年来工业对化石能源的消耗。因此应对气候变化的关键是大幅度降低化石能源的消耗。

哥本哈根会议讨论了各国有差异的减排方案：对于发达国家从现在起进一步加大强制性减排力度，到2020年二氧化碳的排放量应该减少25%～40%；到2050年减少到80%～90%(即：欧盟国家年排放量从人均10吨降至2吨，美国从20吨降到2吨)。对于发展中国家，在2020年以前可以在满足发展需要的前提下排放量有所增长，但是也要比常规增长的数量减少15%～30%。鉴于发展中国家的排放量已占世界总排放量的一半左右，因此在2020年以后也要采取强制措施减少排放，到2050年达到比1990年减少20%的目标(1990年世界人均排放量为2.5吨)。如果上述措施生效，则到2050年可望实现地球温度上升不超过摄氏2度这个人类可以适应的极限水平。

低碳经济革命是在信息技术革命之后，即将来临的是资源生产率的革命，即开创以低碳能源为特征的生态经济新时代。

自工业革命开始的200多年来，经济增长主要靠提高劳动生产率来实现的。但是时至今日，劳动力和资本已不是经济增长的主要障碍，化石能源的缺乏和大气容量的局限成为影响经济增长的主要因素。如何为企业提供低耗能的服务以提高生产效率，促进经济增长成为低碳经济革命的主要任务。

从技术创新层面而言，用太阳能、风能、生物能等低碳的可再生能源或其他清洁能源替代传统的高碳化石能源；建立各种能源的互联网，形成智能电网体系，提高工业、建筑、交通中的能源利用效率；开发碳捕捉储存技术，加强森林、水面等碳汇建设，吸收经济活动过程中排放的二氧化碳。

为此，还要通过提高化石能源的使用和二氧化碳排放的价格等措施，为生产和消费能源的低碳化转型提供激励机制。

2009年，我国人均GDP为3 000美元，二氧化碳的总排放量为27亿t，人均排放量为2 t左右，比世界平均值(4吨)低。但是如果不加节制，任其发展，到2050年人均GDP突破20 000美元时，中国的人均二氧化碳排放量将超过美国(20吨)，这是十分可怕的后果。为了避免上述后果发生，从长远看，既考虑发展权益，又承担大国责任，把2020～2030年(人均GDP达到10 000美元左右)人均排放量控制在6～8吨作为发展战略目标可能比较合适。为实现这个目标，在今后40年内不仅需要在技术方面改变能源结构，提高能源使用效率，而且需要根据人口发展规模在消费方式等社会方面做出系统思考和安排。

我国的大规模城市化发展至少还要20年左右，基础设施建设尚处于早、中期阶段，有可能在建设过程中贯彻绿色产业的理念；中国政府具有强大的政治动员力和领导能力，只要大方向对，在治理结构调整方面有比其他国家更大的优势；改革开放30年来中国人已形成了吸收世界先进文化和科学技术的意识，有可能在较短时间内接受低碳经济这样的绿色理念和绿色方法。应该说中国发展低碳经济的前景是乐观的。

7.1.5 城市环境面临十大矛盾

城市处于区域大环境中，种种区域性的生态环境恶化，自然会直接威胁到城市的生存环境。但是城市经济发展也给区域环境带来很大的威胁，特别是处于工业化初期阶段的城市，由于经济实力差、工艺落后、环保意识淡薄，常常对环境造成严重污染和破坏。我国目前大部分城市正处于工业化的初期，也就是生态环境保护最脆弱的时期。概括起来，城市经济发展和城市生态环境之间不同程度地存在着以下十大矛盾：(1) 城市工业迅速发展和越来越多的工业资源短缺的矛盾。(2) 城市工业增长和人民生活水平提高与能源供应紧张的矛盾。(3) 城市生产与生活用水日益增加同水源紧缺、水域污染的矛盾。(4) 城市建设迅速扩大和城市郊区耕地迅速减少的矛盾。(5) 城市大量抽取地下水及地面建筑密度过大，引起城市地面逐渐下沉的矛盾。(6) 城市建设同保护城市文物、景观资源的矛盾。(7) 城市经济发展引起环境污染加剧的矛盾。(8) 城市经济发展与基础设施建设滞后的矛盾。(9) 城市建设用地扩大，侵占森林、绿地的矛盾。(10) 城市人口迅速增长和居住环境日益拥挤的矛盾。

这些问题不仅大城市存在，中小城市也不同程度地存在。城市小环境与区域大环境之间互相影响，生态环境的恶化已到了让人难以容忍的程度。

研究城市环境问题，不仅要关注区域大环境对城市带来的影响，更要高度重视城市发展给区域大环境带来的影响，这是城市规划的一项重要任务。

7.2 生态学的基本概念和城市生态与环境规划的任务

为了更全面地了解城市环境建设的任务，现对城市生态学的一些基本概念作一个简略的介绍。

7.2.1 生态学、生态系统、城市生态系统、城市生态经济学

1) 生态学

生态学是研究生物与环境的学科，这个概念由19世纪中叶德国的生物学家提出。生态的原意是人

与住所，后又演绎为生存状态，简称生态。100 多年来，生态学的研究领域不断扩大，从个体生态到群体生态，从生物生态到人类生态，从生态系统到人与生物圈计划。

2) 生态系统

生态系统系指生物群落与非生物环境所构成的整体。所谓生物群落系指植物、素食动物、肉食动物和微生物。所谓非生物环境包括无机物质(碳、水、氮、氧、矿物盐类等)、有机物质(蛋白质、糖、脂肪等)、气候(温度、湿度等物理因素)。生态系统的功能是指生物与生物之间互相依存的食物链和生物与环境之间的物质交换与能量转换，这种转换是动态的。例如，生物有出生、死亡、捕食、被食、迁入、迁出等形式；系统中的物质与能量有迁移、转换、补偿、交换等形式。当生物种类和数量保持相对稳定，系统内物质和能量的输出与输入在生态循环中接近平衡时，称生态平衡。

3) 城市生态系统

城市生态系统是以人类为主体的生态系统，它与以生物为主体的自然生态系统的主要区别在于人是生态系统的主体，其所从事的经济活动和人自身的增值是影响生态系统的决定因素，植物与动物属从属地位，即单位面积人类的活质量大大超过植物和一般动物的活质量。而生物为主体的生态系统则是以自然提供的绿色植物为主体，素食动物活质量小于植物，肉食动物活质量小于素食动物。

城市生态系统还具备以下两大特点：(1) 城市生态系统是人工环境的生态系统。生物群落的生存与发展受到人类很大的限制与抑制；土地、水体、大气等自然生态系统中的环境因素受到人工的改造，形成人工化"地貌"(建筑物、构筑物密集)、人工化"气候"(城市热岛)、人工化"土壤"(混凝土、沥青路面)、人工化"水系"(给排水管道)以及其他人工设施。(2) 城市生态系统是一个大开放系统。为了维持城市的生存，需要大量输入粮食、淡水、燃料、原料，输出大量产品和废物，形成一个大输入、大输出、大容量、高密度、高效率的物质和能量转移的大开放系统。

4) 城市生态经济学

城市生态经济学是研究生态系统和经济系统相互作用所形成的生态经济复合系统的学科，分析两者的结构、功能，摸索对立和统一的运动规律，研究解决矛盾的对策。经济系统是指由生产、流通、分配、消费所组成的社会物质资料再生产的有机系统。生态经济学研究的范围可大可小，大可以覆盖整个地球，小可以划定在某个区域，农村地区与城市地区也有区别。城市生态经济学是研究城市生态经济系统的结构、功能及其运动规律的学科。

7.2.2 城市生态与环境规划的任务

综上所述，城市生态与环境是以城市人群为主体的，自然环境和经济社会环境之间相互作用、制约和依赖的复合系统。

城市生态环境规划是对一定时期内城市生态环境建设提出的对策、目标和实施措施。其目的就是在现实可行的基础上协调经济社会发展与城市生态环境之间的矛盾，遏制和防止生态环境的破坏和污染，提高环境质量，维护生态平衡，实现城市可持续发展的目标。

城市生态环境规划的内容主要包括以下两个方面：

一是城市形体环境规划，包括城市空间布局结构与形态、城市绿化系统、城市景观环境、旧区的保护改造与新区开发等方面。

二是城市生态环境质量优化与控制规划，包括生态环境保护与灾害防治，产业结构优化与工业布局调整，城市大气环境、水环境、声环境的保护与治理，固体废弃物的处理与综合利用等。

具体是要着重研究解决好以下 4 个问题：(1) 合理开发和利用自然资源的问题。城市所拥有的一切自然资源包括土地、水、农牧、森林、矿产、风景等，既要开发，又要保护，开发利用必须保持合理的规模，以尽可能维持自然生态平衡。(2) 减少环境污染和治理污染的问题。城市是人口密集地区，生产与生活必然会排放出废气、废水、废渣以及噪声、电磁波、放射性物质等污染环境，这个现象用城市生态经济学的观点看是经济活动所形成的物质、能量、信息流动与转换不合理的表现，必须通过改革工艺，减少污染，并对污染物加以治理或回收利用，以减少其对城市环境的影响。(3) 城市功能的合理布局和基础设施建设的问题。城市的各项功能用地必须顺应地形、气候等自然条件的要求，合理布局。例如，依山傍水、保护湿地、注意风向等，减少城市内部各项功能的互相干扰，创造良好的小气候等。同时，要加强基础设施建设，保证城市的能流、物流、信息流的畅通，维持城市正常、高效地运行。(4) 正确处理城市与其周边大区域的关系问题。城市发展战略既受大区域环境的制约，又会影响大区域生态环境变化，必须正确处理城市之间、城乡之间出现的种种矛盾，不以邻为壑，共同建设地区性的基础设施，按照市场经济的原则，实行经济上合理分工，形成互补型高效的产业网络。

7.2.3 城市生态与环境规划目标的制定

城市生态与环境保护规划的最终目标是要建设生态城市。生态城市的概念是 1981 年由前苏联生态学家扬尼斯基提出的一种理想的人类栖息地的模式，即要把城市建设成为一个可以自动组织和调节的，自然、城、人共生共荣系统。其主要内涵为：① 倡导生态价值观，讲究生态伦理，树立生态意识，在教育、科技、文化、道德、法律、制度等方面建立自觉保护环境，促进人类自身发展的机制。② 建立空间布局合理、基础设施完善、生态建筑广泛应用的，不可再生的自然资源得到充分循环利用的，城乡结合的，社会、经济、自然复合系统结构合理、功能稳定、达到动态平衡状态的，人与自然和谐的城市。

要实现这个目标是一项长期任务，需要经过若干代人的努力才能完成。

千里之行，始于足下，对于已经造成的污染应该现在就着手治理，只要经过坚持不懈的努力，是可以取得成效的。例如伦敦工业化与城市化发端于 18 世纪中叶，到 20 世纪中叶，经过 200 年的发展，城市环境污染已达到难以容忍的地步，著名的伦敦烟雾事件就发生于 1952 年，随后政府下大力气治理污染，改变燃料构成，实施以电力、天然气等清洁能源代替烟煤，控制汽车尾气排放，大约经过了 50 多年的努力，把空气质量恢复到工业化以前的水平。这个事例一方面说明环境治理的长期性，另一方面也说明，只要重视环境保护，经过切实的努力，环境还是可以改善的。

(1) 在 2000 年底我国颁布的《全国生态环境保护纲要》中，制定了全国生态环境保护的中长期目标。纲要指出：全国生态环境保护目标是通过生态环境保护，遏制生态环境破坏，减轻自然灾害的危害；促进自然资源的合理、科学利用，实现自然生态系统良性循环；维护国家生态环境安全，确保国民经济和社会的可持续发展。

近期目标。到 2010 年，基本遏制生态环境的破坏趋势。建设一批生态功能保护区，力争使长江、黄河等大江大河的源头区、长江、松花江流域和西南、西北地区的重要湖泊、湿地，西北重要的绿洲，水土保持重点预防保护区及重点监督区等重要生态功能区的生态系统和生态功能得到保护与恢复；在切实抓好现有自然保护区建设与管理的同时，抓紧建设一批新的自然保护区，使各类良好自然生态系统及重要物种得到有效保护；建立健全生态环境保护监管体系，使生态环境保护措施得到有效执行，重点资源开发区的各类开发活动严格按规划进行，生态环境破坏恢复率有较大幅度提高；加强生态示范区和生态农业县建设，全国部分县(市、区)基本实现秀美山川、自然生态系统良性循环。

中长期目标。到 2030 年，全国遏制生态环境恶化的趋势，使重要生态功能区、物种丰富区和重点资源开发区的生态环境得到有效保护，各大水系的一级支流源头区和国家重点保护湿地的生态环境得到改善;部分重要生态系统得到重建与恢复;全国 50%的县(市、区)实现秀美山川、自然生态系统良性循环,30%以上的城市达到生态城市和园林城市标准。

到 2050 年,力争全国生态环境得到全面改善,实现城乡环境清洁和自然生态系统良性循环,全国大部分地区实现秀美山川的宏伟目标。

党的十八届三中全会的决定指出:建设生态文明,必须建立系统完整的生态文明制度体系,实行最严格的源头保护制度、损害赔偿制度、责任追究制度,完善环境治理和生态修复制度,用制度保护生态环境。健全自然资源资产产权制度和用途管制制度,对水源、森林、山岭、草原、荒地、滩涂等自然生态空间进行统一确权登记,形成归属清晰、权责明确、监管有效的自然资源资产产权制度,建立空间规划体系,划定生产、生活、生态空间开发管制界限,落实用途管制。健全能源、水、土地节约集约使用制度。划定生态保护红线。坚定不移实施主体功能区制度,建立国土空间开发保护制度,严格按照主体功能区的定位推动发展,建立国家公园体制。稳定和扩大退耕还林、退牧还草范围,调整严重污染和地下水严重超采区耕地用途,有序实现耕地、河湖休养生息。建立有效调节工业用地和居住用地合理比价机制,提高工业用地价格。

(2) 我国《十二个五年规划纲要》提出"绿色发展,建设资源节约型、环境友好型社会"的生态保护和建设任务。指出:"面对日趋强化的资源环境约束,必须增强危机意识,树立绿色、低碳发展理念,以节能减排为重点,健全激励与约束机制,加快构建资源节约、环境友好的生产方式和消费模式,增强可持续发展能力,提高生态文明水平。"

一是,积极应对全球气候变化。坚持减缓和适应气候变化并重,充分发挥技术进步的作用,完善体制机制和政策体系,广泛开展国际合作,控制温室气体排放,提高应对气候变化能力。

二是,加强资源节约和管理。落实节约优先战略,全面实行资源利用总量控制、供需双向调节、差别化管理,大幅度提高能源资源利用效率,大力推进节能降耗,加强水资源节约,节约集约利用土地,加强矿产资源勘查、保护和合理开发,提升各类资源保障程度。

三是,大力发展循环经济。按照减量化、再利用、资源化的原则,以提高资源产出效率为目标,推进生产、流通、消费各环节循环经济发展,强化政策和技术支持,加快构建覆盖全社会的资源循环利用体系。

四是,加大环境保护力度。以解决饮用水不安全和空气、土壤污染等损害群众健康的突出问题为重点加强综合治理,强化污染物减排和治理。防范环境风险,加强重金属污染综合治理,加大持久性有机物、危险废物、危险化学品污染防治力度,开展受污染场地、土壤、水体等污染治理与修复试点,强化核辐射监管能力,推进历史遗留的重大环境隐患治理。加强环境监管,明显改善环境质量。

五是,促进生态保护和修复。坚持保护优先和自然修复为主,加大生态保护和建设力度,从源头上扭转生态环境恶化趋势,强化生态保护与治理,建立生态补偿机制。构建生态安全屏障,增强涵养水源、保持水土、防风固沙能力,保护生物多样性,构建以青藏高原生态屏障、黄土高原—川滇生态屏障、东北森林带、北方防沙带和南方丘陵山地带以及大江大河重要水系为骨架,以其他国家重点生态功能区为重要支撑,以点状分布的国家禁止开发区域为重要组成的生态安全战略格局。

六是,加强水利和防灾减灾体系建设。完善南北调配、东西互济、河库联调的水资源调配体系,推动解决西南的等地区工程性缺水和西北等地区资源性缺水问题,增加水资源供给和储备能力,加强雨洪资源和云水资源利用,新增年供水能力 400 亿 m^3。继续加强淮河、长江、黄河、洞庭湖、鄱阳湖等大江大河大湖治理和重要蓄滞洪区建设,基本完成 200 km^2 以上有防洪任务的重点中小河流治理,增强防洪能力。提高山洪、地质灾害防治能力,加快建立灾害调查评估体系、监测预警体系、应急体系,加快实施搬迁避让和重点治理。

《十三五规划纲要》做出了加快改善生态环境的部署。指出，以提高环境质量为核心，以解决生态环境领域突出问题为重点，加大生态环境保护力度，提高资源利用效率，为人民提供更多优质生态产品，协同推进人民富裕、国家富强、中国美丽。具体内容除了对《十二五规划纲要》提出的要求作进一步阐述外，增加了以下三方面的要求。

一是，加快建设主体功能区。有度有序利用自然，调整优化空间结构，推动形成以“两横三纵”为主体的城市化战略格局、以“七区二十三带”为主体的农业战略格局、以“两屏三带”为主体的生态安全战略格局，以及可持续的海洋空间开发格局。合理控制国土空间开发强度，增加生态空间。推动优化开发区域向高端高效发展，优化空间开发结构，逐年减少建设用地增量，提高土地利用效率。推动重点开发区域集聚产业和人口，培育若干带动区域协同发展的增长极。划定农业空间和生态空间的保护红线，拓展重点生态功能区的覆盖范围，加大禁止开发区的保护力度。

二是，健全生态安全保障机制。完善生态保护制度，落实生态空间用途管制，严守生态保护红线，确保生态功能不降低、面积不减少、性质不改变。建立森林、草原、湿地总量管理制度。加快建立多元化生态补偿机制，完善财政支持与生态保护成效挂钩机制。建立覆盖资源开采、消耗、污染排放及资源性产品进出口等环节的绿色税收体系。研究建立生态价值评估制度，探索编制自然资源资产负债表，建立实物量合算账户。实行领导干部自然资源资产离任审计。建立健全生态环境损害评估和赔偿制度，落实损害责任终身追究制度。

三是，发展绿色环保产业。扩大环保产品和服务供给，完善企业资质管理制度，鼓励发展技术咨询、系统设计、设备制造、工程施工、运营管理等专业化服务。推行合同能源管理、合同节水管理和环境污染第三方治理。鼓励社会资本进入环境基础设施领域，开展小城镇、园区环境综合治理托管服务试点。发展一批具有国际竞争力的大型节能环保企业，推动先进适用节能环保技术产品走出去。统筹推行绿色标识、认证和政府绿色采购制度。建立绿色金融体系，发展绿色信贷、绿色债券，设立绿色发展基金。完善煤矸石、余热余压、垃圾和沼气等发电上网政策。加快构建绿色供应链体系。

发展环保技术装备，增强节能环保工程技术和设备制造能力，研发、示范、推广一批节能环保先进技术装备。加快低品位余热发电、小型燃气轮机、细颗粒物治理、汽车尾气净化、垃圾渗滤液处理、污泥资源化、多污染物协同处理、土壤修复治理等新型技术装备研发和产业化。推广效烟气除尘和余热回收一体化、高效热泵、半导体照明、废弃物循环利用等成熟适用技术。

7.3 生态环境保护对城市布局的要求

城市布局是一项复杂的系统工程，在前几章里已着重叙述了经济发展、交通区位条件、城市设计等方面对城镇体系布局的要求。其中不同程度地涉及了一些生态环境保护的内容。

从生态环境保护的角度看，要求城市经济、社会的一切活动都必须以维护赖以生存的城市自然生态环境为前提，把城市结构形态建立在与自然生态环境相适应与协调的关系上。必须把城市布局放到区域的环境中加以研究，只有城乡结合，研究城镇体系网络，才能更好地体现人工环境与自然环境的结合，寻找正确处理经济发展和生态环境保护关系的“门槛”，以求得经济效益、社会效益与环境效益的协调发展。在目前的形势下，强调对自然环境的保护是历史的必然选择，只有这样，才能体现以人为本的思想，贯彻可持续发展的方针。

关于生态环境保护对城市布局的要求是多方面的，在《城市规划原理》及城市规划一系列法规和国家标准中都有阐述。例如,在背山靠水之处选择城址,有污染的工业项目放到城市的下风下游方向等等。这里着重分析一下环境的合理容量问题。

前面已提到城市生态系统是以人为主体的生态系统,它与自然生态系统的区别在于人的活质量大于植物和动物的活质量。据2005年资料统计,北京市区每平方公里平均容纳12 000人,其现存量为720 t,而绿色植物的现存量只有130 t,两者之比为5.5∶1;武汉市区人口密度为17 719人/km^2,其现存量为883 t/km^2,而绿色植物的现存量仅有51 t,两者之比为17.3∶1。在人口密集的城市环境中,除了水源、能源、各种矿产和农牧原料需要大量输入以维持城市生产、生活正常运行,由城市加工的产品和废料也需要输出外,城市在运行过程中需要消耗大量氧气,同时吐出大量二氧化碳以及其他废气,这主要依靠城市周围的空气的流动加以补充。人口密集,要求城市周围有更多的绿色空间为城市提供足够的氧气,吸收大量二氧化碳,以取得生态平衡。

城市空间与城市外围保持自然状态的空间(或称绿色空间)之间保持多大比例才合适,这是一个十分复杂的课题。一是和城市的区位有关,例如城市近湖、靠海,产生负离子多,氧的补充就多;二是和绿色空间的质量有关,如城市外围是森林、草原,还是荒漠、戈壁,也影响其比例关系;三是和城市性质有关,如重化工城市和轻工为主或商贸旅游为主也有很大区别。所以至今环保部门还没有提出一个权威的、为各方面认同的数据。

在伦敦、莫斯科的规划中,在市中心区外围规划了两倍于市区的绿化圈,以维持城市生态环境,对于一个综合性的城市来说,这样做还是有一定道理的。

据北京市1973年环保部门对市区需氧量的粗略测算,市区城乡人口428万人,日耗氧气3 210 t,由于城市各种因素在正常运行中所用燃料的燃烧平均日耗氧气60 000 t,因此,为了维持正常的城市运行,日需补充氧气6.321万t。1 hm^2 树林在生长季节每天可放出氧气700～750 kg,如按此测算,为了维持氧生态平衡,需要842.8～903 km^2 的绿化面积,如市区城乡占地380 km^2 内有30%的绿化面积(即114 km^2),则在市区建设用地外围尚需728.8～789 km^2 绿化用地。即建设用地与外围绿色空间之比为1∶2。这个数据和伦敦、莫斯科的规划的实践大体相当。

实际上市区外围的绿色空间不可能全部都是树林,林木覆盖率按规划达到40%,剩下的绿色空间为农田、花圃和草地,其产氧量远不及树林,如按每公顷产氧量300～350 kg核算,则维持市区氧平衡的用地为1 800～2 100 km^2,除去市区建设用地内的绿地,市区外围尚需1 700～2 000 km^2 绿色空间,建设用地与绿色空间之比为1∶4.5～1∶5.3。如果市区建成区用地内的绿地率还不足30%,人口更密、产业更多、日耗氧气量更大,那么两者之比差距还得拉大。

因此,在地域内建成区和外围非建设区的比例,最低不能低于1∶2,合理的空间比例应大于1∶5.5才能保证有较好的环境质量。这个结论虽不见得十分科学,但要达到这个目标还是很不容易的,在没有更权威结论的情况下,多给城市留一点绿色空间总应该是可取的。

用这个指标衡量,北京目前城乡建设占地约2 000 km^2,在平原尚有4 800 km^2 为保留自然状态的非建设区(或称绿色空间),两者之比为1∶2.4,可以勉强达到生态平衡要求。如果与全市域相比,两者之比为1∶7.4,应该说可以维持较好的生态。因此10 000 km^2 的山区保持自然状态,并加强绿化,将成为保证首都具备良好生态的必要条件。如果用这个标准来校核城市化程度较高的城市连绵区,就可发现人口与产业已过于密集,疏散人口和产业,从生态要求来说已势在必行。当然,这里只是把复杂的问题简单化研究后所作的一些趋势分析,这个问题还有待专业部门作专题研究,希望能得出更加科学的结论。

同样,从生态环境保护角度看,伦敦、莫斯科、巴黎、东京、北京、上海这些单中心布局的城市就不如荷兰兰斯塔德地区和德国鲁尔地区那种多中心布局更合理。控制中心城区向外蔓延，疏散中心城区过密人口，逐步建立大、中、小城市相结合的多中心城镇网络，形成组团式布局，将是未来城市的发展方向。

7.4 水资源的开发与保护

水是人类赖以生存和发展的不可缺少的物质，人类文明的起源可称为流域文明，历史悠久的国家和民族都是在母亲河的哺育下发展起来的，许多城市的湮没也是由于水源的枯竭。因此，城市的发展除了土地资源的合理开发外，水也成为决定城市发展规模的重要制约因素。

世界淡水资源有限，随着人口增殖，产业发展，世界总需水量日益增加，在20世纪上半叶，世界需水量年增7 000亿 m^3，到下半叶需水量年增2万亿 m^3，粗略测算，20世纪下半叶，每20年用水量即翻一番。因此，21世纪水资源的合理开发与利用已成为环境与发展要解决的重大问题，必须引起全社会的重视。

7.4.1 我国当前水资源开发与利用存在的主要问题

1）水资源供应日益紧张

我国是一个缺水的国家。所谓水资源主要是指由于降水形成的江河径流量和可更新的地下径流量，多年平均为28 000亿 m^3，人均占用量为2 200 m^3，仅为世界平均占用量的1/4。据2000年公布的《中国可持续发展水资源战略研究报告》预测，10年后，我国人均水资源占有量将降至1 760 m^3。按照国际上一般承认的标准，人均水资源占有量少于1 700 m^3，即为用水紧张国家。从需要量分析，20世纪80年代我国总用水量为4 400亿 m^3，2000年为6 000亿 m^3，到2030年前后，我国用水总量将达到每年7 000亿～8 000亿 m^3，而我国实际可利用的水资源量每年为8 000亿～9 500亿 m^3，需水量已接近可利用水量的极限。

我国水资源不仅短缺，而且时空分布不均匀，地区分布不均匀，使得水资源组合不平衡，年际变化大，增加了调节利用的难度，水资源可利用量仅为资源总量的1/3，因而缺水比较严重。按目前的正常需要和不超采地下水，全国年缺水总量约为300亿～400亿 m^3，全国约有300个城市缺水，农业受旱面积3亿亩，3 300万农村人口饮水困难，形势十分严峻。

2）洪涝与旱灾频发

我国50%的人口、30%的耕地和70%的工农业产值集中在七大江河中下游的100万 km^2 的地区，虽有25万km的堤防，8万多座水库和80多处分洪蓄洪区来维护其安全，但是，防洪标准低，工程老化，且大量分洪蓄洪区被人为填垫造地，1998年长江、松花江等处的洪峰，其洪流量虽还不及20世纪50年代，却仍难以抵御，造成比50年代更大的灾害，使城乡经济蒙受巨大损失。洪水灾害至今仍是中华民族的心腹大患。

除了洪灾以外，我国还备受旱灾之苦。2000年，严重的旱灾几乎影响了半个中国，7 000万亩粮田绝收，100多个城市被迫限水。

3）水资源的不合理使用和水土保持不力，引发生态环境问题

由于对地表水和地下水的过度利用和超量开采，使湖泊干涸，全国1 km^2 以上的湖泊30年间减少了543个；河道入海水量锐减；沿海地区的海水入侵；地下水位急剧下降，引起地面下沉。例如，杭嘉湖地区最大沉降点每年下沉42.5 mm，近30年累计沉降了0.8 m左右；苏锡常地区已形成5 500 km^2 的沉降漏斗，近年来每年沉降80～120 mm，最厉害地点达200 mm，40年来最大沉降中心累计沉降2.2 m左

右;80 年来,上海市区地面平均下沉了 1 m 以上,地面不均匀下沉不仅影响交通与地下管道设施,而且由于闸口下沉等原因,降低了水利设施的防洪标准。在地面下沉的同时,由于河湖面积缩小和淤浅,全球气候变暖,河湖水位和海平面均呈上升趋势。据 2000 年《中国海平面公报》称:50 年来,我国沿海平面呈上升趋势,平均每年上升 1～3 mm;近 3 年来,上升速率加快,每年上升 2.5 mm。2000 年我国南海、台湾海峡上升幅度较大,分别上升 92 mm 和 68 mm,黄海、东海、北部湾升幅在 40～60 mm 之间。长江三角洲地区海拔标高不到 3 m,已出现不少地上河,部分陆地快成了浮在水上的盆地,陆地沼泽化与海侵的威胁越来越严重。

此外,据 2000 年《中国海洋灾害公报》称:全国共发生较大风暴潮灾害 4 次,赤潮 28 次,海难事故 13 次,海上溢油 10 起,受灾人口 1 000 多万,灾害次数均比往年有所增多,总经济损失达 120.8 亿元。

由于河道上游林木乱采滥伐,过度放牧和滥挖野生药材破坏草原等原因,水土流失和沙漠化现象十分严重。全国水土流失面积达 356 万 km^2,沙漠及沙漠化面积达 149 万 km^2,20 世纪 80 年代以来每年以 2 100 km^2 的速度扩大。近年来,我国出现沙尘暴的次数越来越多。据统计,20 世纪 60 年代我国发生特大沙尘暴 8 次,70 年代增至 13 次,80 年代 14 次,90 年代至今已发生过 30 多次,且波及范围越来越广,造成的损失越来越大,影响我国甘肃、内蒙、宁夏、山西、陕西、河北、北京、天津等面积达 140 万 km^2、拥有 1.3 亿人口的广大地区和数十个城市。

4) 水域污染严重

全国 80%左右污水未经处理就直接排入水域,年排污量已超过 600 亿 t(工业废水占 70%左右,生活污水占 30%左右)。全国 90%的城市水域污染严重,近 50%的城镇水源不符合饮用水标准。据统计,20 世纪 80 年代,中国全国环境污染损失约占 GDP 的 4%～5%,其中水污染损失约占 GDP 的 1.5%～3%。

全国 700 多条河道有一半以上受到中度污染和严重污染,水质属四五类;全国 2 万多个湖泊、10 多万个水库中,25%已经富营养化,还有 25%正在向富营养化发展。据 2000 年对珠江、长江、黄河、淮河、辽河、海河、松花江七大流域的监测结果显示,大部分河段已受到不同程度的污染,受污染的河段中 57.7%的断面为三类水质,21.6%的断面为四类水质,20.7%的断面为五类和劣五类水质。现把各水系污染情况简述于下:

(1) 珠江水系。南盘江位于珠江水系上游,流经云南省工业最发达的地区(占全省工业经济的 1/3),每天排放 107 万 t 工业废水和生活污水(以下简称废污水),加上沿途农药化肥对水体毒化,水质已在四五类之间;水系进入广西红水河后,水质变黑,其主要支流邕江 100 多公里河段水质已劣于四类,旱季全为五类;进入广东后,水系被 5 万多家三资企业包围,年排废污水 35 亿 t,90%多未经处理,造成全省 33 条河道 42%变为四五类水质,深圳河、江门河、汾河、珠江广州以下河段,甚至小东江、西歧江、墨江等都出现了黑臭的水。

(2) 长江水系。是我国最大的河流,在其干流上 21 个大中城市每年向长江排放 63 亿 t 废污水,以致每个城市附近江段均有 10～30 km 不等的污染段,加起来总长已超过 500 km,江面上每年有航船 30 多万艘次,向江中排放 36 亿 t 废污水,沿江两岸和船舶向江中丢弃的垃圾难以计数,仅乌江口附近就形成一个 1 km 长、10 m 宽、3 m 厚的垃圾岛。长江干流总体上已经污染,61.2%的水质为三、四、五类。

属长江水系的三个湖泊,大部分已富营养化和超富营养化。上游的滇池水质由于超富营养化,多次出现蓝藻大暴发,水质腥臭,劣于五类;中游的巢湖总体水质已超过五类,其中,总磷超标 5.2 倍,总氮超标 3.1 倍;下游太湖 240 多平方公里湖面大部分水域已富营养化和超富营养化,多次出现蓝藻大暴发。

(3) 黄河水系。是我国第二大水系,自青海省起穿越我国北方8省。据《中国水利报》调查,黄河自龙门以下,干流河段均为五类或劣五类水质,支流入口处均为五类水质,洛河、汾河等支流几乎有水皆污。下游河段经常断水,1998年共断流330天,近年来加强了黄河水的调节,断流状况才获缓解。

(4) 淮河水系。源于河南桐柏山,流经安徽,到江苏入洪泽湖。由于乡镇企业发展很快,特别是有严重污染的造纸、化工、酿造、食品、制药、电镀等小企业大量发展,缺乏治理污染的手段,大量废水排入河道,从支流到干流形成全流域严重污染的河道,连续出现重大污染暴发事件,两岸居民农副业损失惨重,影响饮用水的供应,企业和人民群众之间纠纷不断。

(5) 辽河水系。源于内蒙古高原(西辽河)和长白山麓(东辽河),包括大辽河在内。该地区属严重缺水地区,人均水资源拥有量只有535 m^3,是全国的1/4。但该地区重、化工业集中,水系常年水质均为五类或劣于五类,枯水期全部是黑臭水。总体来说已失去河道功能,两岸2/3水井不能使用。

(6) 海河水系。主要在河北地区,包括永定河、大清河、子牙河和南北运河等支流共有大小河流300多条,每年排废污水40.73亿t,占径流水量的1/6.5,污染程度居全国各大江河之首,近期对其6 279 km主要河床的评价,劣于五类水标准的占42.6%,凡流经城镇和近郊工业区的水道,几乎都成了排污沟。

(7) 松花江水系。源于内蒙古高原和长白山麓,属一二类水质的河道不到17.8%(嫩江上游和松花湖段),60%河道水质属四五类,每年流入松花江的废污水达35.19亿t,且带有汞、挥发酚等有毒物质,早在20世纪六七十年代就出现过汞中毒,至今在干流底泥中还残留57.7 t汞,随时都会释放出来。

此外,闽江、钱塘江(富春江)水系受上游乡镇小造纸、小化工、塑料制品与食品工业废水污染,四类水质比例大量增加,溪流与地下水遭受不同程度的污染,水库也出现富营养化的现象。

据国家海洋局发布的2000年《中国海洋环境质量公报》称:近岸和近海海域水质劣于国家一类海水水质标准的面积达20.6万km^2,约占我国近海海域面积的1/3。其中:尚能满足养殖需要,污染较轻的二类水质面积为10.2万km^2;污染较重的三类水质面积为5.4万km^2;丧失使用功能的四类水质面积为2.1万km^2;劣四类水质面积为2.9万km^2。上海、浙江、辽宁、天津近海海域污染较重,渤海尤为突出。污染物质以无机氮、磷酸盐等营养盐的污染最重,一些海域油类、铅、汞含量偏高,某些海域的贝类体内有害残留物偏高。据称近期排海污染物不会明显减少,难降解的有机污染物入海量将呈增加趋势,海域污染问题不容乐观。

7.4.2 水资源可持续发展的总体战略与改革措施

2000年9月15日,中国工程院"中国可持续发展水资源战略研究"项目组提出了《中国可持续发展战略研究综合报告》,这是国务院重大咨询项目,由多学科的43位两院院士和300位院外专家经过两年努力完成的成果,提出了8项总体战略和3项改革措施,其核心是提高用水效率,并认为这是支持我国经济、社会可持续发展的关键。现摘要如下:

我国水资源的总体战略:必须以水资源的可持续利用支持我国社会经济的可持续发展。建议从8个方面实行战略性的转变:(1) 防洪减灾要从无序、无节制地与洪水争地转变为有序、可持续地与洪水协调共处的战略。为此,要从以建设防洪工程体系为主的战略转变为:在防洪工程体系的基础上,建成全面的防洪减灾工作体系。(2) 农业用水要从传统的粗放型灌溉农业和旱地雨养农业转变为:以建设节水高效的现代灌溉农业和现代旱地农业为目标的农业用水战略。(3) 城市和工业用水要从不重视节水、治污和不注意开发非传统水资源转变为:节流优先、治污为本、多渠道开源的城市水资源可持续利用战略。(4) 防污减灾要从末端治理为主转变为:源头控制为主的综合治污战略。(5) 生态环境建设要从不重视生态环境用水转变为：保证生态环境用水的水资源配置战略。(6) 水资源的供需平衡要从单纯地以需定供转变为：在加强需水管理基础上的水资源供需平衡战略。(7) 北方的水资源问题要从以超采地下水和利用未经处理的污水维持经济增长转变为：在大力节水治污和合理利用当地水资源的基础上，采取南水北调的战略措施，保证北方地区社会经济的可持续增长。(8) 西部地区的水资源问题要从缺乏生态环境意识的低水平开发转变为：与生态环境建设相协调的水资源开发利用战略。

为了实现以上战略转变，必须进行 3 项改革：(1) 水资源管理体制的改革。(2) 水资源投资机制的改革。(3) 水价政策的改革。

7.4.3 水资源开发与保护的对策

根据《全国生态环境保护纲要》的内容和《中国可持续发展水资源战略研究》的总体战略，水资源开发与保护的对策和内容可概括为以下几点：

1) 建立生态功能保护区

江河源头区、重要水源涵养区、水土保持的重点预防保护区和重点监督区、江河洪水调蓄区、防风固沙区和重要渔业、水域等重要生态功能区，在保持流域、区域生态平衡，减轻自然灾害，确保国家和地区生态环境安全方面具有重要作用。对这些区域的现有植被和自然生态系统应严加保护，防止生态环境破坏和生态功能退化。跨省域和重点流域、重点区域的重要生态功能区，建立国家级生态功能保护区；跨地(市)和县(市)的重要生态功能区，建立省级和地(市)级生态功能保护区。

生态保护区内，停止一切导致生产功能继续退化的开发活动和其他人为破坏活动；停止一切产生严重污染的项目建设；区内人口已超出承载能力的应采取必要的移民措施；走生态经济型发展道路，尽快遏制生态环境恶化趋势。

例如，国务院于 2001 年批准的塔里木河流域综合治理方案就是落实生态功能保护区的一项重点工程，可以作为落实该项任务的一个典型。该区长期以来，由于气候变化和对水土资源的不合理开发利用，导致河道断流、湖泊干涸、林木死亡、土地沙化，下游塔克拉玛干沙漠和库姆塔格沙漠逐步合拢，生态系统加剧恶化，严重制约了流域经济社会的可持续发展，并威胁到我国西北地区生态系统。塔里木河的综合治理方案：采取压缩平原水库，减少蒸发；兴建山区水库，提高流域水资源合理配置的调控能力；整治干流河道，筑堤、防渗、疏浚；积极稳妥地进行流域经济结构调整，发展节水农业，实施退耕还林、还草，完成荒漠林封育、草地改良。方案实施后，可以改善的流域天然植被面积达 1 950 万亩，下游生态系统将得到初步恢复，每年会有 3.5 亿 m^3 水输往台特玛湖。

2) 水资源的开发利用要全流域统筹兼顾，生产、生活和生态用水综合平衡

(1) 必须保证生态环境用水

森林具有良好的调节用水功能，降雨时能减少地表径流，增加地下水入渗，在小流域范围内可降低洪水灾害，增加枯水期的水量。同时，还可以防风固沙，减少水土流失，改善水质。但是，植物总是要耗水的，特别是对干旱与半干旱地区，会影响河流总水量。必须坚持首先保证生态环境用水，然后再分配经济用水的原则。为实现 2030 年我国生态环境明显改善的目标，需要考虑华北、西北、内陆、黄土高原与黄河下游河道、湖泊洼淀、城市环境等不同类型生态环境用水 800 亿～1 000 亿 m^3，约占总需水量的 12%。

(2) 经济发展必须以水定项目，以水定规模

在缺水地区停止新上高耗水项目，逐步调整高耗水产业。建立缺水地区高耗水项目管理制度。在发生江河断流、湖泊萎缩、地下水超采的流域和地区，应停止上新的加重水平衡失衡的蓄水、引水和灌

溉工程;合理开采地下水,做到采补平衡;在地下水严重超采区,要划定地下水禁采范围,清理不合理的抽水设施,控制地下水漏斗扩大,防止地表塌陷。对于擅自围垦的湖泊和填占的河道要限期退耕还湖、还河。

(3) 坚持开源与节流并重,节流优先的原则

为了解决国家发展战略和区域发展需求,水资源需要在流域内和流域间两个层次调配,预计国民经济最大年需水量(2050年前)将达7 000亿～8 000亿 m^3,需在现状的基础上新增2 400亿 m^3 左右的用水。必须通过现有工程挖潜,兴修蓄、引、提工程,地下水挖潜,废水处理后新增回用量,沿海地区用海水代替部分淡水作冷却用水,干旱区及山区兴修雨水集流工程等措施,增加1 750亿 m^3 左右的供水能力。为了解决北方缺水地区发展的水资源需要,必须实施跨流域调水以新增500亿～700亿 m^3 的供水能力。

现在水利部提出的南水北调及东、中、西三线引水工程已被中央肯定,已进入逐步实施阶段,北方缺水状况可望得到缓解。但是,上述种种措施只能勉强维持21世纪中叶用水需要。在战略研究报告中提出,只有在2030年东部发达地区率先接近需水"零增长",2050年前后全国需水量趋近"零增长"的前提下,才能保持供需平衡。面对如此严峻的形势,必须坚持开源与节流并重,节流优先的原则,必须把节水放在突出的位置,建立节水型社会。

解决水资源可持续发展战略的核心是提高用水效率:

① 要提高农业用水效率。农业用水占用水总量的75%左右,但至今还是大水漫灌的方式居多,水的有效利用率比发达国家低30%,必须采用喷灌、滴灌、渗灌等先进技术提高水的利用效率。同时还要讲究科学种田,采取合理耕作,研究灌溉的边际效益,找到产量和用水的最佳结合点,确定灌溉农业和依赖天然降水的旱地农业的比例,运用现代科技更科学地利用天然降水,提高旱地农业的产量等措施,千方百计提高用水效率。

② 要提高各类产业的用水效率。我国单位国民生产总值的用水量是发达国家的100倍。除了农业用水的浪费以外,工业用水重复利用率只有30%～40%,而发达国家为75%～80%,城市输配管网和用水器具的漏水损失高达20%以上,采取措施改变上述状况,就可以大大提高水的利用率。目前国外提出了工业生态学的新概念。所谓工业生态学,即是通过"环保加效率"的办法,减少原料消耗,改进生产程序,缓和对环境的影响,努力实现资源消耗和环境污染最小化,以利在竞争中取胜,这个思路值得各行业仿效。

③ 要制定合理的用水政策,适当提高水价,用经济杠杆来加强水资源的管理。例如,地处宁夏与内蒙的宁蒙灌区是水资源浪费严重的地区之一。2000年,宁蒙灌区把用水价格由每立方米0.6元调到1.2元,采取经济手段提高了农民的节水意识,结果少引黄河水6亿多立方米。必须通过完善法律、法规建设,为水资源保护和管理提供法律保障。

3) 大力治污,加强对水体环境的保护

我国严重的水污染现象形成的原因是多方面的,主要是在经济快速增长形势下,工业结构不合理,至今还是粗放型发展模式;废水处理率低,大量废水直接排放,水源污染严重,没有采取有效措施加以控制;再加上历史欠账过多,资金投入严重不足,人们环境意识淡薄,环境管理薄弱,环境执法力度不够;排污收费等相关经济政策未能起到对治污的刺激作用等等,使水污染的形势十分严峻。为此,必须采取以下措施:

(1) 尽快实现从末端治理向源头治理的战略转移,大力推行清洁生产,实现"增产不增污"、"增产减污"的目标。通过调整产业结构、改革生产工艺、进行技术改造、加强生产管理等手段,将污染消灭在生

产工艺过程之中，并逐步将全过程预防的环境战略持续地应用于生产、产品和第三产业及消费中。如果工业废水和工业有机废物造成的COD排放量保持在1997年的水平，则城市废水排放COD总量在2010年可维持在1997年的水平，2030年和2050年则将分别降低14%和20%，使水环境有明显改善。

(2) 加快城市废水处理厂的建设步伐，实施废水资源化。如能在2010年、2030年、2050年废水处理率分别达到50%、80%和95%，废水回用率分别达到15%、30%和40%，则将减少排放水体的污染物量，大大改善水环境质量。

(3) 从单纯的点污染源治理转向点源、内源和面源的流域综合治理。面源治理应与生态农业建设相结合，鼓励畜禽粪便资源化，确保养殖废水达标排放，严格控制氮、磷严重超标地区的氮肥、磷肥施用量。湖泊、水库、海湾中的沉积物和水产养殖场等内污染源也应加以控制，严禁向水体倾倒垃圾和建筑、工业废料，加大排污管理力度，保护水体环境。

(4) 切实保护饮用水源地，尽快恢复已受污染的水源地水质；修改饮用水的卫生标准，提高饮用水的安全性。

(5) 制定并完善相关法律规章、制度，严格依法治水；改变“多头管水”的现象，完善水的管理体制；采取有利于水污染防治的经济政策，进一步加大水污染治理投资力度，以确保防污减灾目标的实施。

4) 适应自然，防洪减灾

江河洪水本是一种自然现象。近年来洪灾频发很大程度上是人们对河湖两岸空间不适当的开发造成的。人们为了经济发展，不断地填湖造地，围海造地，修筑堤防与水争地，缩小了洪水的宣泄和调蓄空间，当洪水来量超过人们给予江河的蓄泄能力时，就会出现堤防破裂，形成洪灾。同理，人们对地下水的长期超量开采，使地下水位急剧下降，形成地下漏斗，而地面建筑密度过大，更增加了地层的负担，必然会引起地面承载力下降，造成地面下沉速度加快以至塌陷，湖、海水面上升与地面下沉相互作用，沼泽化与海侵的趋势越来越明显，给城镇带来的威胁越来越大。

为此，必须转变观念，建立人类与自然和谐相处的理念，给洪水以适当的空间，确立防洪减灾的社会意识，加强流域水利的统一管理，综合规划，从无序、无节制地与洪水争地转变为有序、可持续地与洪水协调共处。从以建设防洪工程体系为主的战略转变为在防洪工程体系的基础上建成全面防洪减灾工作体系。有计划地退耕还海、还湖、还河，保护水的蓄泄空间，逐步形成人与洪水和谐共存、良性循环的局面。合理控制地下水开采，做到采补平衡，在地下水严重超采地区，划定地下水禁采区，清理不合理的抽水设施，创造条件回灌地下水，防止和减缓地面下沉造成的灾难。

《十三五规划纲要》提出了“强化水安全保障”的要求，指出：加快完善水利基础设施网络，推进水资源科学开发、合理调配、节约使用、高效利用，全面提升水安全保障能力。

一是优化水资源配置格局。科学论证、稳步推进一批重大引调水工程、河湖水系连通骨干工程和重点水源等工程建设，统筹加强中小型水利设施建设，加快构筑多水源互联互调、安全可靠的城乡区域用水保障网。因地制宜实施抗旱水源工程，加强城市应急和备用水源建设。科学开发利用地表水及各类非常规水源，严格控制地下水开采。科学实施跨界河流开发治理，深化与周边国家跨界水合作。科学开展人工影响天气活动。

二是完善综合防洪减灾体系。加强江河湖泊治理骨干工程建设，继续推进大江大河大湖堤防加固、河道治理、控制性枢纽和蓄滞洪区建设。加快中小河流治理、山洪灾害防治、病险水库水闸除险加固，推进重点海堤达标建设。加强气象水文监测和雨情水情预报，强化洪水风险管理，提高防洪减灾水平。

7.4.4 城市总体规划的主要任务

城市处于大区域的环境中，因此，城市水源的开发与保护必须在大区域综合规划的指导下进行，承担区域规划所规定的任务，具体落实区域规划规定的各项指标。主要规划内容为：

1）积极开辟水源，以水定规模，以水定布局

水资源规划必须采取依靠外援与内部挖潜相结合的方针。市域范围内在开辟新水源的同时，要加强水资源的管理，搞好水源保护，划定水源保护区，严格执法，防止污染。采取地下水与地面水联调措施，在丰水期以河水代替井水，通过人工回灌地下水，蓄养地下水资源。对于地表水也要采取调节措施，以丰补歉。要积极推进污水资源化的进程，提高污水处理率，调节水价，鼓励利用再生水，扩大再生水回用量，弥补水资源的不足。

在城市布局上，新开辟城镇应尽量靠近水源地，根据水资源量确定城市规模，尽量减少市域内跨地区调水的规模。

2）要把节约用水和建设节水型城市作为长期战略方针

大力提高水的循环利用率，电力等高耗水项目重复利用率要达到95％以上，一般工业重复利用率达到80％以上，城市公共用水中的空调冷却水重复利用率达到90％以上，普及节水卫生洁具，减少生活用水。农村地区也要大力节水，发展喷灌、滴灌、渗灌，完善渠道，减少渗漏，调整农业结构，建设节水农业。

3）健全排污系统，实行雨污分流

普及污水管网，扩大污水管网覆盖的面积，逐步实现建成区全流域覆盖；河湖岸边修建截流管截流污水，避免污水直接排入河湖。因地制宜建立污水处理厂，提高污水处理率，对大城市来说宜采取集中与分散相结合的布局，根据不同地区污水量确定处理厂的规模，以利就近排放、处理与回用；对于小城镇来说应尽量集中设置，以利于提高处理质量。对于工业污水必须采取内部治理与城市污水处理相结合的方针，力争更多的污水在工厂内部消化回用，必须排入城市污水管网系统的应达标排放。调整水价，逐步建立供水系统，不断提高水的使用效率。

4）防洪排水，整治河湖

城市防洪规划要贯彻全局规划、综合治理、防治结合，建立防洪减灾系统；要与大区域的流域防洪规划相协调，不能以邻为壑；防洪标准要根据中心城区与郊区城镇的不同要求，因地制宜，因害设防；为了确保城市防洪安全，必须加强上游小流域治理，加强山区和平原绿化，保持水土，减少径流，防止泥石流等灾害；防洪设施建设要与美化城市、保护环境相结合，整治河湖水系，保护湿地，蓄排结合，合理分洪。

7.5 大气环境的保护和能源对策

7.5.1 大气环境问题的由来和环境科学的发展

大气污染几乎是与产业革命同步产生，到20世纪50年代，工业高速发展，带来越来越多的环境问题，这是人工环境侵蚀自然环境引起生态环境失衡的必然结果。

大气污染的主要来源有两个：

一是燃烧化石原料（特别是煤）排放的二氧化硫和由其造成的酸雨，以及工业排放的烟尘。世界著

名的马斯河谷烟雾事件、多诺拉烟雾事件、伦敦烟雾事件都跟二氧化硫和烟尘有关，原因是燃烧产生的二氧化硫转化成硫酸雾，导致人们胸闷、咳嗽、呕吐，年老体弱者因而死亡。

二是光化学烟雾。系由汽车尾气和石油工业废气排出的碳氢化物和氮氧化物在太阳光作用下发生光化学反应形成的烟雾，是一种由臭氧、其他氧化剂和细颗粒物（气溶胶）组成的混合物。烟雾产生使大气能见度明显下降，刺激眼、鼻、喉黏膜引起不适，并使植物受害。

发展到20世纪六七十年代，大气污染已由局部问题发展到区域性的问题。例如，20世纪60年代，东欧、英、德排出的二氧化硫被大气输送到北欧形成酸雨，污染了工业污染并不严重的挪威，美国与加拿大之间也产生类似情况。

20世纪80年代，随着环境科学的发展，对大气污染问题的认识更加深入。认识到大气流动，环绕地球一圈只要两年，因而大气污染无边界可言，大气环境问题是全球性的问题。由此环境争端迭起，各种国际行动，如条约、公约、议定书等纷纷签订，区域国际间的合作加强。1992年环发大会提出了可持续发展的概念，将环境保护变成世界范围的统一行动。同时，一些全球性的环境保护问题，例如全球气候变化问题，地球高空臭氧层的保护问题都提到议事日程上来。

人类由此开始反思，醒悟到清洁生产的重要，认识到环境治理要从源头开始，要从末端治理转向生产全过程控制，最终实现零排放，才能保证工业生产可持续发展。绿色技术、绿色化学、绿色标志、绿色食品等应运而生。绿色技术是在对环境无害的绿色化学基础上发展起来的，对环境友好的技术。其原则是转化率要高，选择性要强，不生成或很少生成副产品或废物，实现或接近零排放，原料、溶剂、催化剂要无毒、无害以及产品不能有害于环境等。这些技术的发展，目前是国际前沿科学，环境科学将引发新的产业革命。

7.5.2 中国的大气环境问题

目前，我国正处于工业快速发展阶段，大多数城市燃料构成还是以煤为主，因而随着经济发展，大气环境污染的问题日趋严重，主要表现在以下几个方面：

(1) 据统计，2012年全国二氧化硫、烟(粉)尘排放量分别为2 117.63万t、1 235.77万t。中小城市的污染势头重于大城市，北方重于南方，产业区重于非产业区，冬季重于夏季，早晚重于中午。据了解，我国北方城市大气中降尘和颗粒物浓度百分之百超标，南方50%～60%超标，冬季污染尤为严重。

(2) 所谓酸雨，系指降水的pH值小于5.6的水质。我国的酸雨覆盖面积已占国土面积的近30%。据国家环保总局1998年的环境公报称：我国酸雨分布呈现出明显的区域性特征。西南地区与东南地区有43个城市出现酸雨，有24个城市酸雨频率高于60%。其中重庆、贵阳、本溪等城市最为严重。酸雨使金属腐蚀、林木被毁、粮食减产、损害人的健康，已带来严重后果，造成巨大的经济损失。例如重庆，经有关部门证实，该地区降雨已经全面酸化，酸雨出现频率高达80%，蔬菜死苗、叶黄、落花、落果现象频发，树木抗病害能力普遍减弱，长势日衰，南山风景区的马尾松针叶尖枯黄脱落，引发病虫害，造成大面积死亡，被视为全球大气污染对森林造成毁灭性灾难的典型。

(3) 用化石原料（煤、石油、天然气等）作为能源，燃烧后产生的二氧化碳，是大气污染的另一严重问题。它像一层大棉被覆盖在上空，其含量越高，从地球辐射回太空的热量就越小，使地球平均气温不断升高，这种现象持续发展将会引起南极冰层融化，海平面升高，许多沿海城市可能遭受灭顶之灾。温室效应还通过海洋环流、大气环流等作用，引起全球某些地区的气候大幅度变化，出现大风暴、大暴雨和大旱灾。目前，我国二氧化碳的排放量上升率很高，1995年已占全世界总量的13.6%，仅次于美国，居世界第二。

(4) 我国大气污染与国外不同，是一种复合型的污染。国外早期先出现煤烟型污染，解决得差不多了，又出现汽车尾气污染，出现一类，解决一类。而我国由于城市经济高速发展，煤烟型污染尚未解决，汽车尾气污染又接踵而来，同时并存，其污染并非简单叠加，而是相互作用，使大气污染更加严重。

煤烟型污染产生的主要污染物是二氧化硫，汽车尾气除了铅和一氧化碳污染外，还产生碳氢化物和氮氧化物，在太阳光的作用下引起光化学反应，使空气中臭氧浓度增高，造成大气中具有氧化性的自由基浓度增高，这样就加速了二氧化硫变成硫酸和硫酸盐的化学过程，产生酸雨、酸雾和悬浮颗粒物，给蓝天蒙上了灰色，能见度大大下降。因此，两类污染综合作用的结果，使大气环境变得更加糟糕。

大气环境中的悬浮颗粒物主要来自炼钢、焦化、水泥、石灰等工业固定源和裸露地面起土、建筑尘等，这在我国也是污染源之一，但是这些大多是粗颗粒，重力作用极易使其沉降到地面，相对来说危害程度较小，采取相应措施，较易改善。煤、汽油等燃烧形成的粒子则完全不同，粒径很小（小于 2.5 μm），雨水冲不下来，也不能自然沉降，总是浮在一定的高度，不仅使天空处于雾蒙蒙的状态，而且这种细粒子在大气中输送得最远，使污染物长距离迁移；它又能成为污染物的载体，通过吸附、碰撞等过程，将重金属、致癌和致突变的多环芳烃及硫酸盐等物质被人吸进体内，在支气管与肺部沉积，造成对身体的损害。

7.5.3 中国的能源状况

改革开放以来，随着经济发展，我国能源工业取得了巨大成绩。2009 年我国的煤炭产量为 28.02 亿 t，居世界之首；原油生产 1.9 亿 t，居世界第 3 位；发电量已达 3.47 万亿度，居世界第二。天然气开采、核电、水电也有较大发展。

能源开发与利用直接影响到经济的发展，能源结构的构成也直接关系到大气环境质量。我国能源的开发与环境保护对策，必须从我国的资源特点出发来考虑。

当前，我国能源开发与利用存在以下问题：

1）人均资源储量少

已探明的石油、天然气资源储量只有世界平均值的 1/15。自 1993 年起，我国已从石油出口国变成净进口国，随着经济发展，进口额还将大幅度增加。我国煤储量虽然十分丰富，但是人均占有量也只有世界平均值的一半。耕地资源不足世界人均水平的 30%，制约了生物质能源的开发。

2）人均能源产量低，生产效率低

2015 年，我国能源人均产量每年约为 2 371 kg 标准煤，是美国的 1/4。2012 年，装机容量约为 0.82 kW/人，是美国的 1/7、俄罗斯的 1/2.5、日本的 1/3.6、加拿大的 1/7.3、瑞典的 1/8.5。我国家庭用电与西方发达国家相比也很少，仅是美国的 1/50。2015 年装机容量增至 1.11 kW/人，与发达国家相比，差距仍然很大。

就煤炭生产论，我国 55%是由地方煤矿和小煤矿生产，工艺落后，生产效率低。全国重点煤矿的全员效率仅 1.59 t/工，小煤窑更低，而工业发达国家产煤的劳动生产率为我国的 4～20 倍。如德国为 4.93 t/工，英国为 6.34 t/工，美国为 29.2 t/工。我国采煤作业不仅效率低，而且危险大，我国每开采 100 万 t 煤，死亡人数比美国高出几十倍。

石油行业也是如此，我国全员劳动生产率为每人每年 103 t，美国是 800 t，英国是 600 t，印尼是700 t。

3）我国主要一次能源是煤

煤作为一次能源在总能源中的比例，全世界为 30%，我国为 64%。由于煤并非清洁燃料，燃烧后的烟气中含有大量烟尘、二氧化硫、氮氧化物、二氧化碳等等，对大气环境造成了严重污染。清洁煤的利用，在技术、资金和科学上还有很多问题有待解决。

天然气是清洁燃料，在全世界能源平衡中占 15%～20%，而我国仅为 5.9%。至今储量尚未完全探明。

我国水能资源居世界第一，可开采的水能资源是 3.78 亿kW，2012 年水电装机容量已达 3.2 亿kW，开发程度约 84%。但水电开发面临投资大、周期长等困难，且潜力有限。。

此外，风能、太阳能、潮汐能等可再生能源，理论上我国蕴藏量也很丰富，但由于能量密度低，每单位装机容量基本投资大，近期很难形成气候。

4）能源利用率低，能耗大

我国能源供应本来就比较紧张，但由于工艺落后，利用效率较低，只有 30%左右，发达国家一般都在 50%以上。按单位 GDP 折算，我国每单位 GDP 的耗能是日本的 5 倍，美国的 2 倍，印度的 1.65 倍，而二氧化碳的排放量却大大高于发达国家。

5）能源分布不均匀

我国的煤炭、天然气和水力资源大多分布在西部边远欠发达地区，而东南沿海发达地区却能源缺乏。长距离输送煤，因运量过大交通难以承受。办坑口电厂，在采煤区就地发电，改运煤为输电，也面临缺水和大容量输电的许多关键技术问题。

总之，我国的能源状况概括起来是底子薄，技术落后，浪费大。今后只能走节约能源的道路，才能可持续发展。

在“十五”到“十二五”期间，我国在提高煤的效能、发展清洁能源、优化能源开发布局和加强东西能源大通道建设方面作了巨大努力。目前，在面临资源环境的承载力已达到或接近上限，生态环境形势严峻的背景下，能源革命的任务更加紧迫。《十三五规划纲要》提出：“建设现代能源体系”的任务，要求“深入推进能源革命，着力推进能源生产利用方式变革，优化能源结构，提高能源利用效率，建设清洁低碳、安全高效的现代能源体系，维护国家能源安全。”

一是推动能源结构开级。坚持生态优先，统筹水电开发与生态保护，以重要流域龙头水电站建设为重点，科学开发西南水电资源。继续推进风电、光伏发电发展，积极支持光热发电。以沿海核电带为重点，安全建设自主核电示范工程。加快发展生物质能、地热能，积极开发沿海潮汐能资源。优化建设综合能源基地，大力推进煤炭清洁高效利用。限制东部、控制中部和东北部、优化西部地区煤炭资源开发，推进大型煤炭基地绿色化开采和改造，鼓励采用新技术发展煤电。加强陆上和海上油气勘探开发，积极开发天然气、煤层气、页岩油（气）。推进炼油产业转型升级，开展成品油质量升级行动计划，拓展生物燃料等新的清洁油品来源。

二是构建现代能源储运网络。统筹推进煤电油气多种能源输送方式发展，加强能源储备和调峰设施建设，加快构建多能互补、外通内畅、安全可靠的现代能源储运网络，提高油气储备和调峰能力。加强跨区域骨干能源输送网络建设，建成蒙西—华中北煤南运战略通道，优化建设电网主网架和跨区域输电通道。加快建设陆路进口油气战略通道。

三是积极构建智慧能源系统。加快推进能源全领域、全环节智慧化发展，提高可持续自适应能力。适应分布式能源发展、用户多元化需求，优化电力需求侧管理，加快智能电网建设，提高电网与发电侧、需求侧交互响应能力。推进能源与信息等领域新技术深度融合，统筹能源与通信、交通等基础设施网络建设，建设“源—网—荷—储”协调发展、集成互补的能源互联网。

7.5.4 改善大气环境、合理开发能源的对策

能源问题是一个庞大的系统工程。为保持人与自然的协调，必须从整体优化角度，使经济发展、能源与环境三者之间作整体最优选择。鉴于我国是能源缺乏的国家，无论从节约资源还是从环境角度看，节约能源是重要问题，应该花大力气研究节能。

1）调整工业结构，大幅度下降每单位GDP的能耗，是减少大气污染的根本措施

大气污染问题最集中的是城市，而在城市中耗煤最多、污染物排放量最大的是电厂、钢铁厂和炼焦化学厂等用煤大户。根据北京市的统计，约70%的用煤为大工业用煤。因此，应调整产业结构，逐步压缩重化工业在产业中的比重；采用先进工艺，改善燃烧，充分利用余热，减少能源消耗；逐步用高新技术产业取代高耗能工业，用高新技术改造传统产业；随着工业化向后工业化过渡，第三产业比重大幅度增加，城市的大气污染状况才会有较大改变。

2）改变燃料构成，是改善城市大气污染的关键措施

我国现在多数城市，燃料仍以煤为主，是大气中二氧化硫与烟尘的主要污染源。据北京市环保局1991年提供的数据，北京市区燃煤比重按能量计算占78%，采暖期间燃煤采暖锅炉排出的二氧化硫占排出总量的71%，加上采暖小煤炉为79%。采暖季节所排出的煤烟尘大体上75%来自燃煤锅炉与小煤炉。如果用天然气代替煤炭，可基本消除这两项污染，自然会大大改善大气环境质量。经过多年努力，2012年北京市燃煤比重已降至25%，优质能源比重占75%，已接近发达国家的水平，大气环境质量不断改善，据统计全年2级和好于2级以上的天数已从2000年的48%（177天）提高到78%（286天）。因此，改变燃料结构，用天然气、电等优质能源代替煤炭，将是改善大气环境质量的关键措施。改变燃料构成自然要从全国资源平衡的角度进行规划。目前，开发西部气源和发展水电资源，已开始实施的西气东送、西电东输的措施，对缓解东南沿海发达城市的能源压力、改善大气环境质量将会起到很大的作用。从城市能源规划角度分析，当然力争由市域外输入天然气和电力是最佳选择。但是，从全国资源平衡来说很难如愿。

因此，我们必须因地制宜规划最佳燃料构成配比方案，以达到改善大气环境质量的目的。现阶段其主要任务是：(1) 从布局上，应把天然气和电力首先集中用于改善人口与产业密集的城市中心地区，在历史文化保护区，燃气管网难以进入，宜更多地用电解决采暖、制冷和炊事。(2) 从供应对象上，计划首先解决各类低空排放造成的茶浴炉、大灶与小煤炉，以及采暖锅炉。(3) 从工艺选择上，拟通过能源利用率、污染物排放量、供应系统成本、运营费和预期使用寿命等方面综合比较，选择最佳供应方式。例如，北京市对居住建筑采暖方案的综合比较，认为发展燃气楼幢式锅炉房供热具有能源利用率高（年均81.2%）、污染物排放量低[二氧化硫0.002 kg/(年·m^2)，TSP 0.002 kg/(年·m^2)，氮氧化物0.012 kg/(年·m^2)，污染物排放总量0.025 kg/(年·m^2)]、综合费用低（初期投资、设备折旧与经营成本综合为寿命期净现值362元/m^2）等优点，为最佳选择；反之，燃煤热电厂供热和燃煤集中锅炉房供热利用率低（年均64.4%～69.9%）、污染物排放量高[二氧化硫0.122～0.198 kg/(年·m^2)，TSP 0.015～0.044 kg/(年·m^2)，氮氧化物0.103～0.134 kg/(年·m^2)，污染物排放总量0.248～0.347 kg/(年·m^2)]、综合费用高以及热损失大、占用城市地下空间大等缺点，不宜大量发展。

在仍然需要烧煤的地区，应该选择含硫最低的优质清洁煤代替劣质煤，通过洗煤、改进民用蜂窝煤、燃煤电厂增设烟气脱硫装置等措施以减少对大气的污染。

总之，必须因地制宜制定城市的燃料构成方案，实事求是地制定近、远期能源策略，以实现能源供应整体最优化。同时，合理布置、调整与改造各类网站，提高运行效率，平衡峰谷差额，确保平稳供应与运行安全可靠。

3）合理选择城址，因地制宜选择产业项目，是避免大气污染的重要条件

我国许多工矿城市，集中在山谷地带，山谷的气候条件不利于空气流动，在这些地方设置重化工业，特别是落后的选矿、冶炼工艺，使大气污染更加严重。例如，攀枝花是我国的钢铁基地，是在特殊的政治形势下建成的大城市，选矿、冶炼均处于高山峡谷之中，大气污染自然难以消解，应该适当控制城

市规模，改革工艺，调整产业结构，以缓解大气污染严重的状况。

4）制定必要的政策，强化管理，控制大气污染

适当提高能源价格，增大能源消耗在产品成本中的比重，以鼓励节能，迫使企业加强技术改造力度，减少能耗。加大超标排放惩罚力度，使罚款额度大大高于采取技术改造、降低排放的费用，以鞭策企业实施环保技术改造。

同时，还应加强宣传，提高全民环保意识，改革不良习俗。例如，大同市每年除夕，大小单位和住家户在院前堆筑煤塔燃烧以示流年红火，大大增加了本已十分严重的冬季煤烟型污染。据说此类习俗在山西省其他城市也有。

5）改善大气环境必须加强对多因素、大区域的综合治理

一是，随着小汽车进入家庭，机动车的发展对大气环境的影响越来越大，据环保部门评估，北京目前出现雾霾的天近1/3:31.1%源自机动车尾气排放，22.4%来自燃煤，18.1%来自工业生产，14.3%来自扬尘，14.1%来自其他。由此可见多年来改变燃料构成的成效由于机动车的快速增长而大大减弱。为此，除了在交通规划中通过发展优质高效的公共交通，制定政策，利用经济杠杆限制小汽车的出行外，还要严格控制汽车尾气排放，严格执行、逐步提高汽车尾气排放标准，与世界接轨。控制汽车销售、进口渠道，严禁不达标的汽车进入市场。健全监测管理机构，完善监测管理手段和方法，强化管理。

二是，评估资料表明有雾霾的天近1/4(28.4%)出自扬尘等其他因素，也不可忽视，说明加强城市管理至关重要。

三是，北京的雾霾有28%～36%源自北京以外区域的传输，因此，大区域的环境整治也是改善大气环境必不可少的举措。

7.6 固体废弃物处理和其他环境保护问题

7.6.1 城市垃圾的处理对策

1）城市垃圾的现状

(1) 垃圾量的估计与成分分析

据2012年资料，全国城市年产生活垃圾1.71亿t，大体上城镇人口人均日产垃圾1.3 kg左右，垃圾的成分与生活方式、生活水平、燃料构成、城市现代化程度有关。根据北京市1991年的统计，在城市生活垃圾中食品、草木类有机物约占31.6%，砖瓦灰土等无机物占58.4%，塑料、金属、纸、玻璃和织物等其他废品占10%，含水率16%，容量为0.75 t/m^3，此外，生活垃圾中常混有少量废电池、油漆和医院带菌物等危险废物。在收集清运过程中回收废旧物资约占垃圾总量的10%～12%。

(2) 垃圾收集的主要方式分析

垃圾收集的主要方式大体有6种：垃圾桶站、垃圾箱站、地面垃圾站、密闭式清洁站、后上式压缩垃圾车和袋装垃圾。后3种收集方式的现场环境较好，前3种方式现场环境恶劣。但是，从中国城市的现状看，前3种方式居多，后3种方式在经济较发达的城市开始推广，但所占比重不大。因而城市垃圾堆放已成为城市环境杂乱不洁的一个普遍问题。

2）垃圾发展趋势分析

随着城市化进程的加速，城市人口的增加，垃圾总量呈上升趋势。根据北京市的预测，随着燃料结构的改变，以电、气代煤比重的增加，实施净菜进城等措施，人均垃圾量将会减少，大体上在今后十几年内将

从 1 kg 降至 0.6 kg 左右。垃圾的成分也会有所改变，总的趋势无机成分将逐年减少，有机成分将逐年增加，大体上从目前的各占 60%、40%逐步改变为 40%、60%，即可供燃烧和堆肥的有机物比重呈增加趋势。

3) 垃圾处理的规划目标与对策

根据发达国家对垃圾管理的方式，大体目标是：实行垃圾分类收集，采取密闭式收运，95%实现垃圾清扫、收集、运输机械化，对垃圾实行百分之百无害化处理。

以上目标除了垃圾无害化处理比较复杂外，其他目标只要认识提高了，制度建立了，并实行垃圾清运有偿服务，变行政管理为经营性管理，应该说在近期内不难实现。应该尽快添置设备，完善场站，改变现状。

对于垃圾处理，则需因地制宜，逐步实施。

首先，应该改变目前垃圾不进行有效的卫生处置，在城市四郊的垃圾消纳场随意堆放的状况；其次是逐步采取堆肥法、填埋法和焚烧法进行无害化处理。

堆肥法主要解决易腐烂的有机垃圾，堆肥施于农田土壤，有利于农业生产和维护生态平衡。

填埋法主要解决适宜填埋的混合垃圾、建筑渣土、焚烧灰烬和堆肥筛上的无机物。填埋前先对底层作防渗处理，填埋后覆土，进行绿化。

焚烧法主要解决高热值地区和医院等处垃圾，它具有消毒彻底、减量最佳和能源再生利用的优点。前两种方法，投资相对较省，但是占地较大。焚烧法投资较大，但占地较小。

各城市视实际情况在不同地区选择 3 种处理方法的合适比例，以实现垃圾百分之百无害化处理。在城市发展初期可能 90%采取前两种方法，比较切实可行，随着城市现代化程度提高，可焚烧的有机垃圾的比重增加，城市用地日趋紧张，焚烧法处理垃圾的比重将逐年增加。但是，不管何种处理方法，实施垃圾分类收集是前提，只有实施了这个目标，才可能更有效地选择不同的处理方法。

至于粪便处理，随着城市的改造，要按照逐步消灭旱厕，改造公厕，减少粪便处理场，使粪便排入下水道与污水一起进行处理。

对于北方城市，除了根据以上原则配置场、站、车辆等设施外，还需在市区边缘设置若干化盐池，以便冬季清除道路和交通枢纽的冰雪。

7.6.2 工业固体废弃物的处理对策

1) 工业固体废弃物的现状

工业固体废弃物的种类与数量，很难有一个全国性的统计，各城市性质不同、产业结构不同，差异很大。就北京而论工业固体废弃物主要有 7 种，它们是冶炼废渣(高炉渣和钢渣)、粉煤灰(飞灰和底渣)、煤矸石、锅炉渣、尾矿、工业粉尘和水处理污泥。

根据 1991 年统计，北京市各类工业废弃物每年产生 800 万 t 左右，虽大部分已回收利用或自行贮存，尚有 11%左右未加任何管理就排入市域范围内，多年积存的工业固体废弃物近亿吨，占地 1.6 km^2，主要分布在西、南市郊的山谷、河谷地带，破坏了风景区的景观，侵占河床影响排洪，有毒有害废物污染环境，有风日尘土飞扬，严重影响附近居民的生活。而且排放量与日俱增，与环境的矛盾越来越大。2009 年，北京市各类工业废弃物产生量增至 1 242 万 t，但排放量已大为减少，仅 900 t(占产生量的 0.007%)，与环境的矛盾有很大缓解。

2) 工业固体废弃物的处理方式

工业固体废弃物的处理，首先应强调清洁生产，削减源头排出量；其次是综合利用，加以消化；一时无法利用的应首先在厂内贮存，其余的应设置专用贮灰场或尾矿场，以避免随意排放对城市环境的污染。

3）对工业化学污染的控制

化学污染。目前，全球已合成各种化学物质1 000万种，我国能合成的化学品3.7万种，这些化学品在推动社会进步、提高生产力、消灭病虫害、减少疾病、方便人民生活方面发挥了巨大作用。但在生产、运输、使用、废弃过程中不免进入环境而引起污染。

易挥发的化学气体及浮尘，进入大气，吸入人体，会造成致癌、致畸、致突变等损害，特别是有毒有害化学品突发污染事故发生，大量有毒气体排入太空，造成生态灾难，严重威胁生命安全。

所谓工业"有害废物"，是指国家有害废物名录和地方有害废物补充名录中所列的废物，根据国家统一规定的鉴别方法和标准鉴别认定的具有各种毒性（急性、慢性等）、易燃性、爆炸性、腐蚀性、反应性等有害特性之一的，对人体健康和环境可能造成即时或潜在危害的固态、液态、半固态废物。

根据北京市于1991年对2万多家排放污染物的企业的调查，有444个企业产生有害工业废物32类，包括药品、油漆、染料、摄影化学品等生产过程中产生的有害废物以及铬、铜、锌、砷、汞、铊、铅、镍、氟、氰化物、亚硝酸盐或固态酸碱、石棉等。约占固态废物的4.18%（36万t），其中约有90%已回收利用，或由企业本身处置、贮存，约有10%随意排放，污染环境。

必须制定对有害废物的全过程管理办法，建立相应标准与制度强化管理，应强调生产者采取必要的工程措施（填埋、焚烧等）自行管理，努力实现零排放。

7.6.3 城市环境噪声污染

随着城市发展及人口和交通流量的增加，噪声污染日益突出。其中，交通噪声居首位，其次是工业和施工噪声，第三是社会生活噪声。部分位于居民区的工厂噪声、振动严重干扰居民的正常生活，群众对施工噪声（包括没完没了的家庭装修噪声）也反映强烈。必须从布局上加以调整，把有噪声振动的工厂迁出居民区，学校、医院等设施远离噪声源，迁出在机场周围噪声污染区的居民；规定施工作业时间，实施文明施工，减少噪声对周围环境的影响；采取更有效的隔音措施，例如道路两侧设隔音墙，窗户加装密封条等，以减少交通噪声对建筑物的干扰；制定居民公约，对夜总会等文化娱乐设施进行管理，立法成规，强化管理监督，以保证各地区城市噪声符合国家标准。

7.6.4 城市光污染

实践证明，照明过度或不科学的照明将对环境造成"光污染"。光污染对环境的影响主要表现在以下几个方面：

（1）强光直接杀死昆虫，影响植物与动物的生存。奥地利科学家发现，一只小型广告灯箱一年可杀死35万只昆虫。昆虫减少使鸟类失去食物，植物授粉受到破坏。

（2）强光误导飞禽的飞行路线，使其迷失方向而死亡。德国马尔堡灯光广告过亮使一群仙鹤在上空盘旋整夜，由于过度疲劳而掉落地面，造成百余只死伤。又如芝加哥的一幢高楼，每年有1 500只候鸟误把其灯光当星星，结果迷路后撞死在大楼上。据美国鸟类学家统计，每年都有400万只鸟因撞上高楼上的广告灯而死去。再如，大西洋沿岸，新出生的小海龟本应根据月亮与星星在水中的倒影游往水中，但因城市光照超过了月亮与星星，使小海龟误把陆地当成海洋，结果因缺水而丧命。

（3）灯光还干扰了依靠自然光生息繁殖的生物的正常生息。例如，习惯在黑暗中交配的蟾蜍的某些品种已濒临灭绝。

（4）医学研究发现，人们长期生活在超量或不协调的光辐射下，会出现头晕、目眩、失眠、心悸和情绪低落等神经衰弱症状。人工光源是非全光谱照射，会扰乱人们正常的生物钟规律，使人倦乏无力。

光污染会造成眼角膜和虹膜伤害,抑制视网膜感光细胞功能的发挥,引起视力急剧下降,眼球长期受损会减缓眼睛晶体细胞更新速度或造成晶体细胞死亡变异,加速白内障形成和视网膜变性。有关研究表明,特别光滑的白色墙面、玻璃幕墙的光反射系数高达 90%,比草地、森林和毛面装饰物要高出 10 倍左右,其光辐射远远超过人体的承受能力。

(5) 过度的城市夜间照明还将危害正常的天文观测。因此,在把城市亮起来的同时,要规定合理的光照度,选择对人体健康无害的光源,减少光污染的危害。

此外,放射性物质、电磁波对环境污染等问题,随着科技的发展,将越来越引起人们的注意。

7.7 保护自然生态,加强环境绿化,建设秀美山川

7.7.1 绿化是保护生态环境的根本保障

纵观世界产生的生态环境问题,如:河湖断流、干涸,洪涝灾害频发,水土流失,土地沙化,生物种类锐减,海岸侵蚀,沙尘暴肆虐,气候反常……究其原因无不与森林减少、草原破坏、自然植被萎缩、湿地减少有关。处于自然状态下的生态系统是以绿色植物为主体,素食动物活质量小于植物,肉食动物活质量小于素食动物。这是地球生物得以生存的基本条件。科学技术的发展,城市化的进程,出现了人工环境的生态系统,在特定的生态系统中,人成为主体,使动植物处于从属地位。一旦人对自然的索取越来越多,人工环境的生态系统越来越大,自然生态系统日见萎缩、破坏,那么就会给人类带来无穷的灾难。保护自然生态系统,说到底就是要保护以植物为主体的生态系统。

属于植物为主体的生态系统中,森林、草地与湿地对维护自然生态环境起着十分重要的作用。

虽然今天的森林覆盖面积只有历史同期水平的一半左右,但却覆盖着地球 25%以上非冻土带的大片落叶树和常青树,它仍旧起着保护土壤、保持湿度、吸收 CO_2、调节气候、维系食物链的循环等多种作用,而且是稳定自然景观的重要组成。草地在少雨地区也起着类似的作用,而湿地是野生动植物的重要栖息地,对于丰富生物种群起着难以估量的作用,并且可以调蓄水量,控制水灾。

如果大量森林、草地被破坏,就会造成水土流失、土地沙化、沙尘暴频发等严重后果。据有关专家称,在森林里想把 10 cm 的土冲掉需要 57 万年;在草地上靠自然力冲刷掉同样厚度的土层需 8 万年;在没有草地、森林,仅有耕地的情况下,只要 40 年;如果连耕地也没有,是裸地,则只要 8 年。由此可见森林、草地天然植被对保持水土的作用。

产生沙尘暴必须具备 3 个条件,即不稳定的气流、大风和地面存在裸露沙砾。现有科学手段对引起沙尘暴的气候条件是无能为力的,唯一能做到的就是增加地表植被覆盖,减少裸露沙粒物质。

树根能吸纳水分,所以森林可以帮助调节水循环;树干和树的根茎使雨水的径流速度放慢;树叶将水重新释放到大气层中。如果上游森林茂密,就可以减缓洪灾。

因此,生态环境保护的首要任务是维护自然生态环境,减少人为破坏。在此基础上通过植树造林,建设高标准草原等措施,改善环境,防止灾害。

城市处于人工环境的生态系统中,更应该善待环境,尽可能增加绿地,这样不仅可以改善大气和水的质量,并可营造景观,美化城市。必须珍惜在城市中的山林、海滩和湖泊、湿地等这些仅存下来的自然资源,切不可随意破坏,使城市生态恶化。

7.7.2 我国的自然生态环境状况

目前,我国面临的生态环境状况已十分严峻。据有关报道,青海省是长江、黄河源头所在,生态植

被十分脆弱，目前，全省沙化面积已达33.4万km^2，占全省总面积的46%。黄河、长江上游水土流失极为严重，全省平均每年流入长江、黄河的泥沙量达1.046亿t，全省沙漠化面积平均每年以1 300 km^2的速度不断扩大。处于云南段的金沙江，20世纪50年代每年流失水土总量为8 000万t，到20世纪90年代就已达到1.9亿t，比50年代增加了1倍多。

我国北方原本就是少林地区之一，陕、甘、宁、青、新五省区的森林覆盖率仅3.28%，由于滥伐加上气候干旱和径流分布变动等原因，森林面积正逐年减少。准噶尔盆地的梭梭灌木林面积由1945年的7.5万km^2降至1982年的2.37万km^2，减少了68.4%。塔里木河下游沿岸的胡杨、红柳林地，1958年有540 km^2，到2002年仅存164 km^2。

畜牧业发展过快，草场超载放牧，引起草场退化。新疆可利用草原20世纪60年代至2002年，已从50万km^2减至47万km^2，且平均产草量减少30%。宁夏草原面积不断缩小，天然草场97%正在退化。

由于上游截流，生产用水过多，影响生态用水的需要，使湿地干涸。例如黑龙江的扎龙自然保护区，是丹顶鹤的栖息地，由于多年缺水，引起火灾，芦苇地损失1/15，影响丹顶鹤的生存环境；河北省白洋淀已多次干涸，使湿地生物失去生存条件。

在城市建设中，填河、填湖造地的现象时有发生。例如，昆明的滇池、武汉长江段都发生此类举动，造成生态环境的破坏。

造成上述问题的原因是多方面的，但是，对生态环境保护缺乏科学的态度，一方面重视不够，另一方面没有按自然规律办事是引起环境恶化的人为因素。主要有以下几点：

(1) 大面积搞生产、小面积搞生态。过分强调"向沙漠进军"，违背自然规律的资源开发和治沙模式，反而招致沙漠化的扩大。

(2) 没有把防沙、治沙与脱贫致富结合起来。在北方农牧交错地带，少数民族县占25%，贫困县占65%，生态环境相对恶劣，经济落后，靠天吃饭。由于长期没有找到维护生态安全条件下的高效土地利用模式，因而缺乏生态环境产业化的有效途径。政府搞防沙、治沙工程，除害的同时没有兴利，结果造成"建设—破坏—再建设—再破坏"、"穷—垦—穷"的恶性循环。

(3) 水土资源利用不合理。在以往的流域水资源利用规划中，重视生产和生活用水，而忽视生态用水；由于节水意识不强，重开源、轻节流，造成水资源利用的效率低下；流域内上、中、下游用水没有能体现保护与利用并重、效益共享原则，从而导致水资源利用中责、权、利之间的冲突。由于人多地少，单位土地生产力低下，很难遵循自然规律，使土地得不到合理利用，造成重生产轻生态、重农轻牧、重治轻保、重用轻养，这种短期行为极大地诱发土地沙化，环境恶化。

7.7.3 《全国生态环境保护纲要》对保护自然生态、环境绿化提出的要求

《全国生态环境保护纲要》规定的生态环境保护的内容与要求，概括起来有以下几点：

(1) 生态良好地区，特别是物种丰富区是生态环境保护的重点区域，要采取积极的保护措施，保证这些区域的生态系统和生态功能不被破坏。在物种丰富、具有自然生态系统代表性、典型性、未受破坏的地区，应抓紧抢建一批新的自然保护区。要把横断山区、新青接壤高原山地、湘黔川鄂边界山地、浙闽赣交界山地、秦巴山地、滇南西双版纳、海南岛和东北大小兴安岭、三江平原等地区列为重点，分期规划，建设成各级自然保护区。对西部地区有重要保护价值的物种和生态系统分布区，特别是重要荒漠生态系统和典型荒漠野生动植物分布区，应抢建一批不同类型的自然保护区。

(2) 对具有重要生态功能的林区、草原，应划为禁垦区、禁伐区或禁牧区，严格管护；已经开发利用的，要退耕退牧，育林育草，使其休养生息。

(3) 实施天然林保护工程，最大限度地保护和发挥好森林的生态效益；要切实保护好各类水源涵养林、水土保持林、防风固沙林、特种用途林等生态公益林；对毁林、毁草开垦的耕地和造成的废弃地，要按照“谁批准谁负责，谁破坏谁恢复”的原则，限期退耕还林还草。

(4) 加强森林、草原防火和病虫鼠害防治工作，努力减少林草资源灾害性损失；加大火烧基地、采伐基地的封山育林育草力度，加速林区、草原生态环境的恢复和生态功能的提高。

(5) 大力发展风能、太阳能、生物质能等可再生能源技术，减少采樵对林草植被的破坏。

(6) 发展牧业要坚持以草定畜，防止超载过牧。严重超载过牧的，应该定载畜量，限期压减牧畜头数。采取保护和利用相结合的方针，严格实行草场禁牧期、禁牧区和轮牧制度，积极开发秸秆饲料，逐步推行舍饲圈养办法，加快退化草场的恢复。

(7) 在干旱、半干旱地区要因地制宜调整粮、畜生产比重，大力实施种草养畜富民工程。

(8) 在农牧交错区进行农业开发，不得造成新的草场破坏；发展绿洲农业，不得破坏天然植被。对牧区已垦草场，应限期退耕还草，恢复植被。

(9) 加强野生生物资源开发管理，逐步划定准采区，规范采挖方式，严禁乱采滥挖；严格禁止采集和销售发菜，取缔一切发菜贸易，坚决制止在干旱、半干旱草原滥挖具有重要固沙作用的各类野生药用植物。

(10) 切实加强海岸带的管理，严格围垦造地建港、海岸工程和旅游设施建设的审批，严格保护红树林、珊瑚礁、沿海防护林。

(11) 严禁在生态功能保护区、自然保护区、风景名胜区、森林公园内采矿。严禁在崩塌、滑坡危险区、泥石流易发区和易导致自然景观破坏的区域采石、采砂、取土，防止次生地质灾害的发生。在沿江、沿河、沿湖、沿库、沿海地区开采矿产资源，必须落实生态环境保护措施，尽量避免和减少对生态环境的破坏。已造成破坏的，开发者必须限期恢复；已停止采矿或关闭的矿山、坑口，必须及时做好土地复垦。

(12) 旅游资源的开发必须明确环境保护的目标与要求，确保旅游设施建设与自然景观相协调。科学确定旅游区的旅客容量，合理设计旅游路线，使旅游基础设施建设与生态环境的承载能力相适应。加强自然景观、景点的保护，限制对重要自然遗迹的旅游开发，从严控制重点风景名胜区的旅游开发，严格管制索道等旅游设施的建设规模与数量，对不符合规划要求建设的设施，要限期拆除。旅游区的污水、烟尘和生活垃圾处理，必须实现达标排放和科学处置。

(13) 加大生态示范区和生态农业县的建设力度，努力推动地级和省级生态示范区的建设，在实施可持续发展战略中发挥示范作用。

(14) 在城镇化进程中，要切实保护好各类重要生态用地。严禁在城区和城镇郊区随意开山填海、开发湿地，禁止随意填埋溪、河、渠、塘、沟。

7.7.4 《十三五规划纲要》提出加强生态保护与修复

《十三五规划纲要》强调：坚持保护优先、自然恢复为主，推进自然生态系统保护和修复，构建生态廊道和生物多样性保护网络，全面提升各类自然生态系统稳定性和生态服务功能，筑牢生态安全保障。

一是，全面提升生态系统功能。开展大规模国土绿化行动，加强林业重点工程建设，完善天然林保护制度，全面停止天然林商业采伐，保护培育森林生态系统。发挥国有林区林场在绿化国土中的带头作用。创新产权模式，引导社会资金投入植树造林。严禁移植天然大树进城。扩大退耕还林还草，保护治理草原生态系统，推进禁牧休牧轮牧和天然草原退牧还草，加强“三化”草原治理，草原植被综合覆盖度达到56%。保护修复荒漠生态系统，加快风沙源区治理，遏制沙化扩展。保障重要河湖湿地及河口生态水位，保护修复湿地和河湖生态系统，建立湿地保护制度。

二是，推进重点区域生态修复。坚持源头保护、系统恢复、综合施策、推进荒漠化、石漠化、水土流失综合治理。继续实施京津风沙源治理二期工程。强化三江源等江河源头和水源含养区生态保护力度，推进沿黄生态经济带建设。支持甘肃生态安全屏障综合示范区建设。开展典型受损生态系统恢复和修复示苑。完善国家地下水监测系统，开展地下水超采区综合治理。建立沙化土地封禁保护制度。有步骤对居住在自然保护区核心区与缓冲区的居民实施生态移民。

据此，提出 8 项山水林田湖生态工程：

(1) 国家生态安全保护修复。推进青藏高原、黄土高原、云贵高原、秦巴山脉、祁连山脉、大小兴安岭和长白山、南岭山地地区、京津冀水源含养区、内蒙古高原、河西走廊、塔里木河流域、滇桂黔喀斯特地区等关系国家生态安全核心地区生态修复治理。

(2) 国土绿化行动。开展大规模植树增绿活动，集中连片建设森林，加强"三北"、沿海、长江和珠江流域防护林体系建设，加快国家储备林及用材林基地建设，推进退化防护林修复，建设大尺度绿色生态保护空间和连接各生态空间的绿色廊道，形成国土绿化网络。

(3) 国土综合治理。开展重点流域、海岸带和海岛综合整治，加强矿产资源开发集中地区地质环境治理和生态修复。推进损毁土地、工矿废弃地复垦，修复自然灾害、大型建设项目破坏的山体、矿山废弃地。加大京杭大运河、黄河明清故道沿线综合治理。推进边疆地区国土综合开发、防护和整治。

(4) 天然林资源保护。将天然林和可以培养成为天然林的未成林封育地、疏林地、灌木林地等全部划入天然林保护范围，对难以自然更新的林地通过人工造林恢复森林植被。

(5) 新一轮退耕、退牧还林还草。实施具备条件的 25 度以上坡耕地、严重沙化耕地和重要水源地 15～25 度坡耕地退耕还林还草。稳定扩大退牧还草范围，合理布局草原围栏和退化草原补播改良，恢复天然草原生态和生物多样性，开展毒害草、黑土滩和农牧交错带已垦草原治理。

(6) 防沙治沙和水土流失综合治理。实施北方防沙带、黄土高原区、东北黑土区、西南岩溶区等重点区域水土流失综合防治，加强坡耕地综合治理、侵蚀沟整治和生态清洁小流域建设。新增水土流失治理面积 27 万 km^2。

(7) 湿地保护与恢复。加强长江中上游、黄河沿线和贵州草海等自然湿地保护，对功能降低、生物多样性减少的湿地进行综合治理，开展湿地可持续利用示范。全国湿地面积不低于 8 亿亩。

(8) 濒危野生动植物抢救性保护。保护改善大熊猫、朱鹮、虎、豹、亚洲象等珍稀濒危野生动物栖息地，建设救护繁育中心和基因库，开展拯救繁育和野化放归，加强兰科植物等珍稀濒危植物及小种群野生植物生境恢复和人工拯救。

7.7.5 住房和城乡建设部发布《绿道规划设计导则》

2016 年 10 月，住房和城乡建设部发布《绿道规划设计导则》，把绿道定义为：以自然要素为依托和构成基础，串联城乡游憩、休闲等绿色开敞空间，以游憩、健身为主，兼具市民绿色出行和生物迁徙等功能的廊道。强调该举措是落实生态文明、建设美丽城镇的重要推手，是关注民生的重要工程。要求：(1) 依托山水资源，注重生态环境保护，与治山治水、改善环境相结合。(2) 充分利用现有道路、林带等线性元素，改造存量土地，提高土地资源的利用率。(3) 串联自然文化资源节点，完善空间绿色网络，构建文化休闲长廊，彰现地域特色。绿道建设要分区域级、市县级、社区级进行规划。

7.7.6 城市总体规划的主要任务

城市环境绿化的总体规划必须在《全国生态环境保护纲要》和各五年规划的指导下进行编制，明确近期、中期和远期的环境绿化规划目标和实施措施。

1）加强山区造林，形成生态屏障

山区绿化具有防止风沙、涵养水源、保持水土、提供休憩游览场所等作用，山区绿化的好坏，直接影响城乡生态环境。大环境绿化首先要因地制宜地规划好山区绿化。

（1）在深山、远山地区划定自然保护区，保护天然林及丰富的物种资源。

（2）在浅山、丘陵地区，利用山雄水秀、地貌类型多样、文物古迹众多及天然风景资源丰富等特点，结合山地特征，利用岩溶洞穴奇观，发挥河、湖、泉、瀑特色，挖掘地质变化、植物观赏、人文景观资源，加快造林速度，力争林木覆盖率超过50%，开辟各具特色的风景区。

（3）划定水源保护区，进行水源保护林工程建设，提高林木覆盖率，力争超过60%。

（4）加强山区乡镇小流域治理。保持水土，因地制宜发展经济林。山前浅丘陵区适合发展果木，建立以果树为主的经济林基地。浅山区发展乔木、灌木、花卉等植物，可作饲料与蜜源。深山区除保护天然林外，还可开辟落叶松等基地，提高林木覆盖率，逐步使治理区域林木覆盖率达到60%～70%。

2）实施市域范围内平原地区绿化，建立绿色生态环

（1）统筹规划城乡建设用地，力争绿色空间（非建设用地，含河湖水面）在70%以上，在绿色空间中林木覆盖率达40%以上，以维持基本的生态平衡。

（2）大力营建防风林、风景林，加强铁路、公路、河流两旁绿化，形成多层次、多树种、多组团的绿色长廊。实施农田林网化计划，建立“田成方、路成网、林成行”的完整的农田林网系统，改善农业生态环境，发展高效农业。

（3）大力营建森林公园，实施“先见林、后见城”计划。串联环城绿地，环绕中心城区逐步建立起疏密相间的花园环和森林环，使城市坐落在花园之中。

3）努力提高市区园林绿化水平，建设环境清洁卫生、山川秀美的一流城市

必须提高全民的绿化意识，扭转多数城市绿化水平低，公园少，防护绿地发展速度慢，绿化用地不断被蚕食、挤占的状况，全面建设绿地系统，营造优美的城市景观，改善整体环境状况。

（1）维护组团式城市布局，防止中心城区“摊大饼”式的发展。在组团之间营造高标准的绿化，开辟郊野公园，发展苗圃、花圃、药圃，适量保留果园、菜地，为市民提供接触自然、就近游憩的空间。争取更多楔形绿地插入市中心区，以利于空气流通。

（2）完善中心城区的绿地系统。① 努力提高公园绿地的质量，适当扩大规模，增加绿化品种与层次，丰富公园内容。并实施分级安排公共绿地规划，市区人均公共绿地不小于10～15 m^2，居住区人均集中绿地不小于2 m^2。② 充分利用城市水面、古树名木、文物古建，开辟规模不等、各具特色的中、小型绿地，营造特殊的城市景观。③ 提倡普遍绿化，分别规定居住区、机关、学校、厂矿、医院等单位的绿地率指标，保证各项土地的绿化用地不少于30%～40%。④ 积极营造卫生防护林带，保证道路、铁路、河道两旁及工厂与城市其他用地之间有足够宽度的绿带。⑤ 形成市区点、线、面结合的，环境优美的，景观丰富、独特的绿地系统。

7.8 建立城市综合防灾、减灾体系，确保城市安全

现代城市是一定地域的政治、经济、文化中心，是产业与人口高度集中的地区，灾害一旦发生，即会造成巨大损失。城市综合防灾、减灾规划的任务就是要以当代科学技术的最新成就，研究城市灾害发生的原因，总结各类灾害的征兆和规律，进行系统的观测和预报，制定切实可行的防灾对策，对城市建

设的各方面提出防灾要求，建立城市综合防灾减灾体系，全面、整体地提高城市的综合防灾能力，通过规划的实施与管理，有效地保障灾害来临时城市的安全，尽最大可能维持运行机制的正常状态，减少灾害损失。

7.8.1 世界正面临灾害频发的严峻形势

随着科学技术的发展，城市化进程的加速，城市不断扩展，灾害对城市的威胁也越来越大。

城市灾害包括自然灾害和社会灾害两方面。自然灾害有地震、地陷、火山喷发、洪水、泥石流、台风、滑坡、海啸、流行病等；社会灾害有战争、火灾、危险品灾害、放射性灾害、交通灾害等。

据不完全统计，20 世纪以来，全世界死于各种灾害的人数近 5 000 万。近 20 年来，灾害越来越频繁，损失越来越大，1971～1985 年的 15 年间全世界有 150 万人在 2 305 起较大自然灾害中丧生，经济损失约 1 万亿美元；1986～1990 年的 5 年间，全世界发生重大突发性自然灾害 444 次；1991 年 434 次，损失 440 亿美元；1992 年 509 次，损失 602 亿美元；1993 年约 600 次，损失约 500 亿美元。1999 年国际红十字会发表的“世界灾难报告”指出：1998 年全球灾害损失已超过 900 亿美元，2 500 万难民流离失所，占世界难民总数的 58%，超过了因战争冲突沦为难民的人数。

地震是自然灾害中对城市威胁最大的灾害之一。据中国地震界权威人士称：20 世纪以来有 20 座城市毁于地震，因地震造成的死亡人数在 163 万～175 万，其中：中国 57 万，日本 15.5 万，意大利 14.5 万，伊朗 14 万，土耳其 8.5 万。死亡人数超过万人的国家和地区共有 19 个。一次死亡人数万人以上的地震中国 6 次，伊朗 4 次，印度 3 次。20 世纪全球发生的 3 次毁灭性地震，一次在 1923 年的日本关东，死亡 14 万人；两次在中国(1920 年海原地震和 1976 年唐山地震)，死亡人数均在 20 万以上。

20 世纪中叶以来，随着城市化步伐加快，地面下沉速度增加，成为当今突出的世界性地质灾害。墨西哥城 1952 年土地沉降范围扩展到全市，最严重地区在 50 年内下沉了 9 m；威尼斯城由于地面下沉，许多房屋浸在水中，著名的罗内丹宫已下沉 3.81 m；曼谷每年地面下沉 10～14 cm，用不了多少年将成为名副其实的“海城”，直接威胁居民生存；日本 29 个都、道、府沉降面积达 92 520 km^2，其中 1 128 km^2 已降至海平面以下，东京地面 20 世纪 60 年代最大下沉累计 4.6 m，大阪地面 20 世纪 70 年代最大下沉累计 2.68 m。

火灾成为大城市安全的严重威胁，它也是地震、空袭引起的严重的次生灾害。芝加哥、旧金山、东京大火都对城市起了极大的摧毁作用。由于公共场所失火造成人员伤亡的报道也屡见不鲜。随着高层建筑大量建设，高层建筑火灾也引起人们的高度重视。据有关资料记载：1987～2000 年，各国高层建筑火灾发生 18 起，伤亡百余人。至今尚无较为有效的高层建筑消防的手段。

世界上由于现代技术造成的事故，也不断见诸报端。例如，欧洲切尔诺贝利核电站放射性泄漏事故，美国阿拉斯加艾克松瓦德慈油轮泄漏事故，芝加哥市区地下隧道因水灾而倒塌事故，韩国三丰大厦倒塌、首尔汉江桥断裂……这些都给城市造成了灾害。

虽然现在世界已进入和平发展时期，但局部地区仍战乱不断，现代化战争对城市的破坏力更大，因而城市越大，对国民经济发展的作用越大，越要加以设防，丝毫不能松懈。

建立城市综合防灾体系，已成为城市必须关注又十分困难的任务。

7.8.2 我国现阶段主要的城市灾害

现阶段我国最主要的城市灾害大体有震灾、水灾、风灾、火灾及城市“新致灾源”五大类：

1) 城市震灾

我国是地震多发的国家，大震多，地区分布广。据史料记载，20 世纪我国已发生 8 次 8 级以上大震，其中发生于我国海原与唐山的两次大震，给城市以毁灭性打击。目前，全国有200多个大中城市位于基本烈度7度以上的地区，另有20多个大中城市位于烈度8度以上的高危险烈度区，20世纪90年代至今又处于新一轮中强地震活跃期，抗震防灾形势严峻。

除地震以外的地质灾害还有滑坡、泥石流等，在我国也时有发生。例如，重庆某县由于滑坡造成房倒屋塌、人员伤亡的惨剧。北京市西北山区各县20世纪90年代多处发生泥石流灾害。

2）城市水灾

目前，我国有1/10国土，100多个大中城市的高程在江河洪水的水位之下，险情严重。防洪堤是城市主要防洪屏障，一旦溃决，损失将无法估量。近年来由于缺乏防灾意识，堤坝失修，河、湖填垫，湿地减少，防洪能力明显下降，1998年洪水到来之际，在长江流域、松花江流域出现重大险情，损失巨大。至今许多城市防洪堤未达到国家规定的防护标准。长江流域的荆江大堤险工段仍占全长的40%。沿海城市面临暴雨成灾、潮水倒灌的威胁。例如上海，近20年共发生534次暴雨，年均27.2次，最大降雨量达200～400 mm。全市虽有海塘防御工程，但1/3左右的堤段仅为20年一遇防护标准，黄浦江及其支流纵贯市区，特大潮水来临时，往往给市区造成严重威胁。1963年，北京市中心遭暴雨袭击，长安街、新华门、王府井等市中心区积水0.5 m以上，市内交通和多条铁路干线陷于瘫痪。

3）城市风灾

我国沿海地带是全球台风最集中的地区之一。1949～2000年台风在我国登陆350多次，平均每年6～7次，1971年达12次之多。上海是国内龙卷风灾害比较严重的地区，1950～1990年共出现85次，死亡133人，伤1 395人，直接经济损失数亿元。在我国东南沿海的其他城市，每年也有不同程度的风灾形成。1988年8月7日，8807号台风在我国近海海域形成，袭击杭州，全市停水断电一周，生产与生活处于瘫痪状态，直接经济损失超过10亿元。北京历史上就有风灾的记载，如："明嘉靖二年(1523年)2月，通州风霾大作，黄沙蔽天，行人多被压埋，大风拔木，禾俱吹没殆尽。"近年来，沙尘暴愈演愈烈，首都机场多次被迫关闭；雷电大风频发，瞬间风速达30 m/s，致使出现北京西客运站屋顶掀开、大树刮倒、广告牌吹落伤人等事故。

4）城市火灾

城市火灾是灾害的自然与社会因素相互作用下产生的恶果。历史上莫斯科、伦敦、芝加哥、旧金山、东京、横滨等城市都发生过特大火灾，给城市带来毁灭性打击。据史料记载，北京紫禁城内，明清两朝的500多年间，先后发生重大火灾五十余起。1949年9月，重庆市三昼夜大火，数千人葬身火海。上海市1990年一年内共发生火灾2 146起，平均每天6起，经济损失严重。近年来吉林的博物馆、洛阳的娱乐厅、呼和浩特的旅馆、北京的隆福商厦着火，都造成重大人员伤亡和财产损失。目前，各大城市高层建筑大量出现，多数未达到消防验收标准，许多高楼缺少必要的消防应急措施，城市消防设备也难以解决高层楼房火灾救援问题，实为城市重大隐患。

5）城市其他致灾源

随着现代技术的发展和应用，世界上已出现过的致灾因素，例如核电站事故、化学工厂毒气泄漏等，在我国都有发生的可能。例如，北京有27个化工企业，有25家生产液氯、光气、液氨、氯化物等有毒化工产品，丰台西站是化学危险品的运输中转站，都构成不容忽视的灾害源。1960年、1971年、1987年、1988年北京不同程度地发生过化学事故灾害。1973～1987年，北京粮库共发生7次粉尘爆炸事故，系由密闭容器中可燃气体、蒸气、粉尘与空气混合作用引起的。此外还发生过化学反应器失控爆炸、物理蒸气爆炸、雷击引起爆炸等事故。至于燃气管道泄漏、塌楼、断桥、危险品爆炸等事故已在我国多个城市发生。

特别应引起注意的是城市基础设施管道老化问题。有资料表明，我国大中城市的地下管网约有

30%是新中国成立铺设的,管网接头严重老化,管道泄漏率高达1~2次/(天·百米),极易造成灾害。

在城市生活中各种灾害往往具有相互作用、推波助澜的关系。例如,地震和暴雨可引起山体滑坡、泥石流等地质灾害,海底滑坡引起海啸,造成沿海城镇的破坏。地震还能引起管道断裂、交通断绝、化学毒气泄漏与易燃易爆物品引发火灾以及产生瘟疫等次生灾害。

除了上述灾害以外,随着经济发展全球化的趋势,国际交往日益频繁,流行病的迅速传播、蔓延也成为灾难。此外,只要战争的危险一天不消除,城市就要设防,在现代战争条件下,城市的防卫系统越来越复杂,许多新问题还有待进一步研究。

《十三五规划纲要》提出建设平安中国的目标。要求牢固树立安全发展观念,坚持人民利益至上,加强全民安全意识教育,健全公共安全体系,为人民安居乐业、社会安定有序、国家长治久安编织全方位、立体化的公共安全网。在"提升防灾减灾救灾能力"一节中指出,坚持以防为主、防抗救相结合,全面提高抵御气象、水旱、地震、地质、海洋等灾害的综合防范能力。健全防灾减灾救灾体制,完善灾害调查评价、监测预警、防治应急体系。建立城市避难场所。健全救灾物资储备体系,提高资源统筹利用水平,加快建立巨灾保险制度。制定应急救援社会化有偿服务、物资装备征用补偿、救援人员人身安全保险和伤亡抚恤等政策。广泛开展防灾减灾宣传教育和演练。《纲要》还对全面提高安全生产水平、创新社会治安防控体系和强化突发事件应急体系建设作出了部署。

7.8.3 城市综合防灾体系的内容

鉴于城市灾害具有"一触即发,一发即惨"的特征,且灾因复杂、灾度难测、波及面广、灾后效应多,因此,城市防灾不能单打一地针对某一种灾害各自为政地研究,必须综合研究。城市防灾不仅是各项设施硬件建设问题,而且必须加强软件建设。城市综合防灾体系主要包括研究、教育、监测、预报、抗灾、救灾、重建、防灾8项内容。

1) 软件建设主要内容

(1) 研究各项灾害发生的规律,危害程度,以及在各项因素相互作用下产生次生灾害的可能性,提出预防措施。(2) 强化监测手段,研究预测方法,提高预报、预警的准确性。(3) 加强对公众的防灾教育,提高防灾意识,掌握应付灾害的知识,进行必要的培训与实战演习。(4) 建立防灾、减灾相关法律,健全各项规章制度,规范各项建设的设计、施工、操作运行标准和管理要求,避免人为失误造成的灾难。(5) 制订应急预案,便于灾时及时组织有效救援、救济和重建。

2) 硬件建设主要内容

(1) 加强城市生命线工程(包括建筑、交通设施、能源水源设施等)建设的抗灾能力。(2) 针对自然灾害的不同特点建设相应的防御工程。(3) 城市要害设施和事故多发地段(核电站、化工厂等)要重点设防。(4) 建立健全通信网络,完善预报装置。(5) 储备足够的救灾物资以备不时之需。

7.8.4 城市总体规划的主要内容

城市总体规划要在城市综合防灾体系的指导下,在空间上落实各项设施的布局,按照平战结合、平灾结合的原则,建立城市总体防灾体系。

1) 城市总体布局的指导原则

(1) 疏散旧城区过密的人口,留出足够的绿地、广场和足够宽度的疏散、救护通道,以利于灾时避灾。(2) 加强对易燃、易爆和剧毒化学品的生产、储存和管理,此类工厂与仓库要远离人口密集区,保证足够的防护距离。(3) 交通与市政公用设施要地上与地下结合,环状联通,多路输送,增加灾时应变能力。(4) 充分开发地下空间,形成网络,平时满足城市各项功能需要,灾时避灾。(5) 建立可靠的通信网络、地理信息系统、报警系统,以利于灾时及时掌握动态,便于指挥调度。(6) 加强对城市要害部位和军事设施的保护。

2) 人防设施建设

(1) 根据平战结合的原则,加大地下空间开发力度。地下空间开发可弥补城市地面空间不足,增加建筑抗震能力等多种作用,应该鼓励各建设项目,在保证国家规定的地下人防设施面积外,尽可能多地开发地下空间,以备发生空袭时人员就近进入地下掩蔽。新建居住区按不低于建筑面积 3%的比例建设地下掩蔽工程。考虑小汽车已进入家庭的现实问题,而地面居住区的土地空间有限,住宅建筑的掩蔽工程可与地下车库建设结合,并尽可能与公共建筑与绿地联通成网,以利于平时利用,灾时方便疏散。(2) 逐步建立起市、区(县)和各系统的地下指挥、通信、医疗、消防、物资保障以及水电供应和交通系统。(3) 按人防要求规划人员疏散出城路线和后方基地建设。

3) 抗震设防

(1) 城市建设选址应避开地震断裂带、沙土液化区以及易发生滑坡、泥石流等地质灾害的地区。(2) 新建永久性建筑与构筑物(包括各项城市基础设施工程)必须按国家规定的地震烈度要求设防,重要建筑和城市基础设施要按规定提高一级设防。(3) 旧有建筑应按抗震裂度要求加固。

4) 健全消防设施网络,提高消防能力

(1) 各项建设必须严格执行国家规定的防火规范,确定防火等级,健全消防设施,保留消防通道。(2) 按消防规范设置供水管网和消火栓。供水干管直径不应小于 100 mm,并建设环状网。按消火栓间距不大于 120 m、救火半径不超过 150 m 的规定设置消火栓。(3) 充分利用河湖水塘作为消防水源,建设消防码头,创造提水条件。严重缺水地区要修建消防贮水池。(4) 消防队(站)应按接到报警后消防车在 5 分钟内到达的要求设置,一般责任区面积为 4～7 km^2。(5) 建立消防指挥中心,设置有线和无线报警设备,确保城市火警调度台与城市供水、供电、供气、急救、交通、环保部门专线通信畅通,完善 119 报警网络。(6) 根据需要在超高层建筑和有特殊用途的大型公共建筑顶层设置直升机停机坪。(7) 加强对重点防火单位的管理。

7.9 编制限制建设区规划,防止城市无序蔓延,保护生态环境,指引城市空间合理布局

生态环境保护与基础设施建设是一项复杂的系统工程。城市存在于自然环境之中,地质、水文、气候、土壤、地貌、动植物等因素都不同程度地影响着城市的建设和发展。反之,城市建设发展也会给自然环境带来多种影响,诱发多种环境破坏与灾害。基础设施建设,既是改善生态环境的手段,也是为人们提供安全、卫生、美观、舒适的工作与生活环境的必要条件,但是基础设施建设与生态环境保护之间,基础设施所包含的各专业之间也存在着相互依存与相互制约的关系。如何寻求城市建设与自然环境、社会经济等多方面发展需求之间的最大限度的平衡,是科学建设城市不能回避的问题。最近公布的城乡规划法,要求在城市总体规划编制中,划定禁止建设区、限制建设区和适宜建设区的界面,是指引城市建设合理发展的重要举措。但是,如何完成这个任务,是一项十分繁琐而艰苦的工作,初步统计,正式颁布的与之相关的国家法律、国家与地方性的行政法规、行政规章、标准与技术规范以及国际公约就有 143 项之多,在规划中都要加以贯彻。最近,北京市城市规划设计研究院对此项工作进行了研究,提出了初步成果,完成了北京市限建区规划,现作一个简略的介绍。

7.9.1 限建区的定义

在划定生态分区的过程中，禁止建设区的概念比较明确，其是生态培育、生态建设的首选地，原则上禁止任何城市建设行为。就北京而言，在山区中坡度大于25度的地区、地表水源保护区、自然保护区、风景名胜区、森林公园等以及平原区中的地下水防护区、滞蓄洪区、机场噪声控制区等均属禁止建设之列。除此以外的地区都不同程度地存在限制建设的因素，限建区规划就是要根据生态环境保护的敏感程度、工程地质与资源环境条件对城市的建设区和非建设区逐一规定控制等级，提出具体建设限制要求。如与限制条件发生冲突时，则要做出相应的生态影响评价，提出生态补偿措施。对于规划确定的城镇建设区也要根据资源环境条件，规定开发模式、规模和强度。

7.9.2 限建要素的选择、分类与基础数据的采集

1）限建要素的选择与分类

分析对建设有限制的要素是划定限建区的基础。哪些要素对建设构成限制？要素如何选取和分类？这些要素在市域内的空间分布如何？每种要素对建设的限制程度和要求是什么？只有回答了上述问题，才能进行综合分区和导则的编写。

所谓限建要素，是指市域内能够对建设产生影响的自然和人文环境要素。限建要素的分类可以有多种角度。从限建要素的客观属性看，可以分为资源保护和风险避让两类（见表7.1）。

表7.1 限建要素一览表

类别	编号	要素	类别	编号	要素
资源保护类			风险避让类	8	地下水超采
	1	河湖湿地		9	洪涝调蓄
	2	水源保护		10	水土流失与地质灾害防治
	3	绿化保护		11	地震风险
	4	农地保护		12	平原区工程地质条件
	5	文物保护		13	污染物集中处理设施防护
	6	地质遗迹与矿产保护		14	电磁辐射设施（民用）防护
	7	城镇绿化隔离		15	市政基础设施防护
				16	噪声污染防护

(1) 资源保护类：指对具有人文、生态、科学或历史等价值，自身较为敏感，需要加以保护的要素，如饮用水源保护区、名胜古迹、自然保护区、地质遗迹等。

(2) 风险避让类：一方面包括自然灾害避让，即为满足城市安全的基本需求，建设用地应加以规避的自然灾害隐患地区，如地震风险、地质灾害、洪涝灾害等；另一方面包括危险源或污染源防护，指对于易产生较大负面影响，存在重大危险和污染隐患的产业项目和城市基础设施，如易燃、易爆或易产生其他次生灾害的供气、供电、输油等重要生命线系统，以及易产生次生污染的垃圾、污水、粪便处理设施等。

此外，从对建设的限制结果看，可分为客观限制和主观隔离。客观限制类要素是客观存在的需要建设避让的因素，如河湖湿地、地震断裂带等，既包括资源保护类要素，也包括风险避让类要素。主观

隔离类要素是指人为划定的，以绿色空间为主的隔离地区，其功能包括城镇自身的保护隔离带(Green Belt)、城镇之间的隔离(Strategy Gap)、村庄周边的保护隔离(Rural Buffer)，以及对城镇自身生长的空间塑造起作用的楔形绿地(Green Wedge)。

从限建要素的专业分组看，以北京市为例，可以分为水(涉及蓝色空间)、绿(涉及绿色空间)、地(地震与地质)、环(环境保护)、文(文物保护)五大方面(见表7.2)。为了便于组织专题研究，本章的限建要素分析采用按专业分组的方法。

2) 限建要素基础数据的采集

限建区规划涉及空间数据及属性数据众多，主要包括地形数据、边界数据、限建要素三个方面的基础数据。

表7.2 限建要素的专业分组表

专业分组	序　号	限　建　要　素
水	1	河湖湿地
	2	水源保护
	3	地下水超采
	4	超标洪水风险
绿	5	绿化保护
	6	城镇绿化隔离
	7	农地保护
文	8	文物保护
	9	地质遗迹与矿产保护
地	10	平原区工程地质条件
	11	地震风险
	12	水土流失与地质灾害防治
环	13	污染物集中处理处置设施防护
	14	电磁辐射设施(民用)防护
	15	市政基础设施保护
	16	噪声污染防护

(1) 地形数据主要包括：1∶25 000地形图，1 m分辨率航拍图，数字高程模型，现状道路、水系、土地利用图，城市总体规划图。

(2) 边界数据主要包括：市域边界、平原区与山区边界、规划市区边界，区(县)边界、行政镇(乡、街道办事处)边界、行政村边界、水系流域划分边界等。

(3) 限建要素数据是规划开展的重要基础，如前所述整体上可分为16个类别，总计110个图层(见表7.3)。

表7.3 限建要素一览表

类别编号	限建要素类别	要素编号	限建要素名称
1	河湖湿地	1	河流型湿地
		2	库塘型湿地
		3	滨河带
		4	库滨带

续表 7.3

类别编号	限建要素类别	要素编号	限建要素名称
2	水源保护	5	地表水源一级保护区
		6	地表水源二级保护区
		7	地表水源三级保护区
		8	山区一般水源保护区
		9	地下水厂
		10	地下水源防护区
		11	地下水源补给区
		12	地下水源环境较不适宜区
3	地下水超采	13	地下水未超采区
		14	地下水一般超采区
		15	地下水严重超采区
4	超标洪水风险	16	洪水高风险区
		17	洪水低风险区
		18	洪水相对安全区
		19	分洪口门
		20	洪水泛区
		21	中心城蓄滞洪区
5	绿化保护	22	平原区道路林网
		23	平原区农田林网
		24	平原区水系林网
		25	城市绿地
		26	现状其他风景名胜区
		27	风景名胜区特级保护区
		28	风景名胜区一级保护区
		29	风景名胜区二级保护区
		30	风景名胜区三级保护区
		31	规划风景名胜区
		32	县级自然保护区
		33	国家级市级自然保护区核心区
		34	国家级市级自然保护区缓冲区
		35	国家级市级自然保护区实验区
		36	森林公园
		37	一般生态公益林地
		38	重点生态公益林地

续表 7.3

类别编号	限建要素类别	要素编号	限建要素名称
6	城镇绿化隔离	39	中心城第一道绿化隔离地区钉桩确界的绿地
		40	中心城第一道绿化隔离地区的规划范围
		41	第二道绿化隔离地区其他绿色限建区
		42	第二道绿化隔离地区现有和规划林地
		43	中心城楔形绿地规划范围内的绿色空间
		44	中心城楔形绿地规划范围内的非绿色空间
7	农地保护	45	基本农田
		46	一般耕地
		47	一般农地
8	文物保护	48	长城两侧 500 m 保护带
		49	长城两侧 500～3 000 m 保护区
		50	文物保护单位范围
		51	历史文化保护区
		52	地下文物埋藏区
9	地质遗迹保护	53	矿产资源点密集地区
		54	地质遗迹景观资源分布区
10	平原区工程地质条件	55	平原区工程地质较差地区
		56	平原区工程地质一般地区
		57	平原区工程地质良好地区
		58	平原区工程地质较好地区
11	地震风险	59	地震动分界区
		60	地震动峰值加速度 0 点 1(g)地区
		61	地震动峰值加速度 0 点 15(g)地区
		62	地震动峰值加速度 0 点 2(g)地区
		63	活动断裂带
12	水土流失与地质灾害防治	64	土地沙化区
		65	25 度陡坡地区
		66	山前生态保护区
		67	重点风沙治理区
		68	泥石流危险区
		69	塌陷危险区
		70	地面沉降危险区
		71	沙土液化区
		72	崩塌危险区
		73	滑坡危险区
		74	地裂缝两侧 100 m 以内
		75	地裂缝两侧 100～500 m
		76	地裂缝所在地

续表 7.3

类别编号	限建要素类别	要素编号	限建要素名称
13	污染物集中处理处置设施防护	77	垃圾焚烧场防护区
		78	垃圾填埋场防护区
		79	垃圾堆肥场防护区
		80	城市集中污水处理厂防护区
		81	粪便处理厂防护区
		82	建筑垃圾处理场防护区
		83	垃圾转运站防护区
		84	垃圾综合处理厂防护区
14	电磁辐射设施(民用)防护	85	微波通道电磁辐射防护区
		86	大型广播电视发射设施保护区
		87	大型广播电视发射设施控制发展区
		88	110 kV 变电站防护区
		89	220 kV 变电站防护区
		90	500 kV 变电站防护区
15	市政通道防护	91	110 kV 输电线路防护区
		92	220 kV 输电线路防护区
		93	500 kV 输电线路防护区
		94	南水北调输水管道北京段防护区
		95	石油天然气管道设施安全防护一级区
		96	石油天然气管道设施安全防护二级区
		97	石油天然气管道设施安全防护三级区
16	噪声污染防治	98	铁路噪声一级区
		99	铁路噪声二级区
		100	轻轨噪声一级区
		101	轻轨噪声二级区
		102	城市道路交通噪声一级区
		103	城市道路交通噪声二级区
		104	公路交通噪声一级区
		105	公路交通噪声二级区
		106	首都机场一类区
		107	首都机场二类区
		108	首都机场三类区
		109	首都机场四类区
		110	其他机场噪声影响区

7.9.3 限建区规划的工作过程、技术路线和规划成果

限建区规划是一项高度综合的工作，牵涉诸多相关部门，自然不是城市规划编制单位一家所能完成的，只能采取部门合作的办法，分头研究，综合协调，最后形成成果。规划编制单位的作用是拟定专题，编制工作大纲，进行工作的组织和成果的综合。

1）限建区规划的重点

（1）理论分析：通过国内外经验的对照和建设实践中出现的实际问题，确定工作的清晰的概念、定义和工作范畴等，并据此提供统一的空间坐标、数据格式和地形底图。

（2）专题组织：由各专题单位提出限建要素的限建要求。北京市的限建区规划共开设了 9 个专题研究，涉及 4 个委办局、15 个承担单位（表 7.4）。

表 7.4　限建区规划专题组织表

<table>
<tr><th>序　号</th><th>专　题　名　称</th><th>承担单位</th><th>主管政府部门</th></tr>
<tr><td rowspan="2">1</td><td rowspan="2">北京市防洪风险区规划范围与建设限制研究</td><td>中国水利水电科学研究院防洪减灾研究所</td><td rowspan="10">市水务局
市地质矿产勘察开发局</td></tr>
<tr><td>北京市人民政府防汛抗旱指挥部办公室</td></tr>
<tr><td>2</td><td>北京市规划水源保护区与建设限制研究</td><td></td></tr>
<tr><td rowspan="2">2-1</td><td rowspan="2">地下水源地保护区与建设限制研究</td><td>北京市水文总站</td></tr>
<tr><td>北京市地质工程勘察院</td></tr>
<tr><td>2-2</td><td>地表水源涵养限建区专题研究</td><td>北京市水文总站</td></tr>
<tr><td rowspan="2">3</td><td rowspan="2">地下水超采区限建专题研究</td><td>北京市水文总站</td></tr>
<tr><td>北京市地质工程勘察院</td></tr>
<tr><td>4</td><td>北京市湿地的保护与建设限制规划（中心城以外）</td><td>北京市水利规划设计研究院</td></tr>
<tr><td>5</td><td>北京市山区泥石流危险度区划</td><td>北京市水土保持工作总站</td></tr>
<tr><td>6</td><td>北京市林业用地禁建规划</td><td>北京市林业勘察设计研究院</td><td>市园林绿化局</td></tr>
<tr><td>7</td><td>北京市环境敏感区限建规划</td><td></td><td rowspan="7">市环保局</td></tr>
<tr><td>7-1</td><td>北京市污染物集中处理设施限建区规划</td><td>北京市环境保护科学研究院</td></tr>
<tr><td>7-2</td><td>北京市环境噪声限建区规划</td><td>北京市市劳动保护科学研究所</td></tr>
<tr><td>7-3</td><td>北京市高压输变电设施限建区规划</td><td>北京市辐射环境管理中心</td></tr>
<tr><td>7-4</td><td>北京市移动通信基站限建区规划</td><td>北京市辐射环境管理中心</td></tr>
<tr><td>7-5</td><td>北京市广播电视设施限建区规划</td><td>北京中天广电通信技术有限公司</td></tr>
<tr><td>7-6</td><td>北京市水源保护区周边限建区规划</td><td>北京市环境保护科学研究院</td></tr>
<tr><td rowspan="3">8</td><td rowspan="3">北京市地质遗迹、矿产资源开发保护区、地质环境分区与限建要求研究</td><td>北京市地质工程勘察院</td><td rowspan="4">市地质矿产勘察开发局</td></tr>
<tr><td>北京市地质勘察技术院</td></tr>
<tr><td>北京市地质研究所</td></tr>
<tr><td>9</td><td>北京市限建区规划支持系统</td><td>首都师范大学</td></tr>
</table>

(3) 限建分区:将限建要素进行空间叠加,根据限建等级分析,综合出限建分区图。

(4) 限建导则:整合要素的限建要求,经过分类整理,建立限建导则库,作为查询的基础。

(5) 信息系统:将开展本规划的相关空间图层和属性数据库整合在一起,建立空间数据库系统,开发北京市限建区规划支持系统。

在规划过程中,涉及的关键技术主要是限建要素分析、建设限制分区、规划支持系统、限建导则等(图7.1)。

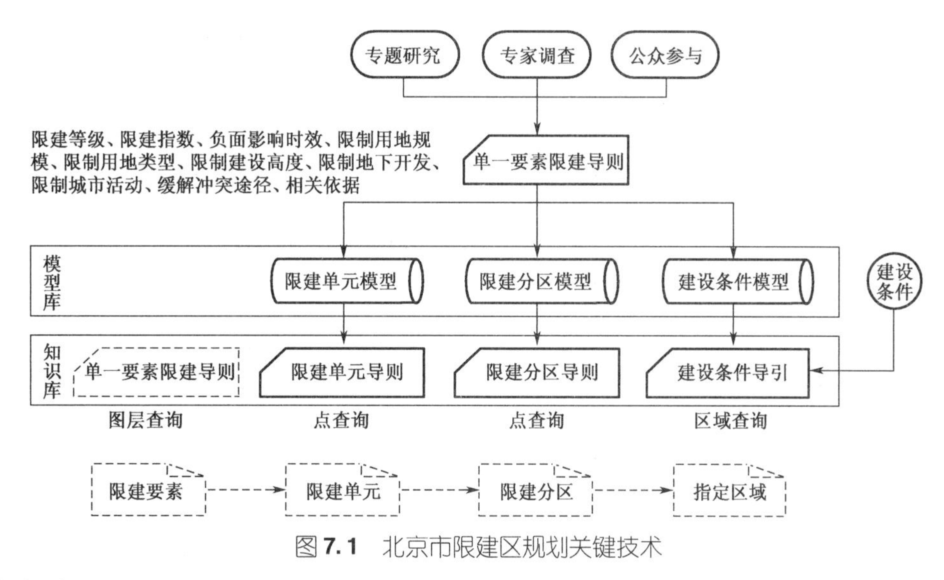

图7.1 北京市限建区规划关键技术

2) 规划成果

以北京市限建区规划为例,规划成果包含以下内容:首先,在切实掌握北京市域各类限建要素空间分布现状情况的基础上,针对各类单一限建要素确定其对城市建设的具体限制指标。其次,在北京市域范围内划定禁止建设区、限制建设区和适宜建设区,制定城市扩展的边界。第三,制定针对不同地区的规划导则,为城市规划的编制和管理提供数据和分析基础,提高城市建设用地空间布局的科学性。第四,对城市开发建设的指定区域提供限建条件综合分析,确定其是否适合城市建设,并从限制性角度给出科学、系统的分析结论。

规划成果分为规划报告、规划图则、附件和信息数据库四大部分:

(1)《北京市限建区规划》报告书及规划图集

(2)《北京市限建区规划》规划图则

市域 1∶25 000,共 213 幅,每幅含要素图、限建分区图、限建单元图及限建规划导则表。

(3)《北京市限建区规划》附件

包括 9 个专题组成的附件 1 专题研究成果集和含有 143 个法律、法规、规范的附件 2 限建法规集。

(4) 信息数据库

① 专题库:9 个专题及与专题相关的 143 个法律、法规、规范和研究成果。② 要素库:(a) 16 类 56 个限建要素,110 个限建图层,近 30 万个计算斑块;(b) 基础图纸要素(边界、现状用地、规划用地、地形图、交通、市政等);(c) 各单一要素的限建要求。③ 导则库:(a) 限建综合分区;(b) 限建导则。④ 支持库:(a) 数据显示(市域地形图、路网、城镇用地、生态要素);(b) 信息查询(生态要素、指定点限建区、指定多边形限建区);(c) 科学计算(限建区自动计算);(d) 决策支持(指定区域限建导则生成);(e) 图则生成。

8 城市交通与通信

城市交通与通信也是城市基础设施建设的一部分，但是，由于其对城市发展有极大的推动作用，因而城市现代交通与通信的发展与建设生态城市是实施城市现代化过程中并列的两个课题。

8.1 城市交通发展战略和综合交通规划

交通是城市发展的先导，城市总是在交通发达的地区率先发展起来，随着全国空港、海港、铁路、公路、水运网络的发展与完善，在新的交通枢纽、节点上，必然会涌现出更多的新城。从城镇体系布局角度看，所谓轴向发展的“轴”，主要是指交通走廊，城市总是向交通轴聚合。交通不发达、经济落后的地区，为推动经济的发展也总是要发展交通，把现代化的交通引入城市。

但是，城市离不开交通，交通又反过来给城市带来诸多矛盾。尤其是大、中城市，随着交通量的增大，机动车的快速发展，交通堵塞严重，交通事故频发，机动车尾气污染大气，都给城市带来更加严峻的挑战。交通问题至今仍是世界各国长期困扰城市的问题，是各级政府关注的焦点。为解决日益严重的城市交通问题，就要进行城市交通发展战略研究，编制城市综合交通规划。

8.1.1 当前我国的城市交通状况

鉴于我国大多数城市处于工业化初期和中期阶段，自改革开放以来，城市化进程骤然加速，国内生产总值连续多年呈两位数百分比增长，使城市处于快速变动的时期，这个时期落后的交通方式与先进的交通方式并存，城市道路交通设施建设严重滞后，交通管理方式简单粗放，使我国各大、中城市交通堵塞成为普遍问题，严重影响城市的运行效率，制约经济发展。

存在的主要问题如下：

1) 汽车增长速度快，自行车拥有量大

1985 年全国民用汽车拥有量为 321 万辆，比 1978 年几乎翻了一番，到 1994 年已达 941 万辆，随后几年全国机动车每年增长率均呈两位数增加，截止 2012 年全国民用汽车拥有量已达 10 933.09 万辆，其中私人汽车为 8 836.6 万辆。27 年内汽车数量增加 33 倍。根据 2002 年 4 月底的统计，北京市机动车拥有量已达 175.8 万辆，私家车(包括小客车、农用车、旅游面包车和摩托车)106.5 万辆，占机动车保有量的 60.6%，已突破城市总体规划 2010 年的预测数量。其中除去军车和农用车外，约有 150 多万辆，包括约 120 万辆民用汽车，30 万辆摩托车，其中私人小客车已达 55.9 万辆，其数量已超过单位拥有的小客车数量。2012 年北京市民用汽车拥有量已达 495.7 万辆，私人小汽车已突破 298 万辆。

据国外调查资料表明，国内生产总值每增加一个百分点，将导致机动车拥有量增长 1.02%～1.95%。这几年是我国各城市经济快速增长时期，许多城市国内生产总值将连续 10 年左右保持两位数增长的速度；2009 年有 70 个地级以上城市实现人均 GDP 4 000 美元的目标，即小汽车普遍进入家庭的时代。因此，机动车的快速增长是谁也阻挡不了的大趋势，将会对城市交通带来越来越大的压力。

在汽车大发展的同时，自行车也是不可或缺的交通工具。汽车与自行车并存是中国城市交通区别于国外城市的一个主要特点，也是解决交通问题的难点。

2）道路建设滞后，网络不健全

根据中国城市统计年鉴资料，1984 年全国城市（市辖区）道路铺装面积为 33 325 万 m^2，2009 年增至 367 495 万 m^2，25 年内道路面积增加了 10 倍，年增长率为 10%，人均道路面积从 1.7 m^2 增至9.63 m^2，但与机动车增长的强劲势头相比，道路建设滞后的状况尚未根本扭转。再加上许多城市是在旧城基础上发展起来的，除了道路面积少以外，道路网密度过稀、分布不均、交通设施不配套等因素普遍存在，为解决这个问题，在资金筹措及拆迁单位和居民方面都有相当的难度。

因此，交通堵塞问题几乎是各大中城市普遍面临的问题，北京、上海、广州、成都等城市中心区主要道路高峰时基本处于饱和状态，车辆平均时速只有 20 km 左右。

3）公共交通日趋萎缩

根据中国城市统计年鉴资料：

1984 年全国公共电汽车实有数量为 41 834 辆，每万人拥有 2.2 辆；全年运客总数为 2 416 766 万人次，平均每辆车年运客 57.77 万人次。

2012 年全国公共电汽车实有数量为 378 072 辆，平均每万人拥有 9.38 辆；全年运客总数为 6 268 228万人次，平均每辆车年运客 16.6 万人次。

2015 年全国公共电汽车实有数量为 550 789 辆，平均每万人拥有 10.66 辆；全年运客总数为 6 467 785万人次，平均每辆车运客 11.7 万人次。

31 年内车辆增加了 12 倍，而平均运客量却减少了 80%，一方面固然说明公交车拥挤状况大大改善；另一方面也反应了公交车客运效率大大下降，究其原因是多方面因素造成的：① 公共交通车辆增加了，线路延长了，但道路面积增加却不多，交通堵塞造成运营速度下降，多数城市从每小时 12～14 km 下降到 5～10 km，运营效率降低。② 公共交通工具更新速度慢，舒适度差，服务质量低，站点分布不合理，居民到站乘车步行距离长，等车时间长。因此，从 20 世纪 80 年代到 90 年代，多数大城市公共汽车在居民出行交通结构中的比重普遍下降。例如北京市 1980 年公共汽车占客运交通的比重为 54.8%，到 1990 年下降到 31%，加上地铁和出租汽车客运量，公交比重为 36%，而自行车的出行比重却从42.8%增至 57.8%，其他部分则由单位机动车和私人小汽车分流，其比重从 2.4%上升至 6.2%。虽然自 20 世纪 90 年代以来，北京市政府大力发展公共交通，加快地铁建设，并出台了相应的鼓励乘坐公共交通的优惠政策，公共交通萎缩的状况略有好转。截止 2011 年公共交通承担的客运交通份额回升至 54.2%（含轨道交通 19.4%。公共汽车 28.6%、出租车 6.2%），由于私人小汽车的迅猛发展，部分取代了自行车出行，单位机动车和私人小汽车的出行比重增至 31.5%，自行车的出行比重降至 12.6%。与 2011 年比较，公共电汽车和出租车承担的客运比例大体持平，由于地铁建设的发展，其承担的客运比例从 13.8%增至 19.4%，促使单位和私人小汽车出行比例从 38%降至 31.5%，自行车出行比例从 18%降至 12.6%。从这个趋势看，对于超大城市来说，改变公共交通萎缩的最有效的办法是加快大容量、快速轨道交通建设，只有如此，才能抵消部分私人小汽车增加带来的交通压力，有利于绿色交通出行的实施。

近来，不少城市，通过互联网思维模式创新，推出共享单车的服务，解决公交车站至住宅或工作单位之间短途交通的难题，有力地打击了“黑车”的泛滥，已成为很多市民短途出行的新习惯。但是，极需解决潮汐交通下单车过度聚集或一车难求供需失衡的难题，提出规范管理，适时调度，均衡投放，及时回收，加强维修保养等措施。对于用户也需加强自律，爱护车辆，在就近的停车点停放，不乱停乱放，影响公共环境。

4）交通管理水平低下

目前，我国已开始步入信息网络时代，随着人们工作效率的不断提高，对城市交通的要求也必然越来越高。国际上正在研究并开始使用的信息化、智能化管理系统，在我国还刚刚起步。由于历史和认识方面的原因，我国城市中交通控制管理和交通安全管理的现代化设施还很不完善，比较落后。例如，北京和东京都有交通管制中心，但是1995年北京交通控制中心控制的交叉口数只有东京的3%，人行天桥是东京的4.8%，地下人行道只有东京的5%，每公里交通标志只有东京的15%。近年来北京在交通信息化和智能交通系统建设方面取得突破性进展。建立了交通指数分析与发布系统，已实现对市域、区县、功能区实时监测评价，公共出行指数评价，交通拥堵预警等多种功能，为会商决策提供支持；并通过交通网站"市民网页"为公众出行提供服务。建立的交通运行监测系统已初步具备对全市交通运输系统运行进行监测的条件和能力。通过智能交通控制管理系统对交通进行综合监测与管理，实现了智能交通信号控制、交通管理信息服务、交通指挥调度等多种功能。通过公共交通信息系统为客运数据采集、运营、调度、安保、防恐等方面提供支持。但是，对于多数二、三线城市来说，还处于人车混行，非机动车与机动车互相争道，摩托车与汽车并行的状态，难以适应城市交通发展的需要。

交通设施明显不足，交通管理疏漏不少，交通事故率必将居高不下。例如，北京近年来交通事故率还在不断攀升，据统计，2000年发生大小交通事故32 378起，死亡1 459人，比20世纪90年代高出近2倍，每万辆车交通事故死亡9人；据1985年国外统计，日本东京为1.9人，美国和澳大利亚为2.6人，英国为2.7人。

随着机动车大量增加，停车设施严重短缺。车辆大多停在道路与人行道上，更加剧了交通堵塞。北京新建居住区，20世纪80年代规划每10户保留1个停车位，到90年代增至每3户1个停车位，实施结果仍感不足，目前，约有半数私家车没有固定车位，许多新建居住区不得不侵占小区内公共绿地和道路，解决停车问题，恶化了居住区的环境。

8.1.2 交通发展战略的主要任务

1）城市交通发展战略的含义

城市交通发展战略是对未来城市交通发展趋势的预测和判断，从宏观上把握城市交通发展的大方向，是城市交通发展的大局。

城市交通发展战略的制定，必须综合考虑城市社会经济发展、区域环境以至政治环境等诸多因素，并根据城市自身特点因地制宜地确定城市交通发展的重点与方向。综合性的地区中心城市肩负着带动整个地区经济发展的重任，发展战略必须以加强城市交通辐射功能为重点。工矿城市，货运量大，解决货物运输问题将对经济活动起到举足轻重的作用，应该列为发展战略的重点课题。海港城市要重点解决海港与区域性交通干线的快捷联系，便于货物集散。旅游城市，就要解决交通快速可达性，高速公路与航空交通可能成为发展战略必须研究的重要问题。

总之，交通发展战略既要超越城市本身，在更大范围内考虑交通发展方向，又要服从城市发展战略的需要，服务于城市。

交通发展战略与城市布局密切相关，它既要满足城市各项功能产生的人流、物流的需要，又要对城市功能布局不合理的状况进行反馈与指导，提出城市功能布局的调整战略。

2）城市交通发展战略的指导思想

在现代城市发展中，城市交通发展战略对城市的作用越来越显著，编制发展战略必须建立以下观念：

（1）改变传统的交通建设是被动的城市配套建设的观念，建立交通建设引导城市发展的观念，发挥交通建设的导向作用，在城市布局调整、产业和人口分布、改造旧区、建设新区等诸方面发挥先导作用。

(2) 改变"车本位"观念，树立"人本位"思想。交通的目的是实现人和物的流动。流水线生产车辆的速度永远大于道路交通设施建设的速度，在经济快速发展的城市更是如此。树立"人本位"的思想就是要立足于优先满足服务大众的公共交通需要，而不是优先满足个体交通的需要，以便更好地落实为大多数人谋利益的目标。

(3) 交通战略必须建立"时间与空间辩证关系"的观念。交通效率的提高，节省了时间，会改变人对空间的概念。例如，北京在古代以步行、轿子和马车为交通工具，因此，城镇体系布局以此为依据，在中心城市外围出现了三里屯、六里桥、八里庄、十里堡、十八里店的布局形态。现代交通工具，时速大大提高，人们的空间概念必然随着改变，只要单程在 1 小时内到达，人们就不必非在工作单位附近居住不可，完全可以选择离城 30 km 以外环境质量更好的近郊居住。显然交通工具的进步给城市布局以更大的灵活性，交通时间的缩短，使人们对空间距离的感觉也大大缩短了。

(4) 交通建设要充分考虑资源与环境的容量，建立一种协调发展的关系。

3) 城市交通发展战略研究的主要内容

概括起来城市交通发展战略要重点解决以下 4 个问题：

(1) 提出城市交通发展的总体目标

必须在充分研究城市现实状况、历史文化背景和城市发展定位等诸因素的前提下，提出交通发展战略的长远目标与近期目标，制定市民出行质量、货物流通效率、道路运行状况和交通整体环境等方面的发展水平和量化指标。

北京市在 1991～2010 年的交通发展战略中，结合北京的实际，提出了"确保实现的目标"和"可望争取实现的目标"，作为今后 20 年的基本发展路径。

确保实现的目标是：在调整、改造、挖潜的基础上，适当增加交通建设投资，还清旧账，把交通的发展调整到供需趋于平衡的良性循环轨道上，使城市交通总体服务水平有所改善。

为此需加强对交通需求的管理和提高现有设施运营管理水平。压缩无效交通量和不必要的客流量，改善交通负荷的时空分布；充分挖掘现有设施的潜力，加快以铁路客运枢纽、快速轨道交通和快速环路建设为重点的交通建设，控制城市交通恶化趋势，进入供求基本平衡的轨道。

可望争取实现的目标是：通过投资政策和交通技术政策的调整，使城市交通综合体系的结构发生质的变化，形成以公共客、货运交通为主导的，以城市快速交通特别是快速轨道交通(含市郊铁路)为骨干的多种交通形式相结合的综合交通体系。在加强需求管理和提高现有设施运营管理水平的同时，抓紧快速轨道和快速道路系统的建设，结合旧城改建，完善旧城区的道路系统，加快铁路、公路对外交通客、货运枢纽站的建设，形成必要的集散能力，力争近期内使城市交通开始全面好转，为初步建成功能完备和具有一定应变能力的综合交通体系奠定基础。

据此，提出基本控制指标如下：

① 建成市区内快速道路系统的基本骨架，增加支路在路网系统中所占比重，三环路以内中心地区路网密度达到 4 km/km^2 左右，道路面积率增加 50%～70%，使道路面积率从 6.6%～9.2%提高到 13.2%～15%。② 公路客运交通系统承担市区出行总量的 55%～60%，其中轨道交通系统分担比重从 11.4%提高到 21%左右。③ 社会化专业运输在城市货运总量中所占比重由现在的 62.9%提高到 80%～90%。④ 完成市区东、南、西、北 4 个铁路客运站的建设或改造工程，引入京沪快速铁路干线，铁路客运日接发列车在近期从 170 对增至 222 对，远期达到 290 对以上。初步建成长途客、货运输枢纽，长途客运量达到每年 1.12 亿人次，公路长途货运量达到每年 1.03 亿t。完成首都航空港扩建，并着手第二民用机场的筹建工作，扩建后的机场旅客吞吐量达每年 4 830 万人次，高峰每小时飞行架次达 80～

100 架次。⑤ 市区(公路一环以内)上、下班出行时间不超过 50 分钟;市区干道在交通高峰时间的平均车速不低于 25 km/h。

在 2004～2020 年的《北京城市总体规划》中又提出了更高的目标,指出:“交通发展要与国家首都和现代国际城市的功能相匹配,建设可持续发展,以人为本和动态满足交通需求的,以公共交通为主导的高标准、现代化综合交通体系,引导城市空间结构调整和功能布局的优化,促进区域交通协调发展、支持经济繁荣和社会进步。以“高效便捷、公平有序、安全舒适、节能环保”为发展方向,2020 年交通结构趋于合理,公共交通成为主导客运方式,出行选择性增强,出行效率提高,交通拥堵状况得到缓解和改善,交通发展步入良性循环。

可是,现实不容乐观,鉴于近几年人口和私人小汽车均处于放任发展的状况,城市总体规划的要求未能有效落实,在 2010 年常住人口已突破 2020 年规划人口 1 800 万人的目标,小汽车的数量已飙升至 480 多万辆,再加上机动自行车泛滥,给已经十分严峻的交通状况更增加混乱,要实现交通发展步入良性循环的轨道还有很长得路要走。今后,在大力发展以轨道交通为主导的公共交通的同时,必须加强对人口增长的控制与引导,加快新城发展的步伐,疏解中心城区的人口,进一步完善区域综合交通体系;大力推行限制小汽车增量的政策,制止机动自行车泛滥,以期逐步改善首都的交通状况。

(2) 交通方式结构

城市交通方式结构的发展趋势是城市交通发展战略关注的核心问题。

交通方式结构说到底是如何正确选择私人交通与公共交通的合理比例。私人交通具有灵活、自由等特点,但占用交通用地面积大,特别在中国以自行车为私人交通的主要工具时,大大增加了机动车与非机动车交通的干扰问题。公共交通则具有运输效率高,占用交通用地面积小等优点,但是,灵活性相对较差,特别是服务质量不到位,如站距长、车辆间隔时间长、运输速度慢等,会失去部分吸引力。

根据国外城市交通结构的研究趋势,在机动车大量发展的状况下,无非是在公共交通和私人交通两者以何者为主问题上作出抉择。

从现代城市交通发展的状况看,第一次产业革命开始出现现代城市时,有轨电车是主要的交通工具。至 20 世纪 20 年代,汽车工业崛起,公共汽车以不受轨道制约、快速灵活、初期费用低等优势,逐步取代了有轨电车。至 20 世纪 30～50 年代,小汽车大量发展,进入家庭,以其灵活、快速、方便的优势占领主导地位,使公共交通全面衰落。小汽车的普及,不仅改变了人们的出行方式,而且改变了时空观念。原来 1 小时的活动半径只有 5 km(步行)、15 km(非机动车),一下子跳跃到 50～85 km,活动范围的扩大引起市中心区空心化,向郊区发展的范围越来越大,改变了城市布局,出现了像洛杉矶那样的“广亩城”模式,小汽车成为美国生活的一大特色,也成为欧洲、日本在 20 世纪五六十年代追求的目标。

但是,小汽车的过量发展导致交通严重堵塞,大量消耗能源,交通废气、噪声、震动、污染城市环境越来越严重,以致进入 20 世纪七八十年代,各发达国家的城市又反过来选择发展公共交通,甚至发现经过改进后的轨道交通具有容量大、速度快、对城市干扰少的优势,逐步成为公共交通的主要方式。例如,德国于 20 世纪 60 年代在全国 20 多个城市全面改造了有轨交通系统;70 年代后开始大规模修建地铁。日本从 20 世纪 70 年代开始,在其《第三次全国综合开发计划》中,首先考虑了轨道交通系统,再综合布置调整道路及其他交通方式,依靠交通干线在大城市及其影响地区范围内组成多中心结构体系。地下和高架的轨道交通承担了城市 60%的客运量,大大减轻了道路的总交通量和交通公害。

从国外交通发展规律看,在小汽车大量发展前后,对公共交通为主要方式的选择经历了肯定—否定—否定之否定的过程,觉悟到以公共交通为主的交通方式乃是城市交通方式结构的最佳选择。

我国在计划经济体制下，城市工业化与现代化的速度比较缓慢，因此，出现了以自行车为主体的特殊交通方式结构。但是随着计划经济体制向市场经济体制转化，城市工业化的速度加快，人们的消费水平提高，欧美发达国家城市在20世纪30～50年代出现的问题很快就在中国重演。作为交通发展战略该如何进行交通方式结构的选择呢？显然中国人多地少，不可能选择“广亩城”(以小汽车为主)的交通模式，只能选择以公共交通为主的结构模式。

但是，根据不同的经济发展水平，不同的地形、气候条件，不同的城市发展规模，城市交通发展战略的近期与远期目标还可以作3种不同的选择：① 以公交和自行车并举的交通方式结构，即自行车与公交车在各自的范围内都有各自的优势，相互衔接，合理并存。② 以公交为主导的交通方式结构。以地面公交为主，逐步取代自行车，成为城市交通的主导。③ 大力发展轨道交通，确立以公交为主导优势的交通方式结构，公共汽(电)车已难以承担大运量客运需求，轨道交通是公共交通的骨干。从我国城市发展状况看，城市规模不大，经济发展水平不高的城市可能以第一种选择为宜；经济发展水平高，城市规模大的城市应该选择第二种或第三种，也可能是近期选择第一种结构，远期逐步向第二种、第三种结构过渡。

(3) 制定完善的城市交通政策

城市交通政策是在一定的城市交通战略控制之下，政府部门制定的用于指导、约束和协调城市交通的观念和行为的总则。为了强化城市交通政策的指导作用，交通政策最终将向交通法规延伸。城市交通战略指明了城市交通发展的方向，城市交通政策则是提出实现交通战略目标的手段和途径。交通政策的制定虽然要服从于城市交通发展战略，但又是一定政治社会经济环境下的产物，不同的背景条件就有不同的政策需求。

交通政策既是动态变化的又具有延续性。政策的动态变化是指交通政策中低层次的技术经济条件的具体内容总是随着形势的发展而逐渐发生变化的，满足一定时期内的发展需要；政策的延续性是指交通政策各阶段的内容都将服从于城市发展战略的需求，各项政策和措施的出台都是为了保障交通战略目标的实现。例如上海市关于小汽车发展的具体政策就曾经历过由“限制小汽车发展”到“有控制地发展小汽车”，进而到“适度发展小汽车”的三个阶段。这三种不同的小汽车发展政策都是在公交优先发展战略的指导下，适应于不同时期的社会经济发展水平而提出的，其根本目的都是为了保障道路交通的畅通、有序和安全。

协调各种交通方式的发展，逐步形成合理的城市交通结构，是城市交通政策的核心内容。交通政策根据城市交通发展的战略目标，确定各类交通方式的导向性政策；指出各类交通工具的发展方向；确定各类交通工具发展的阶段目标；并指出保障各类交通工具发展的具体措施。交通工具的导向性政策将直接影响着城市交通建设。例如法国巴黎在蓬皮杜总统时代，就提出了鼓励发展私人小汽车的政策，强调交通建设要适应小汽车的发展，高等级的道路规划建设成为那一时代的基本特征。而在我国上海等特大城市都提出了大力发展公共交通的政策，城市交通建设的重点逐步转向了轨道交通。城市交通政策涉及的内容非常广泛，除了制定交通工具的导向政策之外，为保障交通发展战略目标的实现，在规划、投资、财税和管理诸多方面也应制定相应的政策。

(4) 努力实施交通管理现代化

与信息时代的社会经济发展所要求的高效、有序、安全的交通环境相适应，加强交通管理信息化与智能化的研究，提高交通管理设施水平，更有效地调节交通流向，均衡交通分布，提高城市交通效率，已成为交通发展战略必不可少的内容。

8.1.3 城市总体规划的主要任务

城市交通总体规划是城市交通发展战略目标和方针在空间上的具体落实。主要内容包括:城市交通需求的预测,城市道路系统规划,公共客运系统规划,市区机动车公用停车场规划,城市对外交通系统规划以及城市道路交通管理设施规划等。

1) 城市交通需求的预测

城市交通需求的预测是城市道路、公共交通、交通场站设施规划的主要依据,必须根据城市总体规划确定的城市发展规模、经济发展水平和城市布局方案进行预测。

城市交通预测包括两方面的内容:一是对城市客、货运交通出行生成、分布、方式进行预测;二是根据各类车流的 O-D 矩阵,作道路网络交通负荷的预测分析,绘制道路客、货运交通流量图,依此编制各类交通规划。这是一个十分复杂的专业科目,这里只能做一些常识性的介绍。

(1) 交通调查

交通调查的目的是了解和分析城市交通现状,把握现状特征,寻找城市交通的症结所在,为交通预测收集大量基础数据。

交通调查的内容有以下几个方面:

① 出行调查。即对人、货、车从出发点到目的地的全过程进行了解,全面掌握交通的源头和流向,分别了解各类人员的出行率、出行方式、出行目的、出行时耗以及起讫点分布等方面的数据;了解各类车辆出车比例、平均出行次数、出行距离、满载率以及空间分布等车辆出行特征;了解货物通过铁路、港口和机场的集散状况,各类货物流动的起讫点等。

② 交通设施及其运行状况的调查。在硬件方面主要了解道路网的总体布局、道路断面、交叉口布局状况;公共交通设施的布局、站点布置、线路配车及运营状况;港口、车站等重要集散点交通枢纽布局状况,停车设施供应和布局等等。在软件方面主要了解道路交通量、车速和堵塞状况;公共交通运量、运速和满载率;交通枢纽集散量;停车设施需求量、周转情况等等。

③ 根据上述两项调查,结合土地使用的状况,对照人口和产业分布状况、社会经济发展状况以及地形、地质、气候等自然条件的影响,交通政策与管理的问题,进行交通问题的综合分析。

为了便于各类交通资料的收集、分析和预测,需要依照行政区划把城市分成若干交通分区,并尽量以河流、铁路等天然分隔带作为交通边界。一般来说,交通区划分要适度,划得过大,则工作精度不够;过小,则工作量大大增加。应根据不同精度的要求,以最小工作量取得全面反映交通源流成果为基本原则。

(2) 市区城市客运量预测

影响城市客运量的因素很多,但主要取决于城市功能布局、常住人口规模、流动人口的数量以及消费水平的提高、生活方式的改变等各种因素。总的来看,城市客运量将会逐年有所增长。

客运量预测步骤大体如下:

① 估算客运总量。根据国内外大城市调查表明,城市居民平均出行次数,市区常住人口一般在 2.7 次左右,流动人口出行次数要大一些,一般在 3 次左右。远郊区城镇,经济发展水平比市区要差一些,根据北京市现状调查为 1.8 次,进入市区的出行量约占 14%左右。但是随着经济发展水平的提高,市区人口产业向郊区疏散,快速交通的完善,市区与郊区联系日益密切,郊区人口的出行次数和进入市区的人数会增加,大体上可按出行 2.5 次、进市区的出行量占 10%~20%估算,离市区远的城镇进市区的比例低,靠近市区的城镇比例会高一些。指标确定以后,就可以根据常住人口和流动人口数,预测城市可能产生的客运量。

② 确定乘车率。乘车率的高低，取决于城市的规模和布局，中小城市会低一些，布局紧凑的城市会低一些，合理的城市功能布局，就近工作与居住的比例高，乘车率也会降低一些。一般步行出行距离为 1 km，步行时间为 15 分钟左右，根据北京市的调查，在 15 分钟内的步行出行次数约占客运总量的 30%左右，即大体上有 70%左右的客运量需要乘车。

在这个基础上即可测出市区全年总出行量和乘车出行总量(测算方法以北京为例，详见表 8.1、表 8.2)，根据乘车总量即可按公共交通为主的原则来选择合适的客运方式，估算各类客运车辆。具体估算方法在“城市公共客运系统规划”中介绍。

表 8.1 北京市远郊区城镇居民进出市区的出行量预测

项 目	规划年度	
	2000	2010
1. 城镇城市人口/万人	150	205
(1) 分布在公路二环附近/万人	90	128
人均日出行次数/(次·(人·日)$^{-1}$)	2.5	2.5
进出市区出行量所占比重/%	15	20
(2) 分布在公路二环以外的/万人	70	77
人均日出行次数/(次·(人·日)$^{-1}$)	2.5	2.5
进出市区出行量所占比重/%	5	10
2. 全年进出市区交通量/亿人次	1.55	3.04

表 8.2 北京市区客运出行量预测

项 目	规划年度	
	2000	2010
1. 市区城市人口/万人	600	645
(1) 人均日出行次数/(次·(人·日)$^{-1}$)	2.8	2.8
(2) 乘车率/%	70	70
(3) 全年出行量/亿人次	61.32	65.92
(4) 全年乘车出行量/亿人次	42.92	46.14
2. 流动人口/万人	200	200～250
(1) 人均日出行次数/(次·(人·日)$^{-1}$)	3.4	3.4
(2) 乘车率/%	7.5	7.5
(3) 全年出行量/亿人次	24.82	24.82
(4) 全年乘车出行量/亿人次	18.62	18.62
3. 城镇人口进出市区/万人	150	205
(1) 全年出行量/亿人次	1.55	3.04
(2) 全年乘车出行量/亿人次	1.55	3.04
4. 全年出行量合计/亿人次	87.69	93.78
5. 全年乘车出行量合计/亿人次	63.09	67.80

(3) 汽车货运量及货运结构预测

货运量增长变化的因素比较复杂。一方面,城市规模的扩大,建设量的增加,生产的发展,生活水平的提高以及随着高速公路的发展,铁路短途运输转向公路,汽车运输距离增加,这些都是货运量的增长因素。另一方面,随着货源点布局合理化,生产工艺的改进,产业结构、能源结构的调整,货运量也会有所减少。总的趋势,汽车货运量还将有较大增长。预测方法与步骤大体如下:

① 货运量预测方法大体有两种。一种是根据经济与货运量的弹性系数关系,根据《中国运输经济》分析,大致为1∶0.5,即工业产值翻一番,货运量增长50%。另一种方法,是预测模型分析法。即以城市人口、工农业生产总值、社会商品零售额等相关因素作为自变量,论证与货运量变化的关系,通过一元回归方程计算,分别得出货运量。以北京为例,两种方法得出结果都比较接近。例如,以北京1990年货运量为基数测算,2000年的货运量,前一种方法为3.49亿t,后一种方法分别为3.48亿t、3.5亿t和3.68亿t;2010年货运量前一种方法为4.7亿t,后一种方法分别为5.23亿t、5亿t和4.86亿t。在不同预测方法的基础上即可选择合适的货运量指标。

② 货运交通结构及货运汽车保有量规划。现状货运结构大体上分交通运输部门专业运输、其他营业性运输和非营业性运输三类。以北京1990年的统计为例分析,专业运输部门的货运汽车效率最高,平均吨位为7 t左右,平均每车年货运量达6 000~7 000 t,但承担的货运量比重较小,只有3.5%;其他营业性的运输部门的货运汽车,效率次之,平均吨位3 t左右,平均每车年货运量为1 600 t,是城市货物运输的主体,承担了59.2%的货运量;非营业性的货运汽车,效率最差,平均每车年货运量为800~900 t,承担了37.3%的货运量。

据此,北京市1993年城市总体规划确定的货运交通结构规划的目标是:努力提高专业运输部门和营业性运输部门的货运比重,减少非营业性运输的比重。2010年营业性运输量要从1990年的62.7%提高到80%~90%,非营业性运输量从37.3%降至10%~20%。并要逐步增加专业部门承担货运量的比重,努力提高营业性车辆的运输效率。

(4) 民用汽车保有量的预测

如前所述,各城市机动车的增长速度大体上是同年国内生产总值增长速度的1.02%~1.95%。可根据各城市不同的经济发展速度和机动车近几年的增长率来选取合适的预测值。一般来说,在10年内大多数城市仍将大体保持每年15%左右的增长率。

对于小汽车、摩托车在私人交通工具中所占的比重,也要根据交通发展的战略要求来估计。总的趋势是,小汽车将有相当大的增长,摩托车的增长在中小城市还难以扼制,自行车发展势头应该逐年减少。各级政府需要通过政策引导与适当控制,避免小汽车盲目发展。当前,从各大城市的交通状况看,控制摩托车、助动车的发展显得更为迫切。规划应该对民用汽车的保有量有一个充分估计,适当留有余地。

(5) 交通流量的分配规划方案

在交通需求量预测的基础上,还需要分析交通是怎样生成,怎样流动,如何在城市流动最为合理,这就是交通流量分配规划的任务。

交通流量分配大体上有3个步骤:

① 交通生成量的预测

交通生成,简言之,即交通从哪里产生,又到哪里去。交通产生的起点与到达的终点称交通生成的端点。一般采取交通分区的方法来分析生成量,每一个交通区都有出行产生,其数量为出行生成的"发量",也称产生量;每一个交通区都有出行吸引,其数量为"吸量",也称吸引量。

客运交通生成的特性取决于出行目的、出行方式和每个交通区的土地使用性质，出行目的无非是上下班(含上下学)出行及购物、娱乐休闲、社会交往等生活出行和公务活动几大类，交通区内的住宅往往是交通发量，公共建筑则主要是吸量，也包含着部分发量。在交通规划中主要研究上下班出行，因为这是客运高峰的主要出行。

交通生成量可以在交通调查资料的基础上，根据规划土地功能布局和社会经济发展的目标预测交通生成量和交通方向。

② 交通出行分布

出行分布是确定各交通区之间的空间交通交换量。通常交通区范围越大，其交通区之间的出行次数越多，空间距离越大，则出行次数相对越少。

出行分布分析只需把两交通区已知的出行起、终端点相连，即可形成出行网络图，也称交通需求矩阵。对于客运交通而言，需要分析人员出行矩阵；对于道路交通而言，需要分析车辆出行矩阵，为制定交通分配方案提供依据。

出行分布预测方法，一般都在现状出行形态的基础上采用以下两种方法预测规划出行量：

一种是增长系数法，即根据两个交通区之间的起点、终点的现状出行量，乘以一定的增长系数得出未来的交通需求量，再根据现状交通需求矩阵预测未来的需求矩阵。这个增长系数可以是一个常系数，也可以以两个交通区各自增长系数的平均值作为系数，还有更为复杂的增长系数的计算方法，即除考虑两个交通区的增长系数以外，还要乘以所有交通区的增长系数，以求预测值更加精确。

另一种是综合模型法。即除了考虑两个交通区之间的出行量之间的关系以外，还把两区之间的出行距离、出行时间或出行费用等因素考虑进去，根据不同的规划对策得出不同的结论，以便获得更为合理的出行分布矩阵。

前一种方法适合于小城镇，即交通设施比较简单的地区；后一种适合于大城市，即交通设施比较多样的地区。

③ 交通流量分配

交通流量分配就是将已知的各交通区之间的交通交换量，按照规划的道路网和公共交通网初步方案，以出行时间最少、费用最小的原则，选择交通量起点到终点的路线，可以得出各路段和各交叉口的交通流量分布图，可与规划的路段与交叉口的通行能力进行校核，确定道路断面和交叉口的形式。必要时也可以对初步方案包括土地功能布局、道路网规划、公共交通网规划加以调整，以求得更合理的综合交通规划方案。

交通流量的分配和道路网、公共交通网之间是相辅相成、互相校核的关系。在城市总体规划方案的编制过程中，两项工作可能是平行操作的，但是，只有经过交通需求分析，以交通流量分配方案校核修正后的道路网和公共交通网规划，才更加符合实际。

2) 城市道路系统规划

城市道路系统是组织城市各种功能用地的“骨架”，是城市人流、物流的“动脉”，城市道路系统一旦形成，就决定了城市发展的形态。影响城市道路系统布局的因素有：① 城市在区域中的位置。② 城市用地布局。③ 城市内的交通运输系统。

(1) 城市道路系统的空间布局

城市道路网的空间布局与城市的自然条件、城市发展的规模、经济社会发展水平和城市历史的沿革有关。城市道路结构一旦形成，就很难改变。

在我国，规模较小、地形平坦的城市，一般都是方格网式的，这和我国很早就有了城市建设的规制有关。城市的轮廓是方形，由道路系统划分成里、坊，城市道路最基本的形态是“曰”字形、“田”字形、“目”字形，或方形城郭内主干道呈“丁”字形、“井”字形。由此根据不同的规模和自然条件，演变成中国旧城的各种形态，这和西方以教堂为中心向外辐射，沿城墙设置圆环状路的形态是不同的。

城市之间的联系以直线联系为最短，随着城市现代化的发展，中心城市与外围城镇之间首先出现了以旧城为中心，向不同方向辐射的放射路。随着城市规模的扩大，中心城市不断向外蔓延，“大饼”越摊越大，造成离中心城区越远的地方，两条放射路之间的横向距离也越大，如果都要通过中心城区再转向另一条道路上去，不仅增加了中心城区的交通压力，而且交通距离也拉长了。因此，随着城市的扩大，必然会出现放射路之间的横向联系，这种环绕中心城区外围放射路之间横向联系的道路就逐渐形成环路。所以，对于规模较大的城市而言，环形、放射的道路系统就成为主要的道路系统空间布局的形态。随着城市的不断扩大，在特大城市会形成环绕中心城区的多个环路，一环比一环大。

对于沿山峡、河谷发展起来的带状城市而言，地形条件决定了它不可能像平原城市那样摊大饼式地发展，只能因山就势修筑道路以联系城市各组团，形成自然式的道路空间布局系统。

对于某些大城市来说，城市道路系统经过历史演变和因地制宜的发展，出现的空间布局形态可能是多种形态的混合。

(2) 城市道路的功能等级

城市道路的功能等级是由两方面的因素决定的：一是其承担的交通量和要求的交通速度；二是其在组织城市用地功能中的作用。对于一般城市而言，可分成主干道、次干道和支路 3 级。

① 主干道一方面担负着联系城市各区域、组团、交通枢纽以及与对外交通衔接的任务，是城市道路网的骨架，其连通功能更突出，应该保证足够的交通容量与速度。大城市主干道一般设计时速为 60 km/h，中、小城市时速可慢一些。另一方面从其通过的城市用地功能区域看，又有交通性和生活性的区别，对于穿过工业、仓库区的或组团之间的主干道系以交通性为主，应该保证通行速度，不宜在道路两侧布置吸引大量人流的公共建筑。对于穿过城市中心区的主干道，往往是体现城市政治、经济、文化中心功能的地区。例如，北京的长安街和南北中轴线，它既要体现交通功能，更要满足城市功能的需要，在两侧布置大量公共建筑，这种主干道称为生活性主干道。交通功能应以客运为主，货运车辆应该限制，且更要注意景观设计，往往是城市主要景观轴。

② 次干道是分担主干道交通的辅助性干道，是各区域、组团内的地方性道路，交通性比主干道相对较弱，生活性更强一些。大城市设计时速为 50 km/h，中、小城市为 30～40 km/h。

③ 支路是地区性服务道路，通向各居住区和工业区等，交通性更弱，生活性更强。设计时速为 30～40 km/h。

对于大城市而言，还要设置城市快速路系统。快速路为长距离出行交通服务，疏导跨区之间的交通。一般通行速度较快，设计车速不低于 80 km/h。快速路是一个相对独立的系统，与城市其他道路相交均为立交，并应控制出入口数量，在快速路两侧应设辅路，便于与城市道路衔接。一般城市支路不能直接进入快速路。随着城市规模的扩大，机动车的增长，特大城市的快速路也将形成放射和环形路系统。实践证明，越靠近城市中心的快速路，由于交通量过大，难以达到设计车速；越远离城市中心的环路，行车速度越快，这样环绕市中心，由外向内设置的几个快速环路，可以起层层截流的作用，保证过境车辆不进入市中心区。

(3) 道路网密度

城市道路网密度要兼顾干道通行能力、居住社区划分、公共建筑数量和方便居民步行到达公共汽车站(一般要求 5 分钟左右)。一般大城市中心区道路网密度要密一些，道路间距为 300～400 m，密度为 5～7 km/km^2；城边缘可以稀一些，间距为 600～800 m/km^2，密度为 2～4 km/km^2。所以，大城市道路网密度一般以 4～6 km/km^2 为宜。

对小城市来说，交通系统比较简单，道路间距要小一点，密度要大一点，虽然增加了交叉口，但交通调度灵活性更大一些，道路间距一般以 300～400 m，道路网密度以 5～7 km/km^2 为宜。

在历史形成的旧区，传统的道路系统是在步行和非机动车通行速度下形成的，道路密度大，但道路较窄，为了保护旧城风貌，延续历史文脉，不能简单化地以主次支路的模式硬套，而要在保持原有道路格局的基础上做一些改良，并采取组织单向交通、限制车辆进入旧区等措施以缓解交通压力。

在小汽车不断增长的状况下，从长远看，一般城市的道路面积率以 20%左右为宜。

(4) 道路交叉口形式

城市道路交叉口的设计原则，一是根据道路功能等级决定；二是按低速让高速、次要让主要、生活性让交通性的原则设计。分别选择互通式立交、不完全互通式立交、分离式立交和平交的形式，平交还可分环岛和信号灯管制的形式。

(5) 道路横断面

大城市不同等级的道路红线宽度一般为：快速路不小于 80 m，主干道 60～80 m，次干道 40～50 m，支路 25～35 m。

小城市主干道 40 m，次干道 20～30 m，支路 15～25 m。

道路横断面要实行人、车分流，主、次干道实行机动车与非机动车分流，快速车道和主干道应布置人行过街天桥或地道。

道路横断面的类型一般由车行道的布置形式决定。主要有：

一块板形式。即中间设一条车行道，两侧为人行道。适用于机动车与非机动车交通量较少的次干道或支路。在旧城区，受到用地限制，也只能采用一块板的形式。

两块板形式。即中间用绿化带把车行道分成两部分，车辆在形起伏较大的路段，或景观要求较高的次干道，或者没有非机动车

三块板形式。即用两条绿化带把机动车道与非机动车道分力，保证安全，景观效果较好。一般适用于次干道和少数主干道。

四块板形式。即在三块板的基础上，在机动车道中间增加一干扰的问题。一般适用于城市主干道。

此外，在城市道路系统中还有两个问题需要研究：

① 城市高架路的设置。一般城市中心区交通用地面积不够，常常采取修高架路的办法作为快速路以改善交通条件。目前，在我国各大城市高架路越修越多。但是，高架路对城市景观，特别是传统风貌特色较浓的旧城的景观破坏性很大，对城市环境也有影响，且常会造成高架路出入口节点拥堵等问题。从长远看，在道路系统规划中应该慎重设置。

② 城市步行道系统的开辟。在机动车发展越来越快的状况下，城市道路系统主要应解决车辆通行的问题，步行空间在城市道路网中越来越居于次要地位，城市缺少安全、舒适的步行游憩空间，这和“人本位”的理念是相悖的。为了解决这个问题，许多城市开辟了步行商业街，例如上海的南京路、北京的王府井等。不少城市还在市中心区设置步行系统。例如东京中

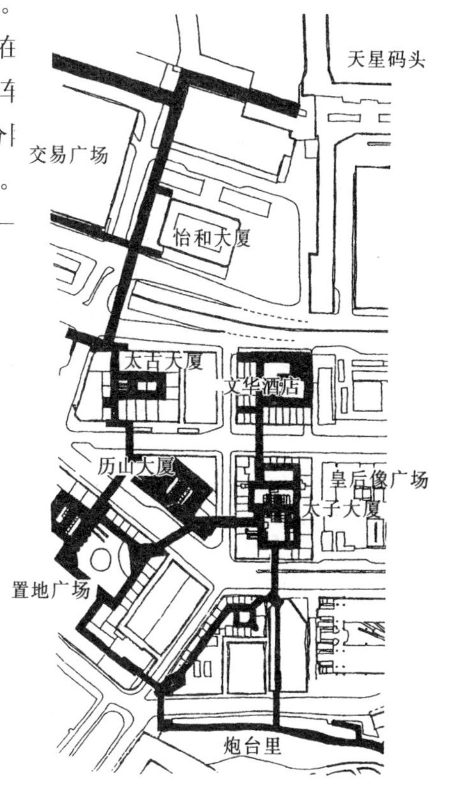

图 8.1 香港市中心区二层人行系统示意图

心区正在研究开辟步行道系统，使人们能躲开城市道路的干扰，有一个宁静的、优美的、富有生活气息的步行游憩空间。香港则在用地十分紧张的状况下开辟二层人行系统，把火车站、公共客运交通枢纽与市中心区联系起来，人行道穿过中心区大量公共建筑，开辟了许多购物与餐饮、娱乐等商业文化服务空间(图8.1)。美国明尼阿波里斯，一方面把中心区的商业楼在二层连接起来，形成封闭的人行天桥系统(图8.2)；另一方面把天桥系统引入湖滨绿地，与绿化林阴道结合形成丰富多彩的步行系统。这些经验值得借鉴，应该把步行系统纳入城市道路系统规划中去。

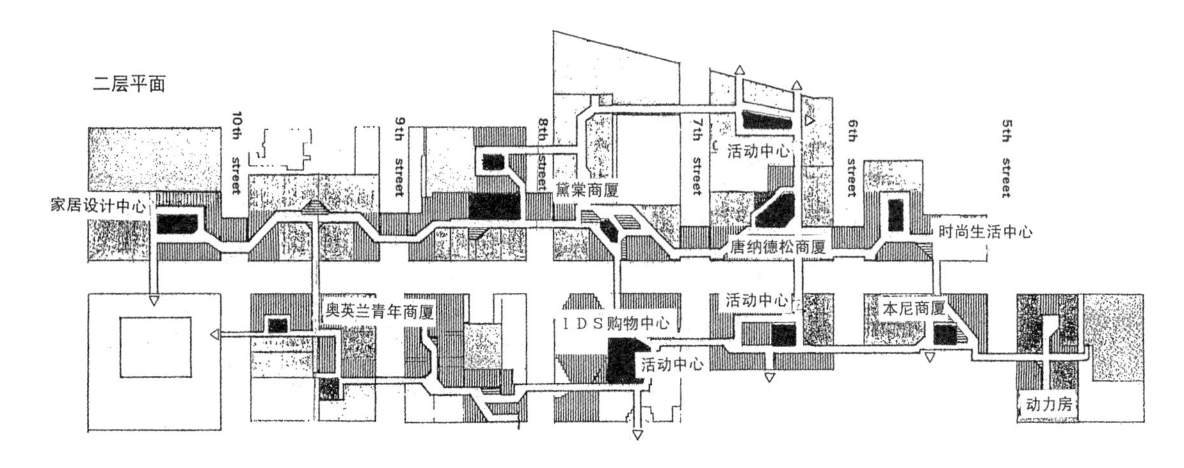

图8.2 美国明尼阿波里斯中心区二层天桥系统示意图

3) 公共客运系统规划

城市公共客运系统规划是在交通发展战略和城市客运量预测、交通流量分配的基础上，具体落实客运方式结构，公共交通工具数量，确定公共交通线路系统规划，配置各类公交场站。

(1) 客运交通方式结构选择和公共交通数量预测

所谓客运交通方式结构规划，就是要在现状结构分析的基础上，根据交通发展战略的要求，逐步提高公共交通承担的比重。通过对不同出行距离选择的不同出行方式，来确定机动车与非机动车各自承担的出行量比重。在机动车中还要确定公共汽(电)车、轨道交通、出租汽车承担的出行比重。

交通方式结构选择，与城市规模有关。对于小城镇，由于其出行范围大多在步行和自行车出行范围之内，公共交通相应处于辅助地位，主要为市中心、名胜游览地、体育场和车站、码头的人流集散服务。

对于中等以上城市，出行范围扩大，出行距离拉长，公共交通方式的地位就显得更重要了。客运交通方式就变成以公共汽车、无轨电车和出租汽车组成的公共交通为主导的客运交通方式结构。

对于特大城市，一般人口超过200万的规模，就要考虑发展轨道交通，形成以公共运输网络为主体，快速轨道交通为骨干，多种客运方式相结合的综合客运交通体系。

例如，根据北京市1993年编制的交通规划所确定的目标，公共交通[含公共汽(电)车、地下铁道、出租汽车]承担乘车出行的比重从1990年的36%提高到2000年的60%，2010年的70%左右。单位和私人交通(含单位和私人小汽车、自行车)承担的出行比重从64%相继降到40%、30%。其中自行车的出行比重大体上从58%分别降到34%、20%。

根据公共交通需要承担的客运量就可以预测各类交通工具所需的数量。一般公共汽(电)车可按67万～70万人次/年、小公共汽车按5万人次/年、出租车按0.5万～0.6万人次/年估算。

客运量和客运结构预测，以北京市区为例，详见表8.3～表8.5。

表 8.3 北京市区客运量及客运结构(1990)

交通工具	客运量及需要车数				折算客运出行量	
	客运量/亿人次	占比重/%	单车运量/万人次	需要车数/辆	出行量/亿人次	占比重/%
公共汽(电)车	29.07	43.1	67.7	4 291	16.45	31.0
小公共汽车	0.19		4.4	429	0.19	
地下铁道	3.82	5.6			2.16	4.0
出租汽车	0.72	1.1	0.65	11 147	0.72	1.3
单位大客车	1.61	2.4	1.92		1.61	3.0
单位和私人小客车	1.54	2.2	0.26	62 375	1.54	2.9
自行车	31.00	45.6	0.06	5 210 000	31.00	57.8
合计	67.95	100				100

注:公共汽(电)车、地下铁道客运量折算客运出行量,除以换乘系数 1.767。

表 8.4 2000 年北京市区规划客运量及客运交通结构

交通工具	客运量及需要车数				折算客运出行量	
	客运量/亿人次	占比重/%	单车运量/万人次	需要车数/辆	出行量/亿人次	占比重/%
公共汽(电)车	40.0	49.1	70	5 700	23.5	
小公共汽车	0.5		5	1 000	0.5	38.0
地下铁道	8.0	9.7			4.9	7.8
出租汽车	1.0	1.2	0.5	20 000～30 000	1.0	1.6
单位大客车	2.0	2.4	1.6	12 500	2.0	3.2
单位和私人小客车	3.0	3.6	0.2	150 000	3.0	4.8
自行车	28.1	34.0	0.045	6 000 000	28.1	44.6
合计	82.6	100			63.0	100

注:公共汽(电)车、地下铁道客运量折算客运出行量,除以换乘系数 1.767。

表 8.5 2010 年北京市区规划客运量及客运交通结构预测

交通工具	客运量及需要车数				折算客运出行量	
	客运量/亿人次	占比重/%	单车运量/万人次	需要车数/辆	出行量/亿人次	占比重/%
公共汽(电)车	50.0	54.0	67	7 400	29.4	44.7
小公共汽车	1.0		5	2 000	1.0	
地下铁道	14	14.8			8.2	12.1
出租汽车	1.8	1.9	0.6	30 000～40 000	1.8	2.6
单位大客车	2.0	2.1		12 500	2.0	2.9
单位和私人小客车	7.1	7.6	350 000	7.1	10.5	
自行车	18.5	19.6		6 000 000	18.5	27.2
合计	94.4	100			71.4	100

(2) 公共交通线路系统规划

公共交通线路系统规划要在城市道路网和交通流量分配方案的基础上进一步落实。

其规划原则是首先满足居民上下班方便出行和其他生活出行，努力提高公共交通的覆盖面积，使各条线路的客流量与运载能力相适应，尽可能在城市主要人流集散点(如对外客运交通枢纽、大型商业文化中心、居住区中心等)之间开辟直接线路，线路走向与客流流向一致，并尽可能减少居民换乘次数。

在特大城市要处理好轨道交通和公共汽车、小公共汽车之间的衔接关系，实现优势互补。轨道交通应选择客流量最大的地区通过，尽可能与人流集散点沟通，以满足高峰客流的需要。但轨道交通一般车站的站距较长，且欠灵活。公共汽(电)车一方面要弥补轨道交通的不足，承担轨道交通难以覆盖的骨干客流；另一方面要搞好公共汽车车站与轨道车站衔接，便于换乘。小公共汽车则是弥补公共汽车的不足，在公共汽车覆盖不到的地区，起到方便居民出行的作用。

从发展趋势看，在轨道交通建设初期，地面公共汽(电)车仍将是地面公共交通的主体，随着轨道交通覆盖面越来越大，公共汽(电)车才逐渐退居次要地位。

此外，轨道交通除了承担市内客运外，在国外还向市域发展，出现市区与郊区连为一体的轨道网络，这将更有利于城市人口与产业的合理布局，在长远规划中应该加以考虑。

(3) 公交场站的设置

公共汽(电)车场站规划应与“运营与保养分开，高保集中，低保分散”的管理体制相协调。相应的场站结构为：保养场、运营场、枢纽站、首末站、大修厂。

公共汽车保养场一般占地 3～5 hm^2，每年负责高级保养车辆 800～1 000 辆，应在市区范围内分区均匀布置。

在保养场下设若干运营场，负责 5～8 条运营线路的调度、低级保养和停车。一般规模为 2 hm^2 左右，可停放车辆 150 辆左右。

首末站一般隶属运营场管理，是公共交通运营线路的起、终点，除满足调度等设施设置的要求外，每条线路安排 4～5 个停车位，占地 1 000 m^2 左右。首末站一般可有 3 条线路共同使用，占地 3 000 m^2 左右，只有一条线路使用的称谓到发站。

公共交通枢纽站是多条线路或不同客运方式相互衔接的交汇点，按照衔接客运方式的性质有市区客运换乘枢纽(市区公共汽车、轨道交通等互相衔接)和对外客运换乘枢纽(市区公共交通和长途客运汽车、铁路等对外客运交通相衔接)两种类型。其规模根据交汇线路的多少确定，一般有 8 条线路交汇的属大型枢纽站，占地 2 hm^2 左右；6 条左右线路交汇的为中型枢纽站，占地 1.5 hm^2 左右；4 条左右线路交汇的为小型枢纽站，占地 1 hm^2 左右。公交枢纽站一般由公交公司直接管理。

公交大修厂是公共车辆的检修基地，可根据实际需要设置，由公交公司直接管理。

轨道交通要设车辆段和大修厂，是交通车辆日常停车和检修的基地。用地规模依据线路长度不同而定，一般每条线路设 1～2 个车辆段，用地 16～22 hm^2 不等，大的可达 30 hm^2。此外在市区边缘处设若干大修厂，一般规模为 15～30 hm^2。

小公共汽车与出租汽车也有设置站点和保养问题，在分区、详细规划阶段进一步落实。

4) 市区机动车公用停车场规划

汽车停车问题是世界各大城市都存在的难题，在我国随着经济发展，机动车迅速增长，小汽车进入家庭，停车难的问题在各大城市中已越来越突出，应该在城市交通总体规划中加以研究。

(1) 停车需求取决于经济发展水平、城市交通政策、机动车拥有量和土地使用功能等诸多因素。从空间布局看，主要与城市用地发生关系，不同性质的城市用地，交通的产生与吸引量不同，停车的需求也不相同。通常的做法是对于写字楼、旅馆、公寓、商厦、娱乐场所、会展中心、文化体育中心以及交通枢纽等人流集散量较大的公共建筑,分别规定每万平方米建筑设置多少辆车的指标,计算停车面积;对于居住区则通常采用多少户或每千人拥有多少辆车的指标配置停车位。在长远规划中停车场的指标应适当提高,以便为城市发展留有余地。

鉴于城市用地十分紧张,因此在城市规划管理中鼓励开辟地下停车场。但为了日常使用方便和防灾需要,一般公共建筑必须保证在用地范围内有一定数量的地面停车用地,根据北京市的规定必须保证有 1/3 的车辆在地面停车,公共建筑占地范围内大约 25%的用地是交通用地。

(2) 社会停车场的布局。除了按指标在单位用地、居住区内均匀布置的停车场外,在人流集散点还需要设置社会停车场。社会停车场应该尽量靠近大型公共设施的出入口,以方便人员和车辆集散。在城市边缘对外交通出入口,要为外地车辆停放设置大型停车场,地铁车站和其他交通枢纽附近也需要设置大型停车场,以减少车辆对城市交通的压力。停车场原则上不在城市主干道上开口,车辆出入口应远离道路交叉口。

(3) 社会停车场的类型。一般大型人流集散中心都需要在城市道路用地以外设置停车场,由于受到财力限制,地面露天停车是最简单的办法,但是占地很大。因此,在市中心用地比较紧张的地区需要修建停车楼,根据国外的经验,每个停车楼的规模可控制在 300~500 辆。

除了在道路用地以外设置停车场外,各城市不可避免地还应允许在道路用地内停车。路内停车对使用者来说是最方便的,但是,必然会影响路段的通行能力,因此,必须严格选择允许路内停车的路段和允许停车的时间,加强管理。

5) 城市对外交通系统规划

城市对外交通系统规划的任务是解决市内交通与国家、区域交通网络的衔接问题,协调内外交通的关系,构成内外城市交通的有机网络,保证城市功能的正常发挥和高效运行。

对外交通一般包括铁路、公路、河海港口和航空港。

(1) 铁路

铁路是城市主要对外交通设施,许多城市是在铁路建设的基础上发展起来的。虽然,随着高速公路和航空业的发展对客货运输起了分流作用,但是,中长距离大运量的运输,铁路还是比较经济的,是城市主要的交通运输方式,要根据预测的对外客货运量安排铁路设施。

城市内铁路网的布置,既要方便客货运输,又要避免铁路干线分割城市和噪声对城市(特别是居住区)的干扰。一般原则是直接与城市生产和生活关系密切的客站、货站、货场应尽可能靠近中心城区布置,对于小城市来说靠近城市一侧的适中地段布置,铁路与城市用地之间设置一定宽度的绿化隔离带,以减少对城市的干扰。与城市生产、生活没有直接关系的编组站、机务段及迂回线等应尽可能在城市外围布置。

随着城市的扩展,常常要对原有的铁路网进行必要的调整改造,例如铁路环线外移,增设或调整客货车站的位置等。在难以避免铁路切割城市的状况下,应该把平交道口改为立交道口,以提高运输效率,确保安全。铁路车站、货场应该与公路枢纽和港口配套衔接,提高运输效率。大城市还要研究近郊铁路承担市内客运的可能性。

(2) 公路

公路是市域范围内城镇体系联系的重要网络,是中心城区道路的延续,又是与国道、省道、县道等区域性干道沟通的重要交通设施。国家高速路网的建设对推动城市各方面的发展起着至关重要的作用。除了高速公路以外,在城市内还要根据不同的功能要求和地形条件设置不同等级的公路,形成四通八达的公路网络，以推动城镇体系的发展。

一般公路都在城市建成区外围与城市道路衔接，环绕城市外围的公路与建成区应保持一定的距离，为城市扩展留有余地。在目前体制下，城市常常借助公路建设，在公路两侧发展商业，最后变公路为城市道路，造成城市道路与过境道路的矛盾，引起交通混乱，迫使公路外移。在长远规划中应该尽可能避免这种情况的发生。

(3) 河海港口

港口是水陆联运和水上运输的枢纽。港口要为船舶航行、运转、停泊、水上装卸等作业活动提供水域空间，要求水域根据不同的船舶吨位，有一定的水深、面积和避风条件。还要为旅客上下、货物装卸和存放、转运提供陆域空间，要有一定的岸线与纵深。港口的规模与其辐射的腹地范围有关。港口既要与区域性的铁路、公路交通干线和枢纽有直接便捷的联系，便于组织水陆联运；又要与市内交通衔接，合理分配生产岸线和生活岸线。

(4) 航空港

随着航空运输的普及，机场建设也成为城市交通规划的一项重要内容。但是并非每个城市都要建专用机场，应该从区域范围内考虑机场的布局。例如，沈阳桃仙机场就可以方便地为沈阳、抚顺、鞍山、本溪等多个大城市服务。又如，东莞处于广州、深圳之间，它就无需再建机场。航空港一般可分为国际机场和国内机场，国内机场又可分为干线机场、支线机场和地方机场。在城市总体规划中应该根据客、货运量的预测，来决定建不建机场，建设何种等级的机场。切不可盲目求大，造成运量不足和资金浪费。

航空港与城市要保持一定的距离，采取快速路或轨道交通与城市联系。比较理想的是在 30 分钟内到达市中心区，至少应该保证在 1 小时内到达。城镇发展要与航空港保持一定的间距，以保证飞机起降的净空要求。在航空起降范围内的居民点、村落应该迁移到飞机噪声污染范围以外，满足噪声不超过 50～70 dB(理想目标为小于 55 dB)的目标。

6) 城市道路交通管理设施规划

为适应交通量不断增长和城市交通日益紧张的形势，亟须提高道路交通的管理水平，充分发挥现有道路的能力，保证城市交通安全、通畅、高效，必须努力实现交通管理设施现代化。主要任务有：

(1) 建立交通管理现代化信息中心。建立包括机动车、非机动车、驾驶员档案和交通秩序管理、道路管理、设施管理等项目的静信息及交通流量、流速等动态信息的交通管理信息系统，逐步建立覆盖全市的交通管理计算机信息网络。

完善交通指挥中心，对城市干道路口的自动控制系统，建立优化仿真系统，加强交通管理的科研工作。建立交通违章监测系统，强化管理。

(2) 完善车辆管理、机动车检测和驾驶员培训机构。合理分布，提供足够的办公、检测与训练用地。

(3) 加强民警队伍建设，完善交通培训中心，充实更新装配，提供合理的驻地空间。

(4) 建立交通广播台等设施，普及全民交通安全教育。

8.2 城市信息化的发展

通信是反映城市现代化的重要标志，是信息时代最主要的组成部分，它与人的生产、生活密切相关。随着时代进步，人们已不满足传统的通信方式，并不断地提出新的使用要求，以适应各方面的需要。

8.2.1 邮电通信业务发展与经济发展的关系

如何更好地定位邮政电信发展速度，确定其与国民经济建设的关系，国际电联根据 1978 年 1 月 1

日世界 69 个国家和地区电话普及率及人均国民生产总值的统计资料，得出了“话机普及率的增长速度必须高于国民经济增长速度，才能适应信息量急剧增长的需要，才能适应国民经济的发展”。

用这个标准衡量，我国通信事业的发展是符合这个要求的，据中国统计年鉴(2013 年)统计，1978 年邮电业务总量只有 34.9 亿元，到 2015 年增至 28 425.02 亿元，37 年增长了 813.47 倍，平均年增长率为 19.85%；而同期的 GDP 从 3 645.2 亿元增至 682 635.1 亿元，增长了 187.27 倍，年均增长率为 15.1%。其中 1999 年邮电业务总量达 3 330.82 亿元，是 1978 年的 94.4 倍，年均增长率达 24.25%，同期的 GDP 达 89 677.1 亿元，是 1978 年的 23.6 倍，年增长率为 16.48%，邮电业务总量的增速大大高于 GDP 的增长。而 1999 年至 2015 年，邮电业务增长速度与 GDP 的增速大体相当，都增长 7 倍左右，GDP 的增速略高于邮电业务总量的增长，大体上趋于同步增长的状态(表 8.6)。

表 8.6 我国邮电业务和国内生产总值统计(1978～2015)

年份	邮电业务总量/亿元	国内生产总值/亿元	固定电话用户/万户	城市电话用户/万户	住宅电话用户/万户	农村电话用户/万户	住宅电话用户/万户	公用电话数/万个
1978	34.90	3 645.20	192.5	119.2	—	73.4	—	1.2
1985	62.21	9 016.00	312.0	219.0	4.1	93.1	2.0	2.7
1999	3 330.82	89 677.10	10 871.6	7 463.3	5 894.4	3 408.4	2 949.2	297.4
2012	15 019.28	518 942.10	27 815.3	18 893.4	11 013.2	8 921.9	7 315.8	2 347.1
2015	28 425.02	682 635.10	23 099.6	17 320.8	9 240.8	5 778.9	4 659.0	1 698.0

8.2.2 21 世纪世界通信业务发展趋势解析

从世界范围看，随着计算机的普及，互联网的发展，光纤传输技术的进步，21 世纪的通信就电信业务而言，总的趋势是随着世纪的推移，单纯的话音通信虽然仍是人类重要的通信手段，但将不再是主要的通信方式，在未来 5 年内，非话音的通信业务量将赶上和等于甚至超过话音通信的业务量，这意味着以数据通信为主的时代即将到来。

早在 20 世纪 70 年代，美国已开始创建全国计算机网，开始用于军事，至 20 世纪 90 年代正式转为民用，并扩大规模，向全世界开放，成为国际互联网。1989 年提出万维网的模式，即 WWW(World Wide Web)，它结合 Internet 一同开放，提供大量各类商用信息，迎合广大计算机用户需要，使 Internet 业务量快速增长。

今后至少有以下 5 种因素会推动数据通信继续快速增长：

(1) 增加了各种新型数据终端。除了工作地点与住家的个人计算机的联系终端外，有多种新型终端出现，如与住户的电视机、公用电话亭等终端连接，使更多的人使用数据通信。近年来使用E-mail 的人也越来越多。

(2) 通信网能提供高速接入网，大大提高了传送速率。原来用户通过铜线电缆接入交换局，传输频带很窄，只适用于电话通信。今后将陆续增建宽带接入网，使传送速率大为提高，以鼓励用户更多地使用。并且用户接入网采用不对称数据用户线 ADSL(Asymmetrical Digital Subscriber Line)，即容许交换局传往用户的数据速度远大于用户发往交换局的数据速率，以适应用户使用 Internet 上网索取大量数据信息的需要。不仅如此，用户还可进行视频点播(VOD)或收听高质量音乐。

(3) 用户使用数据通信，通常按使用时间计费。现在已出现专线用户，按月付费。这就容许用户永久地把终端连接到通信网上，随时使用。

(4) 电子商务迅速发展,吸引了越来越多的用户使用通信网,以实现电子购物和各种贸易。

(5) 多媒体通信的发展,使用户可以在终端加装摄像机、话筒、喇叭、操作板等其他附带处理设施,使双方用户的数据文本配合话音讲解和图像显示等多种媒体配合运用,达到最佳通信效果。

8.2.3 城市信息化发展总体规划的主要任务

城市信息化发展总体规划的主要任务是要适应国民经济和社会发展信息化的要求,逐步建立数字城市的框架。

1) 长远目标和近期目标

长远目标是建成完备的城市信息化体系;形成具有国际先进水平的高速通信网,能满足宽带化、个人化和智能化的通信服务;信息资源得到全社会广泛有效的开发和利用;信息技术成为推动国民经济和社会发展的强大动力;信息产业成为城市经济的强大支柱;使人们在日常工作与生活中,能广泛使用信息技术,享受信息社会的生活质量。

鉴于我国多数城市还处于工业化的初期与中期阶段,经济的发展和城市现代化的程度存在着很大差别,多数城市还处于以传统通信方式为主、信息化发展程度较低的阶段。因此,城市信息化发展规划,要因地制宜,实事求是地制定近期发展目标。对于沿海经济较发达的城市,有线电话和移动电话已相当普及,互联网用户迅速增长,有线电视已普遍与家庭接通,国家机关行政管理网络化已发展到一定程度,电子商务、金融信息、社区服务网络也有相当发展,有条件对城市信息化发展提出更高的要求,在近 10 年内构造起数字城市的基本框架。对于经济较落后的地区,应在传统通信方式的基础上,逐步普及有线和无线通信,建设有线电视网,发展互联网,不断提高信息化水平,为建立数字化城市打好基础。

2) 推进城市网络化进程的总体任务

信息网络建设是城市最重要的基础设施之一,是一切信息系统建立的基础,是实现信息化的前提。

要统一规划,建设覆盖全市宽带城域网络。信息网络管道要与电信、电视管道统一规划,综合建设,城市主次干道两侧均应有通信管道,一般道路条条有管道,小区建设统一规划配线管道,形成主干管线与配线管道相结合的综合管网系统。大力发展宽带接入网的建设,增加接入家庭与单位的比率,尤其是接入新的经济增长地区的比率,实现普遍服务。

逐步建设和完善城市公用信息平台,建成各地区平台汇聚节点,形成覆盖全市的互联网络,促进各种公用、专用网络与城市公用信息平台互联互通,实现信息资源共享。依托平台,推进城市电子政务、电子商务、社区服务等工程的建设。

加强电信网络建设,逐步建成布局合理、汇接灵活的以光缆、数字微波和程控交换为主体的多层次、多手段、数字化的电信网。大力发展多种类、多速率的无线通信业务,积极推动宽带无线上网。扩大通信能力,提高服务水平,满足客户联系国内外的各种通信需要。随着城市空间的扩展,合理分布电信局所,发展公用电话。

在实现电视广播全市域覆盖的基础上,加强有线电视网建设,逐步由市区向农村推动,提升网络系统运行质量与运行安全,规范网络管理,提高服务质量,播出并逐步普及高清晰度数字电视节目。

大力发展互联网,提高网络传输速度,扩大互联网与国际连接的宽度,加强网上信息源的开发,逐步普及市民及中小学使用互联网。

强化市政基础通信管线的统一建设、管理与经营,建立法规,制定规范,综合利用地上、地下传输通道空间资源。

市区无线通信除大力发展和充分利用邮电系统的公用通信设施外,各专业部门要逐步向共用专用网过渡。市区与郊区无线电链路也要利用共同微波电路。

加强无线电管理工作，推进频率资源集约化应用，利用市区高层建筑最高层和顶部平台作为无线电通道的转换点，严格限制市区内建立独立铁塔，禁止擅自架设专用微波站，避免同波道微波通信穿行卫星地球站的空域，航空港无线电空域按国家有关航空港净空要求予以保障。

市环保局和无线电管理委员会要加大无线电监测、监管力度，净化电磁环境。市中心区不得设置500 W以上功率的非通信发射设备(即工业、科研、医疗电磁辐射设备)，特殊需要者应加防止辐射屏蔽设施。严格控制市中心区设置超过100 W功率的通信发射设备。

3) 邮政通信的改革与发展

邮政通信，是发展历史最悠久的通信方式。它以传递实物信息的形式，直接参与并组织协调城市的生产和交换，沟通城市各行各业与外界的联系。邮政部门还担负着各种报刊、杂志的推广和发行业务，是城市精神文明建设的重要物质条件，对于业务技术和科学文化知识的交流，各种信息的传播起着十分重要的作用，至今仍是城市对外交往、人民群众互相联系的重要桥梁，是城市生活中不可缺少的行业。

在信息技术高速发展的今天，虽然通信手段的多样化，使邮政通信业务受到一定的冲击，但是信息技术也提高了邮政通信效率，拓宽了业务范围，并且邮政业务的实物传递在某些地区是其他通信方式无法取代的，邮政业务经营范围和经营品种随着经济、社会的发展也在不断扩大。尤其在我国经济发展极不平衡，地区差别很大，信息业的发展在沿海经济发达的城市已很快地赶上了国际先进水平，但在内陆地区，广大农村还处于以传统通信手段为主的阶段，因此，邮政通信在相当长的时间内仍然是我国许多地区的主要通信手段。《十三五规划纲要》要求提升邮政网络服务水平，加强快递基础设施建设和邮政、快递网络终端建设。完善农村和西部地区邮政、快递基础建设，实现村村通邮。

邮政通信的改革与发展主要体现在以下两个方面：

(1) 扩大经营范围，增加经营品种，改变经营方式，转移经营重点

经营范围从传统邮政业务扩大到代理商贸、货运、认证、电子信息、社区服务等领域。

经营品种在传统业务基础上，充分利用邮政营业投递网、运输网、综合信息网的优势，开发电子邮政、网上购物、电话购物、混合邮件、网上银行、转账划拨等增值业务；同时，发挥邮政运输网络优势，发展物流业务，开拓邮购、货物运输、物品配送市场。

经营方式由传统的坐等、定点经营改变为集网点、上门推销、电话呼叫、网上服务于一体的综合经营。

经营重点从以个人为主要对象转移到为个人、商户、企业等商业活动提供方便，为各行业提供代投、代送和代收业务。

(2) 改革经营体制，加强邮政网络建设

邮政网络建设包括营销投递网、内部处理场地及邮政运输网、邮政综合及金融网与电子邮政工程4项内容。

营销投递网，一般结构是在市邮政总局管辖下分设区局、支局、邮电所。大体上邮电区局服务百万人口，建筑面积1 500～2 000 m^2，用地0.15 hm^2左右；区局下设若干邮电支局，每个支局服务5万～6万人，平均服务距离在1 km以内，建筑面积1 500～2 000 m^2，用地0.15 hm^2左右；支局下设若干邮电所和邮亭，邮电所服务人口1万人左右，建筑面积200～300 m^2，可附设在其他公共建筑内或住宅底层。对小城市而言，没有必要设区局，市区下直接设支局和所即可。为了强化专业化经营，北京市计划把行政管理与专业经营分开，即在市邮政总局下设市营业公司、投递公司和电子邮政公司，撤销区局，按行

政区设分公司，基层支局与所的建制不变，根据服务人口均匀布局。逐步形成快速高效邮政物品递送网，实现邮件、报刊投递到户。

内部处理场地，一般是以邮件处理中心为主，以国际速递、报刊、机要、商函、邮购、集邮、储汇等专业局为辅的结构。小城市业务量较小，结构可以简化。根据北京市的现状和规划，大体上为每万人建筑面积 200～250 m^2。

邮政运输网就是全盘考虑铁路、公路、航空运输的手段，建立运行快速、调度灵敏、管理有效、信息畅通的邮运网，以此规划运输路线，配置转运站和车辆。

邮政综合计算机网、邮政金融网和电子邮政工程，是邮政通信系统实施信息化生产与管理的重要设施，也是实现金融服务、信息服务、网上集邮、网上报刊订阅、网上购物业务必不可少的设施。要进行营业网点电子化及生产场地内计算机与局域网的联网建设，实现全局范围的联网；进行邮政储蓄计算机系统清算网管中心建设，提高处理能力，保证技术支撑。

9　城市总体规划的实施

城市总体规划的实施是一项十分复杂的系统工程，这里仅就城市政府如何落实城市总体规划和抓好城市建设，做一些简要论述。

9.1　政府职能的改革是实施城市总体规划的根本保证

城市总体规划是城市建设发展的总蓝图，它的主要任务是适应经济社会发展的需要，综合协调各方面的关系，提出中长期的发展目标，为经济社会发展提供合理的空间，保持良好的生态环境，在促进经济社会发展的同时，把城市建设引入健康、有序、持续、快速发展的轨道。

编制和实施城市总体规划是地方政府的职责，城市能否建设好，就要看政府能否按照社会主义市场经济规律，对城市的发展进行宏观的指导与调节，对违法、违规行为进行有力监管，以及社会管理是否完善、促进公共服务是否有力。

但由于体制转轨极为复杂，政府职能转变还未完全到位。一方面政府仍管了一些不该管、管不好、管不了的事，政企不分、政资不分导致直接干预微观经济活动的事也时有发生。政府的权力在支配资源和左右金融等方面仍然起很大作用，违背市场规律的“长官意志”事件屡见不鲜。另一方面政府该管的事却没有到位，特别是社会管理和公共服务方面还比较薄弱。表现在城市规划的编制和实施上，往往把城市不适当的做大，以便更多地批租土地，以土生金，甚至直接参与房地产开发，浪费宝贵的资源，破坏生态环境和历史环境。更有甚者，政府一换届，规划就换届，城市总体规划失去了严肃性，成为实现“长官意志”创政绩的工具。

党的十八届三中全会的决定指出，经济体制全面深化改革的核心问题是处理好政府和市场的关系，使市场在资源配置中起决定性作用。这是在对社会主义市场经济规律深刻认识的基础上提出的新论断。

现代经济理论告诉我们市场有借助其发现价值的神奇功能：通过其内在的供求机制、价格机制、竞争机制的作用，能够让各种资源按照市场价格信号反映的供求比例流向最有利的部门和地区；能够让企业通过市场竞争，不断进行科技创新、改善管理、提高劳动生产率，使资源和生产要素达到最佳组合，以求实现利润的最大化，在竞争中处于不败之地。市场的这种功能无论政府有多么高明都无法取代的。

据此，三中全会决定明确提出政府的职责和作用主要是：保持宏观经济稳定，加强和优化公共服务，保障公平竞争，加强市场监管，维护市场秩序，推动可持续发展，促进共同富裕，弥补市场失灵。政府为了更好地发挥作用，必须大幅度减少政府对资源的直接配置和着力解决市场体系不完善、政府干预过多和监管不到位的问题。为了强化权力运行的制约和监督，决定提出推行地方各级政府及其工作部门权力清单制度，依法公开权力运行流程。在权力清单以外的事，就是政府不该管的事。权力的公开、透明，也便于公众知情和监督。

全会对政府的作用提出的要求可以概括为以下 4 点：

(1) 在宏观调控和经济调节方面，政府要进一步健全宏观调控体系，重点搞好宏观规划、政策制定和指导协调，退出微观经济领域，更多地运用经济手段和法律手段调节经济活动。

(2) 在市场监管方面,政府要着力解决管理职能分割和监管不力的问题,加大违法违规行为的经济和社会成本,使其高于预期收益,形成自我约束机制。

(3) 在社会管理方面,政府要制定和完善管理规则,丰富管理手段,创建有利于社会主体参与和竞争的环境,保护各社会群体的合法权益,维护公正、公平的社会秩序。

(4) 在公共服务方面,政府应随着经济的发展相应增加对公共教育、医疗卫生、社会保障、群众文化、公用事业等基本公共服务的投入,切实解决城乡和地区发展不平衡、收入差距持续扩大的问题,促进基本公共服务均等化。

只有政府的职能得到切实的改革,城市总体规划才能顺利实施。

9.2 适应市场经济体制,调整城市结构,增强城市活力

为了适应市场经济体制的需要,必须对城市结构进行改造,变"封闭"城市为"开放"城市,只有这样城市才能有自我更新与发展的能力,才能更好地为经济和社会发展服务。

长期以来,在计划经济体制下,城市建设计划是由国家自上而下地下达,国家计委把建设任务和资金拨给各主管部门,各主管部门再层层分配给下属部门,各下属部门得到建设任务后,分别找属地的城市政府申请用地,进行建设。土地是无偿使用的,各单位一旦取得土地,土地即成为"单位所有",很难根据城市的发展调整使用。这种建设体制形成的城市结构是封闭的,自给自足的成分颇浓,与几千年自然经济条件下形成的城市结构颇为相似。《史记》中对这种城市结构有如下描述,称:"邻国相望,鸡狗之声相闻","至老死不相往来"。计划经济下的城市,由大大小小、成千上万个单位"大院"、"小院"组成,这个单位的"院"恰如《史记》中描述的封闭的"国",是一个"小而全"的社会,除了其主要职能外,还承担着繁重的办"社会福利"的任务,为职工建宿舍、办食堂,解决孩子入托、职工就医,养老送终……单位办自给自足"小而全"的社会,不仅造成重复建设,城市设施不能充分发挥作用,而且服务水平也提不高,单位的"小而全"带来城市的"大而不全"。

城市是一个静态平衡的结构,即由办公、科研、大学、工厂形成性质不同的工作区,再就近配上生活区组成城市。城市没有现代商贸区,市场不发达,只有体现消费品计划分配的网络。这种城市形态,土地使用性质单一,很难加以调整,新的单位出现就要新增用地,外延扩展,因而摊子越铺越大,土地使用不充分,城市布局松散而缺少效率。市区周围的农村,保留足够的菜地,成为依附于城市的副食品基地。这种城市结构,连国内各城市间的交往都很有限,更谈不上国际交往,在经济发展处于温饱水平时,倒也能如《史记》所述:"民各甘其食,美其服,安其俗,乐其业。"但随着科技进步,经济要求高速发展时,这种经济管理体制与由此产生的城市结构就成为束缚生产力发展的桎梏,非改革不可。

实践证明,自改革开放以来,城市结构已经发生变化,在市场经济体制推动下,金融、信息、保险、信托投资、设备租赁等企业纷纷出现,都要在中心区觅得一席之地,迫使土地使用功能加以调整;国家机关开办公司,科研机构开办科技服务市场,甚至工厂、学校也纷纷打开围墙搞三产,开旅馆、建商厦、办写字楼,"大院"、"小院"的界线正在冲破,多元经营的格局正在形成,单一的土地性质正在被综合土地功能所取代,城市各项设施以市场为纽带大大地提高了社会化程度和运行效率。随着农村经济改革的实施,近郊各乡 80%~90%的收入来自乡镇工业和第三产业,农村以农为主的结构已经改变,农村经济实力增强,农民要求过城市化生活的愿望越来越强烈。况且在市场经济体制下,外省市廉价时令鲜菜大量进城,大大丰富了城市居民的"菜篮子",市郊农民已越来越不愿意吃力不讨好地亏本种菜,蔬菜供应自给自足的格局开始解体。所有这种变化是改革开放给城市带来的巨大进步,是建立市场经济体制

的必然结果，为打开国门、市门，增强国内外的政治、经济、文化交往提供了前提。城市规划必须适应这种转变，自觉地引导城市遵循经济发展规律，对土地进行调整与重新组合，适应对外开放的形势，发挥其对城市建设的龙头作用。

总体规划对城市空间布局的调整必须重点抓好以下 5 个方面：

（1）在城市结构中扩展第三产业的内容，新辟商务中心区、经济技术开发区和高技术开发区，扩大各级商业中心的规模，增加商贸活动的场所，努力培育新的经济增长点。并适应扩大开放需要，为开展国内外城市间的政治、文化、科技活动保留更多的空间。

（2）关注民生，优先安排保障性住房的用地，注意上班、居住地平衡，避免出现"卧城"，减少潮汐交通压力。保证公共设施的用地，面向基层，合理布局，强化社区建设，为居民创造方便、舒适、和谐的生活环境。

（3）各类规划用地的性质不能定得过死，要根据市场经济发展需要，允许与使用性质不相悖的设施插入，对已不适合原来性质的土地要及时加以调整，例如把一部分工厂用地改为商贸用地等。

（4）对于中心区用地已处饱和状态的大城市，要实行建设重点向郊区转移的战略，扩大卫星城的规模，给卫星镇赋予相对独立新城的含义，为调整市区的城市结构，提高城市素质提供可能；为城市的发展提供空间，逐步形成能适应经济社会发展的城镇体系。

（5）改变同心圆式发展城市的老模式，承认不同地区交通条件、土地资源、经济基础的差别，明确城市发展方向与重点，避免四面出击，分散力量，大家都形不成"气候"。

9.3 实行土地有偿使用，推动城市土地功能合理调整，为城市建设集聚资金

1984 年六届全国人大会议正式提出征收土地使用费的问题，强调城市土地有偿使用，国家开始向土地使用单位收取土地使用费。由于不同的区位、不同的基础设施条件，土地的价值是不同的，处于交通方便、城市中心地区的土地，价值就高；反之，价值就低，这就是级差地租的作用。价值高的土地，政府收取的土地使用费也高，土地转让的价格自然也高，这就促使经济效益较低的企业不堪重负，而愿意让出中心区的土地，到城市边缘土地使用费较低的地区谋得新的发展。而金融、商贸、跨国公司等企业则有条件支付高额土地批租费用，取得中心地区的土地使用权。所以，土地有偿使用政策的实施，有利于城市结构的调整，推动了房地产业的发展。政府可以通过土地批租取得城市更新改造的资金，企业可以提取一定数额的土地转让、补偿费，对企业进行技术改造，在新的土地上求得更大的发展。目前，许多城市通过"优二兴三"战略，实施了土地的合理调整，把中心区的工厂外迁，发展第三产业，取得了良好的效果。例如，北京市一轻总公司把位于市中心区的火柴厂迁往郊区，原址进行房地产开发，不仅实现了市区土地功能的合理调整，解决了易燃工业长期对中心区的威胁，而且推动了郊区工业的发展。雪花电冰箱厂迁出中心区，与位于大兴县的塑料厂合并，原址建设写字楼和公寓，不仅加快了总体规划商务中心区的实施，而且使雪花电冰箱厂甩掉陈旧设备的包袱，筹到足够资金在广阔的天地中开始新的发展。东安集团对第二手表厂实行跨行业兼并，手表厂原址建设商场，并保留技术人员进行高档手表研制，不仅推动了海淀区大型商业中心区的建设，而且解决了第二手表厂长期亏损的难题。这些都是多年来总体规划要求调整而在计划经济体制下无法解决的难题，在市场经济体制下顺利解决了。

但是，正如第 2 章所述，房地产业是一把双刃剑，如果政府节制失当，引起房地产盲目发展，将会对城市造成很大冲击，浪费城市土地资源，恶化城市环境。因此，城市政府必须采取措施，趋利避害，引导房地产业有"度"、有"效"、有"序"地发展，切不可"竭泽而渔"。

(1) 必须根据经济、社会发展的需要,确定房地产开发的规模,对房地产商加以引导。

(2) 必须合理选择批租土地的地点,控制土地批租量,在详细规划指导下,组织土地批租招标,以求获得最佳收益。

(3) 必须维护城市的整体利益,考虑城市合理的环境容量,对开发用地的各项规划指标加以控制。

(4) 尽量避免把未经开发的土地批租,使大量资金流失。政府应该掌握土地一级开发的主导权,只有政府有权储备土地。严禁土地在开发商之间未经政府批准随意转让,防止土地炒卖与投机。

9.4 始终把基础设施和环境建设放到首位

在计划经济体制下,各单位的建筑任务是由国家计划部门统一分配下达的,但是城市基础设施建设却只能由市政府的少量城市维护费解决。实践证明,向国家申请专项基础设施投资费用是比较困难的,且基础设施不同程度地带有福利性质,收费低廉,有的甚至无偿使用,相当部分的亏损需要由市政府进行补贴,以维持运行。随着城市发展,城市基础设施需求量越来越大,要求服务质量越来越高,基础设施建设滞后的矛盾越来越突出。交通堵塞,水源、能源供应不足,污水乱流,垃圾遍地,绿地被大量挤占,环境质量急剧下降。“路上车挤车,车上人挤人”、“远水不解近渴”、“上气不接下气”成为困扰城市正常运行的难题,这样的状况又怎能创造出良好的投资环境,加速城市化与现代化的步伐呢?为此,市政府必须把基础设施和环境建设放到首位,抓好以下几件事:

(1) 必须提高城市基础设施投资占固定资产总投资的比重。在历史发展过程中,体制的缺陷带来城市基础设施投资比例过低,造成多年欠账。据统计,1953~1957 年,我国城市基础设施投资(不含住宅)仅占固定资产总投资的 2.42%,1958~1978 年,城市基础设施投资比重下降到 1.7%,多年来“骨头”与“肉”不配套,欠下了大量的账。自改革开放以来,城市发展速度加快,城市基础设施投资的比重逐年增加,多数城市基础设施投资的比重上升到 5%以上,沿海开放城市比重增加更快。据北京、上海的统计,1978~1998 年的 20 年内,大体上城市基础设施投资占固定资产的比重在 15%~30%,特别是 20 世纪 90 年代以来,两大城市用于城市基础设施的投资均在 20%以上,从每年几十亿元,上升到百亿元,“八五”、“九五”期间每年投资高达 200 亿~300 亿元,基础设施滞后的局面有所改观。但是,至今还不能说已经达到根本转变的程度,离城市现代化的要求还有不小差距,环境建设的任务仍然十分艰巨。根据我国多数城市基础设施建设的现状分析,为了还清旧账,适应城市现代化发展的需要,基础设施投资在相当长的时间内要保持较高的比重,其占固定资产总投资的比重大体上保持在 15%~30%比较合适。

(2) 必须“量”城市基础设施之“力”而行。每年建设规模必须与基础设施的能力相适应,不能再欠新账。

(3) 必须坚持先地下、后地上的建设程序。对于新建地区和旧城成片改建地区,首先做到九通一平,即电力、电信、宽带、有线电视、供热、供煤气、供水和排污水、排雨水管线全部沟通,土地平整,只有这样才能实施有效的房地产开发。

(4) 必须明确城市近期发展的重点。在城市基础设施全面滞后而投资又有限的状况下,城市建设必须相对集中、紧凑发展,基础设施投资只能首先解决重点建设地区的需要,集中力量解决好几个最迫切的问题。切忌分散投资,把有限的资金撒了“胡椒面”,结果什么问题都解决不了。一方面政府必须根据城市经济社会发展的需要选择近期重点发展地区,优先进行城市基础设施建设,以吸引开发商进入发展地区。对于近期非重点发展地区,可以先不进行城市基础设施建设的投入,令开发商知难而退,通过投资政策诱导避免分散建设。另一方面近期重点发展地区的选择必须考虑城市基础设施的现实条件，以避免基础设施投资量过大而增加规划实施的困难。

(5) 必须实行基础设施产业化经营策略。城市各类基础设施必须合理定价，有偿服务，减少亏损，增加活力。对于投入资金较多、回收资金时间较长的产业除了国家给予必要的政策和财力支持外，企业本身可以实行多元化经营策略，除了本业以外，还要利用自身的优势，开办多种事业，通过盈利较多的企业来弥补本业的亏损，以丰补歉，努力实现企业自我生存与发展。

9.5 深化投资、融资体制改革，积极拓宽投资渠道

为了适应城市快速发展的需要，城市建设的投资是巨大的。如何争取更多的资金用于城市建设，是城市政府必须解决的问题，这个问题只能通过城市经营体制的改革、进一步扩大开放来解决。

概括起来投资渠道来自 3 个方面：

1) 积极争取国家投资和世界银行等国外金融机构的贷款

要充分利用我国扩大内需、实施西部大开发战略等政策，争取国家投资，解决城市基础设施骨干工程的建设。为了有效地发挥投资效益，必须选择好重点工程项目，切实解决实施城市现代化改善投资环境的迫切问题。城市政府必须组织力量，精心策划，加以选择，研究工程项目的战略意义和投资回收的措施，以便更有说服力地争取到国家的支持。

北京市在 1997 年至 1999 年选择了 16 项对首都建设有重大影响的基础设施骨干工程，包括扩建首都机场，延长地铁线路，增建对外高速公路，保证电力供应，结束拉闸限电历史，满足优质高效通信以及完成自来水厂扩建、燃气干管引进北京等一批重大工程项目，总投资 638 亿元，54%来自国家计委拨款和国内投资公司直接投资。这些项目的完成，在国庆 50 周年前夕，极大地改善了首都的环境状况。

利用国外银行的贷款来进行城市基础设施建设，也是发展中城市的一个可行的投资渠道。但是必须进行投入与产出的论证，确保有还贷能力，才能有信誉得到贷款。香港于 1975 年成立公司筹建地下铁道，总投资 250 亿港元，其中 70%的款项来自日本、欧共体的战略投资银行贷款，20%由政府以入股的方式拨给，10%通过地铁附近物业开发解决。1982 年完成 3 条干线的建设，由于经营得法，地铁票价调整合理，物业开发收入颇丰，1992 年开始盈利，到 2001 年即还清了贷款。

2) 通过招商引资，吸引国内外资金投入建设

在我国已经加入 WTO 的形势下，必须改革投资体制，从政策上扩大招商引资的领域，以吸引更多的投资商对城市工、商、金融、服务以至基础设施等项目进行投资。

这一方面新加坡给我们提供了很好的经验。在 1965 年成为独立国家以后，政府即着手制定经济与社会发展规划，他们的指导思想是："新加坡地小并缺乏天然资源，国家经济有赖于它吸引外来投资的能力。它必须在工业、银行与金融服务、商业、旅游业、交通与通信服务以及其他服务领域，为外来投资者提供良好的投资机会，借以推动本身的经济发展。要达到上述目的，新加坡中心区必须具备促进这些经济活动的基本建设与环境。"

为实施这个目标，他们一方面不惜工本大力搞好环境绿化和城市基础设施建设，营造良好的投资环境；另一方面有计划地选择中心区土地批租地段，确定建筑性质与规划条件，公开招标，引资建设。经过 24 年的努力，吸引了 118.4 亿新加坡元(折合人民币近 500 亿元)投资，完成了 260 多幢、总建筑面积为 350 多万平方米的银行、写字楼、购物中心、旅馆、饭店和娱乐场所，初步改变了市中心区房屋简陋、拥挤密集、设施落后、环境恶劣的状况，建立起环境优美、设施现代化的都市形象。

北京市在国庆50周年前夕完成的14项大型公共建筑近300万 m^2，投资近400亿元，80%以上的投资来自国外和国内的大型企业。这些建筑的完成对于改变首都中心区的形象，推动第三产业的发展，体现首都政治、文化中心性质都起了重要作用。

3）通过市政府自筹资金，解决一些市内迫切需要解决的问题

为市政骨干工程（例如燃气干管）进入城市的配套，打通局部地区道路的堵头、卡口，对城市市容景观进行整治。只要前述城市基础设施骨干工程与大型公共建筑招商项目的资金能够落实，那么市政府自筹的有限资金就能发挥更有效的作用。

9.6 加强规划与建设的指导，完善城市建设立法，加大执法力度

城市建设是一项综合的系统工程，在建设发展过程中局部利益与整体利益之间、长远利益与眼前利益之间、需要与可能之间经常会发生矛盾，尤其是在经济社会结构迅速变化、城市发展速度大大加快的形势下，会有许多新的矛盾以不同的形式表现出来。当前，城市建设反映出来的主要问题，从宏观看，突出表现在以下4个方面：

1）城市发展与农村发展的矛盾

鉴于城市经济发展和农村经济发展不在同一条水平线上，因而在城市发展和农村城市化的过程中对土地优化和环境的要求是不同的，突出表现在处于市区边缘、城市入口处的城乡结合部，城市要增加绿化，改善生态环境，农村却要利用边界优势发展产业，增加经济效益。协调城乡发展的关系，实现城乡一体化发展成为市政府必须解决的问题。

2）规划实施与房地产开发的矛盾

实行土地有偿使用，通过土地批租吸引境内外投资进行房地产开发是加速城市建设的有效手段。但是，如果引导不得法，也会带来土地贬值、房屋空置、搞乱城市布局、恶化城市环境的负面效应。政府的职责是从整体与长远利益出发，根据市场需求制定相应对策，引导开发商按总体规划确定的轨道进行房地产开发。

3）基础设施与城市发展的矛盾

改革开放以来，体制的转换大大加快了基本建设的速度与规模，再加上现代城市对城市基础设施的要求越来越高，理应大大增加城市基础设施的投入。但是，实际状况并非如此，重建筑、轻市政建设的倾向始终未能完全扭转，基础设施旧账还未还清，又欠下了新账，如此发展下去，势必造成恶性循环，难以维持城市正常运行。因此，市政府必须根据基础设施的能力来决定每年可完成的建筑竣工量，力争逐年有所改善，争取尽快还清欠账，以适应城市现代化的需要。

4）经济发展与城市环境、风貌的矛盾

这是各国在经济发展初期普遍存在的问题，发达国家几乎都在经济发达以后，对初期不重视环境、风貌的短期行为后悔不已。我们目前正处在经济发展对环境、风貌最易损害的阶段，是保护城市环境、风貌最困难的时期，市政府理应吸取各发达国家的教训，高瞻远瞩，坚持可持续发展的方针，制定保护环境、风貌的对策。

从微观看，对违法建设的查处不力，违法建设越治越大，1999年国庆前夕，北京查处违法建筑400多万 m^2，到2015年查处违法建筑高达千余万 m^2，2017年北京计划拆除违法建筑4 000万 m^2，一方面固然说明城市执法力度的加强；另一方面也反映长期来执法不到位，给城市带来沉重的历史包袱。

城市安全事件经常发生，道路塌陷、自来水管爆裂、煤气泄漏、地铁施工塌方等等，出现这些种种问

题的原因很复杂，有政策问题，有体制问题，有法规不健全不规范问题，有有法不依、执法不严问题。从思想认识上，存在着重建设、轻维护的倾向，缺乏法制观念，缺乏防范意识，以及工作人员素质和责任心等问题。

正确解决上述矛盾，是实施城市总体规划的关键所在，是引导城市健康、有序、持续、快速发展的重要保证。在市场经济条件下，只有通过体制改革和完善立法来加以解决。《十三五规划纲要》要求加强和创新社会治理。完善社会治理体系，提升政府治理能力和水平，创新政府治理理念，强化法制意识和服务意识，寓管理于服务，以服务促管理。增强社区服务功能，完善城乡社区治理体制，建立社区、社会组织、社会工作者联动机制，促进公共服务、便民利民服务、志愿服务有机衔接。发挥社会组织作用，健全社会组织管理制度，形成政社分开、权责明确，依法自治的现代社会组织体制，推动社会组织承接政府转移职能。增强社会自我调节功能，引导公众用社会公德、职业道德、家庭美德、个人品德等道德规范修身律己，自觉履行法定义务，自觉遵守和维护社会秩序。

(1) 为了加强城市规划对城市建设的宏观控制与微观引导作用，市政府一方面必须根据城市建设中出现的矛盾，及时研究对策，制定必要的政策法规，规范城市建设。另一方面必须进一步深化城市总体规划，对于重点建设地区编制控制性详细规划，或建立法定图则，对用地的性质、容积率、建筑密度、绿地率、建筑高度控制等方面做出详细规定，并经市政府批准后，立法成规，颁布实施。

(2) 必须健全规划管理体制。明确市、区各级规划行政主管部门的职责与权限。依法行政，逐步用法治代替“人治”。任何单位和个人均不得不经法定程序，擅自修改规划。

2015 年 11 月 10 日，习近平在中央财经领导小组第十一次会议听取城乡住房建设部关于加强城市规划建设管理的汇报时指出：要改革完善城市规划，改革城市规划管理体制，理顺各部门职责分工，提高城市管理水平，落实责任主体。要加强城市安全监管，建立专业化、职业化的救灾、救援队伍。

2016 年 2 月 6 日，中央印发了《中共中央国务院关于深入推进城市执法体制改革改进城市管理工作的指导意见》，首次对城市管理执法工作进行全面部署。强调抓城市工作一定要抓住城市管理和服务这个重点，不断完善城市管理和服务，彻底改变粗放型管理方式，让人民群众生活的更方便、更舒心、更美好。指出这是一项战略性、全局性、系统性工程，需要立足全面和长远统筹谋划。

意见以创新、协调、绿色、开放、共享的发展理念为指导，坚持以人为本、依法治理、源头治理、权责一致、协调创新的基本原则。要求到 2017 年底，实现市、县政府城市管理领域的机构综合设置，到 2020 年，城市管理法律法规和标准体系基本完善，执法体制基本理顺，机构和队伍建设明显加强，保障机制初步完善，服务便民高效，现代城市治理体系初步形成，城市管理效能大幅提高，人民群中满意度显著提升。

意见明确城市管理的主要职责是市政管理、环境管理、交通管理、应急管理和城市规划实施管理等。明确主管部门为住房和城乡建设部。要求市县两级政府整合市政公用、市容环卫、园林绿化、城市管理执法等城市相关职能，实现执法机构综合设置。推进综合执法，具体范围包括城乡住房建设领域法律法规规章规定的全部行政处罚权，以及环境保护管理、工商管理、交通管理、水务管理、食品药品监管方面户外销售、摊点无证经营等的行政处罚权。到 2017 年底，实现城乡住房建设领域行政处罚权集中行使。并在强化队伍建设、完善城市管理、创新治理方式等方面提出具体要求。

(3) 必须加大执法力度，做到有法必依，违法必究，整顿城市建设秩序。多年来，违法建设问题一直未得到有效控制，致使城市环境屡遭破坏，侵占马路、绿地，私搭乱建棚屋，广告牌到处树立，在河湖边乱倒垃圾……这些违法行为一方面固然反映了城市管理法规还不完善，许多问题该立法的没有立，因而执法没有准则；但另一方面也反映了广大单位与群众缺乏法制意识，知法犯法的现象十分严重，不少违法事件的后台是地方政府和单位。因此，在加强立法的同时，必须加大执法力度，严惩违法行为，才能保证城市建设的秩序。例如，在国庆50周年前夕，北京市政府在对城市主要干道和河湖水系等整治过程中，严格执法，明确规定不论是什么年代建的，违法建设一律无条件拆除，两年内拆除违法建设400多万平方米；同时对长安街等重要街道和重要交通设施场站的广告也进行了清理，规定了新的管理办法。这两项措施得到了各单位的大力支持与响应，也受到了广大群众的欢迎。严格执法极大地改善了城市环境，也为城市今后的建设立下了新的规矩，如能持之以恒，必然会对首都的有序建设打下良好的基础。

(4) 建立公示制度，创造公众参与条件，增加城市规划的透明度。城市总体规划是城市发展建设的总蓝图，是全市人民的共同事业。因此，规划的编制必须发动各专业部门共同参与，只有开门搞规划，总体规划才能切实可行，才能成为各专业部门为之奋斗的共同纲领。同时，建立重大规划方案公示制度，必须让广大人民群众了解规划，熟悉相关的城市建设法规，才能形成公众参与的条件，实施对规划有效的维护与监督。

9.7 加强科学研究，实施科学管理，充分挖掘基础设施潜力，改善城市环境

如何加强科学研究，投入少量资金，把现有设施的内部潜力挖掘出来，取得更大效益，应该说是城市现代化管理的一项重要任务，尤其是在资金十分短缺，基础设施严重滞后的状况下，意义更加重大，也应该是城市政府必须重视的一件工作。

在这方面北京市在近年内做了有益的尝试。例如，对于二、三环路的改造，市政府利用了半年多的时间进行科学论证，其间召开了两次国内交通专家论证会，对两条环路进行会诊，最后做出了以技术改造为主，工程措施为辅，加强科学管理，提高交通效率的决策。在这两条环路上封闭了一半进入环路的路口，以减少进出路口的车辆对快速行驶车辆的干扰；另外把单行车道线的宽度适当压缩，在快速车道线上挤出一条公共汽车行驶路线，把部分公共汽车改在快速道上行驶，既减少了公共汽车干扰汽车、自行车的正常行驶，又大大提高了公共汽车的行车速度，方便了群众。采取这些措施后，仅改建、新建了西直门、玉泉营等少数立交桥，就提高了交通效率。

在改善大气环境方面，市政府也采取了同样办法，取得了良好的效果。虽然，推动使用清洁燃料，引进天然气和电力代替煤炭；加强对工业污染的治理，采取脱硫、脱氮工艺，改无序排放为有序排放；限期改造车辆，减少尾气排放，淘汰不合格的汽车；大力进行大环境绿化，加强对施工现场的管理，提倡文明施工，这些措施都是必需的、有效的。但也应该承认，这些措施需要经过较长的时间，花费较多的资金，才能逐步见效。为此市政府采取两条腿走路的办法，一方面坚持不懈地推动上述措施的实施。另一方面通过改烧低硫煤，集中力量改造中心区小吨位低空排放的锅炉，推广燃烧天然气汽车，逐步取消柴油机车在中心区行驶等一系列比较现实可行的措施，大大改善了大气环境，使好于三级的天气从1998年的61%增加到72%，使采暖季节二氧化硫的排放量降低了39%。

实践证明，实事求是地提高各项设施运行的科技含量，进行强有力的行政管理措施，能挖掘基础设施的潜力，改善环境状况，更好地为城市服务。

9.8 提高全社会的文明程度，建设现代城市

衡量一个城市是否现代化，不仅反映在城市建设标准、服务行业经营档次、各项建设的科学技术水

平以及城市环境风貌等物质条件上，也反映在社会文明程度上。衡量城市社会文明的标准主要表现在城市的运行效率、各项设施的服务质量和市民的文明程度上。现在看，我国的多数城市在这方面不尽如人意处甚多，主要表现在：人们的法制意识还不够强，除了城市建设相关法规外，为维护城市正常运行，还有许多要求全体市民共同遵守的城市管理法规，如交通、环境等法规。但是，目前有法不依、执法不严的现象还相当普遍，广大市民尚未养成自觉爱护公共环境、公共秩序的习惯，连住宅内的公共环境都无法维护，室内现代化、室外脏乱差的现象随处可见。道路、绿地被无数栏杆分割，这是不得不采取的以保护公共环境与秩序的强制措施，对违反交通规则与卫生规则者给予重罚，但收效甚微。

此外，城市各项设施服务质量还存在差距，先进设备、现代设施由于不文明使用或者不会使用而造成不应有的损坏现象也屡见不鲜。

事实说明，要维持好公共环境与秩序，只靠强制性的法律是不够的，努力提高全市人民的社会文明程度才是治本之策。社会文明程度的高低不仅是衡量城市是否现代化的标准之一，也是城市能否实现现代化的制约因素之一。现代城市应该由文明的人来使用。党的17届六中全会对深化文化体制改革、推动社会主义文化发展大繁荣作出了全面部署。我们理解这个“文化”首先是强调“大文化”的概念。所谓“大文化”系指一个城市乃至一个国家大多数人共同认可和遵守的思维方式、办事方式、行为准则、风俗习惯以及支撑在这些背后的价值观和哲学观。全会要求在以上方面深化改革，推动发展，推动精神文明建设。2013年中共中央印发的《关于培育和践行社会主义核心价值观的意见》指出，社会主义核心价值观是社会主义核心价值体系的内核，体现社会主义核心价值体系的根本性质和基本特征，反映社会主义核心价值体系的丰富内涵和实践要求，是社会主义核心价值体系的高度凝练和集中表达。其主要内容体现在以下三个层面：作为国家层面的价值目标是富强、民主、文明、和谐。作为社会层面的价值取向是自由、平等、公正、法治。作为公民个人层面的价值准则是爱国、敬业、诚信、友善。党的十一届三中全会以来，一直高度重视社会主义精神文明建设，在全社会倡导爱国守法、明礼诚信、团结友善、勤俭自强、敬业奉献的基本道德规范。社会主义核心价值观要落实到经济社会发展改革的各个领域。在经济领域，政策的制定、改革措施的出台以及开展各项生产活动都要讲社会责任、社会效益、公平竞争、守法经营。在社会领域，要让法律体系成为一切经济社会活动的根本保障，依法治国、依法执政、依法行政，用法律的权威增强人们培育和践行社会主义核心价值观的自觉性。在社会治理的各个领域都鲜明彰显社会主流价值，自觉遵守公共秩序、爱护公共财物、奉行社会公德、讲究文明礼貌，形成我为人人、人人为我的正向激励效应。《十三五规划纲要》用一个篇幅阐述加强社会主义精神文明建设的内容，要求提升国民文明素质，丰富文化产品服务，提高文化开放水平，推动物质和精神文明协调发展，建设社会主义文化强国。要以社会主义核心价值观为引领，增强国家意识、法制意识、社会责任意识、生态文明意识。加强理想信念教育，通过教育引导、舆论宣传、行为实践、制度保障，使社会主义核心价值观内化为人们的坚定信念，外化为人们的自觉行动。推进公民道德建设，培育正确的道德判断和道德责任。通过广泛开展文明城市、文明村镇、文明单位、文明校园等群众性创建活动，深化学雷锋志愿服务活动，培育良好家风、乡风、校风、行风，营造现代文明风尚。因此，建设现代城市不能简单地理解为修修路、盖盖房、埋埋管、种种树的物质建设，而应该是两个文明一起抓。从某种意义上说，精神文明建设任务比物质文明建设更加艰巨。为此，从现在起必须做到：

(1) 抓紧对全市人民的精神文明建设教育。要从儿童抓起，培养爱护国家、集体及爱护公共环境和秩序的习惯，提倡讲文明、讲礼貌的风尚。在普及高中教育基础上，逐步普及大学教育，提高市民文化素质。继承和发扬历史城市讲文明、有礼貌的传统习俗。

(2) 建立竞争机制，切实做到赏优罚劣，按劳分配，优胜劣汰，努力培养一支事业心强、责任心强、技术精、道德好的精干的劳动大军，努力提高工作效率与质量。

(3) 加强法制，健全立法，严格执法，努力改善城市建设与管理秩序。各级城市政府，对上述 7 项任务抓得越充分，对策越有力，城市建设成就将会越大，城市运行的秩序将会越好，工作效率将会越高，建设现代化城市的目标将会越快实现。

主要参考文献

[1] 蔡来兴. 国际经济中心城市的崛起. 上海:上海人民出版社,1995

[2] 邹德慈. 城市规划导论. 北京:中国建筑工业出版社,2002

[3] 国家统计局综合司. 中国城市统计年鉴. 北京:中国统计出版社,1984、1985、1988

[4] 国家统计局城市社会经济调查总队. 中国城市统计年鉴. 北京:中国统计出版社,1990、1995、1997~2001

[5] 国家统计局城市社会经济调查司. 中国城市统计年鉴. 北京:中国统计出版社,2007

[6] 中华人民共和国国家统计局. 中国统计年鉴. 北京:中国统计出版社,2007、2010、2013、2016

[7] 建设部综合财务司. 中国城市建设统计年鉴. 北京:中国建筑工业出版社,2007、2010、2013、2016

[8] 北京市统计局. 北京统计年鉴. 北京:中国统计出版社,1981、1989、1991、1993、1995、1998、1999、2000、2010、2013、2016

[9] 上海市统计局. 上海统计年鉴. 北京:中国统计出版社,2007

[10] 吴敬琏. 中国应当走什么样的工业化道路. 文汇报,2005-02-27

[11] 国务院发展研究中心课题组. 企业技术创新中值得关注的几个驱动因素. 经济参考,2007(23)

[12] 潘云鹤. 大力培养创新型工程科技人才. 文汇报,2007-09-30

[13] 杨叔子. 先进制造技术及其发展趋势. 文汇报,2003-10-12

[14] 丁俊发. 客观认识马克思主义的流通理论. 经济参考,2008(5)

[15] 社科院财贸流通产业研究室. 全面发挥商贸流通服务业的影响力. 经济参考,2007(23)

[16] 潘彤. 高科技产业的大城市路线——中国高科技产业集聚区规划对策研究:[硕士学位论文]. 北京:清华大学,2001

[17] 李文彦. 地区开发与工业布局. 北京:科学出版社,1999

[18] 李沛. 当代全球性城市中央商务区(CBD)规划理论初探. 北京:中国建筑工业出版社,1999

[19] 陈联. 中央商务区(CBD)规划设计研究院——CBD的历史发展与建构:[博士学位论文]. 南京:东南大学,1996

[20] 杨奇. 香港概论. 北京:中国社会科学出版社,1992

[21] 顾朝林. 经济全球化与中国城市发展. 北京:商务印书馆,1999

[22] 董光器. 北京规划战略思考. 北京:中国建筑工业出版社,1998

[23] 上海建设编辑部编. 上海建设(1949—1985). 上海:上海科学技术文献出版社,1989

[24] 龚清宇. 大城市结构的独特性弱化现象与规划结构限度——以20世纪天津中心城区结构演化为例:[博士学位论文]. 天津:天津大学,1999

[25] 东京都总务局统计部. 东京都统计年鉴. 东京:东京都统计协会,1977、1986、1990、2001

[26] 日本全国市长会. 日本都市年鉴. 东京:自治日报社出版局,1977

[27] 广东省建设委员会,珠江三角洲经济区城市群规划组. 珠江三角洲经济区城市群规划——

协调与持续发展. 北京:中国建筑工业出版社,1996
[28] 中国大百科全书出版社编辑部. 中国大百科全书——建筑、园林、城市规划卷. 北京:中国大百科全书出版社,1988
[29] [英]P. 霍尔. 世界大城市. 中国科学院地理研究所,译. 北京:中国建筑工业出版社,1982
[30] 孙大章. 清代紫禁城的复建与改造——兼论其建筑艺术的发展变化. 中国紫禁城学会会刊,2001(9)
[31] 汪德华. 中国古代城市规划文化思想. 北京:中国城市出版社,1997
[32] 马传栋. 城市生态经济学. 北京:经济日报出版社,1989
[33] 钱易. 环境保护与持续发展. 清华大学人居环境研究中心学术报告会论文集,1995
[34] 雷志栋. 水与人居环境. 清华大学人居环境研究中心学术报告会论文集,1995
[35] 唐孝炎. 大气环境科学//叩响高新技术之门——21世纪领导者科技知识读本. 北京:北京出版社,1999
[36] 金磊. 我们需要什么样的城市. 书摘,2001(4)
[37] 倪维斗. 我国能源状况及对策//叩响高新技术之门——21世纪领导者科技知识读本. 北京:北京出版社,1999
[38] 金磊. 浅议城市防灾对策. 北京规划建设,1989(1)、1990(4)、1992(2)
[39] 金磊. 城市综合减灾的希望. 北京规划建设,1996(2)
[40] 金磊. 论城市综合减灾的法规体系研究. 北京市城市建设,1997(2)
[41] 金磊. 城市安全减灾文化的新探索. 北京规划建设,1998(2)
[42] 金磊. 21世纪中国减灾能力的建设问题及对策. 北京规划建设,2000(1)
[43] 北京市城市规划设计研究院. 北京市限建区规划. 北京:北京市规划委员会,2007
[44] 周干峙. 发展我国大城市交通的研究. 北京:中国建筑工业出版社,1997
[45] 文国玮. 城市交通与道路系统规划. 北京:清华大学出版社,2001
[46] 张照. 新千年通信趋势. 电信建设,2001(3)
[47] 牛俊岩. 北京电信建设与经济发展. 电信建设,2001(3)
[48] 中华人民共和国国家统计局. 国际统计年鉴. 北京:中国统计出版社,2011